战略性新兴领域“十四五”高等教育系列教材

非二氧化碳类温室气体减排技术

主　编　竹　涛
副主编　聂百胜　王　强
参　编（按姓氏笔画排序）
王　锦　边文璟　任　乐　苏佩东　张学里
张秋林　张海龙　段二红　唐晓龙　梁文俊　韩颖慧

机械工业出版社
CHINA MACHINE PRESS

本书针对我国碳达峰、碳中和技术创新重大需求，系统地介绍了不同非二氧化碳类温室气体的来源、监测技术、减排技术和减排实施的对策与展望。全书共 8 章，主要内容包括绪论、非二氧化碳类温室气体监测技术、甲烷（CH_4）减排技术、氧化亚氮（N_2O）减排技术、氢氟碳化物（HFCs）减排技术、全氟化碳（PFCs）减排技术、六氟化硫（SF_6）减排技术和非二氧化碳类温室气体减排实施的对策与展望等。

本书主要作为高等学校环境科学与工程、能源动力、化工、材料等专业的本科生教材或教学参考书，也可供“双碳”领域的管理和技术人员学习参考。

图书在版编目（CIP）数据

非二氧化碳类温室气体减排技术 / 竹涛主编. 北京 ：机械工业出版社，2024. 11. --（战略性新兴领域“十四五”高等教育系列教材）. -- ISBN 978-7-111-76741-1

Ⅰ. X511

中国国家版本馆CIP数据核字第2024AF3041号

机械工业出版社（北京市百万庄大街22号　邮政编码100037）

策划编辑：冷　彬　　　　责任编辑：冷　彬

责任校对：梁　园　张亚楠　　　　封面设计：马若濛

责任印制：李　昂

北京新华印刷有限公司印刷

2024年12月第1版第1次印刷

184mm×260mm・15.75印张・370千字

标准书号：ISBN 978-7-111-76741-1

定价：55.00 元

电话服务　　　　网络服务

客服电话：010-88361066　　机　工　官　网：www.cmpbook.com

010-88379833　　机　工　官　博：weibo.com/cmp1952

010-68326294　　金　书　网：www.golden-book.com

封底无防伪标均为盗版　　机工教育服务网：www.cmpedu.com

系列教材编审委员会

丛书序一

面对全球气候变化日益严峻的形势，碳中和已成为各国政府、企业和社会各界关注的焦点。早在2015年12月，第二十一届联合国气候变化大会上通过的《巴黎协定》首次明确了全球实现碳中和的总体目标。2020年9月22日，习近平主席在第七十五届联合国大会一般性辩论上，首次提出碳达峰新目标和碳中和愿景。党的二十大报告提出，“积极稳妥推进碳达峰碳中和”。围绕碳达峰碳中和国家重大战略部署，我国政府发布了系列文件和行动方案，以推进碳达峰碳中和目标任务实施。

2023年3月，教育部办公厅下发《教育部办公厅关于组织开展战略性新兴领域“十四五”高等教育教材体系建设工作的通知》（教高厅函〔2023〕3号），以落实立德树人根本任务，发挥教材作为人才培养关键要素的重要作用。中国矿业大学（北京）刘波教授团队积极行动，申请并获批建设未来产业（碳中和）领域之一系列教材。为建设高质量的未来产业（碳中和）领域特色的高等教育专业教材，融汇产学共识，凸显数字赋能，由63所高等院校、31家企业与科研院所的165位编者（含院士、教学名师、国家千人、杰青、长江学者等）组成编写团队，分碳中和基础、碳中和技术、碳中和矿山与碳中和建筑四个类别（共计14本）编写。本系列教材集理论、技术和应用于一体，系统阐述了碳捕集、封存与利用、节能减排等方面的基本理论、技术方法及其在绿色矿山、智能建造等领域的应用。

截至2023年，煤炭生产消费的碳排放占我国碳排放总量的63%左右，据《2023中国建筑与城市基础设施碳排放研究报告》，全国房屋建筑全过程碳排放总量占全国能源相关碳排放的38.2%，煤炭和建筑已经成为碳减排碳中和的关键所在。本系列教材面向国家战略需求，聚焦煤炭和建筑两个行业，紧跟国内外最新科学研究动态和政策发展，以矿业工程、土木工程、地质资源与地质工程、环境科学与工程等多学科视角，充分挖掘新工科领域的规律和特点、蕴含的价值和精神；融入思政元素，以彰显“立德树人”育人目标。本系列教材突出基本理论和典型案例结合，强调技术的重要性，如高碳资源的低碳化利用技术、二氧化碳转化与捕集技术、二氧化碳地质封存与监测技术、非二氧化碳类温室气体减排技术等，并列举了大量实际应用案例，展示了理论与技术结合的实践情况。同时，邀请了多位经验丰富的专家和学者参编和指导，确保教材的科学性和前瞻性。本系列教材力求提供全面、可持续的解决方案，以应对碳排放、减排、中和等方面的挑战。

本系列教材结构体系清晰，理论和案例融合，重点和难点明确，用语通俗易懂；融入了编写团队多年的实践教学与科研经验，能够让学生快速掌握相关知识要点，真正达到学以致用的效果。教材编写注重新形态建设，灵活使用二维码，巧妙地将微课视频、模拟试卷、虚拟结合案例等应用样式融入教材之中，以激发学生的学习兴趣。

本系列教材凝聚了高校、企业和科研院所等编者们的智慧，我衷心希望本系列教材能为从事碳排放碳中和领域的技术人员、高校师生提供理论依据、技术指导，为未来产业的创新发展提供借鉴。希望广大读者能够从中受益，在各自的领域中积极推动碳中和工作，共同为建设绿色、低碳、可持续的未来而努力。

谢和平

中国工程院院士

深圳大学特聘教授

2024 年 12 月

丛书序二

2015 年 12 月，第二十一届联合国气候变化大会上通过的《巴黎协定》首次明确了全球实现碳中和的总体目标，“在本世纪下半叶实现温室气体源的人为排放与汇的清除之间的平衡”，为世界绿色低碳转型发展指明了方向。2020 年 9 月 22 日，习近平主席在第七十五届联合国大会一般性辩论上宣布，“中国将提高国家自主贡献力度，采取更加有力的政策和措施，二氧化碳排放力争于 2030 年前达到峰值，努力争取 2060 年前实现碳中和”，首次提出碳达峰新目标和碳中和愿景。2021 年 9 月，中共中央、国务院发布《中共中央 国务院关于完整准确全面贯彻新发展理念做好碳达峰碳中和工作的意见》。2021 年 10 月，国务院印发《2030 年前碳达峰行动方案》，推进碳达峰碳中和目标任务实施。2024 年 5 月，国务院印发《2024—2025 年节能降碳行动方案》，明确了 2024—2025 年化石能源消费减量替代行动、非化石能源消费提升行动和建筑行业节能降碳行动具体要求。

党的二十大报告提出，“积极稳妥推进碳达峰碳中和”“推动能源清洁低碳高效利用，推进工业、建筑、交通等领域清洁低碳转型”。聚焦“双碳”发展目标，能源领域不断优化能源结构，积极发展非化石能源。2023 年全国原煤产量 47.1 亿 t、煤炭进口量 4.74 亿 t，2023 年煤炭占能源消费总量的占比降至 55.3%，清洁能源消费占比提高至 26.4%，大力推进煤炭清洁高效利用，有序推进重点地区煤炭消费减量替代。不断发展降碳技术，二氧化碳捕集、利用及封存技术取得明显进步，依托矿山、油田和咸水层等有利区域，降碳技术已经得到大规模应用。国家发展改革委数据显示，初步测算，扣除原料用能和非化石能源消费量后，“十四五”前三年，全国能耗强度累计降低约 7.3%，在保障高质量发展用能需求的同时，节约化石能源消耗约 3.4 亿 t 标准煤、少排放 CO_2 约 9 亿 t。但以煤为主的能源结构短期内不能改变，以化石能源为主的能源格局具有较大发展惯性。因此，我们需要积极推动能源转型，进行绿色化、智能化矿山建设，坚持数字赋能，助力低碳发展。

联合国环境规划署指出，到 2030 年若要实现所有新建筑在运行中的净零排放，建筑材料和设备中的隐含碳必须比现在水平至少减少 40%。据《2023 中国建筑与城市基础设施碳排放研究报告》，2021 年全国房屋建筑全过程碳排放总量为 40.7 亿 t CO_2，占全国能源相关碳排放的 38.2%。建材生产阶段碳排放 17.0 亿 t CO_2，占全国的 16.0%，占全过程碳排放的 41.8%。因此建筑建造业的低能耗和低碳发展势在必行，要大力发展节能低碳建筑，优化建筑用能结构，推行绿色设计，加快优化建筑用能结构，提高可再生能源使用比例。

面对新一轮能源革命和产业变革需求，以新质生产力引领推动能源革命发展，近年来，中国矿业大学（北京）调整和新增新工科专业，设置全国首批碳储科学与工程、智能采矿工程专业，开设新能源科学与工程、人工智能、智能建造、智能制造工程等专业，积极响应未来产业（碳中和）领域人才自主培养质量的要求，聚集煤炭绿色开发、碳捕集利用与封存等领域前沿理论与关键技术，推动智能矿山、洁净利用、绿色建筑等深度融合，促进相关学科数字化、智能化、低碳化融合发展，努力培养碳中和领域需要的复合型创新人才，为教育强国、能源强国建设提供坚实人才保障和智力支持。

为此，我们团队积极行动，申请并获批承担教育部组织开展的战略性新兴领域“十四五”高等教育教材体系建设任务，并荣幸负责未来产业（碳中和）领域之一系列教材建设。本系列教材共计14本，分为碳中和基础、碳中和技术、碳中和矿山与碳中和建筑四个类别，碳中和基础包括《碳中和概论》《碳资产管理与碳金融》和《高碳资源的低碳化利用技术》，碳中和技术包括《二氧化碳转化原理与技术》《二氧化碳捕集原理与技术》《二氧化碳地质封存与监测》和《非二氧化碳类温室气体减排技术》，碳中和矿山包括《绿色矿山概论》《智能采矿概论》《矿山环境与生态工程》，碳中和建筑包括《绿色智能建造概论》《绿色低碳建筑设计》《地下空间工程智能建造概论》和《装配式建筑与智能建造》。本系列教材以碳中和基础理论为先导，以技术为驱动，以矿山和建筑行业为主要应用领域，加强系统设计，构建以碳源的降、减、控、储、用为闭环的碳中和教材体系，服务于未来拔尖创新人才培养。

本系列教材从矿业工程、土木工程、地质资源与地质工程、环境科学与工程等多学科融合视角，系统介绍了基础理论、技术、管理等内容，注重理论教学与实践教学的融合融汇；建设了以知识图谱为基础的数字资源与核心课程，借助虚拟教研室构建了知识图谱，灵活使用二维码形式，配套微课视频、模拟试卷、虚拟结合案例等资源，凸显数字赋能，打造新形态教材。

本系列教材的编写，组织了63所高等院校和31家企业与科研院所，编写人员累计达到165名，其中院士、教学名师、国家千人、杰青、长江学者等24人。另外，本系列教材得到了谢和平院士、彭苏萍院士、何满潮院士、武强院士、葛世荣院士、陈湘生院士、张锁江院士、崔愷院士等专家的无私指导，在此表示衷心的感谢！

未来产业（碳中和）领域的发展方兴未艾，理论和技术会不断更新。编撰本系列教材的过程，也是我们与国内外学者不断交流和学习的过程。由于编者们水平有限，教材中难免存在不足或者欠妥之处，敬请读者不吝指正。

刘波

教育部战略性新兴领域“十四五”高等教育教材体系

未来产业（碳中和）团队负责人

2024年12月

前　言

随着全球气候变化问题的日益严峻，温室气体的减排成为国际社会关注的焦点。传统上，人们更多地关注二氧化碳（CO_2）的排放及其对气候的影响。然而，非二氧化碳类温室气体虽然在大气中的浓度较低，但其温室效应潜力远高于 CO_2。因此，全面了解和掌握这些非二氧化碳类温室气体的减排技术，对实现全球减排目标、减缓气候变化具有重要意义。

围绕"碳达峰、碳中和"国家重大战略部署，本书为读者提供系统、全面的非二氧化碳类温室气体减排技术知识及相关对策。本书聚焦各类技术相关动态和发展趋势，加强理论知识与案例分析的结合，努力适应我国"双碳"目标的实际需要。全书主要介绍了甲烷、氧化亚氮、氢氟碳化物、全氟化碳和六氟化硫等非二氧化碳类温室气体的监测技术、减排技术、减排实施的对策与展望，为我国实现"碳达峰、碳中和"目标提供决策技术支撑，也为高校相关专业开展"双碳"类课程的教学提供教材支撑。

本书由来自中国矿业大学（北京）、中国 21 世纪议程管理中心、应急管理部信息研究院、生态环境部固体废物与化学品管理技术中心、重庆大学、四川大学、中国科学院大学、北京科技大学、北京工业大学、北京林业大学、北京交通大学、昆明理工大学、河北科技大学、苏州科技大学、中冶京诚工程技术有限公司的多位教师及科研人员共同编写。本书编者长期从事大气污染防治方面的工作，在非二氧化碳类温室气体减排技术的理论研究和实践中拥有较为丰富的资料、理论和实践经验。具体的编写分工：第 1 章由竹涛、苏佩东、张学里共同编写；第 2 章由段二红编写；第 3 章由竹涛、聂百胜共同编写；第 4 章由张海龙、唐晓龙、任乐、边文璟共同编写；第 5 章由王锦编写；第 6 章由张秋林、梁文俊共同编写；第 7 章由韩颖慧编写；第 8 章由王强编写。竹涛担任本书主编，并负责全书编写大纲的修改和统稿。此外，张贤、江霞、刘文革、韩甲业、刘海兵、王赛飞、高凤雨、高艳珊、黄继江、窦蒙蒙、蔡建宇、李芙蓉、李辰、连少翰、张星、杨鑫玉、杨俊、苑博、武新娟、种旭阳等各编者单位的老师和研究生，参与了本书的资料收集与整理等工作，在此，谨向对本书的编写提供帮助的所有老师和同学们表示衷心的感谢。

非二氧化碳类温室气体减排技术涉及学科多、内容广、行业众多，由于编者学识水平有限，书中不足和错漏在所难免，希望读者在使用本书时，多反馈意见，以促进本书不断修改、完善，加快推进我国"碳达峰、碳减排"相关学科的专业建设和人才培养。

编　者

目　录

第1章 绪论

1.1 非二氧化碳类温室气体概述

温室气体是指大气中能吸收地面反射的长波辐射，并重新发射辐射的一些气体，如水蒸气、二氧化碳、大部分制冷剂等。它们具有使地球表面变得更暖的作用，类似于温室截留太阳辐射，并加热温室内空气。温室气体使地球变得更温暖的影响称为温室效应。人为活动引起的温室气体排放的增加是导致以全球变暖为主要特征的全球气候变化的主要原因。地球大气中重要的温室气体包括下列数种：水蒸气（H_2O）、二氧化碳（CO_2）、臭氧（O_3）、氧化亚氮（N_2O）、甲烷（CH_4）、氢氟氯碳化物类（CFCs、HFCs、HCFCs）、全氟化碳（PFCs）及六氟化硫（SF_6）等。由于水蒸气及臭氧的时空分布变化较大，因此在进行减量措施规划时，一般都不将这两种气体纳入考虑。1997年于日本京都召开的《联合国气候变化框架公约》第三次缔约方大会通过了《京都议定书》（2005年2月生效）对人为源温室气体种类给出界定，明确针对六种温室气体进行削减，包括二氧化碳（CO_2）、甲烷（CH_4）、氧化亚氮（N_2O）、氢氟碳化物（HFCs）、全氟化碳（PFCs）及六氟化硫（SF_6）。2011年南非德班气候变化大会对《京都议定书》中的温室气体种类进行了拓展，增加了三氟化氮（NF_3）。非二氧化碳类温室气体是对甲烷、氧化亚氮、氢氟碳化物、全氟化碳、六氟化硫和三氟化氮的统称。为简便起见，进一步将氢氟碳化物、全氟化碳、六氟化硫和三氟化氮归类为含氟气体（F-gas）。

1）甲烷（CH_4）：煤、天然气和石油的生产和运输过程中会排放甲烷。甲烷排放还来自畜牧业和其他农业实践、土地利用以及城市固体废物填埋场中有机废物的腐烂，同时也存在白蚁等天然来源的排放。甲烷的大气寿命为12年。相同质量下，在100年的时间里，CH_4产生的温室效应是CO_2的28倍。在全球范围内，CH_4排放总量的50%~65%来自人类活动。

2）氧化亚氮（N_2O）：排放来源于农业、土地使用和工业活动等，包括化石燃料和固体废物的燃烧，以及废水处理过程等。农业、燃料燃烧、废水治理和工业过程等人类活动正在增加大气中N_2O的含量。氧化亚氮作为地球氮循环的一部分，也自然存在于大气中，具有多种自然来源。氧化亚氮分子的大气寿命为121年。相同质量下，N_2O对大气变暖的影响是CO_2的298倍。在全球范围内，N_2O排放总量的40%来自于人类活动。

3）含氟气体：氢氟碳化物（HFCs）、全氟化碳（PFCs）、六氟化硫（SF_6）和三氟化氮（NF_3）是合成的强效温室气体，从各种家庭、商业和工业应用和过程中排放。含氟气体（特别是氢氟碳化物）有时被用作平流层消耗臭氧层物质（例如氯氟烃、氢氯氟烃）的替代品。含氟气体的排放量通常比其他温室气体少，但它们是强效温室气体。对于给定的质量，它们捕获的热量比二氧化碳多得多，全球变暖潜能值（GWP）通常在数千到数万之间，被称为高 GWP 气体。GWP 是指某一给定物质在一定时间积分范围内与二氧化碳相比而得到的相对辐射影响值。与其他许多温室气体不同，含氟气体没有明显的自然来源，几乎完全来自与人类有关的活动。它们通过作为消耗臭氧层物质（例如制冷剂）的替代品以及通过铝和半导体制造等多种工业过程排放。许多含氟气体相对于其他温室气体具有非常高的 GWP，因此较小的大气浓度却能对全球温度产生较大的影响。它们也具有很长的大气寿命，在某些情况下，可以持续几千年。与其他长寿命温室气体一样，大多数含氟气体在大气中混合良好，排放后在全球范围内扩散。许多含氟气体只有在被上层大气中的太阳光破坏后才会从大气中清除。总的来说，含氟气体是人类活动排放的温室气体中强度最大、持续时间最长的一类。

1.2 非二氧化碳类温室气体与全球气候变化

1.2.1 全球气候变化

近年来，全球气候变化已成为备受关注的焦点话题。气候变化是指地球气候系统长期的统计学变化，包括气候平均值和变化的频率、强度及空间分布等方面。这一现象是多种复杂因素相互作用的结果，而其影响也已经深刻地影响到人类社会和自然环境。

全球气候变化的背景可以追溯到工业革命以来的工业化进程。工业化的快速发展导致大量温室气体的排放，如二氧化碳、甲烷和氧化亚氮等，这些气体在大气中形成温室效应，使得地球表面的温度逐渐升高。此外，森林砍伐、城市化进程、农业活动等也对全球气候产生了重要影响。

主要的气候变化因素包括温室气体排放、人类活动、太阳活动等。其中，温室气体排放是目前全球气候变化的主要推动因素。人类活动导致的温室气体排放不断增加，加剧了温室效应，加速了气候变化的进程。太阳活动的周期性变化也会对气候产生影响，但其影响相对较小。

全球气候变化对人类和自然环境的影响是多方面的。首先，气候变化导致极端天气事件频率增加，如暴雨、干旱、飓风等，给人类社会带来了巨大的灾难和损失。其次，气候变化还会影响生态系统的平衡，导致物种灭绝、栖息地丧失等问题。此外，气候变化还会影响农业生产、水资源供应、海平面上升等，给人类社会带来了严重的挑战。

为了减缓全球气候变化带来的负面影响，国际社会需要共同努力，采取有效的减排措施，推动可持续发展。政府、企业和个人都应该意识到气候变化的严重性，积极采取行动，减少温室气体排放，推动清洁能源的发展，保护生态环境，为未来的可持续发展创造更好的条件。

全球气候变化是当今世界面临的重大挑战之一，需要全球各方通力合作，共同应对。只有通过共同努力，才能实现气候变化问题的有效治理，保护地球家园，确保人类和自然环境的可持续发展。

1.2.2　非二氧化碳类温室气体对全球气候变化的贡献

甲烷、氧化亚氮和含氟气体是三种主要的非二氧化碳类温室气体，它们对全球气候变化产生了重要影响。这三种气体的排放对地球气候系统的影响是复杂的，但总体上可以分为两个方面：直接影响和间接影响。

甲烷的温室效应是二氧化碳的 28 倍，虽然它的浓度在大气中较低，但它的排放量却不断增加。甲烷主要来自于沼气、生物质燃烧和化石燃料的开采和利用。氧化亚氮的温室效应是二氧化碳的 298 倍，主要产生于化肥的使用和燃烧过程。含氟气体是一类强效温室气体，它的温室效应可能比二氧化碳高几千倍，主要来自于制冷剂、喷雾剂和工业生产。各种温室气体的 GWP 见表 1-1。

表 1-1　各种温室气体的 GWP

温室气体	GWP
CO_2	1
CH_4	28
N_2O	298
HFC-23	14800
HFC-32	675
HFC-125	3500
HFC-134a	1430
HFC-143a	4470
HFC-152a	124
HFC-227ea	3220
HFC-236fa	9810
HFC-4310mee	1640
CF_4	7390
C_2F_6	12200
C_4F_{10}	8860
C_6F_{14}	9300
NF_3	17200
SF_6	22800

甲烷、氧化亚氮和含氟气体这三种气体的排放对全球气候变化产生的直接影响主要有三方面：首先，它们会增加大气中的温室气体浓度，导致地球表面温度升高，引起极端天气事件的增加，如暴雨、干旱和飓风等；其次，这些气体还会对大气层的化学成分产生影响，导致臭氧层破坏和酸雨等环境问题；最后，这些气体还会对生态系统产生影响，如海洋酸化和生物多样性减少。

除了直接影响外，这三种气体的排放还会通过复杂的气候反馈机制对全球气候变化产生间接影响。例如，甲烷的排放会导致冰川融化加速，从而增加海平面上升的速度。氧化亚氮的排放会导致土壤贫瘠化和水质污染，进而影响农作物产量和人类健康。含氟气体的排放会导致大气中臭氧层的破坏，进而增加紫外线辐射对人类健康的危害等。1990—2022 年人为温室气体净排放总量如图 1-1 所示。

甲烷、氧化亚氮和含氟气体等非二氧化碳类温室气体的排放对全球气候变化产生了重要影响。为了减缓气候变化的影响，需要采取有效的措施减少这三种气体的排放，如加强环境监测、推广清洁能源和改善工业生产过程。

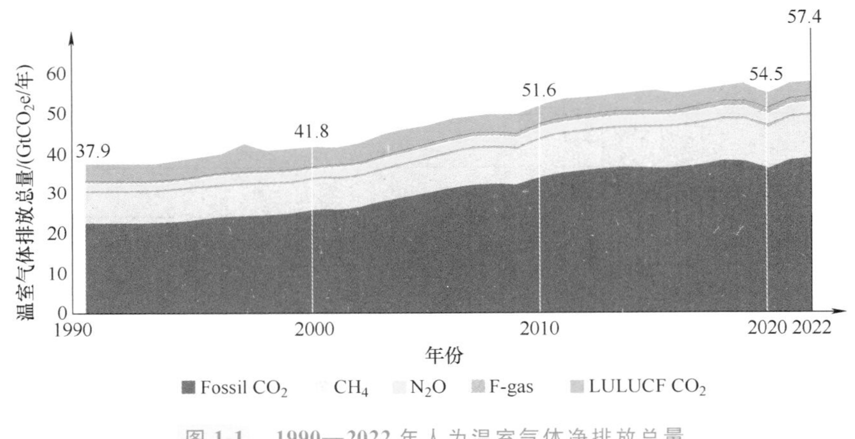

图 1-1　1990—2022 年人为温室气体净排放总量

注：CO_2e 表示 CO_2 当量。

1.3　主要发达国家非二氧化碳类温室气体排放特征及控制对策

全球非二氧化碳类温室气体排放量及预测量如图 1-2 所示，从 1990 年到 2015 年，全球非二氧化碳类温室气体排放水平上升了约 29%。在同一时期，CH_4 的排放量增加了 19%，N_2O 的排放增加了 32%，含氟气体的排放量增加了 231%。2015 年至 2030 年期间，全球非二氧化碳类温室气体排放量预计将继续增加约 17%，从 12010$MtCO_2e$ 增加到 14031$MtCO_2e$。从 2015 年到 2030 年，含氟气体的排放量预计将增加 86%，远高于 CH_4（9%）和 N_2O（14%）。

到 2030 年，全球非二氧化碳类温室气体减排潜力总量估计约为 3805$MtCO_2e$，占当年非二氧化碳类温室气体排放量的 27%。CH_4 的总减排潜力估计约为 2600$MtCO_2e$，占 2030 年非二氧化碳类温室气体减排潜力总量的 68%。据估计，到 2030 年，含氟气体的减排潜力约为 829MtCO_2e，占 2030 年非二氧化碳类温室气体减排潜力总量的 22%。预计到 2050 年，含氟气体的减排潜力将增加 1 倍以上，达到 2086MtCO_2e，因为含氟气体源的基线排放量预计将随着时间的推移而增长。

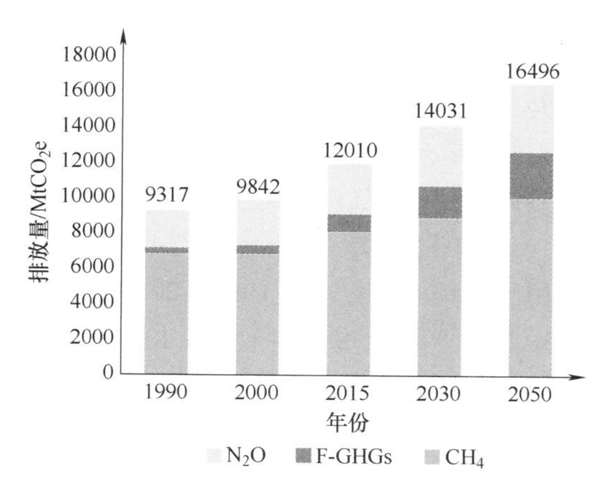

图 1-2　全球非二氧化碳类温室气体排放量及预测量

（数据来源：美国环境保护署）

根据官方网站公布的《联合国气候变化框架公约》附件 1 中的国家温室气体清单数据，从 1990 年至 2020 年，二氧化碳在排放总量中所占比例最大（1990 年为 79.4%，2020 年为 79.5%），甲烷在排放总量中所占比例排名第二位（1990 年为 13.0%，2020 年为 11.7%），然后是氧化亚氮（1990 年为 6.1%，2020 年为 6.0%），含氟气体所占温室气体排放总量的比例，1990 年为 1.5%，2020 年为 2.8%。从 1990 年至 2020 年，所有附件 1 缔约方不含土地利用、土地利用变化和林业（LULUCF）的温室气体排放合计总量从 19224.98MtCO_2e 下降到 15198.42MtCO_2e，下降比例为 20.9%。LULUCF 通过改变森林植被光合和分解过程，最终导致陆地生态系统碳储量变化，对大气中二氧化碳浓度产生影响。含 LULUCF 的温室气体排放合计总量从 18045.10MtCO_2e 降至 13413.93MtCO_2e，同期相比下降了 25.7%。从 2000 年至 2020 年，不含和含 LULUCF 的温室气体排放量下降的比例分别为 15.4%和 17.1%。从 2019 年至 2020 年，不含和含 LULUCF 的温室气体排放量下降的比例分别为 7.1%和 8.2%。

经济转型期附件 1 缔约方，从 1990 年至 2020 年，不含和含 LULUCF 的温室气体排放量下降的比例分别为 43.3%和 53.2%。从 2000 年至 2020 年，不含和含 LULUCF 的温室气体排放量下降的比例分别为 2.1%和 3.4%。从 2019 年至 2020 年，不含 LULUCF 的温室气体排放量下降比例为 4.1%，而含 LULUCF 的温室气体排放量下降比例为 6.5%。

从 1990 年至 2020 年，非经济转型期附件 1 缔约方不含和含 LULUCF 的温室气体排放量下降的比例分别为 11.3%和 13.4%。从 2000 年至 2020 年，不含和含 LULUCF 的温室气体排放量下降的比例分别为 18.5%和 19.8%。从 2019 年至 2020 年，不含和含 LULUCF 的温室气体排放量下降的比例分别为 7.9%和 8.6%。

甲烷约占长寿命温室气体（LLGHG）辐射强迫的 19%。辐射强迫是指由于气候系统内部变化，如二氧化碳浓度或太阳辐射的变化等外部强迫引起的对流层顶垂直方向上的净辐射变化，单位为 W/m^2。约 40%的甲烷由自然来源（如湿地和白蚁）排放到大气中，其余来自人为来源（如反刍动物、水稻农业、化石燃料开采、垃圾填埋场和生物质燃烧）。1984—2022 年全球平均 CH_4 浓度及其增长率如图 1-3 所示。图 1-3a 中的曲线 1 和曲线 1 上的点表示月平均值，而曲线 2 是去除了季节变化后的月平均值。2022 年，根据现场观测计算的全球平均甲烷浓度达到了新高，为（1923±2）ppb[⊖]，比 2021 年增加了 16ppb。这一增幅略低于 2020—2021 年 17ppb 的增幅，但高于过去 10 年 10.2ppb 的年均增幅（图 1-3b）。CH_4 的年均增幅从 20 世纪 80 年代末的约 12ppb/年降至 1999—2006 年期间的近乎零。自 2007 年以来，大气中的 CH_4 再次增加。2022 年，在人为来源的驱动下，大气 CH_4 浓度达到工业化前水平的 264%。

氧化亚氮约占 LLGHG 辐射强迫的 6%。它是综合强迫的第三大贡献者。N_2O 通过自然来源（约 57%）和人为来源（约 43%）排放到大气中，包括海洋、土壤、生物质燃烧、化肥使用和各种工业过程。1984—2022 年全球 N_2O 平均浓度及其增长率如图 1-4 所示，2022 年全球 N_2O 平均浓度达到（335.8±0.1）ppb，比 2021 年增加了 1.4ppb，是工业化前水平（270.1ppb）的 124%。2021 年至 2022 年的年增长率高于 2020 年至 2021 年的增长率，也高于过去 10 年的平均增长率（1.05ppb/年）。全球人为的 N_2O 排放，其中主要是农田的增氮，在过去 40 年中增加了 30%，达到每年 7.3MtN。这一增长是大气中的 N_2O 增长的主要原因。2020—2022 年期间持续的拉尼娜现象可能是导致 N_2O 增长率如此之高的原因之一。

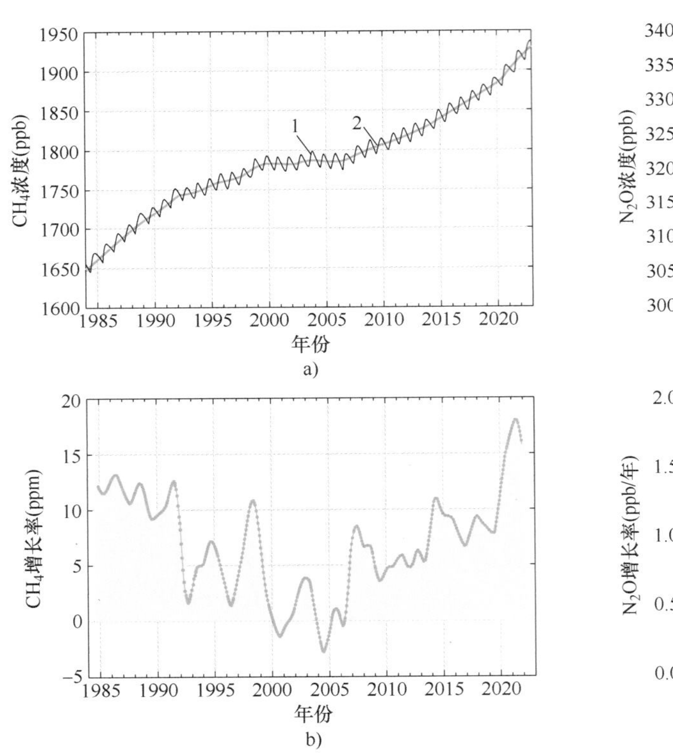

图 1-3　1984—2022 年全球平均 CH_4 浓度及其增长率

注：$1ppm=10^{-6}$

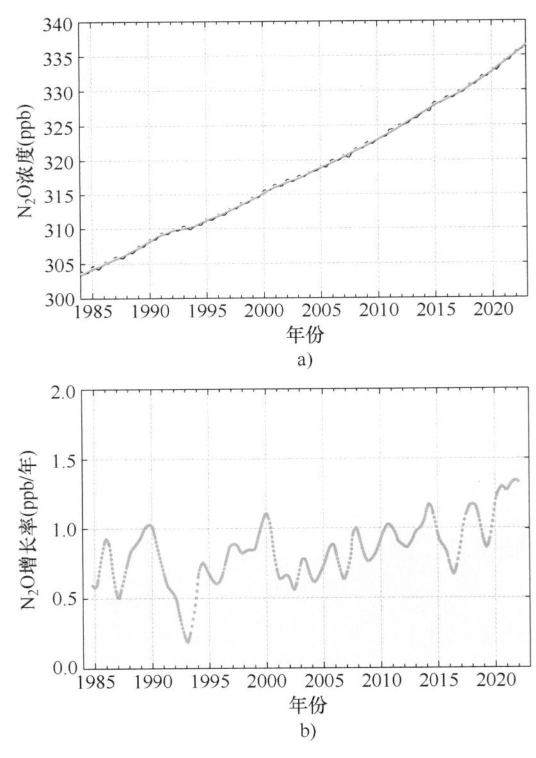

图 1-4　1984—2022 年全球 N_2O 平均浓度及其增长率

⊖ $1ppb=10^{-9}$。

六氟化硫（SF_6）和最重要的卤代烃的浓度如图 1-5 所示。平流层消耗臭氧的氯氟烃（CFCs），受《关于消耗臭氧层物质的蒙特利尔议定书》（简称《蒙特利尔议定书》）的管制，连同少量卤代气体，约占 LLGHG 辐射强迫的 11%。虽然 CFC 和大多数哈龙正在减少，但一些含氢氯氟烃（HCFCs）和氢氟烃（HFCs）却增加，而且速度相对较快，它们也是强效温室气体；不过，它们的丰度仍然很低（在 ppt[⊖] 水平）。尽管六氟化硫（SF_6）的丰度同样很低，但它却是一种极强的 LLGHG。六氟化硫是化学工业生产产生的，主要用作配电设备的电绝缘材料。SF_6 的浓度正在上升，速度相当稳定，目前是 20 世纪 90 年代中期观测到的水平的 2 倍多。

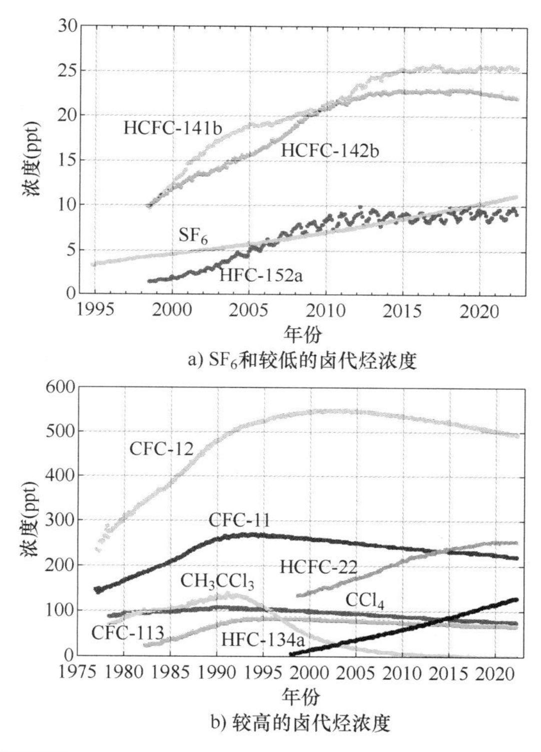

a) SF_6和较低的卤代烃浓度

b) 较高的卤代烃浓度

图 1-5 六氟化硫（SF_6）和最重要的卤代烃的浓度

1.3.1 美国

1. 排放现状

美国 1990—2020 年温室气体排放量如图 1-6 所示。2022 年，美国温室气体总排放量为 6343.2$MtCO_2e$。美国非二氧化碳类温室气体排放量及变化百分比见表 1-2，从 1990 年到 2022 年，总排放量下降了 3.0%，相较于 2007 年比 1990 年水平高出 15.2%的峰值有所减少。从 2021 年到 2022 年，总排放量增加了 0.2%（14.4$MtCO_2e$）。2022 年净排放量为

⊖ $1ppt = 10^{-12}$。

5489.0MtCO_2e。总体而言，2021 年至 2022 年的净排放量增加了 1.3%，比 2005 年的水平下降了 16.7%，2021 年至 2022 年期间，温室气体排放总量的增加主要是由于大多数最终用途部门化石燃料燃烧产生的 CO_2 排放量增加，部分原因是 COVID-19 流行高峰期后经济活动持续反弹导致能源使用量增加。从 2021 年到 2022 年，化石燃料燃烧产生的 CO_2 排放量增加了 1.0%，其中，住宅部门排放量增加了 5.0%，商业部门排放量增加了 8.9%，运输部门排放量减少了 0.1%，工业排放量增加了 2.6%，电力部门排放量减少了 0.6%。2022 年，LULUCF 部门的碳封存抵消了总排放量的 14.5%。

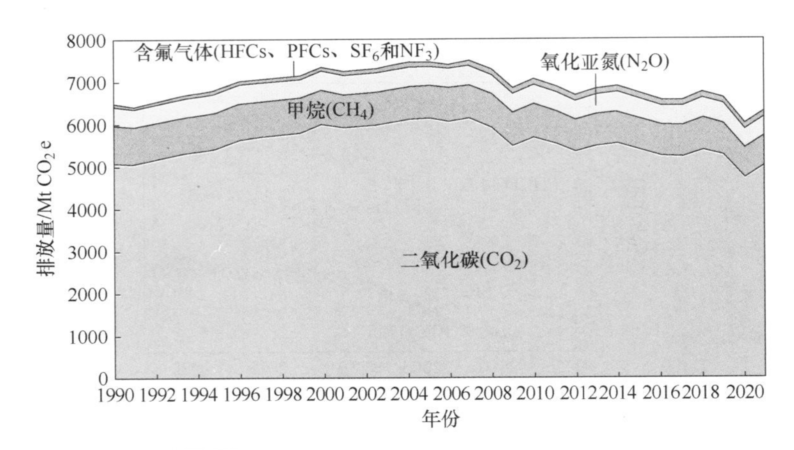

图 1-6　美国 1990—2020 年温室气体排放量

表 1-2　美国非二氧化碳类温室气体排放量及变化百分比　（单位：MtCO_2e）

气体种类	1990 年排放量	2020 年排放量	变化百分比（%）
CH_4	808.01	688.47	-14.8
N_2O	454.67	441.23	-3.0
含氟气体	99.67	189.19	89.8
总计	1362.34	1318.90	—

注：数据来源：《联合国气候变化框架公约》。

美国人类活动排放的主要温室气体是二氧化碳，占温室气体排放总量的 79.7%。温室气体总排放量的最大来源是化石燃料燃烧，主要来自运输和发电。甲烷（CH_4）的主要来源包括与家畜相关的肠道发酵、天然气系统和垃圾填埋场废物的分解。农业土壤管理、废水处理、固定燃料燃烧源和粪便管理是 N_2O 排放的主要来源。消耗臭氧层物质（ODS）替代排放是氢氟碳化物（HFCs）总排放量的主要贡献者。全氟化碳（PFCs）排放主要归因于氟化学品生产和电子制造。六氟化硫（SF_6）排放量的大部分来源是电气设备。三氟化氮（NF_3）排放量在电子制造和氟化工生产之间大致平均分配。

2. 控制对策

美国在控制非二氧化碳类温室气体，如甲烷（CH_4）、氧化亚氮（N_2O）、氢氟碳化物

（HFCs）、全氟化碳（PFCs）、六氟化硫（SF_6）等的排放方面，采取了多种策略和措施。这些措施涉及政策制定、技术革新、市场激励及国际合作等多个方面，具体包括：

（1）美国发布《通胀削减法案》

美国联邦政府提出了实施《通胀削减法案》的几项重要法规，该法规于2022年8月通过。这些法规提出或最终确定了申请发电、清洁汽车和家庭能源税收抵免的要求；提供资金以减少甲烷排放；对公共土地和公共水域的石油和天然气租赁实施新的租赁销售和特许权使用费等。越来越多的分析证实，该法案将使美国实现其2030年国家自主贡献目标大约2/3。虽然向前迈出了一大步，但《通胀削减法案》也受到了批评，例如，它允许更多的石油和天然气勘探，可能会增加排放，但不会过度补偿其他地方的减排。《通胀削减法案》的名称表明，它更像是一项经济政策，而不是一项气候政策。它对其他国家产生了重大的连锁反应，因为许多行业正在考虑是否将生产线放在美国或国外。自2022年以来，联合国环境规划署（UNEP）排放差距报告审查的所有国家级情景都考虑了《通胀削减法案》对2030年排放的潜在影响。

（2）美国发布首份交通部门脱碳蓝图

2023年1月10日，美国政府发布了首份交通部门脱碳蓝图，明确了到2050年减少交通部门温室气体排放的里程碑式战略，旨在到2050年实现交通脱碳。脱碳蓝图分三个阶段：①到2030年，通过部署研究和投资以扭转交通运输部门温室气体排放的趋势；②2030—2040年，加速变革期，扩大清洁解决方案的部署；③2040—2050年完成转型，实现一个可持续和公平的未来。该蓝图涵盖所有客运和货运出行方式与燃料，强调了多种清洁技术在各种应用中的作用，并提出了实现脱碳的三项关键战略：①支持地方和区域层面的社区设计和土地使用规划来增加便利性，以减少通勤负担；②扩大公共交通和铁路建设并提高运输效率；③部署零排放车辆和燃料，向清洁运输过渡。此外，交通部门的成功转型须考虑整个生命周期的排放。

（3）美国政府发布电动汽车充电网络建设新规

2023年2月15日，美国政府发布美国电动汽车（EV）充电网络建设规则，旨在创建一个方便、可靠和美国制造的EV充电网络，计划在高速公路和社区建造50万个充电桩/站，力争到2030年，电动汽车销量至少占新车销量的50%。具体措施包括：①交通部与能源部合作确定最新规则标准以实现EV充电不受地区和车辆型号限制；②联邦高速公路管理局要求联邦政府资助的充电桩/站必须是美国制造；③能源和交通联合办公室发布为电动驾驶研发项目提供融资机会的意向通知；④能源部宣布为7个项目提供740万美元资助，加速建立零排放车辆走廊，扩大国家电动汽车和燃料电池汽车基础设施，推进中型和重型货运汽车电气化；⑤联邦高速公路管理局公布了即将推出的充电和加油基础设施（CFI）酌情拨款计划的细节。

（4）美国能源部发布海上风能战略

2023年3月29日，美国能源部（DOE）发布《推进美国海上风能：实现并超越30GW目标的战略》，旨在实现美国到2030年海上风电部署达到30GW，到2050年超过110GW的目标。该战略分为四部分：

1）近期发展固定式海上风电，到 2030 年将其发电成本从 73 美元/(MW · h) 降至 51 美元/(MW · h)，发展国内供应链以支持 30GW 的部署规模。

2）中期发展漂浮式海上风电，到 2035 年将深海漂浮式海上风电发电成本降低 70%以上，即降至 45 美元/(MW · h) 以下，建立在漂浮式海上风电设计和制造方面的领导地位，以促进到 2035 年部署 15GW 的漂浮式海上风电。

3）输电系统，协调规划将海上风电与电网集成，通过技术创新提高海上电网的可靠性、弹性和互操作性，支持扩展可靠且弹性的电网基础设施。

4）转型发展，推进储能和海上风电联产（风电制燃料）技术，支持部署海上风能中心。

（5）美国 MEF 领导人会议确定实现温控目标的 4 个关键领域

2023 年 4 月 20 日，美国在主要经济体能源和气候论坛（Major Economies Forum on Energy and Climate，MEF）领导人会议上表示，将加快 4 大关键领域的行动部署，以激励采取有关行动，应对气候危机。

1）能源脱碳：宣布降低电力和交通部门碳排放的相应措施，包括扩大清洁能源规模、制定 2030 年汽车净零排放目标、推进国际航运脱碳。

2）停止砍伐亚马逊和其他重要森林：利用森林与气候领导人伙伴关系（Forest and Climate Leaders’ Partnership）取得公共、私人和慈善机构的支持。

3）积极应对非二氧化碳气候污染物：启动甲烷融资冲刺（Methane Finance Sprint）以减少甲烷排放，并根据《基加利修正案》规定加速氢氟碳化物（HFCs）的淘汰速度。

4）推进碳管理：加强与各国的合作，通过 COP28 会议，加速碳捕集、清除、利用和封存技术，以应对无法避免的排放。

1.3.2 欧洲

1. 排放现状

欧盟非二氧化碳类温室气体排放量及变化百分比见表 1-3。从 1990 年至 2021 年，欧盟 27 国包括国际航空在内的温室气体（GHG）净排放量下降了 30%。欧盟成员国目前的预测表明，到 2030 年，净排放量将比 1990 年减少 48%，比 2021 年预测的 41%有所增加，但仍与 2030 年目标相差 7 个百分点。与过去 10 年的减排速度相比，温室气体绝对减排量的年均速度必须增加 2 倍以上，才能实现 2030 年的气候目标。

表 1-3 欧盟非二氧化碳类温室气体排放量及变化百分比 （单位：$MtCO_2e$）

气体种类	1990 年排放量	2020 年排放量	变化百分比（%）
CH_4	723.12	429.79	-40.6
N_2O	399.04	241.88	-39.4
含氟气体	71.79	98.12	36.7
总计	1193.95	769.80	—

注：数据来源：《联合国气候变化框架公约》。

减少温室气体排放对于减缓全球变暖的速度并减轻其对环境和人类健康的影响至关重要。《欧洲气候法》设定了最迟到2050年实现气候中和的约束性目标，并在2030年将温室气体净排放量比1990年至少减少55%。与1990年相比，2021年欧盟温室气体净排放量下降了30%，而同期繁荣度显著增加。这一成就包括国际航空业的排放，并考虑了LULUCF部门的碳汇。

温室气体净排放量的减少主要发生在过去20年中，同时逐步加强了减少温室气体排放的政策。总体下降主要归因于能源生产方法的转变，特别是煤炭使用量的大幅下降和可再生能源利用的增长。此外，正如欧洲经济区早些时候所记录的那样，总能源消耗量略有减少，与特定工业生产过程相关的温室气体排放量大幅减少。

2022年温室气体净排放量比2021年的水平进一步下降了1.9%，这在很大程度上可以解释为能源危机。天然气价格飙升导致建筑行业的节能和温室气体排放减少，而能源密集型行业的产量下降导致排放大幅减少。与此同时，由于转向煤炭发电，电力部门的一氧化碳排放量有所增加。

国家能源和气候计划的最终版本于2024年6月提交。一般而言，所有部门都需要通过加强政策和措施来解决。具体而言，在建筑领域，到2030年减少温室气体排放具有巨大的成本效益潜力。运输和农业部门也需要做出大量的额外努力，因为它们近年来的进展有限。

展望2030年以后，目标与当前和计划措施的预计影响之间的差距甚至更大。考虑到目前采取和计划采取的措施，预计到2040年净排放量与1990年相比将降低60%，到2050年将降低64%。这表明需要所有部门制定变革性政策以实现气候中和。

2. 控制对策

欧盟大幅推进了多项政策，以实现其2030年减排目标并加速欧盟摆脱化石燃料的过渡。这些措施包括扩大现行的欧盟排放交易体系，更新交通和建筑排放法规，改进可再生能源和能源效率目标，以及建立碳边境调整机制，确保碳密集型进口产品的碳价格与欧盟内部产品的碳价格相当。同时逐步取消对欧盟排放交易体系内这些行业的免费配额。尽管如此，对化石天然气基础设施的投资增加及从天然气向煤炭的暂时转变对欧盟的气候目标还是构成了威胁。除此之外，还有另几项对策：

（1）欧盟委员会发布欧洲研究区第二份工业技术路线图

2023年1月24日，欧盟委员会发布《欧洲研究区（ERA）纺织、建筑和能源密集型行业循环技术和商业模式的工业技术路线图》，确定了纺织、建筑和能源密集型行业的92项循环技术和创新投资需求。关键循环技术包括：

1）纺织：生物基材料和再生材料等替代原材料、臭氧技术等。

2）建筑：增材制造技术、城市采矿等。

3）化工：酸、碱、盐废物回收技术、废塑料热化学回收技术、生物回收技术等技术。

4）金属和钢铁：废耐火材料再利用、使用传感器和机器学习的废料场管理、激光物体检测等。

5）陶瓷：废陶瓷、边角料、工业无机废料回收利用等。

（2）欧盟发布《绿色新政工业计划》

2023 年 2 月 1 日，欧盟委员会发布《绿色新政工业计划》，旨在简化、加速和调整激励措施，以提高欧洲净零工业的竞争力。作为《欧洲绿色协议》和《欧盟工业战略》的补充，该计划提出了四大行动支柱：①建立可预期、连续和简化的监管环境；②促进投资和融资；③提高绿色技术技能；④开放贸易以提升供应链韧性。

（3）欧盟新法案定义可再生氢及其生命周期排放计算方法

2023 年 2 月 13 日，欧盟委员会通过了两项《可再生能源指令》要求的授权法案，提出了详细规则以定义可再生氢的构成，将确保所有非生物来源可再生燃料（RFNBO）均由可再生能源电力生产。第一项授权法案《关于欧盟 RFNBO 的授权法案》定义了在何种条件下氢、氢基燃料或其他能源载体可被视为 RFNBO，生产氢气的电解槽必须与新的可再生能源电力生产连接，旨在确保可再生氢的生产能够激励可再生能源并网。第二项授权法案《循环碳燃料温室气体减排最低阈值的授权法案》提供了计算 RFNBO 生命周期温室气体排放的方法，该方法考虑了燃料整个生命周期的温室气体排放，并阐明了如何计算可再生氢及其衍生物的温室气体排放量。

（4）欧盟出台《净零工业法案》以提高清洁技术竞争力

2023 年 3 月 16 日，欧盟委员会出台《净零工业法案》，提出到 2030 年欧盟战略性净零技术的本土制造能力将接近或达到年度部署需求的 40%。该法案将太阳能光伏和光热、陆上风能和海上可再生能源、电池和储能、热泵和地热能、电解槽和燃料电池等列为战略性净零技术。同时该法案还提出了改善净零技术投资条件的六项关键行动：①简化行政和许可授予流程；②加速二氧化碳捕集进程；③促进净零技术市场准入；④技能提升，设立净零排放工业学院；⑤促进创新，允许成员国设立监管沙盒，开展净零技术的测试和激励；⑥建立净零欧洲平台。

（5）欧盟立法推广可持续航运燃料减少海上运输排放

2023 年 3 月 23 日，欧盟委员会通过了一项新的“海事燃料”协议，确保航运业燃料的温室气体排放强度将随着时间的推移逐渐降低，到 2025 年减少 2%，到 2050 年减少 80%。该协议将通过设定船舶使用能源的年度温室气体强度的最大限制，并引入额外的泊位零排放要求，要求客船和集装箱船在港口使用岸上电源或替代零排放技术，采用基于目标和技术中立的方法，允许创新和开发新燃料技术，以帮助海上运输部门脱碳。

（6）欧盟大幅提高 2030 年可再生能源目标

2023 年 3 月 30 日，欧盟议会和各成员国就《可再生能源指令》修订达成临时协议，重申了欧盟决心通过加快部署本土可再生能源来实现能源独立，并实现欧盟 2030 年温室气体减排 55%的目标。该协议还对交通、工业、建筑及供暖制冷等领域制定了具体的目标：①在交通领域，2030 年前可再生能源利用占比需要达到 29%；②在工业领域，目标是每年增加 1.6%的可再生能源占比，到 2030 年工业氢消费总量中可再生能源制氢的占比应达到 42%；③在建筑领域，到 2030 年建筑能耗为 49%，可再生能源使用年增长率达 1.6%；④该临时协议还通过了电气化和废热吸收支持能源系统整合的条款，给予了核电有限认可。

1.3.3 日本

1. 排放现状

日本非二氧化碳类温室气体排放量及变化百分比见表1-4，2018年CO_2排放量为11.36亿t（不包括土地利用变化和林业，不包括间接CO_2，以下定义省略），占温室气体排放总量的91.6%，该排放量自1990年以来下降了2.0%，与2017年相比下降了4.4%。2018年CO_2清除量为5770万t，相当于温室气体排放总量的4.6%，该清除量自1990年以来下降了7.8%，与2017年相比下降了2.0%。

表1-4　日本非二氧化碳类温室气体排放量及变化百分比　（单位：$MtCO_2e$）

气体种类	1990年排放量	2020年排放量	变化百分比（%）
CH_4	44.16	28.46	-35.6
N_2O	32.60	20.20	-38.0
含氟气体	35.35	57.52	62.7
总计	112.12	106.18	—

注：数据来源：《联合国气候变化框架公约》。

日本的温室气体排放量和清除量趋势如图1-7所示，2018年CH_4排放量（不包括土地利用变化和林业）为2990万tCO_2e，占温室气体排放总量的2.41%；自1990年以来下降了32.8%，与2017年相比下降了1.3%。2018年N_2O排放量（不包括土地利用变化和林业）为2000万tCO_2e，占温室气体排放总量的1.61%；自1990年以来下降了37.3%，与2017年相比下降了2.0%。2018年HFCs排放量为4700万tCO_2e，占温室气体排放总量的3.78%；自1990年以来增长了194.9%，与2017年相比增长了4.7%。2018年PFCs排放量为350万tCO_2e，占温室气体排放总量的0.28%；自1990年以来下降了46.7%，与2017年相比下降了0.7%。2018年SF_6排放量为200万tCO_2e，占温室气体排放总量的0.15%；自1990年以来下降了84.1%，与2017年相比下降了1.3%。2018年NF_3排放量为30万tCO_2e，占温室气体排放总量的0.02%；自1990年以来增长了766.3%，与2017年相比下降了37.2%。2018年间接CO_2排放量为210万tCO_2e，占温室气体排放总量的0.15%；自1990年以来下降了62.4%，与2017年相比下降了0.7%。

2. 控制对策

日本近期推行了多项政策，2023年6月通过了一项新法律，提议征收碳税、排放交易计划和发行新政府债券。然而，由于碳定价水平不明确，其对排放的影响仍不清楚。政府将通过发行绿色转型（GX）经济转型债券筹集20万亿日元。《氢能基本战略》也进行了修订，现在设定了2030年、2040年和2050年的新氢气供应目标，以及未来15年1075亿美元的投资计划。除这些之外，还有：

（1）日本发布车用和固定式燃料电池路线图

2023年2月9日，日本新能源产业技术综合开发机构（NEDO）发布《汽车和重型卡车用燃料电池路线图》和《固定式燃料电池路线图》，提出到2040年的阶段性发展目标及重点技术，包括：

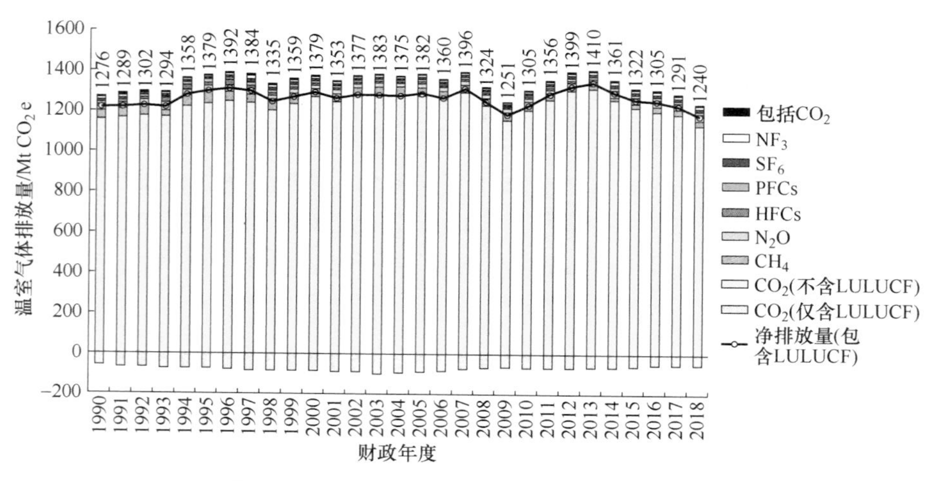

图 1-7　日本的温室气体排放量和清除量趋势

图 1-7 彩图

1）车用燃料电池，重点开发燃料电池材料、制造、储氢和数字化等技术，到 2030 年，燃料电池重型卡车开始普及；到 2040 年，燃料电池重型卡车广泛普及。

2）家用固定式燃料电池，到 2030 年，推广普及数量达到 300 万台，发电效率达到 40%～60%；到 2040 年，发电效率达到 45%～65%，下一代燃料电池效率达到 70%。

3）商用、工业用燃料电池，到 2030 年，作为分布式电源推广普及，纯氢聚合物电解质燃料电池发电效率达到 60%，固体氧化物燃料电池发电效率达到 60%以上；到 2040 年，普及使用绿氢的独立分布式能源系统，纯氢聚合物电解质燃料电池发电效率达到 65%，固体氧化物燃料电池发电效率达到 70%以上。

（2）日本内阁通过“实现绿色转型的基本方针”

2023 年 2 月 10 日，日本内阁批准“实现绿色转型的基本方针”政策文件，未来 10 年日本政府和私营部门投资将超过 150 万亿日元实现绿色转型并同步脱碳、稳定能源供应和促进经济增长。方针主要内容包括：①确保能源稳定供应；②发行债券投资企业绿色转型；③碳定价和碳税；④新金融手段。此外，该文件还详细阐述了未来 10 年重点行业发展方向，如钢铁行业电气化，化工行业开发 CO_2 制化学品技术，交通领域加快引入电动汽车等。

（3）日本经济产业省发布《碳足迹报告》及《碳足迹指南》

2023 年 3 月 31 日，日本经济产业省发布《碳足迹报告》，指出各个行业的碳足迹差异明显，需按行业划分近期碳足迹实施计划。《碳足迹报告》针对不同类型企业提出了碳足迹计算规则和使用方法，并提出未来政策建议：①制定碳足迹行动指南，鼓励主要使用原始数据计算，将数据库数据（二手数据）作为辅助；②以国家和地方政府的公共采购为示范，带头促进私营企业使用碳足迹；③制定可广泛使用的碳排放因子；④为每个产品制定碳足迹计算规则，保证公平性；⑤培养碳足迹专门人才；⑥以激励政策鼓励中小型企业的参与；⑦设立第三方验证机构。同期发布的《碳足迹指南》为从事碳足迹计算的人员提供计算指南和工作流程。

（4）日本通过核聚变国家战略

2023 年 4 月 14 日，日本内阁通过了首个国家核聚变战略，反映了日本国内建立聚变工业的需求。该战略呼吁私营企业更广泛地参与聚变能研发，争取在 2050 年左右实现核聚变发电。根据该战略，日本政府将在 2024 年 3 月之前成立聚变工业委员会，以发展相关产业，并制定确保聚变技术安全的指导方针。日本政府还将优先考虑国内大学的聚变能教育，以培养该领域的专家，并寻求吸引海外机构和其他学科的人才。

1.4　我国非二氧化碳类温室气体排放现状及控制对策

1.4.1　我国非二氧化碳类温室气体排放现状

作为全球最大的温室气体排放国之一，我国的非二氧化碳类温室气体排放问题受到了国内外广泛关注。我国温室气体排放总量如图 1-8 所示，非二氧化碳类温室气体主要包括甲烷（CH_4）、氧化亚氮（N_2O）和各种含氟气体（如 HFCs、PFCs、SF_6 等），它们虽然在大气中的浓度与 CO_2 相比较低，但由于它们具有更高的 GWP，对气候变化的影响不容忽视。

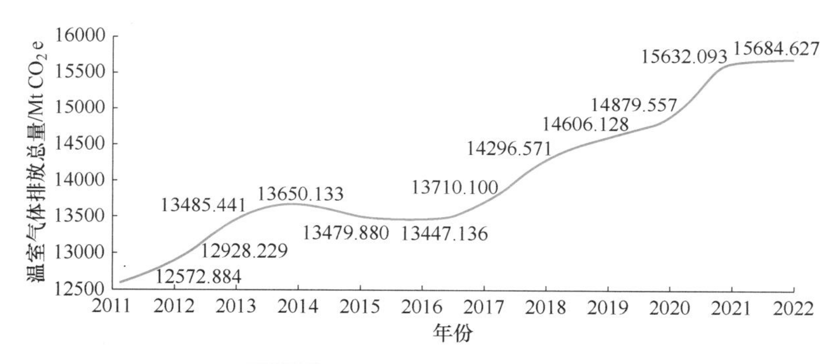

图 1-8　我国温室气体排放总量

2018 年《中华人民共和国气候变化第三次两年更新报告》发表，我国温室气体总量及各行业温室气体排放量见表 1-5，温室气体排放构成见表 1-6。

表 1-5　2018 年我国温室气体总量及各行业温室气体排放量（单位：亿 tCO_2e）

项目	CO_2	CH_4	N_2O	HFCs	PFCs	SF_6	合计
能源活动	94. 26	6. 02	1. 27	—	—	—	101. 55
工业生产过程	14. 66	0. 00	1. 37	1. 89	0. 22	0. 73	18. 87
农业活动	—	5. 01	2. 92	—	—	—	7. 93
土地利用、土地利用变化和林业	-13. 40	0. 84	0. 00	—	—	—	-12. 57
废弃物处理	0. 03	1. 60	0. 37	—	—	—	2. 00
总量（不包括 LULUCF）	108. 96	12. 63	5. 93	1. 89	0. 22	0. 73	130. 35
总量（包括 LULUCF）	95. 55	13. 46	5. 94	1. 89	0. 22	0. 73	117. 79

表 1-6　2018 年我国温室气体排放构成

温室气体	包括土地利用、土地利用变化和林业		不包括地利用、土地利用变化和林业	
	排放量/亿 tCO_2e	比例（%）	排放量/亿 tCO_2e	比例（%）
CO_2	95.55	81.1	108.96	83.6
CH_4	13.46	11.4	12.63	9.7
N_2O	5.94	5.0	5.93	4.6
F-gas	2.84	2.4	2.84	2.2
合计	117.79	100	130.35	100

1. 甲烷排放

甲烷排放主要来自于煤炭行业、石油和天然气生产和运输、污水处理厂及垃圾填埋场，本书针对各行业典型工艺，分析排放节点，通过企业调研、实际工艺分析等形式，获取甲烷历史排放量和近期排放量，分析研究甲烷排放途径和排放特性，进而确定行业温室效应贡献率。我国的甲烷排放主要源于农业、能源生产和废物处理等领域。农业部门，特别是水稻种植和畜牧业（包括牛、羊等反刍动物的肠道发酵过程和粪便管理）是主要的甲烷排放源。此外，随着我国煤炭产量的增加，煤炭开采过程中的甲烷排放也相当可观。城市固体废物填埋场及污水处理设施同样是甲烷排放的重要来源。2018 年我国 CH_4 排放量为 6411.3 万 t，其中能源活动排放 2865.8 万 t，占 44.7%；工业生产过程排放 0.5 万 t；农业活动排放 2384.6 万 t，占 37.2%；土地利用、土地利用变化和林业排放 398.1 万 t，约占 6.2%；废弃物处理排放 762.2 万 t，占 11.9%。

2. 氧化亚氮排放

N_2O 主要来自于硝酸、己二酸、己内酰胺的生产，通过对所涉及化工生产行业上下游供需状况进行分析，筛选适合我国工业生产领域的 N_2O 排放量计算方法和减排技术，并通过减排成本分析评估工业生产领域 N_2O 减排潜力及影响。我国的 N_2O 排放主要来自于农业土壤管理（尤其是化肥的使用）、工业生产过程（如尼龙和酸性物质的制造）及化石燃料的燃烧。农业活动是最大的排放源，过量和不合理的化肥使用导致 N_2O 大量排放到大气中。此外，汽车尾气排放也是一个不容忽视的 N_2O 排放来源。2018 年我国 N_2O 排放量为 191.5 万 t，其中能源活动排放为 41.1 万 t，占 21.5%；工业生产过程排放为 44.1 万 t，占 23.0%；农业活动排放为 94.3 万 t，占 49.2%；土地利用、土地利用变化和林业排放为 0.1 万 t，占比不到 0.1%；废弃物处理排放为 11.9 万 t，占 6.2%。

3. 含氟气体排放

随着我国经济的快速发展，含氟气体排放量呈现上升趋势。这些气体主要包括用作制冷剂的氢氟碳化物（HFCs）、电子行业中使用的全氟化碳（PFCs）及电力行业使用的六氟化硫（SF_6）。我国含氟气体排放量为 2.84 亿 tCO_2e，全部来自工业生产过程。其中，金属制品生产排放 0.20 亿 tCO_2e，占 7.0%；化学工业生产排放 0.30 亿 tCO_2e，占 10.6%；卤代烃和六氟化硫消费排放 2.34 亿 tCO_2e，占 82.4%。

HFCs 的排放主要涉及汽车、家电、工商制冷、泡沫等典型行业，通过调查研究国内外主要 HFCs 温室气体减排的行业和领域，估算排放量，了解减排政策、措施、减排技术和成本，评估 HFCs 减排可能产生的社会经济影响。

PFCs 的排放主要来自电解铝工业生产，针对我国电解铝工业生产过程中排放的 PFCs 气体在 2020 年之前的排放量和可实现的减排量，进行全面、系统、深入调查、研究、分析和估算，在此基础上，评估控制和减少我国电解铝行业 PFCs 气体排放在技术、资金、政策等方面的可行性和障碍。

SF_6 的排放主要来自电力、电子、金属冶炼行业，选取有代表性的企业对 SF_6 的生产和消费工业流程进行分析，找出 SF_6 排放的关键节点及技术障碍，评估 SF_6 排放量估算方法、生产控制以及替代技术。

我国政府已经认识到非二氧化碳类温室气体排放对气候变化的重要影响，并采取了一系列措施来减少这些排放包括制定相关政策法规、推广低碳技术、优化能源结构及提高废物处理效率等。然而，由于经济发展和人口增长的需求，非二氧化碳类温室气体的减排仍面临着巨大的挑战。

在国际舞台上，我国承诺在 2030 年前达到碳排放峰值，并努力在 2060 年前实现碳中和。为实现这一目标，我国不仅需要控制二氧化碳排放，还需大幅度减少非二氧化碳类温室气体的排放。这要求我国在能源、农业、工业和废物管理等多个领域采取更加有效的减排措施，同时加强国际合作，共同应对全球气候变化挑战。

1.4.2　我国非二氧化碳类温室气体排放控制对策

我国政府高度重视减缓气候变化的政策行动。2016 年以来，我国政府通过印发《“十三五”控制温室气体排放工作方案》和相关规划，做出了一系列新部署、新安排，采取强有力的一揽子政策和措施，通过多种手段推动温室气体减排。近年我国发布的非二氧化碳类温室气体管控政策见表 1-7，另外，作为应对气候变化的一项重要的基础性工作，我国测量（Monitoring）、报告（Reporting）和核查（Verification）（简称“MRV”）工作也取得了积极成效。通过调整产业结构、优化能源结构、促进节能提效、提升生态系统碳汇能力、控制非二氧化碳类温室气体排放、推动减污降碳协同增效等一系列措施，加强顶层设计，强化低碳发展战略目标指引，二氧化碳排放强度大幅降低，非能源活动的温室气体和非二氧化碳类温室气体排放得到有效控制，积极增加林业碳汇，超额完成了 2020 年的温室气体减排目标。经核算，2020 年单位国内生产总值二氧化碳排放比 2005 年下降 48.4%，超额完成了我国向国际社会承诺的到 2020 年下降 40%~45%的目标。

表 1-7　我国非二氧化碳类温室气体管控政策统计表

政策名称	发布年份	政策要点
中国应对气候变化国家方案	2007 年	最大限度地减少煤炭生产过程中的能源浪费和 CH_4 排放，有效降低稻田和畜产品的 CH_4 排放强度，减少垃圾填埋场的 CH_4 排放量。到 2010 年，力争使工业生产过程的 N_2O 排放稳定在 2005 年的水平上。积极寻求控制 N_2O 及 HFCs、PFCs 和 SF_6 等温室气体排放所需的资金和技术援助，提高排放控制水平，以减少各种温室气体的排放

（续）

政策名称	发布年份	政策要点
“十二五”控制温室气体排放工作方案	2012年	控制非能源活动二氧化碳排放和 CH_4、N_2O、HFCs、PFCs、SF_6 等温室气体排放取得成效
国家应对气候变化规划（2014—2020年）	2014年	己二酸、硝酸和含氢氯氟烃行业要通过改进生产工艺，采用控排技术显著减少 N_2O 和 HFCs 的排放。加大 HFCs 替代技术和替代品的研发投入，鼓励使用 SF_6 混合气和回收 SF_6
“十三五”控制温室气体排放工作方案	2016年	HFCs、CH_4、N_2O、PFCs、SF_6 等非二氧化碳类温室气体控排力度进一步加大
关于统筹和加强应对气候变化与生态环境保护相关工作的指导意见	2021年	探索大尺度区域 CH_4、HFCs、SF_6、PFCs 等非二氧化碳类温室气体排放监测
中华人民共和国国民经济和社会发展第十四个五年规划和2035年远景目标纲要	2021年	加大 CH_4、HFCs、PFCs 等其他温室气体控制力度
中国落实国家自主贡献成效和新目标新举措	2021年	加大对重点非二氧化碳类温室气体控排力度，研究实施非二氧化碳类温室气体控排行动方案，继续完善非二氧化碳类温室气体监测、报告和评估技术体系，逐步建立健全非二氧化碳类温室气体排放统计核算体系、政策体系和管理体系，形成一批可推广的非二氧化碳类温室气体排放控制技术，建成一批具有良好减排效果的重大工程，推广一批可复制的试点示范项目
中国本世纪中叶长期温室气体低排放发展战略	2021年	统筹能源活动、工业生产过程、农业、废弃物处理等领域的非二氧化碳类温室气体管控。强化温室气体排放与大气污染物排放的协同控制。有重点、分步骤、分阶段将不同类型非二氧化碳类温室体排放纳入量化管控范围。建立和完善非二氧化碳类温室排放统计核算体系、政策体系和管理体系。积极履行《基加利修正案》
中国应对气候变化的政策与行动	2021年	推动非二氧化碳类温室气体减排
关于深入打好污染防治攻坚战的意见	2021年	加强 CH_4 等非二氧化碳类温室气体排放管控；深化消耗臭氧层物质和 HFCs 环境管理；将温室气体管控纳入环评管理
减污降碳协同增效实施方案	2022年	强化非二氧化碳类温室气体管控，研究制定重点行业温室气体排放标准，制定污染物与温室气体排放协同控制可行技术指南、监测技术指南。完善汽车等移动源排放标准，推动污染物与温室气体排放协同控制

我国历来重视非二氧化碳类温室气体排放，在《国家应对气候变化规划（2014—2020年）》及控制温室气体排放工作方案中都明确了控制非二氧化碳类温室气体排放的具体政策措施。“十三五”期间，安排中央预算内投资和财政补贴支持开展三氟甲烷的销毁处置工作，累计销毁处理三氟甲烷 70727t，折合 8.28 亿 tCO_2e，三氟甲烷的处理率从 2015 年的 55%提升到 2020 年的 95.5%。目前，《基加利修正案》已对我国正式生效（暂不适用于香

港特别行政区)，为落实《基加利修正案》相关要求，我国政府相关主管部门分别发布了《中国受控消耗臭氧层物质清单》和《中国进出口受控消耗臭氧层物质名录》（简称《名录》)，将氢氟碳化物纳入管控范围，并针对《名录》所列氢氟碳化物实施进出口许可证管理制度。近期还陆续发布了《关于控制副产三氟甲烷排放的通知》《关于严格控制第一批氢氟碳化物化工生产建设项目的通知》等政策，加强对包括三氟甲烷在内的氢氟碳化物的排放管控，对部分氢氟碳化物化工生产建设项目严格控制并加强相关建设项目环境管理。我国政府推动煤层气和煤矿瓦斯的回收利用。主要油气企业成立“中国油气企业甲烷控排联盟”，推进油气行业甲烷控排。积极推进城市废弃物的焚烧处理，减少废弃物领域的甲烷排放。国务院办公厅印发《关于加快推进畜禽养殖废弃物资源化利用的意见》，在全国 500 多个养殖大县开展畜禽粪污资源化利用整县推进行动等，提高畜禽粪污资源化利用的同时，控制甲烷和氧化亚氮排放。

自从 2007 年我国作为发展中国家率先发布《中国应对气候变化国家方案》以来，国家在非二氧化碳类温室气体管控方面的政策越来越完善，在 2014 年印发的《国家应对气候变化规划（2014—2020 年)》中更是明确提出了控制非二氧化碳类温室气体排放的具体政策措施。国家多项政策指出要采取多种措施控制非二氧化碳类温室气体排放，稳步推进能源活动产生的 CH_4、N_2O、HFCs、PFCs 和 SF_6 等非二氧化碳类温室气体治理工作。

1. 国内 CH_4 控排措施

控制石油和天然气行业的 CH_4 排放是全球能源行业的重要挑战。天然气和液化石油气是清洁的工业和民用燃料，控制甲烷排放有利于提早收获天然气作为替代燃料带来的气候效益。我国最开始主要以提高资源回收利用和保障生产安全为目的，制定了瓦斯抽采利用率和资源开发量的目标。国内主要通过加大财政资金支持力度、实施煤矿瓦斯发电增值税（征即退)、对煤层气资源税实行低税率等优惠政策，以加快煤层气的开发利用，进一步提高我国煤层气（煤矿瓦斯）利用率，达到煤炭开采领域 CH_4 减排的效果。在 2014 年 12 月发布的《中国石油天然气生产企业温室气体排放核算方法与报告指南（试行)》中首次规定了 CH_4 排放核算方法。2023 年 11 月，我国出台《甲烷排放控制行动方案》，着重加强重点领域 CH_4 排放的监测、核算、报告和核查体系建设。

农业是我国第二大 CH_4 排放源，具有排放分散、难以管理的特点，相应的减排措施主要有两个方面：①选育属于低排放的高产水稻品种，大力推广水稻半旱式栽培技术，采用科学灌溉技术等实现 CH_4 减排；②控制畜禽 CH_4 排放，优化牲畜管理、提高畜禽生产力、改进饲料、改进畜禽粪污处理和利用方式等相关措施均有助于 CH_4 减排及碳减排。2022 年 2 月，农业农村部印发了《推进生态农场建设的指导意见》，首次提出要针对稻田、动物肠道、畜禽粪便 CH_4 排放的管理探索一套低碳补偿政策。

工业生产过程的 CH_4 排放主要来源于原材及辅助材料挥发、生产加工过程中的副产物，主要减排手段包括集中收集利用处置、生物固碳技术及固碳工程技术等。

废弃物处理过程中 CH_4 主要来自有机物的厌氧消化，另外在排污管道中的厌氧环境也会产生 CH_4 气体。目前我国废弃物处理过程 CH_4 减排手段主要包括：加强城镇污水处理和垃圾填埋过程 CH_4 的回收利用，推行垃圾分类，制定激励政策来促进填埋气体回收利用，推广利用先进的垃圾焚烧技术，启动“无废城市”建设等，其中生活垃圾填埋场的 CH_4 回收利用是主要的减排方式，但因技术与资金投入不足而无法有效控制相关 CH_4 排放的快速增长。生活污水处理的甲烷回收利用措施包括用具有甲烷回收和燃烧处理功能的厌氧系统，用来替代污水或污泥氧化处理系统，现有的污水处理厂也采用污泥厌氧处理系统对 CH_4 进行回收和利用等。

2. N_2O 控排措施

我国发布的《工业领域应对气候变化行动方案（2012—2020 年）》明确提出，改进化肥、己二酸、己内酰胺和硝酸等行业的生产工艺，采用控排技术，减少工业生产过程中 N_2O 的排放，通过化解过剩产能，制定铝行业规范，实施电解铝阶梯电价等政策淘汰落后铝冶炼产能。一方面是通过优化催化反应工艺、应用尾气处理装置控制己二酸、硝酸等生产企业的 N_2O 排放；另一方面是按照国家发展和改革委员会发布的《产业结构调整指导目录（2011 年本）》将落后的常压法及综合法硝酸工艺列入限制类目录，加速高排放工艺的淘汰。

农业上通过实施化肥使用量零增长行动，改变氮肥种类比例、精准施肥、化肥深施或混施、配施硝化抑制剂等措施控制农田 N_2O 排放，未来的主流应该是大力推广测土配方施肥办法和化肥农药减量增效技术。董红敏等通过提炼已有的研究成果认为，推广测土施肥、缓释肥和长效肥料可使每亩农田 N_2O 的排放有效减少 50%～70%。2016 年，我国化肥使用量首次接近零增长。

在废弃物处理领域中，N_2O 主要产生于城市污水处理中的脱氮工艺中，是硝化过程的副产物。裘湛等研究表明，污水处理过程中主要通过合理调控硝化和反硝化过程的溶解氧浓度和进水水质来减少 N_2O 的释放更具有可操作性。

另外，填埋库区垃圾堆体和渗滤液处理设施是垃圾填埋场 N_2O 主要的产生与释放源，实行生活垃圾分类源头控制，进行垃圾堆体覆膜与气体导排，渗滤液回灌负荷等方式控制，以及喷洒硝化抑制剂，均有利于控制生活垃圾填埋场 N_2O 的排放。

3. 含氟气体控排措施

以 HFCs 为主的含氟气体已成为国际公认的一类具有极大环境危害性的温室气体。采用的措施主要围绕两个方面：①对二氟一氯甲烷（HCFC-22）生产过程中的副产物三氟甲烷（HFC-23）开展减排控制，HCFC-22 既是一种制冷剂，也是重要的含氟高分子材料的单体，随着履行《蒙特利尔议定书》进程的推进，作为制冷剂用途的 HCFC-22 逐渐被淘汰，但作为原料用途的 HCFC-22 却将一直存在；②推进 HFCs 在生产、使用、排放过程中削减和淘汰，主要通过销毁处置、建立使用和运行台账、加强含氟气体排放管理和监测、实施优惠政策补贴、开展生产技术革新和升级改造、加大低碳环保替代技术研发和应用等方式。2014 年 11 月，国家发展和改革委员会出台了专门的 HFCs 削减重大示范项目中央财政投资计划来支持 HFC-23 的焚烧和转化利用；截至 2019 年，共支付补贴约 14.17 亿元，累计削减 6.53 万 tHFC-23，相当于减排 9.66 亿 tCO_2e。根据我国制定的 HFCs 淘汰计划，结合国家在 2019 年修订颁布的《产业结构调整指导目录（2019 年本）》，以含氢氯氟烃（HCFCs）的制冷剂被列为“限制类”；以氯氟烃（CFCs）为制冷剂和发泡剂的冰柜、冰箱、工业商业用冷藏、汽车空调器、制冷设备生产线被列为“淘汰类”；采用新型制冷剂替代 HCFC-22（或

R22）的空调器开发被列为“鼓励类”，但并未列举出具体的新型制冷剂替代品，有望后续我国能够将替代品分别列入《产业结构调整指导目录》的“淘汰类”和“鼓励类”，以此鼓励开发和应用非 HFCs 类替代品和替代技术，促进产业结构调整。

思 考 题

1. 《京都议定书》规定的人为源温室气体种类都有哪些？
2. GWP 的定义是什么？
3. 几种非二氧化碳类温室气体分别有哪些主要来源？
4. 非二氧化碳类温室气体对全球气候变化将产生哪些影响？
5. 针对非二氧化碳类温室气体排放，我国主要有哪些控制对策？

第2章 非二氧化碳类温室气体监测技术

2.1 非二氧化碳类温室气体监测概述

近年来，温室气体导致的全球变暖受到广泛关注，积极采取行动应对气候变化已成为世界各国的共识。温室气体的监测是指通过综合观测，结合数值模拟、统计分析等手段，获取温室气体排放强度、环境中浓度、生态系统碳汇等碳源、碳汇状况及其变化趋势信息，为应对气候变化研究和管理提供服务支撑。

2.1.1 温室气体监测的政策

我国政府对于温室气体监测工作始终保持高度重视。2021 年 1 月，生态环境部印发《关于统筹和加强应对气候变化与生态环境保护相关工作的指导意见》，提出要加强温室气体监测，逐步纳入生态环境监测体系统筹实施，明确了温室气体监测的发展方向。2023 年 12 月，中共中央、国务院印发的《关于全面推进美丽中国建设的意见》文件中提到加强温室气体、地下水、新污染物、噪声、海洋、辐射、农村环境等监测能力建设，实现降碳、减污、扩绿协同监测全覆盖，提出了温室气体监测与其他污染物监测的协同关系。2024 年 3 月，生态环境部印发《关于加快建立现代化生态环境监测体系的实施意见》，指出组建多尺度温室气体监测网络，持续推进二氧化碳和甲烷等大气温室气体地面与遥感监测、重要陆海生态系统碳汇监测试点，提升大气污染物和温室气体排放融合清单编制能力，提出了温室气体监测网络的组建、试点及监测数据对融合清单的支撑作用。

2.1.2 温室气体监测的分类

温室气体监测的分类

温室气体监测主要包括生态系统碳汇监测、城市及区域大气环境监测和重点行业排放监测三类。对于非二氧化碳类温室气体的监测，则主要是指后两种。城市及区域大气环境监测主要通过“自下而上”（Bottom-up）和“自上而下”（Top-down）两种方式展开。“自下而上”方法主要研究对象是城市陆面，采用城市碳排放清单、城市陆面过程模型模拟、观测数据外推等方式进行计算，是城市碳源/汇核算的主要手段。“自上而下”方法主要研究对象是大气，是基于温室气体浓度探测的资料同化技术。由于城市下垫面的复杂性和人类活动的不确定性，不同城市的观测分析结果差异很大，同一城市不同功能区的温室气体传输特征可能也不尽相同，需要在各种均匀（即自然）和非均匀（即城市）地表条件之间进行大量观测与模拟研究，以验证和推广不同城市下垫面的碳源/汇分布特征，进而明确城市复杂地表与大气之间温室气体交换机制。

重点行业排放监测主要是指通过手工和自动监测手段，对能源活动、工业过程等典型来源的温室气体排放量进行监测的行为。温室气体与大气污染物具有同根、同源、同过程的特点。为强化大气排放源管理，完善大气污染物与温室气体融合排放清单核算体系，提升减污降碳基础能力，协同推进降碳、减污、扩绿、增长，并提供技术支撑，生态环境部于 2024年1 月印发了《大气污染物与温室气体融合排放清单编制技术指南（试行)》。

2.1.3　温室气体监测的意义

开展温室气体监测具有三个重要意义。首先，可以直接服务碳排放核算，如在化石燃料开采区域的监测中，通过开展“卫星+无人机+走航”综合监测，能够提升生产过程中 CH_4 的无组织排放核算的全面性和准确性；其次，可以对温室气体核算过程中的排放因子进行校正，核定本地化排放因子，以更准确地评估温室气体排放情况；最后，可以助力城市减污降碳协同行动，通过现有环境空气监测网络耦合温室气体监测系统，实现减污降碳反演评估，为建设美丽城市提供支撑。

2.1.4　温室气体监测的点位设置

温室气体的监测与一般意义上的空气质量监测不同。空气质量监测针对的是 PM_{10}、$PM_{2.5}$、NO_2、SO、CO、O_3 等大气污染物，目的在于通过污染物监测数据反映城市的大气污染水平，为推进大气污染防治工作提供数据支撑。而城市大气温室气体监测的目的在于获得准确的碳排放数据，为碳达峰、碳中和目标的实现提供依据。在监测点位的布置上，建设空气质量监测站重点考虑的是城市污染物的浓度分布情况，要实现全区域覆盖；而大气温室气体监测站点建设要让每一个站点的功能得到充分发挥，因此需要选择最能有效反映城市温室气体排放情况的地方。关于非二氧化碳类温室气体监测点位的设置可参考国内 CO_2 监测的相关要求。

中国气象局印发的《高精度温室气体二氧化碳浓度自动观测系统建设指南》中，对我国主要城市和区域的温室气体高精度观测网的组成点位提出了如下建议：在我国省会城市和重点城市，至少建设一个温室气体观测站；在区域气候代表性较好的高山气象站点，开展温室气体在线观测；在国家气候观象台、中国气象局野外科学试验基地中，选择有一定海拔、代表不同地球系统圈层下垫面特征的站点，开展温室气体浓度高精度观测和通量监测，以获得区分人为排放和自然碳汇作用的碳源、碳汇反演基础数据；宜选择部分具有较大区域代表性的站点，开展碳同位素观测，以获得区分陆地和海洋生态系统的基础数据。

由中国环境监测总站、中国计量科学研究院、中国科学院大气物理研究所起草的《城市大气温室气体监测点位布设技术指南（第一版)》对温室气体监测的点位设置提出：以区分本地二氧化碳排放和区域传输为目标，兼顾区分二氧化碳人为源和自然源需要，综合考虑城市海陆特征、气候条件、CO_2 大气浓度空间分布等因素，开展温室气体监测点位布设。

点位分为城区点位和背景点位。城区点位用于监测本地二氧化碳排放影响，应基于移动监测、遥感观测和模型分析获得城市 CO_2 大气浓度空间分布，视情况在高值带、中值带和低值带分别布设至少 2 个点位。点位应代表所在梯度带的平均浓度水平，并尽可能反映整体的空间分布。背景点位用于区分本地二氧化碳排放和区域背景水平，应布设在城区外围并考虑主导风向，视现场具体情况布设。其中，沿海城市应考虑海陆风影响，布设海洋背景点和内陆背景点；山地城市考虑山谷风影响，布设山地背景点。

2.2 甲烷（CH_4）温室气体监测技术

甲烷是最简单的有机物，是含碳量最小、含氢量最大的烷烃。其具有正四面体非极性分子结构，分子直径为 0.414nm，四个键的键长相同、键角相等，是一种稳定化合物。甲烷作为常规天然气、页岩气、可燃冰等的主要组成成分，是非常重要的碳基资源。通过火焰燃烧和催化燃烧甲烷可与氧气燃烧产生二氧化碳和水。

2.2.1 CH_4 气体的特性和来源

1. CH_4 气体的常见来源

甲烷的排放源可以分为人为源和天然源。人为源占全球甲烷排放的 60%，主要包括化石燃料、农业、生物质燃烧、垃圾堆填、畜牧甲烷。其中能源部门是人为源中排放最多的，约占 40%，其次是农业部门。我国煤炭开采导致的甲烷排放占人为甲烷排放总量的 38%，超过石油或天然气行业的排放。除了化石燃料活动之外，甲烷的来源还包括农业（如水稻种植）和反刍家畜。此外，垃圾填埋场提供了厌氧环境和有机物，产甲烷菌在该环境下分解生物垃圾中的有机物产生甲烷，填埋场甲烷的释放受温度、湿度、pH 值、有机物成分及数量等环境因素的影响。全球垃圾填埋场甲烷释放量约占全球总排放量的 8%。

天然源主要包括海洋、河流和湖泊沿岸植被湿地、被水淹没的土壤、白蚁、地质甲烷等。湿地水体为厌氧环境，且湿地有机物的储量高，同时拥有大量微生物，因此被固定的碳在湿地环境中会通过呼吸作用或微生物的分解作用再次释放到大气中，碳释放以二氧化碳和甲烷为主。湿地是甲烷最大的天然源，湿地每年向大气中排放的甲烷占全球甲烷排放总量的 15%~30%，占全球天然源排放总量的 75%。地质甲烷在 IPCC（2007）评估报告中被明确为新型天然源，是仅次于湿地的第二大甲烷天然源。其主要来源包括含油气沉积盆地微渗漏甲烷、陆地和海底泥火山释放甲烷、海底渗漏的甲烷及地热/火山岩浆系统释放的甲烷。

自然界常见甲烷排放来源及其源强分布见表 2-1。

2. CH_4 在大气中产生的影响

甲烷常被认为是仅次于 CO_2 的温室气体，其变温潜能值是 CO_2 的 28 倍。甲烷也影响着对流层大气污染物和温室气体臭氧浓度的变化。甲烷的环境效应取决于甲烷及其光化学反应产物的物理、化学性质。全球甲烷排放总量的 90% 在对流层消散，80% 在最低层大气中消散，只有 10% 向上输送到平流层。

表 2-1 自然界常见甲烷排放来源及其源强分布

来源	天然源							人为源				
	湿地	白蚁	海洋水合物	地质甲烷				稻田	能源利用	垃圾堆填	畜牧业	其他
				油气盆地	泥火山	地热	海洋地质源					
源强/（Tg/年）	110	15~20	5	14~28	10.3~12.6	2.5~6.3	18~48	40~60	75	10~70	93	15~50

甲烷在低层大气消散的主要途径是通过发生光化学反应氧化而生成 O_3，甲烷在对流层臭氧的形成过程中起控制作用，造成对流层大气中 O_3 含量提高。O_3 浓度增加会导致地球表面温度增加，同时 O_3 浓度增加，会产生明显的温室效应。

甲烷释放到大气以后通过扩散向上输送，在向上输送的过程中通过与大气中的 ·OH 自由基反应而被氧化成甲基和甲醛；另外，在高层大气中，通过紫外光照使甲烷分解，这些化学反应参与或产生的中间物如 CH_3、CH_3O_2、CH_3O、CH_2O 及氮氧化物等在决定大气氧化能力方面起着非常重要的作用。甲烷氧化的最终产物是 CO，甲烷的地面排放量增加，则 CO 浓度也相应地增加。大气中有 10%~35%的 CO 来自甲烷与 ·OH 的氧化，而 CO 和甲烷消耗了大气中大部分 ·OH，甲烷和 CO 的含量决定了对流层中 ·OH 的浓度，而 ·OH 的浓度在大气光化学反应中起着极其重要的作用，·OH 能除去大气中许多人工或自然的含氯痕量气体。·OH 含量的减少，将向平流层输送更多的能破坏臭氧的含氯痕量气体。

甲烷具有较强的吸收太阳辐射红外光的能力。甲烷红外吸收带处在地球长波辐射的峰区范围内，又位于大气红外窗区短波的一侧，甲烷的窗口吸收效应能够强烈地吸收地球长波辐射而使地球气温增高。大气中甲烷浓度增加将扰乱地球辐射平衡，导致对流层表面温度增加。

2.2.2 CH_4 气体监测技术的原理

目前气体浓度检测手段主要分为化学方法和光学方法，化学方法是通过化学变化导致参数变化来推导被测气体浓度；光学方法中，光谱学技术是气体检测中最常用的方法。甲烷检测仪器的工作原理是基于气体的化学反应及光学测量的原理，甲烷检测仪的检测原理常用的有催化燃烧检测、红外检测、激光检测等，采用气相色谱仪与红外气体分析仪对气体成分进行分析。

CH_4 气体监测技术的原理

1. 电化学气体传感器

电化学气体传感器通过氧化还原反应来检测甲烷浓度。传感器中的气敏元件通常由一个氧化剂和一个还原剂组成，当甲烷进入传感器后，会与传感元件中的氧化剂反应，导致还原剂的氧化，使传感器中的电流或电压信号发生变化，从而可以测量甲烷浓度。传感器输出信号的大小与甲烷浓度成正比，因此可以通过测量信号的大小来确定甲烷浓度。

2. 催化燃烧气体传感器

催化燃烧气体传感器利用催化剂将空气和待测气体混合，形成可燃气体混合物，并通过燃烧反应产生热量。当待测气体含量超过一定阈值时，传感器会检测到燃烧反应的温度变化，从而判断出气体的存在和浓度。其工作原理是可燃性气体在通电的气敏材料表面（或在催化剂作用下）燃烧，产生的热量引起电热丝电阻值的变化，由电阻值的变化得出气体的浓度。其关键部分是催化剂，当待检测气体进入传感器并与催化剂发生反应时，释放出热量并产生电信号，传感器会将其转换为气体浓度的信号并输出。该类传感器通常由温度传感器、催化燃烧室和加热器装置组成。

3. 半导体传感器

半导体传感器利用气敏元件表面吸附被测气体分子而导致自身电阻率发生变化来推导被测气体浓度，主要包括电导传感器和热导传感器。电导传感器即当被测气体接触到传感器表面形成吸附时，其电阻率会发生相应的变化。通过电阻率和气体浓度之间的关系可推导出气体的浓度。热导传感器的传感元件通常为金属氧化物，当与被测气体形成吸附时，其电导率和导热系数发生变化，致使元件温度发生变化，进而推导出气体浓度。半导体金属氧化物传感器主要由气敏层、金属氧化物膜、绝缘层、加热器等部分组成，其气敏层通常为氧化物、硫化物或氮化物的半导体材料制成的敏感元件。被测气体分子与元件表面发生化学反应时，会改变元件表面的电性质，从而使元件内部电阻发生改变，灵敏度通常与材料内部电子密度及材料比表面积有关。

4. 光谱分析法

光谱分析法是物质分析的重要方法之一。利用光谱分析法检测气体浓度的原理是通过光与气体相互作用后光谱的参量变化来反映气体浓度信息，可以实现非接触、实时在线、多点检测。常见的光谱分析法有吸收光谱分析、荧光光谱分析、发射光谱分析、拉曼光谱分析等。从波长范围来划分，有紫外、可见光、近红外、中红外和远红外光谱分析技术。

5. 红外甲烷传感器

红外甲烷传感器通过甲烷气体分子对光谱的吸收作用来进行检测。甲烷气体所发射或吸收的波长和甲烷气体分子的结构之间有一定关联，可以通过光谱来判断甲烷的浓度。一旦有光通过甲烷气体，则由于甲烷分子结构的特殊性，会吸收部分波长的红外辐射，其余的光纤则会投射出来，照射到甲烷传感器上。随着甲烷浓度的不同，其穿过甲烷气体的光纤会在气体光谱仪上的吸收峰位置上呈现出不同的信号，通过信号的强度判断气体中的甲烷浓度情况。红外甲烷检测仪则是利用不同气体对红外辐射有着不同的吸收光谱、吸收强度来检测甲烷浓度的。如果气体吸收谱线在入射光谱范围内，那么红外辐射透过被测气体后，在相应谱线处就会发生能量的衰减，未被吸收的辐射被探头测出，通过测量该谱线处能量的衰减量来得知被测气体浓度。

根据 Beer-Lambert 定律（比尔-朗伯定律），输出光强 I、输入光强 I_0 与气体浓度的关系如下：

$$I=I_0\exp(\alpha LC) \tag{2-1}$$

式中 α——单位浓度和单位长度在一定波长下的介质吸收系数；

L——吸收路径的长度；

C——气体浓度。

如果已知 L 和 α，则可通过检测 I 和 I_0 来测量气体浓度。

6. 光腔衰荡光谱技术

光腔衰荡光谱技术（简称 CRDS 技术）是近几年来迅速发展起来的一种高灵敏度的吸收光谱检测技术。来自单频激光二极管的光束进入由两面或多面高反射率反射镜构成的衰荡腔。当激光打开时，脉冲激光沿着光轴注入腔内，激光脉冲在腔镜之间来回反射而形成振荡。快速光电探测器通过检测其中一个反射镜逸出的少量光强，产生与腔内光强成正比的信号，记录腔内激光脉冲的衰减过程，在腔镜反射率已知的情况下，可以计算腔内气体浓度的变化。

CRDS 技术与传统吸收光谱检测方法不同，CRDS 技术是通过测量光束透过光学谐振腔后的衰荡时间来获取待测物质的吸收激光光谱信息。该时间仅与衰荡腔反射镜的反射率和衰荡腔内介质的吸收有关，而与入射光强的大小无关，因此，测量结果不受脉冲激光涨落的影响，具有灵敏度高、信噪比高、抗干扰能力强等优点，被广泛应用于生物、化学、物理及地球和环境科学研究领域。

CRDS 技术的原理是，将激光脉冲囚禁在一个高反射率（通常 $R>99.9\%$）的谐振腔中，被囚禁的脉冲每在腔中来回反射一次，强度都会由于腔中介质的吸收与散射，而按一个固定的比例衰减。于是，腔内光脉冲的强度被确定为一个随时间变化的指数函数：

$$I_t = I_0 e^{-t/\tau} \tag{2-2}$$

式中　I_0——光脉冲源强度；

t——时间；

τ——衰荡时间。

对于空腔，衰荡时间 τ_0 依赖于镜片的反射损耗和各种光学现象（如散射和折射）：

$$\tau_0 = \frac{n}{c}\frac{l}{1-R+X'} \tag{2-3}$$

式中　n——腔内介质的折射率；

c——真空中的光速；

l——腔长；

R——镜子反射率，并考虑到其他带来光的损失的杂项 X'。

通常，出于简化考虑，将杂项损失视作一个等效的反射损耗。当一个有吸收的样品在腔内时，根据比尔-朗伯定律，将增大损耗。假设该样品充满整个空腔，此时的衰荡时间：

$$\tau_0 = \frac{n}{c}\frac{l}{1-R+X+\alpha l'} \tag{2-4}$$

式中　α——该样品的吸收系数；

l'——标准腔长。

光腔衰荡光谱技术示意图如图 2-1 所示，光脉冲沿着光轴注入腔内，光脉冲在腔镜之间来回反射而形成振荡。快速光检测器通过检测其中一个反射镜逸出的少量光强，产生与腔内光强成正比的信号，记录腔内光脉冲的衰减过程，即可得到腔内的衰荡时间。在腔镜反射率等条件已知的情况下，即可计算样品的吸收系数，从而得到腔内气体浓度。

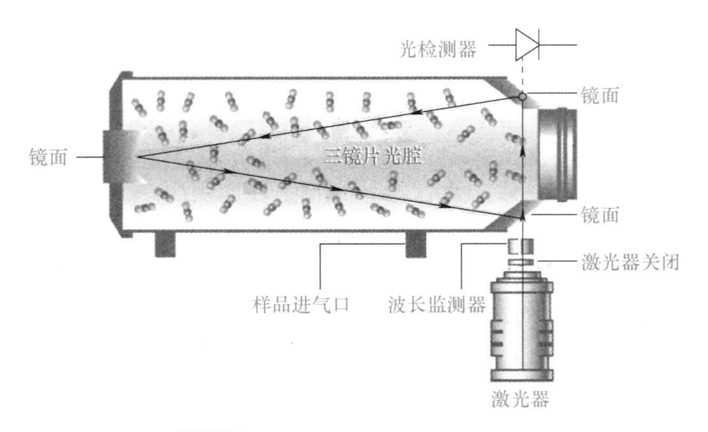

图 2-1　光腔衰荡光谱技术示意图

光声光谱技术是以分子吸收光谱理论和光声效应原理为基础的一种高灵敏气体浓度检测技术。被测气体处于基态的分子或原子从特定波长的光源中吸收光子能量跃迁至激发态，吸收的光能以热的形式释放，产生的热能转换为声能，通过检测声信号实现对待测气体的定性和定量分析。

2.2.3　现有的 CH_4 气体监测技术

甲烷不仅是温室气体的重要成分，同时也是天然气、沼气、瓦斯的主要成分，严重威胁人们的生产和生活安全。因此，甲烷气体一直是气体监测种类中的重点对象。目前甲烷气体检测方法有很多种，每种方法因其检测机制不同有着各自的优缺点与应用范围。依检测原理可分为催化燃烧、热传导、光干涉、红外吸收光谱等方法及基于其他原理的检测技术，主要利用气敏元件制作的甲烷检测仪、光学干涉条纹甲烷监测仪、色谱监测仪。CH_4 监测可以分为环境空气浓度监测、主要生态系统通量监测、典型排放源监测三种类型。由于场景不同，对监测的精度要求及设备的监测浓度范围要求也不相同。相比于固定排放源，环境空气中的 CH_4 浓度较低，而监测精度要求较高，特别是历年环境大气微量变化要求能够精确测量，所以对仪器精度及量程要求较高。《环境空气甲烷高精度监测量值溯源技术要求（试行）》中高精度光谱仪的标称区间为 1300～4000nmol/mol，5min 平均浓度精密度≤0.25nmol/mol。

对于环境空气 CH_4 监测，可采用的技术主要有光腔衰荡光谱法［参照《大气甲烷光腔衰荡光谱观测系统》（GB/T 33672—2017）］、离轴积分腔输出光谱法［参照《温室气体 二氧化碳和甲烷观测规范　离轴积分腔输出光谱法》（QX/T 429—2018）］等。对于典型排放源的监测，则可以采用气相色谱法［参照《环境空气　总烃、甲烷和非甲烷总烃的测定 直接进样-气相色谱法》（HJ 604—2017）］、傅里叶变换红外光谱法［参照 EPA Method 320: *Measurement Vapor Phase Organic and Inorganic Emissions by Extractive Fourier Transform Infrared (FTIR) Spectroscopy*］、非分散红外吸收法等。

此外，遥感监测也是 CH_4 监测的重要方法。如针对油气生产过程火炬排放 CH_4 这一重点排放源，使用可见光红外热成像辐射检测（VIIRS）遥感数据和高空间分辨率卫星影像，对试点企业作业区火炬位置、数量及强度进行识别。利用卫星遥感数据对试点企业生产区域高排放数据点（>100kg/h）进行筛查，记录异常高的 CH_4 排放源发生频率及持续时间，对比分析异常值对 CH_4 核算数据的影响。

1. 催化燃烧法

为了检测大气痕量甲烷浓度，其检测技术的选择至关重要。催化燃烧式传感器只适合于检测低体积分数范围（≤4%）的 CH_4，原因在于若要输出正确的信号，需要确保 CH_4 能够完全燃烧，即要满足充足的氧气条件。催化燃烧法监测即通过甲烷在涂有催化物质的元件上发生催化燃烧反应，释放反应热，不同浓度的甲烷气体燃烧放出的热量不同，元件的温度发生变化时会导致其电阻变化，通过测定电阻变化值得到实际甲烷浓度。催化燃烧法是实际应用中测量低浓度甲烷最普遍、最有效且可靠的一种方法。目前催化燃烧式传感器功耗越来越低，性能越来越高。基于该原理的甲烷传感器具有较高的灵敏度、较短的响应时间、低成本、结构简单、方便使用、不易受温度、湿度等环境因素干扰等优点。但是该传感器特性必然伴随着一系列问题，如寿命不长、测量范围较小、易中毒等。因此，在煤矿井下应用过程中，催化燃烧式传感器不适合应用于二氧化碳等其他气体组分浓度过高导致氧气浓度过低的煤矿井下地点，同样不适合应用于积聚或涌出等原因造成瓦斯浓度过高的煤矿井下地点。为防止催化元件因硫中毒而失去活性，催化燃烧式传感器同样不适合用于含硫煤矿、废弃采空区、废巷等地点及高硫量炸药使用后通风不充分等情况的 CH_4 浓度检测。

2. 热传导法

热传导法监测即根据不同气体的热导率的差异，并且气体浓度不同，导热系数也不同这一特性，通过构建电桥检测元件电阻变化来测量甲烷浓度。热传导法原理制作的传感器在待测气体浓度较高时具有很好的稳定性，常用于范围为 4%～100%的高浓度甲烷检测。原因在于 CH_4 与空气的导热系数虽有差异，但相差不大，只有当浓度足够大时，这种差异才能显现，信号才有明显的变化。通常为了获得全量程式传感器，可将热传导式传感器与催化燃烧甲烷传感器结合起来使用。热传导式传感器电路简单易用，没有中毒情况，寿命长，但是热传导式传感器得到的信号微弱，同时对热导率不同于空气的气体都敏感，选择性差，检测误差较大。因此，热传导式传感器不适合应用于 CO_2 浓度过高的煤矿井下地点。而针对旧巷、采空区等 CO_2 浓度过高的地点，需谨慎使用光干涉式传感器监测 CH_4 浓度。

3. 光干涉法

光干涉法监测即根据光在空气与甲烷中的传播速度差异会引起光程差，导致干涉条纹发生移动，通过测定干涉条纹移动量来测量甲烷浓度。光干涉原理甲烷检测技术目前已得到普遍应用，其优势也很明显，具有较高精度、极好的稳定性、检测范围宽等特性。但是也存在易受气体环境影响的不足，容易受其他气体干扰，当空气中的氧气含量低和氮氧比例失衡时，测量误差较大，选择性较差。

4. 红外吸收光谱

与气敏法、催化燃烧法、电化学法等非光学类检测技术相比，红外吸收光谱气体检测技术具有精度高、响应快、选择性好、漂移小、实时原位检测等优点，在大气环境监测、工业过程控制、排放监测等领域得到了越来越多的应用。傅里叶变换红外光谱仪原理图如图 2-2 所示，红外吸收光谱法即当一束红外光透过甲烷气体时，由于红外吸收会使输出光强发生变化，通过检测光强变化量来测量甲烷浓度。由分子的选择性吸收特性可知，任何一种气体分子均具有各自的吸收光谱，只有当光源的发射光谱与气体分子吸收光谱重叠时才有光谱吸收现象产生，从而导致光强的变弱。光被吸收的强度与待测气体的浓度呈一定关系，通过检测特定波长的光的输入、输出强度就可以通过运算得到待测气体浓度。红外吸收光谱气体检测技术是光谱分析技术经过长期发展的结果。传统光谱分析技术只是用于实验室的气体分析，后来逐渐应用到对气体浓度的检测，目前该技术已较为成熟，市场上的主流的甲烷传感器都基于该检测技术。基于红外吸收原理的甲烷传感器有很多优点，检测范围宽，具有较好稳定性，精度较高，不易受其他气体干扰，选择性好，响应快，不易中毒和老化，具有较长的使用寿命。近年来应用最为广泛的红外吸收光谱气体检测技术，包括光声光谱、腔衰荡、腔增强和可调谐二极管激光吸收光谱等。其中，可调谐二极管激光吸收光谱（Tunable Diode Laser Absorption Spectroscopy，TDLAS）技术利用窄线宽激光器的波长可调谐特性，TDLAS 气体传感器逐渐应用于现场测量，成为具有较强实用性的气体传感器。TDLAS 检测技术的光路结构更为简单、抗干扰能力更强、成本也较低，因其痕量传感特性、非接触性、良好的气体选择性、测量原位实时性等特点已经广泛应用在天然气泄漏监测、医学诊断、燃烧监测和大气环境监测等领域。TDLAS 大气甲烷传感器与车载、机载结合，能够实现对大气环境中甲烷浓度的监测。目前，国外基于 TDLAS 的大气甲烷传感器应用已经十分广泛，可见于气体泄漏预警、呼气分析、工业生产、环境监测等多个领域。而国内基于 TDLAS 技术检测大气甲烷的传感器研究起步较晚，目前主要向高精度、低成本、便携化、低功耗的方向发展。光声光谱气体检测技术是利用分子的红外吸收光谱进行气体检测的一种方法，具有检测精度高、灵敏度高、寿命长、选择性好等优点，在近年来取得了广泛关注。由于存在甲烷气体的工作环境往往有实时监测的需求，因此基于共振式光声池的光声光谱气体检测技术凭借其实时性、结构稳定的优势在航空航天、化工和电气设备检测等领域发挥了巨大的作用。

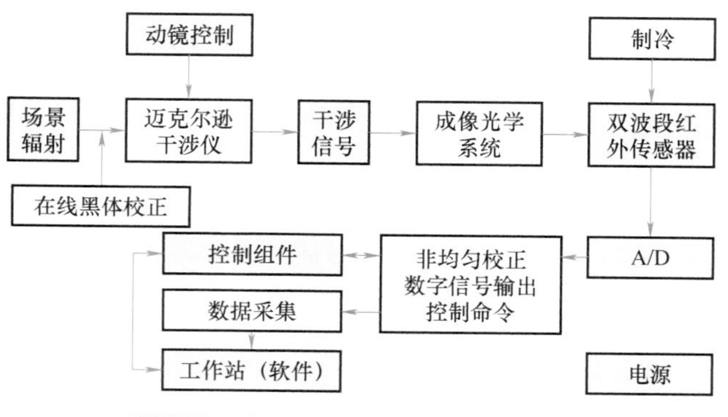

图 2-2　傅里叶变换红外光谱仪原理图

2.3 氧化亚氮（N_2O）温室气体监测技术

2.3.1 N_2O 气体的特性和来源

N_2O 是一种非常强效的温室气体，其温室效应约是二氧化碳的 298 倍，对全球气候变化起着重要作用。随着全球经济的发展和人口的增长，N_2O 的排放量逐渐增加，对地球气候系统造成了严重影响，减少 N_2O 的排放已成为全球环境保护的重要课题之一。

N_2O 在自然界中以多种形式存在，存在于大气、土壤和水体。它的形成与许多自然和人为因素密切相关。N_2O 的主要来源之一是自然微生物过程。在土壤和水体中存在着许多微生物，它们可以通过代谢过程产生氧化亚氮。这些微生物主要包括细菌和酵母菌。细菌通过氧化亚氮还原酶的作用将氧化亚氮还原为氮气，而酵母菌则通过氧化亚氮合成酶的作用将氮气氧化为氧化亚氮。除了微生物过程外，N_2O 的形成还与土壤中的化学和物理过程密切相关。土壤中的氮素循环也是 N_2O 形成的重要途径。氮素在土壤中经过一系列复杂的生物和非生物过程，其中包括氮的固定、硝化、还原和脱氮等过程。这些过程中产生的 N_2O 会释放到大气中，成为大气中的温室气体之一。N_2O 的生成还与大气中的自然过程密切相关。例如，闪电放电会使大气中的氮气和氧气反应生成氧化亚氮。其他自然过程还包括火山爆发和植物的新陈代谢过程。大气中的氮氧化物主要来源于微生物活动和地球化学过程。微生物如细菌和真菌在土壤和水体中分解有机物时会产生 N_2O。此外，植物也可以通过根系释放 N_2O。地球化学过程中，火山爆发和地壳运动也会释放大量氮氧化物到大气中。在自然界中，N_2O 的生成是一个复杂的过程，涉及多种因素的相互作用。例如，土壤中的微生物在缺氧条件下会通过硝化还原作用产生 N_2O。湿地和沼泽地区也是 N_2O 的主要来源，因为这些地区通常富含有机物和水分，提供了微生物生长和繁殖的理想环境。

除了自然来源外，N_2O 的生成还与人类工业活动紧密相关。在工业生产过程中，N_2O 通常是作为废气排放的副产品，尤其是在化肥生产和化学工业中。这些行业通常使用氮肥和氮化合物作为原料，这些原料在生产过程中会产生 N_2O 排放。化肥生产是 N_2O 的一个主要来源。化学工业中的一些过程也会产生大量的 N_2O。例如，在硝酸生产中，N_2O 通常是作为副产物排放到大气中的。焚烧化石燃料和工业过程中产生的废气也是 N_2O 排放的重要来源。除了工业活动外，农业也是 N_2O 的重要来源。农业生产中使用的化肥和农药中含有氮化合物，这些化合物会在土壤中转化为 N_2O 并释放到大气中。施用化肥和农药是导致土壤中氮素过剩的主要原因之一，这种过剩氮素会通过微生物的作用转化为氧化亚氮。当氮肥施用到土壤中时，其中的氮化合物会在微生物的作用下转化为 N_2O，并通过土壤表面排放到大气中。农田的灌溉和排水系统也会导致土壤中氧化亚氮的释放。农业废物的堆肥也是 N_2O 的一个重要来源，因为堆肥中的有机物质在分解过程中会产生 N_2O。交通运输也是 N_2O 的一个重要来源。汽车和飞机等交通工具的燃烧过程中会产生氮氧化物，其中包括 N_2O。

综上，N_2O 的生成是一个复杂的过程，涉及多种自然和人为因素，自然界中微生物的代谢过程、大气中的自然过程及人类的农业和工业活动都是 N_2O 生成的重要来源。

2.3.2 现有 N_2O 气体监测技术方法及原理

1. 气相色谱法（GC）

气相色谱法的原理是利用气相色谱仪将混合气体样品通过柱塞或填料柱实现分离，不同成分在柱中的停留时间不同，通过检测器检测各个成分的信号强度，从而确定其浓度。在测定 N_2O 时，通常会选择适当的柱塞和检测器，以确保对 N_2O 的准确测定。同时，还需要进行标定和质控，以确保测定结果的准确性和可靠性。气相色谱法作为一种常用的测定 N_2O 的方法，具有高灵敏度、高分辨率和可重复性等优点，能够准确、快速地测定 N_2O 的含量，为环境保护、气候变化等问题的研究提供了重要的技术支持。在未来的研究中，可以进一步优化气相色谱法的条件和方法，提高其测定的准确性和稳定性，为更广泛的应用提供更好的技术支持。

2. 质谱法（MS）

质谱法是一种高级的分析技术，通过测量气体分子的质量来确定其成分和结构。质谱法的原理是利用质谱仪将气体样品离子化成带电离子，然后根据质子质谱仪的原理进行分析。在质谱仪中，气体样品首先被加热或离子化，形成带电离子，然后通过磁场和电场进行分离和测量。根据离子的质量和电荷比，可以确定气体分子的质量和结构。通过测量 N_2O 分子的质量，可以准确确定其含量和浓度。质谱法具有高灵敏度、高分辨率和高准确性的优点，可以准确测定气体样品中微量成分的含量。在医学领域，质谱法被广泛应用于检测呼吸气体中的 N_2O 含量，用于监测麻醉过程中患者的呼吸情况。在工业生产中，质谱法可以用于检测工业废气中的 N_2O 排放量，帮助企业合理控制排放，保护环境。在环境监测中，质谱法可以用于检测大气中的 N_2O 含量，帮助科研人员了解大气污染的状况，制定环境保护政策。

3. 化学发光法（CL）

化学发光法是一种利用化学反应中释放的光能来测定 N_2O 的方法。化学发光法的原理是通过化学反应使 N_2O 转化为氮气和氧气，释放出光能，通过测量这种光能的强度，可以间接地测定 N_2O 的含量。这种方法具有灵敏度高、准确性好、操作简便等优点，因此在环境监测和科研领域得到了广泛应用。然而，CL 方法的准确性易受反应条件和干扰物质的影响。化学发光法的应用不局限于 N_2O 的测定，还可以用于其他气体的检测。例如，它也可以用来测定一氧化碳、二氧化硫、氯气等气体的含量。这些气体在工业生产、交通运输等过程中产生，对环境和人体健康造成危害，因此及时准确地监测它们的含量就显得尤为重要。

4. 光腔衰荡光谱技术（CRDS）

光腔衰荡光谱技术监测 N_2O 的技术原理与 CH_4 一致，参见 2.2.2 节介绍。

2.3.3 氧化亚氮气体监测技术应用

1. 气相色谱法的应用

气相色谱测定 N_2O 的方法是一种快速、准确、可靠的检测 N_2O 的方法。它是利用气相色谱（GC）和光学检测技术来测定 N_2O 的一种技术。气相色谱测定 N_2O 的方法在大气科学、农业、汽车工业、环境科学和食品工业中都有广泛的应用。它可以用来测定 N_2O 的含量，以及 N_2O 的来源和排放比例，控制 N_2O 的排放，以及评价大气中 N_2O 的影响。气相色谱测定 N_2O 的方法主要包括样品的采集、样品的处理、样品的校正和样品的检测。气相色谱测定氧化亚氮的方法具有快速、准确、可靠的特点，是目前检测 N_2O 最常用的方法之一。因此，气相色谱测定 N_2O 的方法是一种重要而有效的技术，可以有效地帮助控制大气中 N_2O 的排放，从而保护环境和人体健康。

2. 质谱法的应用

质谱法测定 N_2O 技术的应用领域广泛，主要包括环境监测与研究、气候变化研究、农业研究、工业过程监控、医学和生物学研究、大气化学和环境科学等方面。

（1）环境监测与研究

质谱法可用于监测大气、水体及土壤中 N_2O 的浓度，以评估其对环境的影响。N_2O 作为一种重要的温室气体，其排放量对于全球气候变化具有重要影响。通过质谱法监测 N_2O 的浓度，可以更准确地评估不同活动对大气中 N_2O 水平的贡献，从而制定更有效的环境保护政策和措施。例如，交通排放是城市中 N_2O 的重要来源之一，而工业活动和农业耕作也会释放大量 N_2O。通过对这些排放源的监测和分析，可以更好地了解 N_2O 在不同环境中的分布情况，为减少 N_2O 排放提供科学依据。此外，质谱法还可以帮助识别 N_2O 在环境中的转化过程和去向。在土壤中，N_2O 的浓度对于植物生长和土壤质量具有重要影响，而在水体中则可能对水生生物造成危害。通过监测 N_2O 的浓度和分布，可以更好地了解其在不同环境介质中的行为特征，为环境保护和生态平衡的维护提供数据支持。总的来说，质谱法在环境监测与研究中的应用具有重要意义，特别是在 N_2O 这一关键环境参数的监测和评估中。通过分析 N_2O 的来源、排放量和转化过程，可以更好地了解其对环境和人类健康的影响，为制定可持续发展的环境保护政策提供科学依据。质谱法的不断创新和应用将进一步推动环境科学领域的发展，为构建清洁、美丽的地球家园贡献力量。

（2）气候变化研究

气候变化是当今世界面临的重大挑战之一，对人类社会和自然环境都产生着深远影响。气候变化的研究至关重要，因为只有通过深入了解气候系统的运作机制，才能更好地应对未来可能出现的变化。在这方面，测定 N_2O 的浓度和分布是一项至关重要的工作，它可以帮助科学家们更好地理解 N_2O 在全球气候系统中的作用。N_2O 是一种重要的温室气体，对大气层的热量吸收和保留起着重要作用。它的浓度和分布不仅影响着地球的能量平衡，还对大气中的其他气体和气候系统产生着复杂的影响。因此，准确地测定氧化亚氮的浓度和分布对于建立可靠的气候模型和进行准确的气候变化预测至关重要。通过对 N_2O 的浓度和分布进行测定，科学家们可以了解 N_2O 在大气中的来源和去向，进而推断其在全球气候系统中的运输和转化过程，这有助于更好地理解 N_2O 与其他气候要素之间的相互作用，从而提高气候模型的准确性和可靠性。只有建立在准确数据基础上的气候模型才能更好地帮助预测未来气候变化的趋势和影响，为制定有效的气候变化应对策略提供科学依据。此外，通过测定 N_2O 的浓度和分布，可以用于全球变暖和气候变化研究，分析 N_2O 的排放源和汇，例如交通、工业活动、农业耕作和废物处理设施等，研究气候变化对 N_2O 循环和转化过程的影响。随着全球气候变暖，N_2O 的排放量和分布可能会发生变化，进而影响大气中的气候反馈机制和生态系统稳定性。因此，及时准确地了解 N_2O 的变化情况对于预测未来气候变化的影响至关重要。

（3）农业研究

研究 N_2O 的排放对农业生态系统的影响，包括肥料使用、土壤管理方式对 N_2O 排放的影响，以及如何减少这些排放。质谱法是一种高效、精准的分析方法，可以用来测定 N_2O 的浓度，对农业生态系统有着重要的影响。研究表明，N_2O 的排放会导致土壤肥力下降，影响农作物的生长和产量。因此，了解 N_2O 的排放情况对于改善农业生态系统至关重要。在农业研究中，研究 N_2O 的排放对农业生态系统的影响是一个重要的课题。通过分析肥料使用、土壤管理方式等因素对 N_2O 排放的影响，可以更好地了解 N_2O 在农业生态系统中的循环过程。通过研究 N_2O 的排放规律，可以为减少 N_2O 排放提供科学依据。

（4）工业过程监控

在化工生产、能源产业和废物处理等领域，监控和控制 N_2O 的排放，以减少对环境的影响，确保工业活动符合环保法规。N_2O 的工业过程监控一直是环境保护的重要课题。在化工生产、能源产业和废物处理等领域，N_2O 的排放不仅会对大气环境造成污染，还可能对人类健康和生态系统造成严重影响。因此，监控和控制 N_2O 的排放，成为工业活动中必不可少的环保措施。质谱法是一种高效、灵敏的气体检测方法，可以准确地检测 N_2O 的浓度。通过质谱仪对 N_2O 进行监测，可以及时发现排放异常，从而采取相应的控制措施，保证气体排放在符合环保法规的范围内。这种监控手段不仅可以有效减少 N_2O 对环境的污染，还可以提高工业生产的效率和质量。在化工生产过程中，N_2O 的排放主要来自于燃烧和化学反应。通过质谱法监测 N_2O 的浓度，可以实时监控燃烧过程中的气体排放情况，及时调整燃烧参数，减少 N_2O 的排放量。同时，对化学反应过程中产生的 N_2O 进行监测，可以控制反应条件，减少 N_2O 的生成，从而降低排放量。在能源产业中，燃煤、燃油等燃料的燃烧也会产生大量的 N_2O。通过质谱法监测燃烧过程中 N_2O 的排放量，可以及时调整燃料的配比和燃烧参数，减少 N_2O 的排放。此外，对燃料进行预处理，去除其中的氮氧化物，也是减少 N_2O 排放的有效措施。废物处理是另一个重要的领域，废物焚烧和处理过程中也会产生 N_2O。通过质谱法监测废物处理过程中 N_2O 的排放量，可以优化处理工艺，减少 N_2O 的生成和排放。同时，对废物进行分类处理，将含氮废物与其他废物分开处理，也是降低 N_2O 排放的有效途径。

（5）医学和生物学研究

在医学领域，N_2O 作为麻醉剂的研究，包括其在手术和牙科治疗中的应用。研究 N_2O 对人体和动物健康的影响，包括长期或高浓度暴露的潜在危害。质谱法是一种高灵敏度的分析技术，在医学领域有着重要的应用，其中包括其作为麻醉剂的研究。在手术和牙科治疗中，因其快速的麻醉效果和相对安全性，N_2O 被广泛使用。质谱法可以帮助研究人员准确测量 N_2O 在患者体内的浓度，从而确保麻醉效果的控制和安全性的评估。除了在麻醉剂中的应用外，研究 N_2O 对人体和动物健康的影响也是医学和生物学领域的热点之一。长期或高浓度暴露于 N_2O 中可能会对健康造成潜在危害，因此对其浓度的准确监测至关重要。质谱法的高灵敏度和准确性使其成为研究 N_2O 毒性和影响的理想工具。在医学研究中，质谱法还被用于研究 N_2O 在心血管疾病、神经系统疾病和癌症等疾病中的作用机制。通过分析 N_2O 在这些疾病中的水平和代谢途径，可以更好地理解其在疾病发生和发展过程中的作用，为相关疾病的治疗和预防提供科学依据。此外，质谱法还被广泛应用于生物学研究中，用于研究 N_2O 在细胞信号传导、免疫调节、炎症反应等生物学过程中的作用。通过质谱法分析 N_2O 在细胞内的浓度和分布，可以揭示其在细胞内的作用机制，为生物学研究提供重要的数据支持。

（6）大气化学和环境科学

分析 N_2O 与其他大气成分的相互作用，了解其在大气化学反应中的角色，以及对臭氧层的潜在影响。通过质谱仪可以对大气中的氮氧化物进行快速准确的检测和定量分析，从而揭示氮氧化物在大气中的浓度变化和分布规律。利用质谱法检测 N_2O，可以帮助科学家们更好地理解氮氧化物与其他大气成分的相互作用，揭示其在大气化学反应中的角色，以及对臭氧层的潜在影响。氮氧化物与其他大气成分之间存在复杂的相互作用。例如，氮氧化物可以与挥发性有机物（VOCs）在大气中发生光化学反应，产生臭氧和其他二次有机气溶胶。此外，氮氧化物还可以通过与硫氧化物和氨等气体发生反应，影响大气中的酸雨生成过程。因此，了解氮氧化物与其他大气成分之间的相互作用对于揭示大气化学反应机制和气候变化规律至关重要，此外，氮氧化物还对臭氧层的形成和破坏起着重要作用。在大气中，氮氧化物可以通过与臭氧和其他气体发生反应，生成臭氧和其他氧化物，从而影响臭氧层的稳定性。因此，监测和分析氮氧化物在大气中的浓度变化对于评估其对臭氧层的潜在影响具有重要意义。在大气化学和环境科学领域，质谱法的应用不仅可以帮助科学家们更好地理解氮氧化物的来源、转化和去除过程，还可以揭示氮氧化物与其他大气成分之间的相互作用机制，为大气环境保护和气候变化研究提供重要的数据支持。通过不断改进质谱法技术，提高其检测灵敏度和分辨率，将有助于更准确地监测和分析大气中氮氧化物的含量，为进一步研究氮氧化物在大气中的行为和影响提供更加可靠的数据基础。

3. 化学发光法的应用

化学发光法测定氧化亚氮（N_2O）是一种基于化学反应产生发光信号的分析技术，该方法因其灵敏度高、操作简便和响应快速而被广泛应用于多个领域。以下是化学发光法在测定 N_2O 方面的一些主要应用领域：

（1）环境监测

环境监测用于监测大气、水体和土壤中的 N_2O 浓度，特别是在评估 N_2O 对环境影响和全球气候变化的研究中。化学发光法是一种高效、灵敏度高的 N_2O 检测方法，其原理是通过化学反应产生的光能来测量 N_2O 的浓度。这种方法在环境监测领域被广泛应用，可以实时监测大气、水体和土壤中的 N_2O 浓度，为环境保护和气候变化研究提供重要的数据支持。通过化学发光法检测 N_2O 的浓度，可以更准确地评估其对环境的影响，为制定相关政策和环境保护提供科学依据。此外，化学发光法还可以帮助追踪和分析 N_2O 的排放源，如农业活动、工业过程和交通排放，为减少 N_2O 排放提供技术支持。在大气监测方面，化学发光法可以实时监测 N_2O 在大气中的浓度变化，帮助科研人员更好地理解 N_2O 在大气中的迁移和转化规律。这对于预防和控制大气污染，改善空气质量具有重要意义。同时，在水体和土壤监测方面，化学发光法也可以准确测量 N_2O 的浓度，为水体和土壤环境的保护提供科学依据。

（2）农业研究

在农业科学领域，N_2O 的排放主要来自于土壤中的微生物代谢过程。不同的土壤管理实践、施肥策略和作物种植模式都会对 N_2O 的排放产生影响。通过使用化学发光法检测 N_2O 的浓度，研究人员可以评估不同农业实践对 N_2O 排放的影响，并制定相应的控制措施。通过对农田排放的 N_2O 进行监测和分析，可以帮助科研人员和农民了解 N_2O 的排放规律，找出影响 N_2O 排放的主要因素，从而指导农业生产实践。例如，通过调整施肥量、改善土壤通气性、选择适合的作物种植模式等措施，可以有效减少 N_2O 的排放，降低农业对气候变化的负面影响。此外，化学发光法还可以用于评估不同农业技术和实践对土壤中 N_2O 的转化过程的影响。在未来，随着气候变化的不断加剧和环境污染的日益严重，农业领域需要更多关于 N_2O 排放的研究和监测工作。化学发光法作为一种快速、准确的检测方法，将在农业科学研究中发挥越来越重要的作用，为实现可持续发展的农业生产提供技术支持和科学指导。

（3）气候变化研究

气候变化研究用于测定大气中 N_2O 的浓度，分析其在气候系统中的角色和影响，包括对温室效应的贡献。支持气候模型的建立和验证，以及评估减缓气候变化的策略效果。在当前全球气候变化日益严峻的背景下，研究 N_2O 在气候系统中的作用显得尤为重要。通过化学发光法这一先进的检测技术，可以更加深入地了解 N_2O 的行为规律，为应对气候变化提供更有力的支持。化学发光法检测 N_2O 在气候变化研究中具有不可替代的地位。通过对 N_2O 浓度的准确测定和分析，可以更好地理解其在气候系统中的作用和影响，为制定有效的气候政策和减缓气候变化的策略提供科学依据。通过持续的研究和探索，可以更好地应对气候变化带来的挑战，实现可持续发展的目标。

（4）工业排放监控

在化工、能源产业和废物处理等领域监控 N_2O 的排放，确保工业活动符合环保法规要求。用于评估和改进工业过程，以减少 N_2O 的排放。化学发光法是一种常用的检测 N_2O 的方法，它通过测量 N_2O 与臭氧反应产生的化学发光强度来确定其浓度。在化工、能源产业和废物处理等领域，N_2O 的排放监控至关重要。工业活动中产生的 N_2O 排放不仅会加剧大气污染，还可能导致酸雨的形成，对植物生长和水质造成危害。因此，监测 N_2O 的排放量，确保其在环保法规规定的范围内是至关重要的。通过化学发光法检测 N_2O 的排放，可以实现对工业过程的实时监控和调整。监测 N_2O 的浓度，可以帮助企业评估工艺流程的效率和环保性，并及时发现存在的问题。通过分析监测数据，企业可以找到减少 N_2O 排放的有效途径，从而降低对环境的影响。在工业生产中，监控和减少 N_2O 的排放不仅是一项法律义务，更是企业社会责任的体现。通过采取有效的措施，降低 N_2O 的排放，不仅可以保护环境，也能提高企业的形象和竞争力。通过化学发光法监测 N_2O 的浓度，评估工业过程的环保性，改进生产工艺，减少 N_2O 的排放，可以实现环保法规的合规要求，保护环境，促进可持续发展。工业企业应该认识到 N_2O 排放监控的重要性，积极采取措施降低排放，为实现绿色发展目标做出积极贡献。

（5）科学研究和开发

在化学和环境科学研究中，化学发光法可用于研究 N_2O 的化学性质、反应机制和环境行为，支持新技术和方法的开发，用于减少 N_2O 的产生和排放。这种方法基于化学物质发光的原理，利用特定的化学反应产生的发光现象来检测和测量 N_2O 的存在和浓度。通过分析 N_2O 的发光特性，研究人员可以了解其在不同条件下的变化规律，进而为环境保护和污染治理提供科学依据。通过不断改进和优化化学发光技术，研究人员可以开发出更灵敏、更快速、更准确的检测方法，从而实现对 N_2O 产生和排放过程的实时监测和控制。这对于减少 N_2O 对环境的影响，保护生态系统的健康具有重要意义。在环境科学领域，化学发光法的应用还可以帮助科研人员深入研究 N_2O 与其他环境污染物之间的相互作用，揭示它们在大气、水体和土壤中的迁移转化规律，为综合治理和环境修复提供技术支持。通过开展 N_2O 的化学发光分析，可以全面了解其在不同环境介质中的行为特征，为建立环境保护政策和措施提供科学依据。总的来说，化学发光法在 N_2O 的检测、研究和环境应用方面具有重要意义。通过不断探索和创新，这一分析技术将为减少 N_2O 排放、改善环境质量和人类生活提供更多可能性。因此，加强对化学发光法的研究和推广，将有助于推动环境科学领域的发展，促进可持续发展和生态文明建设的进程。

2.4 氢氟碳化物（HFCs）温室气体监测技术

2.4.1 HFCs 的特性和来源

氢氟碳化物（HFCs）是一类由氢、氟和碳组成的有机化合物，主要为无色无味的气体，只有 HFC-134a 有轻微的乙醚气味，摩尔质量在 50.02～170.03g/mol 范围内，具有高挥发性，在 25℃下水中的溶解性很低，在 $2.6 \sim 3.2 \times 10^3$ mg/L 范围内，具有很高的热稳定性，沸点和熔点达到-51.7～-16.4℃和-136.8～-100.6℃。HFCs 蒸气密度大于空气，当其长时间暴露于火或高温下，容器可能会剧烈破裂并起火。接触 HFCs 液体会导致冻伤，每种 HFCs 的摩尔质量、沸点、熔点和溶解性的具体信息见表 2-2。HFCs 通常用于替代对臭氧层具有破坏性的氯氟烃（CFCs）和含氢氯氟烃（HCFCs）。HFCs 具有多项优点，如不会破坏臭氧层、寿命较短、不易在大气中沉积等，广泛应用于空调、制冷、发泡剂等领域。作为氢氟烃类制冷剂，主要包括 R134a、R23 等。由于不含氯元素，不会对臭氧层产生破坏，因此备受国际社会重视，逐渐成为替代型制冷剂。

HFCs 的化学特性主要取决于其中氢、氟和碳的比例和排列方式。氢原子使其比 CFCs 和 HCFCs 更稳定，不会对臭氧层造成危害。氟原子的存在使 HFCs 具有高热力学稳定性和低毒性，对环境和人体健康影响较小。此外，HFCs 的碳链长度不同，可调节在大气中的生物降解速度和温室效应。HFCs 的主要来源包括工业生产、制冷设备、空调系统、发泡剂等。工业生产通过合成反应将氢、氟和碳等原料转化为 HFCs。制冷设备和空调系统中使用 HFCs 作为制冷剂或工质，用于调节温度和保持产品新鲜。发泡剂中的 HFCs 可产生气泡，用于制造泡沫材料和隔热材料。

包括氢氟碳化物在内的几种合成化合物一旦排放到大气中，可能会导致地球平均温度升高，这被称为全球变暖或温室效应。因此，在 1997 年的《京都议定书》中，HFCs 被认为是6种目标温室气体之一。根据《京都议定书》，世界各国政府都自愿承诺减少向大气排放目标温室气体。

从化学结构和物理性质来看，HFCs属于挥发性有机物（VOCs），具有较高的蒸气压使其能够快速蒸发。这些化合物释放到环境中后，可能存在于低层大气（对流层）中，被光化学氧化成各种降解产物。如前所述，HFCs不含氯，因此不属于ODS。此外，HFCs中C—H键的存在意味着它们可以以类似于典型VOCs的方式促进对流层中光化学氧化剂的形成。

根据1990年美国《清洁空气法修正案》，它们可以免受VOCs法规的限制。但也有一些HFCs（例如HFC-134a）已被证明可以通过各种降解途径在对流层大气中形成三氟乙酸（TFA）。即使未发现TFA对水生生物、陆生植物和哺乳动物造成显著影响，但HFCs的大气降解产物可能仍会带来一定的环境风险。F-gas的物理性质及其主要用途见表2-2。

表2-2 F-gas的物理性质及其主要用途

物质	分子式	摩尔质量/(g/mol)	沸点/℃	熔点/℃	溶解度/(mg/L)	主要用途
PFC-14	CF_4	88.00	-127.1	-183.6	18.8	低温制冷剂、气体绝缘剂
PFC-116	C_2F_6	138.01	-78.1	-100.0	7.8	电介质、冷却剂、气溶胶推进剂和制冷剂
PFC-218	C_3F_8	188.02	-36.7	-147.6	5.7	高压绝缘体、制冷剂、等离子体处理气体、阻燃剂、超声造影剂
PFC-318	C_4F_8	200.03	-6.0	-41.4	23.6	制冷剂、传热介质、食品推进剂
PFC-31-10	C_4F_{10}	238.03	-2.1	-129.0	10.6	超声造影剂
PFC-51-14	C_6F_{14}	338.04	57.2	-86.1	0.4	电子产品冷却剂、惰性反应介质和超声造影剂
SF_6	SF_6	146.06	-63.8（升华）	-50.8	31.0	气体电绝缘体和示踪气体
NF_3	NF_3	71.00	-128.8	-208.8	不溶	高能燃料和化学合成
HFC-32	CH_2F_2	52.02	-51.7	-136.8	440.0	制冷剂、溶剂
HFC-125	CHF_2CF_3	120.02	-48.1	-100.6	923.0	灭火剂、溶剂
HFC-134a	CH_2FCH_3	102.03	-26.5	-103.3	2.0×10^3	制冷剂、绝缘泡沫
HFC-143a	CH_3CF_3	84.04	-47.2	-111.8	548.0	灭火剂
HFC-152a	$C_2H_4F_2$	66.05	-24.1	-118.6	3.2×10^3	制冷剂
HFC-227ea	CF_3CHFCF_3	170.03	-16.4	-131.0	260.0	灭火剂、制冷剂、气雾剂

2.4.2 HFCs气体监测技术方法及原理

监测HFCs气体的技术在工业、制冷空调和电子产品生产等领域中具有重要意义。首先，监测技术可以帮助企业控制和减少HFCs的排放，从而降低对气候变化的负面影响。其次，监测技术可以帮助企业遵守环保法规和标准，确保生产过程中的环境友好性。此外，监测技术还可以帮助企业优化生产流程，提高生产效率和节约成本。在气候变化研究中，监测 HFCs 气体也是至关重要的。科学家们通过监测大气中 HFCs 的浓度变化，可以了解 HFCs 对气候变化的影响程度，从而制定相应的政策和措施来减少 HFCs 的排放。此外，监测 HFCs 气体还可以帮助科学家们更准确地预测气候变化的趋势和影响，为应对气候变化提供科学依据。

自 20 世纪 90 年代以来，HFCs 主要被应用于在制冷和空调、吹制泡沫等行业，也少量用于灭火剂、气雾剂和溶剂等其他行业中取代消耗臭氧的氯氟烃（CFCs）、卤代烃和含氢氯氟烃（HCFCs）。这符合 1987 年商定的关于控制消耗臭氧层物质（ODS）的消费和生产的《蒙特利尔议定书》。然而，大多数 HFCs 是具有很高 GWP 的强效温室气体。《基加利修正案》已于 2016 年达成，并制定了限制发达国家和发展中国家 HFCs 生产和消费的时间表。最近，HFCs 被广泛用于替代 HCFCs，HCFCs 的生产和消费在 2013 年被冻结，将在 2030 年逐步淘汰。除了《基加利修正案》在 2024 年冻结 HFCs 的生产和消费外，我国目前没有关于 HFCs 的额外规定［不包括三氟甲烷（HFC-23，CHF_3）］。

根据《蒙特利尔议定书》规定的 CFCs 和 HCFCs 的逐步淘汰过程，自 20 世纪 90 年代以来，HFCs 在我国和世界其他国家或地区被广泛用作替代品，主要涉及的行业包括制冷和空调、泡沫、溶剂、气雾剂和消防行业。

目前，对于 HFCs 等大气温室气体浓度监测技术主要以地基原位测量技术为主，监测方法主要包括三大类，即气相色谱法、红外吸收光谱法和激光吸收光谱技术。气相色谱法按不同检测器对不同的温室气体指标响应灵敏度不同分为氢火焰离子化检测气相色谱法、电子捕获检测气相色谱法和气相色谱质谱法；红外吸收光谱法主要应用有非色散红外吸收光谱技术和傅里叶变换红外光谱技术；激光吸收光谱技术按气体吸收池不同可分为可调谐半导体激光吸收光谱技术和腔增强吸收光谱技术，而腔增强吸收光谱技术又按激光的入射方式不同分为光腔衰荡光谱技术和离轴积分腔输出光谱技术。

1. 气相色谱法

气相色谱法是利用气体作流动相的色层分离分析方法。汽化的试样被载气（流动相）带入色谱柱中，柱中的固定相与试样中各组分分子作用力不同，各组分从色谱柱中流出时间不同，组分彼此分离。采用适当的鉴别和记录系统，制作标出各组分流出色谱柱的时间和浓度的色谱图。根据图中表明的出峰时间和顺序，可对化合物进行定性分析；根据峰的高低和面积大小，可对化合物进行定量分析。

2. 质谱法

质谱法即用电场和磁场将运动的离子（带电荷的原子、分子或分子碎片，有分子离子、同位素离子、碎片离子、重排离子、多电荷离子、亚稳离子、负离子和离子-分子相互作用产生的离子）按它们的质荷比分离后进行检测的方法。测出离子准确质量即可确定离子的化合物组成。

3. 气相色谱-质谱联用仪（GC-MS）

气相色谱-质谱联用仪是一种高效、高灵敏度的气体分析仪器，可以对 HFCs 气体进行准确、快速的检测。该技术通过气相色谱将混合气体中的各种成分分离，然后通过质谱仪对分离后的化合物进行鉴定和定量分析，可实现对 HFCs 气体的定量检测。

4. 红外线光谱法

红外线光谱法是一种非破坏性的气体检测技术，通过测量气体分子吸收红外光的特定波长来识别和测量 HFCs 气体。该技术具有快速、准确、便捷等优点，可广泛应用于环境监测、工业生产等领域。

5. 其他

除了上述技术外，还有其他一些常用的 HFCs 气体监测技术，如电化学传感器、红外吸收光谱法等。不同的监测技术具有各自的优点和适用范围，可以根据具体需求选择合适的技术进行 HFCs 气体监测。

总的来说，HFCs 气体监测技术在工业、制冷空调、电子产品生产等领域的应用具有重要意义，同时在气候变化研究中也扮演着不可或缺的角色。通过监测 HFCs 气体，可以更好地保护环境、应对气候变化，实现可持续发展的目标。

2.5 全氟化碳（PFCs）温室气体监测技术

2.5.1 PFCs 的特性和来源

PFCs 多为无色无味、不可燃气体，是相对惰性的，可能会因氧气置换而发生窒息。PFCs 可用于电子产品制造过程，如液晶显示器、半导体（SC）等离子清洗或太阳能电池板的制造。在 20 世纪 90 年代中期之前，PFCs［四氟甲烷（PFC-14，CF_4）、六氟乙烷（PFC-116，C_2F_6）］通常用于蚀刻硅材料和清洗等离子体增强化学气相沉积（PECVD）室的过程中。受需求增长的推动，铝生产消费规模不断扩大，电解铝产业蓬勃发展，工业电解铝过程中阳极会产生 CF_4 和 C_2F_6 等副产物排放。目前，原铝生产、半导体制造和平板显示器制造是 CF_4 和 C_2F_6 最大的已知人为来源。八氟环丁烷（PFC-318，C_4F_8）是近年新被关注的 PFCs 之一，其可用于半导体和微电子等行业，同时也是氟化工生产过程的副产物。

目前，PFCs 使用和排放较多的是 CF_4、C_2F_6 和 C_3F_8。四氟化碳是目前微电子工业中用量最大的等离子蚀刻气体，可广泛应用于硅、二氧化硅、氮化硅、磷硅玻璃及钨等薄膜材料的蚀刻，在电子器件表面清洗、太阳能电池的生产、激光技术、气相绝缘、低温制冷、泄漏检验剂、控制宇宙火箭姿态、印刷电路生产中的去污剂等方面也大量使用。六氟乙烷主要用于气体电介质和制造集成电路的干腐蚀剂，也常用于超低温混合制冷剂的一种组分。八氟丙烷用于微电子工业中等离子蚀刻及配件表面清洗、碳同位素分离工质、低温制冷、医疗用气、气体绝缘等。

PFCs 的主要排放源自半导体制造、电解铝生产过程的排放，其次是制冷行业（混合，灌装，渗漏和生活设备的销毁）、日用品、医疗、PFCs 的生产与应用等过程和 ODS 替代品应用及其他如铀加工和氟加工过程较小量的逸散性排放。全氟化碳（PFCs）是氟化工产物，自然环境无释放。另外，PFCs 不属于 ODS，使 PFCs 的使用量和排放量暂未得到有效控制。

PFCs 属合成产生的卤代烃，只包含碳和氟原子，具有极高稳定性、不可燃性、低毒性、不消耗臭氧、较高的 GWP 等特点。由于 ODS 会导致平流层臭氧受损，《蒙特利尔议定书》

控制其生产和排放。由于 PFCs 不含溴原子或氯原子，对平流层臭氧没有威胁，作为 ODS 的替代物质在过去的几十年中，PFCs 因其具有低毒、化学性质稳定等特点被广泛应用于工业生产，其排放量大大增加。PFCs 的排放量相对小，占温室气体排放总量的比例不高，且在大气中的浓度相对很低，但是由于 PFCs 在大气中不易分解，对全球变暖的潜在影响却相当高。因此，PFCs 排放减量普遍受到各国政府及环保组织的重视。

在 1997 年防止全球变暖的《京都议定书》中，将六种温室气体列入限制排放的行列，它们对温室效应的影响排序依次为 CO_2、CH_4、N_2O、SF_6、HFCs、PFCs。我国政府于 2002 年 8 月正式核准了《京都议定书》，加入到了国际的减排合作中。作为履行气候公约的一项重要义务，我国政府制定了《中国应对气候变化国家方案》，其中明确了我国应对气候变化的具体目标、基本原则、重点领域及其政策措施。减排 PFCs 气体也是我国应对气候变化的主要措施之一。尽管 PFCs 气体排放量相对较少，影响程度也较弱，但 PFCs 气体对温室效应有着极大的潜在危险，究其原因主要有：

一是 PFCs 气体对温室效应的 GWP 大。PFCs 是目前所知仅次于六氟化硫 GWP 的温室气体。

二是 PFCs 气体排放到大气中后，由于其在大气中的化学性质极其稳定，具有几千年甚至更久的大气生命周期，并可不断地累积于大气中。

三是 PFCs 在大气层中缓慢地得到分解或部分沉降。虽然 PFCs 气体在大气中的存在量甚微，且从对温室效应的总体贡献率来看，PFCs 气体对温室效应的作用极小，但潜在影响较大。控制 PFCs 气体的排放，减少其对全球气候变暖的贡献量是目前需要解决的主要问题。

2.5.2　PFCs 气体监测技术方法及原理

PFCs 监测应用领域主要集中在半导体产业和电解铝生产企业。通过 PFCs 的有效监测可促使企业开发 PFCs 控制技术。原有晶圆生产企业通过优化使用程序和安装终端检测设备可减少 10%~50%的 PFCs 排放。CVD 过程的远距电浆清洗技术可减排 15%~90%（NF_3）和 35%（C_3F_8）。替代清洁化学品可减少 10%~90%的温室气体排放。末端综合处理技术应用减少 90%~99%的温室气体排放。3M、TEL、Novellus 等公司推出 NF_3 制程化合物新方法减少蚀刻清洗过程中 PFCs 的使用和排放，可使电浆使用效率由 85%提升至 99%，可减少 30%~70%的 PFCs 排放。迄今为止，半导体产业新的制造科技还依赖于使用 PFCs，故在新科技开发时须考虑以下四个方面：减少所需 PFCs 的单位用量，尽量使 PFCs 的使用效率最大化，努力减少 PFCs 副产物生成，以及经济有效。

监测 PFCs 气体的基本原理通常涉及气相色谱法、质谱法、化学分析法和化学发光法等技术。

1. 气相色谱法

气相色谱法是一种常用的 PFCs 气体监测方法。该方法通过将气体样品注入气相色谱仪中，利用气相色谱柱对 PFCs 进行分离和定量分析。不同 PFCs 化合物在色谱柱中的保留时间不同，可以通过检测峰面积或峰高来确定 PFCs 的浓度。

2. 质谱法

质谱法是另一种常用的 PFCs 气体监测方法。该方法通过质谱仪对 PFCs 气体进行分析，可以准确地确定 PFCs 的分子结构和相对分子质量。质谱法通常结合气相色谱法或液相色谱法，可以提高 PFCs 的检测灵敏度和准确性。

3. 化学分析法

化学分析法是一种常用的 PFCs 气体监测方法。该方法通过化学反应将 PFCs 转化为可测量的产物，如离子色谱法、原子吸收光谱法等。化学分析法需要对样品进行前处理，以提高 PFCs 的检测灵敏度。

4. 化学发光法

化学发光法是分子发光光谱分析法中的一类，它主要是依据化学检测体系中待测物浓度与体系的化学发光强度在一定条件下呈线性定量关系的原理，利用仪器对体系化学发光强度的检测而确定待测物含量的一种痕量分析方法。化学发光法在痕量金属离子、各类无机化合物、有机化合物分析及生物领域都有广泛的应用。化学发光与其他发光分析的本质区别是体系产生发光（光辐射）所吸收的能量来源不同。体系产生化学发光，必须具有一个产生可检信号的光辐射反应和一个可一次提供导致发光现象足够能量的单独反应步骤的化学反应。

综上所述，通过这些方法可以准确、快速地监测 PFCs 的浓度和分布。

2.6 六氟化硫（SF_6）温室气体监测技术

2.6.1 SF_6 的特性和来源

20 世纪初，法国化学家 H. Moissan 和 P. Lebeau 首次合成出了 SF_6 气体，其分子结构中全部的氟原子与硫原子皆以共价键形式相结合，使得该气体的化学性质十分稳定。标准状态下，洁净的 SF_6 表现出无色、无臭、无毒的性质，具有较高的电负性和化学稳定性。SF_6 具有惰性，不易与其他物质发生化学反应，具有很高的电绝缘性能和热稳定性，使其成为电力设备中重要的绝缘介质。在环境方面，SF_6 是一种强效温室气体，对臭氧层具有破坏作用，因此在使用和处理过程中需要注意防止泄漏。在电力输配电领域，SF_6 气体成为超高压和特高压电力设备中理想的绝缘和熄弧介质，在提高电力设备运行效率和安全性方面发挥着重要作用。

科技的革新也拓展了 SF_6 气体的应用范围，有报道称微电子学领域常使用高纯度 SF_6 气体作为印制电路板的蚀刻剂，且取得了良好的效果。SF_6 气体具有良好的冷却效应，是 −45～0℃ 温度范围内的首选制冷剂。SF_6 气体还在消防、石油化工、民用医疗及冶金等行业具有广泛的应用。

世界工业过程源的温室气体排放量如图 2-3 所示，SF_6 气体具有极强的红外辐射吸收能力和极长的生命周期，是全球公认的六大温室效应气体之一，其大量排放势必会使人类的生存环境遭受威胁。对 SF_6 气体浓度进行测量和产品替代，不仅有利于保障工业安全生产，还对保护工作人员的生命安全及维护生态环境的可持续发展有重要的意义。

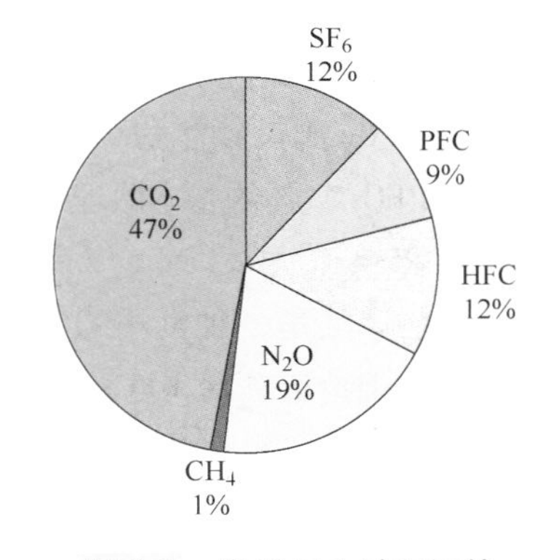

图 2-3 世界工业过程源的温室气体排放量

2.6.2　现有 SF_6 气体监测技术

SF_6 气体监测技术主要分为非光学监测技术和光学监测技术。非光学监测技术主要有气体密度监测技术、电子捕获探测技术、真空负离子捕获技术、紫外电离技术、超声波技术、负电晕放电技术、气敏传感器监测技术等。光学监测技术主要有红外激光成像技术、红外吸收光谱技术、光声光谱技术等。

1. 气体密度监测技术

由于 SF_6 气室内的绝缘强度取决于气室内 SF_6 气体的密度，即单位体积内 SF_6 气体的分子数，通过监测高压设备气室内的气压和温度实现对 SF_6 气体密度的监控。目前，气体密度监测技术已成为高压设备 SF_6 监测技术中的一种常见技术，得到广泛的应用。2007 年，L. Graber 研究日光辐射对 GIS 开关设备中 SF_6 气体密度分布的影响，提出基于模型的滤波算法，使得传感器测得的信号波动得以降低，从而及早检测到了微量 SF_6 气体的泄漏。2011 年，L. Graber 继续对低速率 SF_6 泄漏进行研究，提高 SF_6 泄漏检测的准确性，使得测量误差低于 0.5%。

2. 电子捕获探测技术

电子捕获探测技术于 1961 年问世，经过几十年的改进，其性能已有很大的改观，其最大的进展是使用 Ni^{63}放射源代替了 H^3 放射源，以及用固定基流脉冲调制电压供电代替其他供电，提高了其检测极限与检测稳定性。1989 年，英国剑桥大学联合 ABB 公司开发出世界第一款便携式 SF_6 气体定量检漏仪 Q200，并获得推广。该种方法需要内置辐射源，同时需要纯度高达 99.99%的氩气，而且检测精度低，因而其使用受到很大的限制。

3. 真空负离子捕获技术

真空负离子捕获技术也即离子阱技术，它要求被检测的气体首先离子化，产生自由电子，当样品进入电离池后吸附该自由电子形成负离子，并被运送到真空状态下的均匀电场中，在电场作用下到达检测的阳极，使离子流增加，经放大后输出信号。通过测量离子电流信号的大小，就可知道物质的含量。2003 年，英国 ION Science 公司推出了 GASCHECK P1 型 SF_6 气体泄漏定量检漏仪。该技术不需要放射源、高压氩气，相比电子捕获探测技术要安全，但其需要真空泵和流量传感器的配合使用，结构复杂，且存在检测精度低等缺点，因而不适合作为现场监测仪器使用。

4. 紫外电离技术

紫外电离技术使用水银灯点燃后发射波长为 184.9nm 的紫外线，对光电阴极进行照射，从而发射出电子，电子吸附在 SF_6 气体、氧气上形成离子，并在加速电极的加速下移动到加速电极上。因为 SF_6 气体离子运动速度较氧气离子运动速度慢，则含有不同浓度 SF_6 气体到达加速电极的延时不同，据此可检测出 SF_6 气体的浓度。2005 年，姜宝林等基于紫外电离技术开发了 SF_6 气体检漏仪，其采用计算机控制技术对检测值非线性处理、传感器标定、零点漂移等问题进行探讨。紫外电离技术主要存在灵敏度低、零点漂移、精度不高和实时性不强等不足。

5. 超声波技术

利用超声波技术测量气体浓度是近年来随着电子技术和测量技术的发展而出现的一种新

技术，其利用超声波在某种气体中的传播速度与当前气体温度和气体性质的关系，通过测量超声波在气体中的传播速度及气体温度，进而推算出气体的浓度。超声波技术对高浓度 SF_6 气体检测具有较高精度，且不消耗气体，但也易受周围压力、温度、湿度等因素的影响，必须采用补偿措施来提高测量精度。

6. 负电晕放电技术

负电晕放电技术是基于电晕放电原理。电晕放电是指带电体表面在气体或液体介质中出现的局部自持放电现象，常发生在不均匀电场中电场强度很高的区域内。根据 SF_6 负电性对负电晕放电有抑制作用来检测泄漏的 SF_6 气体。检测原理可用下式表示：

$$C=K\Delta I \tag{2-5}$$

式中　C——待测 SF_6 气体浓度；

　　ΔI——电流改变量；

　　K——比例系数。

负电晕放电技术的 SF_6 检测系统因其较好的稳定性和经济性而广泛应用于变电站。该种系统在国内多个 110kV、220kV、变电站室内 GIS 组合电器设备上投入使用，该系统运行效果良好。

7. 气敏传感器监测技术

半导体传感器在遇到 SF_6 气体时，电阻值降低。SF_6 浓度越高，传感器电阻值越低。该类型传感器寿命短，准确性不高，因而很少应用。而电化学传感器由于具有灵敏度高、线性范围宽、稳定性好等优点而广泛应用。

何方等人利用电化学 SF_6 传感器对高压开关配电室环境中 SF_6 浓度实时进行检测，同时测量氧气含量、温度、湿度等参数，当配电室内 SF_6 浓度超标时，进行报警。电化学传感器也存在着测量精度不高的问题。

8. 红外激光成像技术

红外激光成像技术原理图如图 2-4 所示，由激光发出入射光照射至 SF_6 气体，经过背景反射后会形成反向激光进入激光成像系统，由于入射激光会受到 SF_6 气体吸收的影响，因而一部分能量就会被吸收，从而导致激光成像的差异。高树国等人应用激光成像技术对充 SF_6 式高压电气设备 SF_6 气体泄漏进行检测。所使用的激光成像检漏仪对高压设备泄漏进行检测，发现了泄漏点。该激光成像仪能够对泄漏点进行远距离、精确定位检测，且能避免设备停电。红外激光成像技术能实现中远程检测，精度较高，适合气体泄漏定位检测，但不能反映出气体浓度信息。

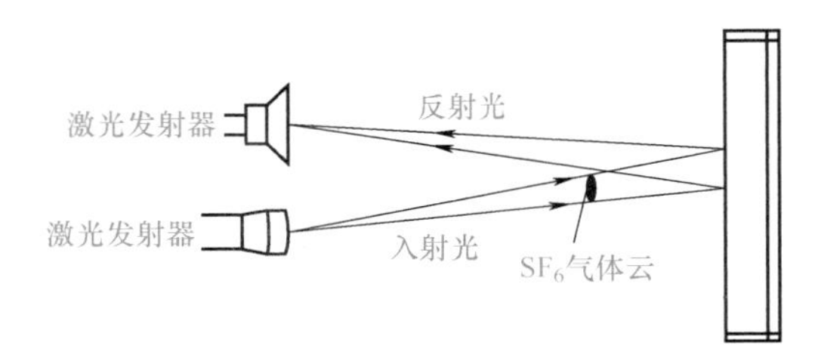

图 2-4　红外激光成像技术原理图

9. 红外吸收光谱技术

红外吸收光谱技术是一种通过测量穿过气体入射光与出射光强度的变化检测气体浓度的方法。入射光与出射光的强度关系由比尔-朗伯定律描述。

$$I(v)=I_0(v)\mathrm{e}^{[-\alpha(v)CL]} \tag{2-6}$$

式中　I_0——入射光强度；

v——入射光的频率；

$\alpha(v)$——吸收系数；

L——吸收光程的长度；

C——待测气体的浓度。

经过变换，可得到气体浓度计算公式：

$$C=\frac{\ln I_0(v)-\ln I(v)}{\alpha(v)L} \tag{2-7}$$

从式（2-7）可以看出，在气体吸收系数和吸收长度一定的条件下，气体的浓度可以通过测量的入射光强度和出射光强度得知。为提高气体检测的抗干扰能力，红外吸收光谱技术结合差分技术形成差分吸收光谱技术。差分吸收光谱技术一般又分为单光束双波长吸收光谱技术和双光束单波长吸收光谱技术。

10. 光声光谱技术

光声光谱技术是一种间接吸收光谱技术。基于气体光声效应，将气体置于光声池内，气体分子吸收特定波长的光后，被激发至高能态，高能态的气体分子通过无辐射跃迁至低能态释放热量，经过调制的光照射后的气体，释放的热量也是周期性的，从而引起气体周期性的膨胀，产生声波。通过使用传声器将声波转化为电信号，实现对气体浓度的检测。光声光谱气体监测系统原理如图 2-5 所示。

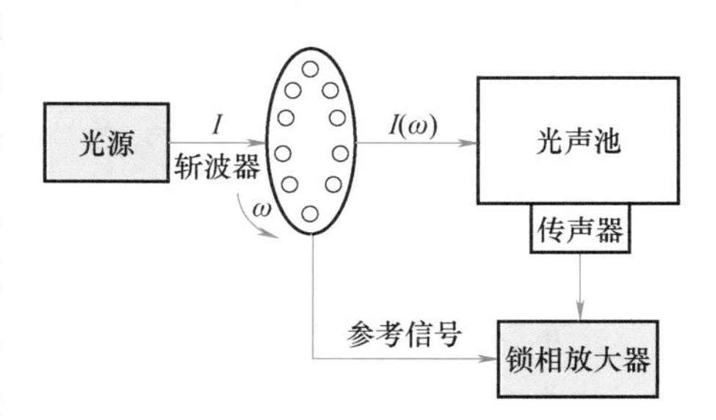

图 2-5　光声光谱气体监测系统原理

高灵敏传声器的出现、新型光源的快速发展使得光声光谱技术在继承红外吸收光谱技术选择性好的优势的同时，提高了检测灵敏度。近年来，光声光谱技术在 SF_6 检测领域也获得了快速发展。M. A. Gondal 等人采用 CO_2 激光器，对比了用不同的光声池搭建光声光谱系统时 SF_6 检测的灵敏度，发现检测灵敏度均在 ppt 级。M. Rocha 等人分别采用量子级联激光器和 CO_2 激光器构建光声光谱检测系统对 SF_6 气体进行检测，采用量子级联激光器时检测灵敏度达到 50ppb 而采用 CO_2 激光器时达到了 20ppb。郭小凯等人利用宽带连续红外光源，配合以中心波长为 10.6μm 的窄带滤光片，自行设计光声池，搭建光声光谱系统，对 SF_6 和空气的混合气体进行检测，测量得到光声信号与 SF_6 气体浓度具有较好的线性度。

2.6.3　SF_6 气体监测技术的比较

现有的技术中，气体密度监测技术通过监测高压电力设备内 SF_6 的气压来检测气体浓度，存在误差大的问题。电子捕获探测技术需要用到辐射源，对检修人员健康存在威胁。局部真空负离子捕获结构过于复杂。紫外电离技术存在零点漂移、误差大的问题。超声波技术受气体所处环境状态影响较大，稳定性是个问题。负电晕放电技术由于使用尖端电极放电，寿命受电极的影响较短。气敏传感器因廉价而备受青睐，但其易受交叉干扰的影响，使之难以达到定量分析的水平。红外激光成像技术检测到的是 SF_6 气体泄漏点的图像信息，无法得到气体的浓度值。红外吸收光谱技术因受红外探测器灵敏度的限制使得检测灵敏度提高的空间有限，同时还受环境温湿度的影响较大。

光声光谱技术因以气体对特定光波的吸收为基础，同时又间接地通过对声波的测量实现气体浓度的检测，因而较其他几种 SF_6 气体检测技术在灵敏度、选择性、测量范围上均具有优势。表 2-3 列出了各种 SF_6 气体监测技术优缺点的比较。

表 2-3　各种 SF_6 气体监测技术优缺点的比较

监测技术	优点	缺点
气体密度监测技术	结构简单、测量范围大	误差大
电子捕获探测技术	性能稳定	具有放射性辐射
真空负离子捕获技术	性能稳定	结构复杂
紫外电离技术	结构简单、便携性好	误差大
超声波技术	适合高浓度气体检测	易受气压、温湿度影响
负电晕放电技术	灵敏度高、便携性好	寿命短
气敏传感器监测技术	造价低、体积小	选择性差、误差大
红外激光成像技术	可远程监测、便携性好、灵敏度高	只可定性检测
红外吸收光谱技术	选择性好	易受温湿度影响、灵敏度不高
光声光谱技术	灵敏度高、选择性好、测量范围大	易受噪声的影响

思　考　题

1. 甲烷（CH_4）气体的主要特性和来源是什么？
2. 当前常用的甲烷气体监测技术主要有哪些？
3. 氧化亚氮（N_2O）的主要特性和来源是什么？
4. 化学发光法在测定氧化亚氮方面的主要应用领域有哪些？
5. 全氟化碳（PFCs）的主要特性和来源是什么？
6. 介绍六氟化硫（SF_6）气体的化学特性、物理性质及应用。
7. 简述温室气体监测的意义及监测点位设置的要求。

第3章 甲烷（CH_4）减排技术

3.1 甲烷气体的产生与来源

近年来，甲烷减排得到国际社会广泛关注，越来越多的国家正在将其转化为国家战略，一些国家和国际组织已经提出或倡议具体的减排行动。欧美发达国家已经出台多项专门性的甲烷减排战略或行动计划，并不断更新相关减排目标。2020 年 10 月，欧盟委员会发布了《欧盟甲烷减排战略》，明确了在欧盟和国际范围内减少甲烷排放的措施，重点覆盖能源、农业和废弃物处理行业，其中，特别提出“欧盟与中日韩三国建立买家联盟，推动建立国际甲烷 MRV 标准”。MRV（Monitoring Reporting and Verification）即监测报告和验证，是指对温室气体排放量进行实时监测、定期报告和验证核实的过程。欧盟委员会 2021 年推动立法，强制石油和天然气企业 MRV，开展泄漏检测与修复，并考虑禁止甲烷放空及火炬点燃。此外，联合国环境署和欧委会正加快推进独立的国际甲烷排放观测站的规划，以监控全球范围内甲烷排放或泄漏情况。在“联合国气候变化框架公约”第 28 次缔约方大会（COP28）会议之后，各国纷纷加大甲烷减排的力度。欧盟委员会 2024 年 2 月 6 日发表声明，建议到 2040 年，将欧盟的温室气体净排放量在1990 年水平的基础上减少 90%，这将推动欧盟到 2050 年实现碳中和。

3.1.1 甲烷的性质

甲烷是无色、可燃和无毒的气体。它对空气的质量比是 0.54，质量大约是空气的一半。甲烷的溶解度差，在 20℃、0.1kPa 时，100 单位体积的水，只能溶解 3 个单位体积的甲烷。甲烷的化学式是 CH_4，它是最简单的烃，由一个碳和四个氢原子通过 sp^3 杂化的方式组成，因此甲烷的分子结构是正四面体结构，四个键的键长相同、键角相等。表 3-1 给出了甲烷的性质参数。

表 3-1 甲烷性质参数

分子量	分子直径/nm	临界温度/℃	临界压/MPa	沸点/℃
16.042	0.33~0.42	-82.57	4.604	-161.49
动力黏度/×10^{-5} Pa·s	绝对密度/(kg/m^3)（15.5 ℃）	相对密度/(kg/m^3)（15.5 ℃）	热值/(kJ/m^3)	溶解系数/(m^3/m^3)（5atm）
1.084	0.677	0.5548	37.62	0.033

甲烷在自然界分布很广，是天然气、沼气、坑气的主要成分之一。甲烷是无味的，家用天然气的特殊味道是为了安全而添加的人工气味，通常是使用甲硫醇或乙硫醇。在 1 标准大气压（1atm=101.325kPa）环境中，甲烷的沸点是-161.49℃。在正常气压下，甲烷的爆炸下限（LEL）为 5%，爆炸上限（UEL）为 16%；甲烷在空气中的含量达到 9.5%时，就会发生最强烈的爆炸。其中，氧浓度降低时爆炸下限变化不大，而爆炸上限明显降低；当氧浓度低于 12%时，混合气体就失去爆炸性。空气中的甲烷含量（体积分数，下同）只要超过 5%~16%就十分易燃。液化的甲烷不会燃烧，除非在高压的环境中（通常是 4~5atm）。我国国家标准规定，甲烷气瓶为棕色，白字。

甲烷是重要的燃料及化工原料，可用作热水器、燃气炉热值测试标准燃料，生产可燃气体报警器的标准气、校正气。除作燃料外，甲烷大量用于合成氨、尿素和炭黑，还可用于生产甲醇、氢气、乙炔、乙烯、甲醛、二硫化碳、硝基甲烷、氢氰酸和 1，4-丁二醇等。甲烷氯化可得一、二、三氯甲烷及四氯化碳，氯仿和四氯化碳都是重要的溶剂。甲烷还可用作太阳能电池、非晶硅膜气相化学沉积的碳源，以及医药化工合成的生产原料。甲烷高温分解可得炭黑，用作颜料、油墨、油漆及橡胶的添加剂等。

3.1.2 甲烷的产生来源与危害

甲烷是自然界中广泛存在的气体之一。它存在于地球的各个地方，包括地下矿藏、湖泊、沼泽地等，也可以由人工过程产生。甲烷的排放来源包括能源生产与使用、农业、废弃物处理等系统，我国甲烷不同来源及排放量与排放源的比较如图 3-1、图 3-2 所示。

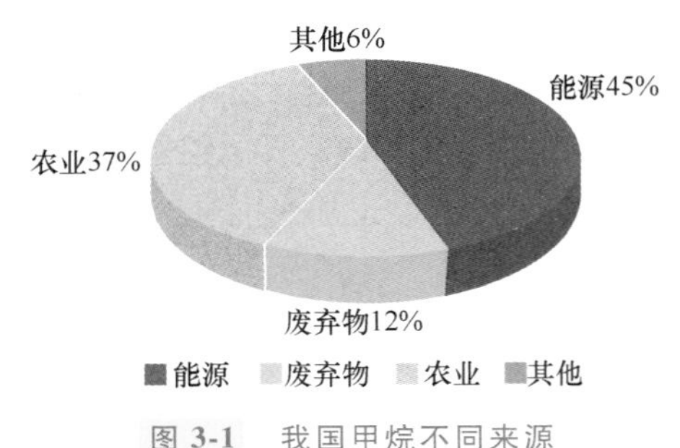

图 3-1 我国甲烷不同来源

甲烷的产生来源主要包括：

1）天然气和石油：甲烷可以在石油和天然气的开采、生产和运输过程中泄漏和释放产生，这也是甲烷的主要来源之一。

2）湿地和沼泽：在湿润环境中，微生物在缺氧条件下分解有机物产生甲烷。因此，湿地和沼泽是甲烷的重要产生地，包括河流、湖泊、沼泽地及沿海湿地等。

3）农业活动：农业是甲烷的重要来源之一，水稻生长过程中的微生物降解有机物会产生甲烷。此外，牲畜的消化系统中的微生物也会产生甲烷，因此畜牧业是农业甲烷排放的重要来源之一。

4）生物消化过程：反刍动物，如牛、羊，拥有特殊的消化系统，其中的微生物发酵过程会产生甲烷。

5）生物降解和分解：有机垃圾、堆肥和垃圾填埋场中的有机物在缺氧条件下分解，会产生甲烷。

甲烷作为一种强效温室气体，产生的温室效应是等量 CO_2 的 23~28 倍。甲烷的排放导致大气中甲烷浓度的增加，它能够吸收和重新辐射地球上的热量，对地球的气候产生影响，

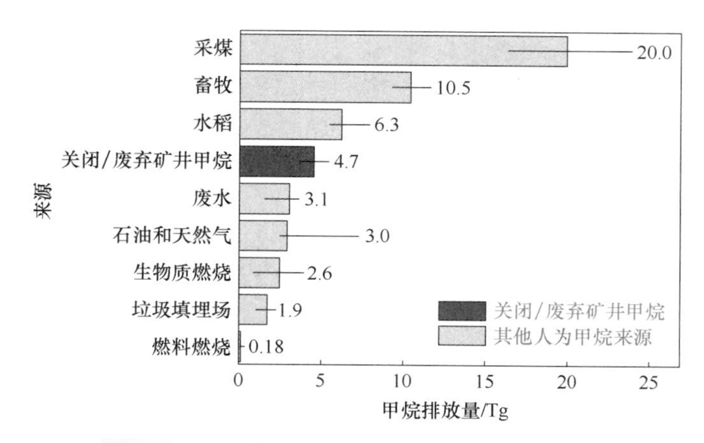

图 3-2 2019 年我国甲烷排放量与排放源的比较

进而使得地球的温度升高。这种温度升高会引发一系列的气候变化，如海平面上升、极端天气事件增多等。因此需要充分处理利用甲烷来避免加重温室效应，但目前在天然气汽车、燃气电厂等行业中存在大量未充分燃烧的天然气，造成的甲烷排放已对环境产生影响，对这些未转化的甲烷需要进行有效处理。

3.2 煤炭行业甲烷减排技术及对策

国际能源署（International Energy Agency，IEA）数据显示，2022 年全球甲烷排放量为 3. 558013 亿 t，2023 年化石燃料的生产和使用导致了近 1. 2 亿 t 甲烷排放，与 2022 年相比略有上升。如图 3-3 所示，2022 年全球能源行业甲烷排放量为 1. 35 亿 t，较 2021 年略有上升，约占人类活动造成的甲烷排放总量的 40%。其中，煤炭行业甲烷排放量已经超过了 4000 万 t。我国是世界最大煤炭生产国，2022 年，我国能源行业甲烷排放量达 2537. 22 万 t，占我国甲烷排放总量的 45. 57%。其中，煤炭开采是最大的排放源，占比高达 82. 88%（其中逃逸排放占 40%，燃料燃烧排放占 5%）。

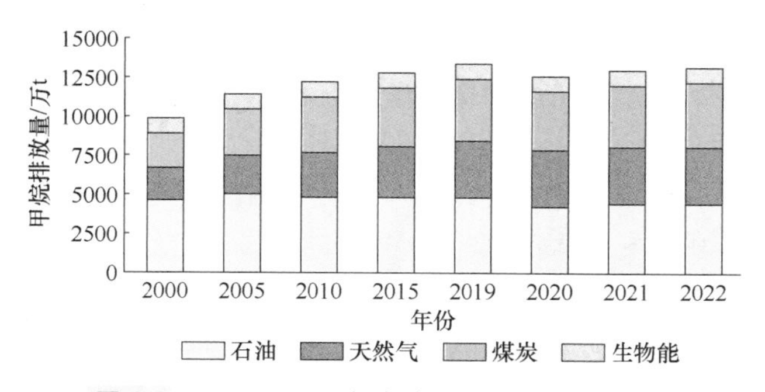

图 3-3 2000—2022 年全球能源行业甲烷排放量

煤炭行业是我国能源领域甲烷排放的主要来源之一。图 3-4 给出了 2022 年各国煤炭甲烷排放量和甲烷生产强度，从中可知，2022 年我国煤矿甲烷排放量为 2024 万 t。《2006 年

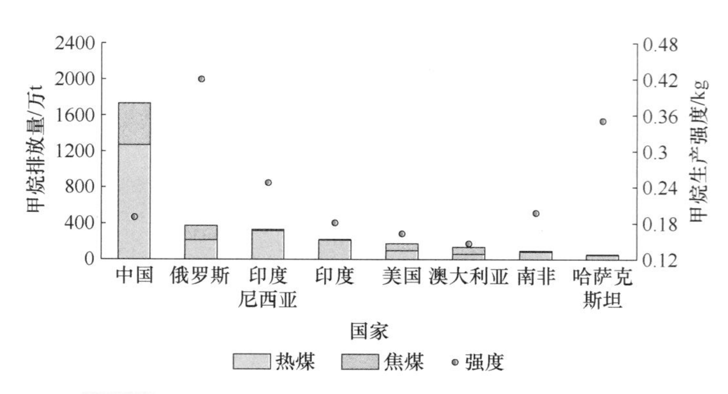

图 3-4　2022 年各国煤矿甲烷排放量和甲烷生产强度

IPCC 国家温室气体清单指南》（简称《2006IPCC 指南》）中指出，煤炭行业中甲烷的排放主要来自于煤炭开采过程（包括地下开采和露天开采）、矿后活动和废弃煤矿排放。我国煤层气（煤矿瓦斯）甲烷浓度范围较大，包括高浓度瓦斯（甲烷体积分数≥30%）、低浓度瓦斯（甲烷体积分数<30%）与风排瓦斯（甲烷体积分数<0. 75%）。

山西省煤炭资源储量丰富，煤矿数量众多，含煤面积约占全省总面积的 40%。丰富的煤炭资源使得山西省在煤层气（煤矿瓦斯）资源方面占有绝对优势，经过长期开采之后，采空区和废弃关闭矿井数量众多，赋存有巨大的煤层气资源量，全省有煤层气矿区面积约4 万 km^2，资源总量 83098 亿 m^3，约占全国煤层气资源量的 27. 7%。截至 2022 年，山西省累计抽采煤层气达 96. 1 亿 m^3，约占全国同期煤层气产量的 83. 2%，但仍有大量甲烷未经利用排放到大气中。煤矿甲烷的捕获和利用可以避免甲烷直接排放到大气中，从而直接减少温室气体的排放。

3. 2. 1　煤矿甲烷的形成与排放

煤矿甲烷排放特征

1. 煤矿甲烷的形成机理

植物体埋藏后，经过微生物的生物化学作用转变成泥炭，后经历物理化学作用为主的地质作用，向褐煤、烟煤和无烟煤转化。煤矿甲烷的形成一般经历两个不同的造气时期：从植物遗体到形成泥炭，属于生物化学造气时期；从褐煤、烟煤直到无烟煤属于煤化变质作用造气时期。甲烷气的生成量的多少取决于原始母质的组成和煤化作用所处的阶段。

（1）生物化学作用时期

泥炭阶段的腐殖体，处于生物化学作用时期，在温度不超过 50℃ 低温条件下，经厌氧微生物作用发酵分解成甲烷和二氧化碳。在泥炭时期，泥炭的埋深一般不大，其覆盖层的胶结固化也不好，生成的甲烷通过渗滤和扩散容易排放到大气中，因此，生物化学作用产生的甲烷一般不会保留在煤层内。随着泥炭层的下沉，覆盖层的厚度越来越大，压力与温度随之增高，厌氧微生物的生存环境恶化，生物化学活动逐渐减弱直至停止。在稍高的压力与温度作用下，泥炭化的木质素与纤维素便转化成为褐煤。

（2）煤化变质作用时期

褐煤层进一步沉降，压力与温度的影响随之加剧，煤化变质作用增强。一般认为温度在

50～220℃和相应的压力下煤层处于烟煤—无烟煤热力变质造气时期。在这一时期，煤的变质程度越高，其生成的甲烷气量也就越多。根据地球化学与煤化作用过程反应物与生成物平衡原理，计算出各煤化阶段甲烷的生成量，见表 3-2。

表 3-2　各煤化阶段甲烷的生成量

煤化阶段	褐煤	长焰煤	气煤	肥煤	焦煤	瘦煤	贫煤	无烟煤
生气量/(m^3/t)	68	168	212	229	270	287	333	419
阶段生气量/(m^3/t)	—	100	44	17	41	17	46	86

2. 煤矿甲烷排放构成

煤炭行业的温室气体排放主要来自煤炭开采过程、矿后活动、低温氧化、非控制燃烧和废弃煤矿，其中低温氧化和非控制燃烧产生的温室气体以 CO_2 为主，甲烷的排放主要来自煤炭开采过程、矿后活动和废弃煤矿排放。

煤炭开采过程（包括地下开采和露天开采）中的排放主要是指煤炭采掘活动造成煤岩层扰动导致吸附其中的甲烷变成游离态释放到大气中的排放，其中，地下开采过程中的甲烷排放通过井下抽采系统和通风系统排放，部分可以实现回收利用；矿后活动的排放主要是指煤炭分选、储存、运输及燃烧前的粉碎等过程中，煤炭中残存的瓦斯缓慢释放产生的甲烷排放；废弃煤矿的排放主要是指煤炭开采停止后，煤矿中残存的瓦斯从地表裂隙或人为通道中继续缓慢释放产生的甲烷排放。

我国煤炭开采方式以地下开采为主。煤矿地下开采过程中的甲烷排放是我国煤矿甲烷最主要的排放来源，由此带来的矿后活动产生的甲烷排放也成为我国煤矿甲烷排放的主要来源之一。新疆和内蒙古自治区适合露天开采的煤炭资源较为丰富，几乎占我国露天煤炭资源的90%以上，近年来随着我国煤炭生产布局的“西移”战略实施，露天开采煤炭产量的占比呈现增加趋势，露天开采过程中的甲烷排放也有所增加。从 1998 年至今，我国先后关闭了70000 多处资源枯竭型和不符合安全生产条件的煤矿，随着我国废弃煤矿数量越来越多，废弃煤矿的甲烷排放量也呈现上升趋势。结合国内学者近年来的研究成果，综合考虑我国煤炭行业产业结构变化和近年来煤炭开采各环节甲烷排放数据变化，测算目前我国煤矿地下开采、矿后活动、露天开采和废弃煤矿等排放来源占总排放量的比例分别约为 80%、13%、5%和 2%（图 3-5）。

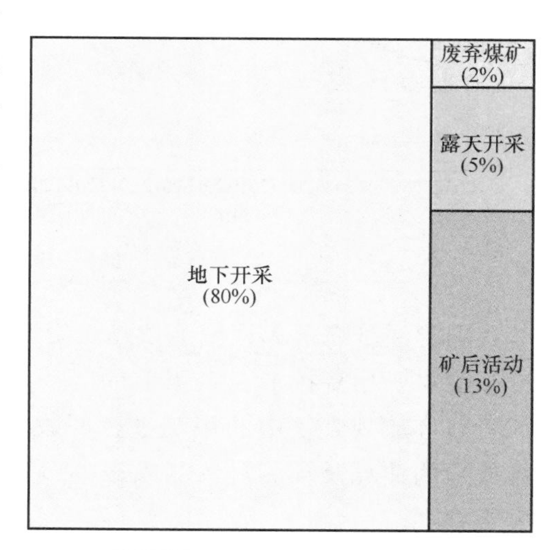

图 3-5　我国煤矿开采过程中甲烷排放量比例示意图

3. 煤矿甲烷排放特征

1）煤矿瓦斯中甲烷体积分数变化范围大。在煤炭开采活动过程中，抽采瓦斯、通风瓦斯、采空区地面煤层气中甲烷体积分数为 0.5%～95.0%，如此分散且广泛的甲烷体积分数变化范围增加了甲烷减排的难度。

2）低浓度瓦斯占比较大。由于我国煤炭地质赋存条件复杂，煤层透气性差、渗透率低，多数瓦斯矿井处于“三软”煤层中，不利于钻孔。所以抽采瓦斯体积分数在8.0%~30.0%的低浓度甲烷占比较大，不易利用，也是导致煤矿甲烷排放利用率低的主要原因。

3）乏风瓦斯稀薄且排放量大。为了保证地下开采过程中井下矿工的安全，井下通风风流中各关键部位都设定了相应的瓦斯体积分数上限。根据《煤矿安全规程》，主回风巷的瓦斯体积分数应小于0.75%，为确保井下工人生命健康和安全生产，需使通风量达到相关要求，因此造成数量巨大的乏风瓦斯直接排放到空气中。但在现有技术条件下，如此稀薄的乏风瓦斯难以有效利用。

4）废弃煤矿瓦斯排放底数不清。我国废弃煤矿大部分是高瓦斯矿井和瓦斯突出矿井，上下邻近煤层、矿井残留的煤柱和井下采空区内仍富含大量的残存瓦斯，可能从地表裂隙或人为通道中继续缓慢释放。此外废弃煤矿的甲烷排放不仅会造成温室气体增多，还可能发生生产安全事故。我国“十四五”期间仍将继续淘汰落后产能，关闭资源枯竭和不符合安全生产条件要求的煤矿，废弃煤矿甲烷排放未来呈增加趋势。

研究人员分析了我国2005—2016年不同省份排放量的变化，如图3-6所示。这里分省份的排放由分省产量和分省排放因子计算得到。全国的煤矿甲烷排放从2012年开始下降，与煤矿产量的下降一致。其中，山西省的排放从2006—2015年不断上升，但是西南地区和全国其他地区上升趋势在2010—2011年放缓，并在2012年之后开始下降。这种变化趋势与我国关闭小型乡镇煤矿（大约50%位于西南地区），并扩大大型煤矿（大部分在山西省）生产的政策一致。

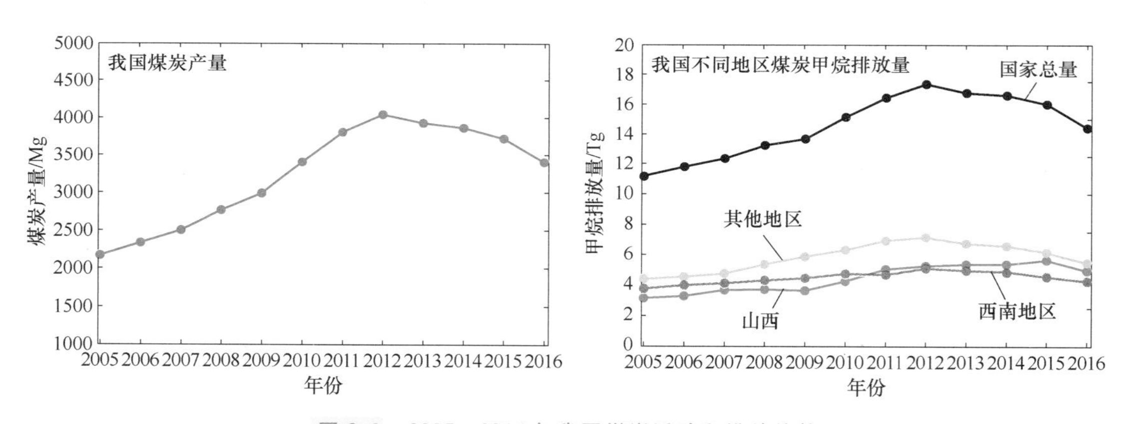

图3-6　2005—2016年我国煤炭活动和排放趋势

我国的经济在很大程度上依赖煤炭燃烧所获得的能源，因此短期内很难做到停止或大幅度减少煤矿甲烷排放。在当前的经济发展阶段，开发更清洁有效的煤炭开采和使用方法或者对排放到大气中的甲烷进行回收利用是合理的。为了应对目前全球气候变化，甲烷排放量的估算及预测对预测未来的气候变化以及制定实施缓解辐射性气候变化战略都至关重要。

本节以山西省为例，结合原煤产量法对山西省煤矿甲烷排放量进行估算与预测，并通过设定的控排情景，预测2030年山西省煤矿甲烷排放量。

（1）山西省煤矿瓦斯分布特征

煤层瓦斯的生成与煤的形成及其变质作用是同时进行的。山西省的煤炭资源储量大、分布广，但主要集中分布在大同、宁武、河东、西山、霍西和沁水六个煤田，另有浑源、五台、繁峙、平陆和垣曲等零星煤产地。山西省煤层埋藏深度由北往南逐渐加深，煤的变质程度也逐渐增高，表现为北低南高，在北纬 35°和北纬 38°带两个岩浆热变质带煤的变质程度明显增高，岩浆热事件主要发生在西山煤田、沁水煤田的南北两端，此位置正好是山西省内煤层瓦斯较富集地区。煤矿瓦斯赋存规律总体表现为北低南高，煤矿瓦斯赋存量高在开采过程中排放的煤矿甲烷的量势必也会较高。

2019 年山西省甲烷排放卫星监测显示（图 3-7），甲烷浓度较高的区域主要集中在山西省的中南部，其中晋城、阳泉甲烷浓度相对较高，分别为 1884.1ppb、1887.7ppb。而山西省北部地区甲烷浓度则相对较低，其中朔州、大同甲烷浓度为 1848.3ppb、1849.0ppb。在河东、大同、宁武、沁水四大含煤气盆地煤层瓦斯含量表现为浅部低，往深部逐渐增高，煤层瓦斯含量分布由盆地周边向腹部逐渐增高。

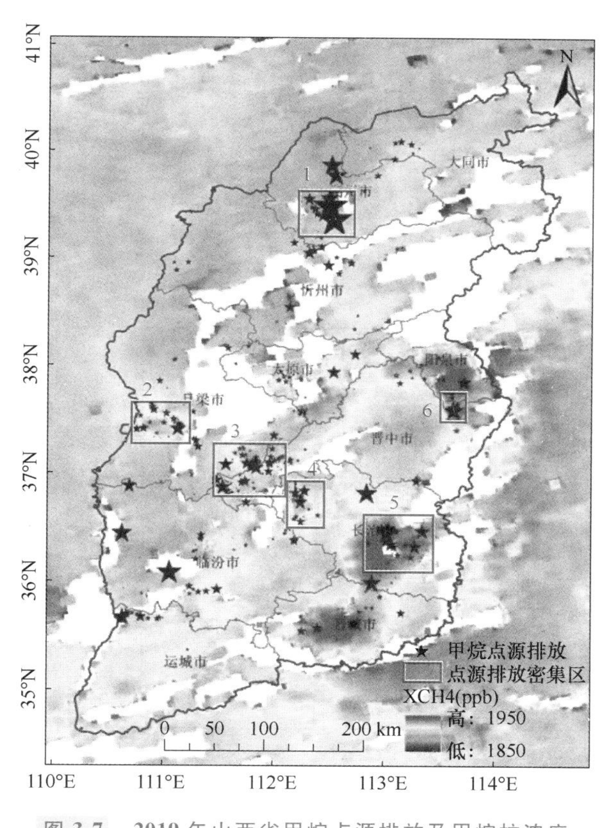

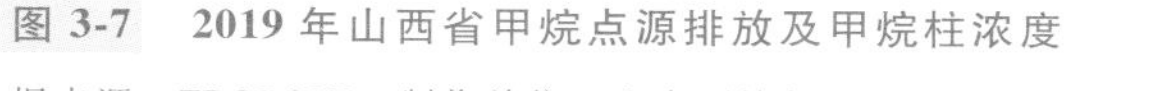
图 3-7　2019 年山西省甲烷点源排放及甲烷柱浓度

注：数据来源，TROPOMI；制作单位，生态环境部卫星环境应用中心。

图 3-7 彩图

（2）山西省煤矿甲烷排放量估算及预测分析

原煤产量法是计算煤矿甲烷宏观排放量比较有效的方法。利用煤炭生产过程中甲烷的排放因子和煤炭产量数据可估算甲烷排放量。根据可获取的数据，采用如下公式：

排放量=煤炭产量×排放因子

甲烷排放因子 K_Y，即矿井甲烷排放总量与原煤产量 M 之比，计算甲烷排放因子：

$$K_Y = \frac{\sum_{i=1}^{12} Q_{Yi}}{\sum_{i=1}^{12} M_i} \quad (i=1,2,\cdots,12) \tag{3-1}$$

式中　i——月份；

Q_{Yi}——月甲烷排放量；

M_i——月原煤产量。

对瓦斯矿、高瓦斯或突出矿的矿后活动排放使用我国特征的排放因子，分别为 0.94m³/t 和 3.00m³/t。

利用原煤产量法建立组合预测模型对山西省煤矿甲烷排放量进行预测，并通过设定的控排情景，预测山西省 2030 年煤矿甲烷排放量。

根据国家统计局公开数据及山西省历年国民经济和社会发展统计公报，整理了 2016—2022 年全国及山西省原煤产量数据（表 3-3）。2016 年山西省原煤产量出现下滑，下降幅度达 14.4%。伴随着煤炭价格回归合理区间，原煤产量步入正轨，2017 年，原煤产量恢复性增长并呈现逐年上涨趋势且增速逐年加快。我国“十二五”时期煤炭产量年均递增 1.8%，“十三五”时期煤炭产量年均递增 0.5%左右。2022 年山西省原煤产量达到 13.07 亿 t，创历史新高。

表 3-3　2016—2022 年全国原煤产量和山西原煤产量及占比

年份	全国原煤产量/亿 t	山西原煤产量/亿 t	占比/%
2016	34.11	8.16	23.93
2017	35.24	8.54	24.23
2018	36.98	8.93	24.16
2019	38.46	9.71	25.25
2020	39.02	10.63	27.24
2021	41.26	11.93	28.92
2022	45.59	13.07	28.67

注：数据来源于山西省统计局，山西省 2016—2022 年国民经济和社会发展统计公报。

“十四五”期间，产能逐渐向三西地区（山西、陕西、内蒙古自治区煤炭产量占全国总产量的比例大于 70%）集中，全国煤炭需求对三西地区依赖程度加强，煤炭行业在当前和今后的较长时期仍然维持在能源体系中的主体地位。据国家统计局数据，2020 年产煤大省产量比例持续增加，产煤小省产量规模持续萎缩。据表 3-3，“十三五”期间前三年，山西省原煤产量与全国原煤产量发展趋势基本一致，从 2019 年开始，全国原煤产量增速减缓而山西省产量增速逐渐加快。近几年由于煤矿整治、疫情防控等多方面因素导致内蒙古煤炭质量下降，同时在环保监查方面，加快退出与“三区”重叠煤矿，部分地区煤矿开发建设和产能释放受到制约，为确定全国煤炭安全稳定供应，近几年，山西省原煤产量在全国原煤产量中的比例逐年增加。山西原煤产量占比由 2016 年的 23.93%增加至 2022 年的 28.67%。由于产能的逐渐集中，全国原煤产量中山西占比逐年增加，全国煤炭需求对山西的依赖程度也逐年加强。

如图 3-8 所示，近几年山西原煤产量仍保持增长状态。2021 年 4 月，《山西省国民经济和社会发展的第十四个五年规划和 2035 年远景目标纲要》中提到的“十四五”期间的原煤产量发展目标，预估未来五年原煤产量增速相对于 2019—2020 年应相应放缓。

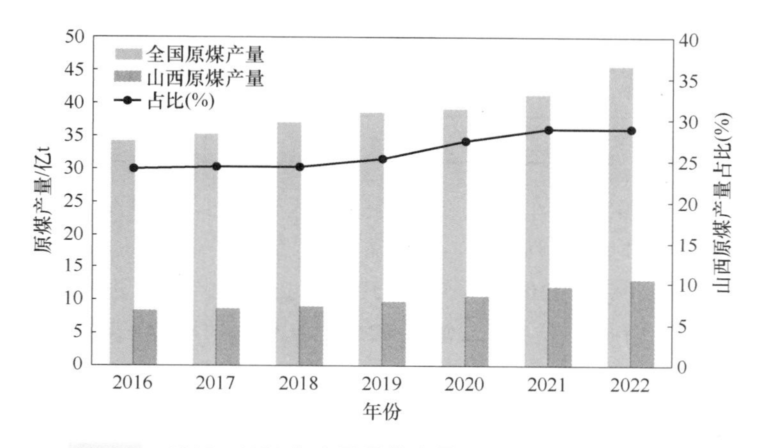

图 3-8　2016—2022 年全国原煤产量和山西原煤产量及占比

注：数据来源于山西省统计局，山西省 2016—2022 年国民经济和社会发展统计公报。

“十四五”期间，山西省将合理控制煤炭开发规模，原煤产量稳定在 10 亿 t 左右；2023 年 1 月山西省人民政府办公厅印发《山西省矿产资源总体规划（2021—2025 年）》中提到：到 2025 年，煤炭产能稳定在 15.6 亿 t/年以内、煤炭产量保持在 14 亿 t/年。根据 2016—2022 年山西省原煤产量数据及相关政策要求，预测 2022—2030 年山西省原煤产量，结果见表 3-4。预计到 2030 年山西省原煤产量将达到 19.26 亿 t。

表 3-4　山西原煤产量预测

年份	原煤产量/亿 t	
	实际值	拟合值
2016	8.16	7.65
2017	8.54	8.48
2018	8.93	9.31
2019	9.71	10.14
2020	10.63	10.97
2021	11.93	11.80

（续）

年份	原煤产量/亿 t	
	实际值	拟合值
2022	13.07	12.63
2023	—	13.46
2024	—	14.28
2025	—	15.11
2026	—	15.94
2027	—	16.77
2028	—	17.60
2029	—	18.43
2030	—	19.26

据预测，2035 年、2050 年全国煤炭消费量将大幅减少为 30 亿 t 和 20 亿 t 左右，煤炭占全国一次能源消费比例分别降至 40%和 25%左右。我国煤炭产量峰值将发生在 2026 年至 2030 年之间或者 2020 年末至 2030 年初，因此，预测 2021—2025 年期间，山西煤炭产量仍会保持增长的状态，2026—2030 年增速逐渐回落并在此区间内达到最值后趋于稳定。

煤矿甲烷排放因子影响因素众多，对于特定矿井煤炭开采类型、地下地质结构、煤质短期内大抵相差无几，而煤矿甲烷排放因子的变化更多取决于开采煤层埋藏深度、开采方式及煤矿甲烷利用技术。通过之前学者研究计算的山西煤矿甲烷排放因子数据，选用新陈代谢 GM（1，1）模型计算并预测了 2016—2030 年山西省煤矿甲烷排放因子。

国家统计局官网数据显示，2018 年山西省原煤产量为 89340 万 t，根据原煤产量法公式粗略计算 2018 年煤矿甲烷排放因子约为 8.955m^3/t。山西省环境研究中心之前根据利用率估算，2018 年山西省煤炭行业甲烷（非纯）排放量达到 80 亿 m^3 左右，因此对煤矿甲烷排放因子做出修正，结果见表 3-5。

表 3-5　2016—2030 年山西煤矿甲烷排放因子修正结果

年份	煤矿甲烷排放因子/(m^3/t)	年份	煤矿甲烷排放因子/(m^3/t)
2016	8.859	2024	9.104
2017	8.938	2025	9.136
2018	8.955	2026	9.16
2019	8.993	2027	9.1871
2020	8.988	2028	9.2143
2021	9.041	2029	9.2416
2022	9.055	2030	9.269
2023	9.081		

煤矿甲烷排放因子影响因素较多且各影响因素之间相互作用形式较为复杂，要对其精准预测存在困难。从煤矿甲烷排放因子影响因素对此分析，随着煤炭产量不断增长，煤层开采深度不断加深，煤层瓦斯含量也越大，开采过程中瓦斯涌出量自然也会增大，导致每开采 1t 煤所产生的瓦斯量增加。依近几年发展趋势来看，“十四五”期间山西煤矿甲烷排放因子平稳增长。“十四五”规划首次明确加大甲烷的管控力度，实地调研过程中也发现越来越多的煤矿加大了对风排瓦斯及抽放瓦斯的回收利用，因此，不排除“十四五”期间山西省煤矿甲烷排放因子增速趋于平稳，或有下降的趋势。

根据原煤产量线性回归预测模型和煤矿甲烷排放因子新陈代谢 GM（1，1）模型，建立煤矿甲烷排放量组合预测模型，通过原煤产量法计算可得到 2016—2025 年山西省煤矿甲烷排放量估算及预测值（图 3-9 和表 3-6）。2022 年山西省煤矿甲烷总排放量估计达 118. 36 亿 m^3，换算成质量为 7. 99Tg。到 2030 年，煤矿甲烷排放量将达到 178. 49 亿 m^3，换算成质量为 12. 05Tg。

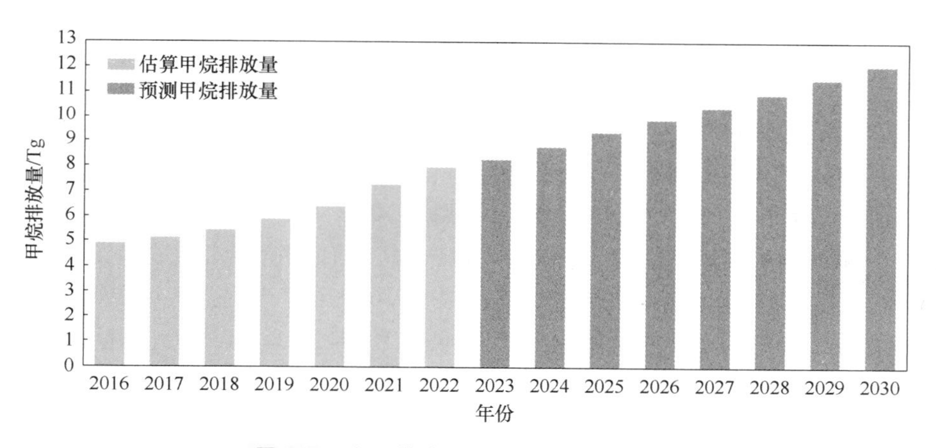

图 3-9 山西煤矿甲烷排放量估算及预测

表 3-6 山西煤矿甲烷排放量估算及预测值表

年份	甲烷排放量/亿 m^3	甲烷排放量/Tg
估算值		
2016	72. 33	4. 88
2017	76. 33	5. 15
2018	80. 00	5. 40
2019	87. 33	5. 90
2020	95. 55	6. 45
2021	107. 87	7. 28
2022	118. 36	7. 99

（续）

年份	甲烷排放量/亿 m^3	甲烷排放量/Tg
预测值		
2023	122. 19	8. 25
2024	130. 04	8. 78
2025	138. 07	9. 32
2026	146. 02	9. 86
2027	154. 07	10. 40
2028	162. 16	10. 95
2029	170. 30	11. 50
2030	178. 49	12. 05

大量煤矿甲烷排放到大气中，不仅浪费了资源也加速了全球变暖的进程。如果不对煤矿甲烷进一步控排，那么煤矿甲烷排放量将逐年增长，且增速越来越快。因此，山西迫切需要制定煤炭行业甲烷减排工作计划，定量化甲烷减排目标。

在煤炭开采控制层面设定情景下，2023 年山西省政府发布《山西省矿产资源总体规划（2021—2025 年）》，到 2025 年，煤炭产能稳定在 15. 6 亿 t/年以内。假设在煤炭开采不加控制层面设定情景下，山西省原煤产量将在 2025 年达 18. 41 亿 t，相应地，山西省煤矿甲烷排放量为 11. 35Tg；2030 年山西省原煤产量将达 31. 30 亿 t，相应地，山西省煤矿甲烷排放量将达 19. 58Tg。在不加政策控制情景下 2016—2030 年山西省原煤产量模拟及预测如图 3-10 所示；假定情景下山西省煤矿甲烷排放及发展趋势如图 3-11 所示。

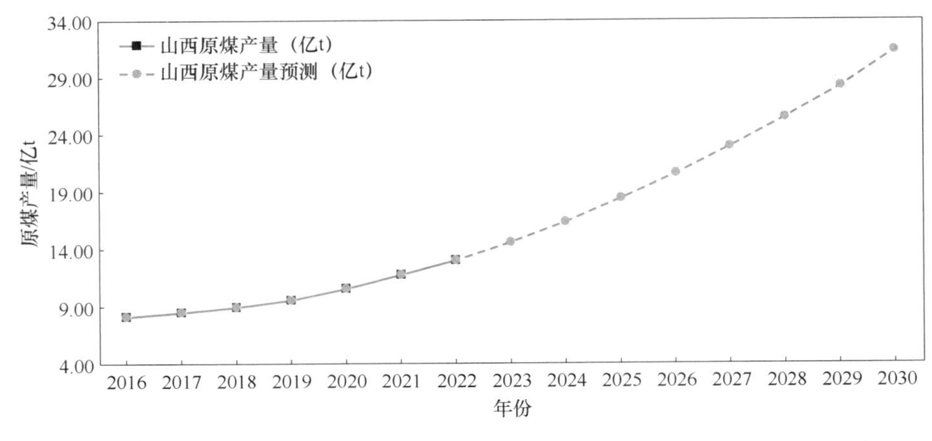

图 3-10　在不加政策控制情景下 2016—2030 年山西省原煤产量模拟及预测

山西省 2016—2021 年非二氧化碳类温室全体排放总清单见表 3-7，从排放源的情况分析，能源消耗一直是非二氧化碳类温室气体排放最重要的来源。

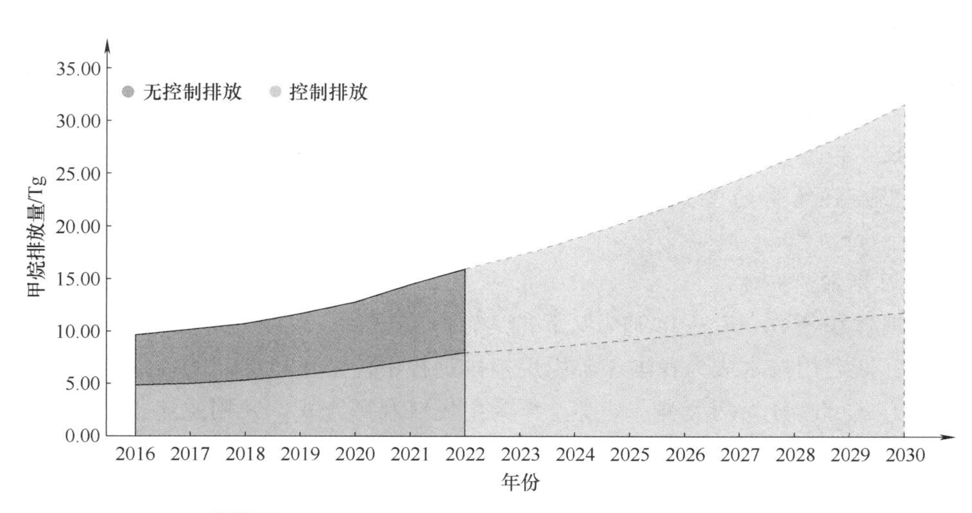

图 3-11　假定情形下山西省煤矿甲烷排放及发展趋势

表 3-7　山西省 2016—2021 年非二氧化碳类温室气体排放总清单　　（单位/万 t）

年份	2016	2017	2018	2019	2020	2021
CH_4 排放量（折算为 CO_2 当量）	8333. 43	9145. 92	9794. 82	10380. 72	10777. 83	11277. 63
CH_4 占总量比例（%）	85. 3	85. 14	86. 23	86. 98	87. 02	87. 28
N_2O 排放量（折算为 CO_2 当量）	861. 8	874. 2	868	858. 7	858. 7	895. 9
N_2O 占总量比例（%）	8. 82	8. 14	7. 64	7. 2	6. 93	6. 93
HFCs 排放量（折算为 CO_2 当量）	122. 85	242. 19	241. 02	241. 02	241. 02	241. 02
HFCs 占总量比例（%）	1. 26	2. 26	2. 12	2. 02	1. 95	1. 87
PFCs 排放量（折算为 CO_2 当量）	15. 96	16. 53	15. 39	15. 96	17. 67	16. 53
PFCs 占总量比例（%）	0. 16	0. 15	0. 14	0. 13	0. 14	0. 13
SF_6 排放量（折算为 CO_2 当量）	435. 12	463. 98	439. 56	492. 84	490. 62	490. 62
SF_6 占总量比例（%）	4. 45	4. 32	3. 87	4. 13	3. 96	3. 8
非二氧化碳类温室气体排放量（折算为 CO_2 当量）	9769. 16	10742. 82	11358. 79	11989. 24	12385. 84	12921. 7

3. 2. 2　煤矿甲烷排放控制技术

煤矿甲烷排放控制技术

1. 高浓度瓦斯减排技术

煤矿瓦斯发电、民用燃气和汽车燃料是高浓度瓦斯（一般体积分数≥30%）的主要利用领域，具有较高的技术成熟度，也能获得较好的经济效益，成为促进我国煤矿甲烷减排最有价值的瓦斯利用技术。作为利用方式的延伸，低浓度瓦斯压缩提纯液化也是具有减排潜力的甲烷减排途径之一。

2. 低浓度瓦斯减排技术

对于低浓度瓦斯，主要的减排途径为发电。由于低浓度瓦斯处于瓦斯的爆炸范围5%~16%，所以低浓度瓦斯面临的技术难题是防止在输送和利用过程中瓦斯爆炸事故的发生。在低浓度瓦斯输送技术中的安全问题得到解决之后，经过大规模应用过程中的经验积累，低浓度瓦斯发电技术也逐步发展成为一种成熟度较高的低浓度瓦斯利用技术。低浓度瓦斯提纯技术的重点和难点在于经济高效地实现 CH_4/N_2 的分离，目前普遍使用的技术为变压吸附技术。

3. 乏风瓦斯减排技术

乏风瓦斯体积分数一般在0.75%以下，具有排放量大、浓度稀薄、利用难度大等特点，有效的乏风瓦斯利用技术成为我国煤矿甲烷控排过程中需要重点突破的关键技术。国内外乏风瓦斯利用方式可以分为两大类：一类是作为主燃料利用方式，采用逆流式热氧化和逆流式催化氧化两种技术；另一类是作为辅助燃料利用方式，采用混合燃烧技术。目前具有较大发展前景的技术之一为双向蓄热式氧化技术。该技术装备的核心构成主要包括电加热单元、床体（一般为蓄热陶瓷）、热交换单元。在初始阶段，利用电加热单元将床体的中间部分预加热至甲烷自燃的温度（1000℃），一个完整的工艺流程循环包括2次改变气流的方向，所以气流改变一次流向是半个循环。在第1个半循环时，乏风以外界温度从反应器的一端流入并通过反应器。当混合气体的温度超过甲烷自燃温度时，甲烷在床体中心附近发生氧化反应。燃烧产生的热量及未燃烧的气体继续通过床体，将热量传递到离床体中心位置较远部位。当较远部位的床体充分加热时，较近处的床体会因为以环境温度进入的新气体而温度下降。为了使反应能够继续进行，系统会利用进、排气阀的自动控制系统使反应器中的风流方向逆转，进入第2个半循环。新风流自较远处进入并从床体吸收热量，接近反应器中心处甲烷达到自燃温度，氧化放出热量，并传递至较近处的床体然后排出。如此循环往复，使床体中心区域有个固定宽度的高温区，并使这个宽度保持基本恒定。中心温度加上绝热温升可以达到1000℃，然后通过热交换器将热量传输出去，加以利用。目前我国已有多个氧化供热项目投产运营。

与热氧化技术相比，催化氧化技术可以使通风瓦斯的自燃温度由1000℃降低至350℃左右，还能减少高温 NO_x 的生成，是碳中和目标下煤矿瓦斯利用技术未来发展的主流方向。乏风瓦斯催化氧化催化剂合成在近几年取得了较大突破。但由于矿井通风环境复杂、所含杂质种类繁多，还有催化剂高效再生技术等重要瓶颈尚需突破。将低浓度瓦斯（体积分数<8%）和乏风瓦斯综合利用的方式也是较为有效的乏风瓦斯减排技术，主要采用安全采集掺混输送成套工艺系统及控制技术，把抽采泵站的低浓度瓦斯掺混到乏风瓦斯里使混合体积分数达到1.2%左右后燃烧发电，这样一是提高了乏风瓦斯氧化的体积分数和稳定性，二是增加了煤矿瓦斯利用量，提高了经济效益。

积极推进低浓度瓦斯的高效提浓技术、超低浓度通风瓦斯的催化氧化销毁技术及余热回收利用技术等末端治理技术的研发，将极大推动煤矿瓦斯的综合利用效率和利用量的提高。这些技术的研发和应用，不仅能够加速煤矿甲烷的减排进程，也是推动煤矿行业可持续发展的重要技术驱动力。煤矿甲烷减排路径如图3-12所示。

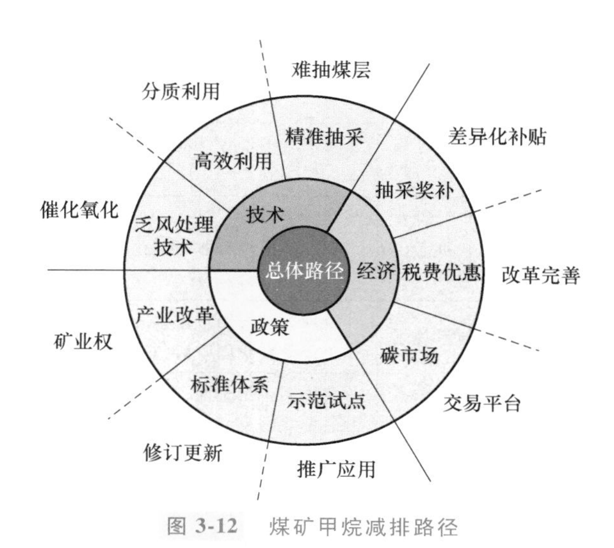

图 3-12　煤矿甲烷减排路径

3.2.3　煤矿甲烷排放控制对策

1. 煤矿甲烷减排路径

甲烷，作为全球温室气体的第二大贡献者，以其高增温潜势和较短的大气寿命而备受关注，其主要排放源包括煤炭开采、石油和天然气生产、农业活动以及废弃物处理等关键领域。我国政府对甲烷的控制与减排工作给予了高度重视，并在"十二五"和"十三五"期间的温室气体排放控制工作方案中明确提出了针对甲烷等非二氧化碳类温室气体的控制措施。此外，"十四五"规划以及《中共中央国务院关于完整准确全面贯彻新发展理念做好碳达峰碳中和工作的意见》等重要文件中，也对甲烷的管控提出了具体要求。

2023 年 11 月 7 日，生态环境部联合其他 10 个国家级部门，共同发布了具有里程碑意义的《甲烷排放控制行动方案》。这份方案标志着我国在甲烷排放管理方面迈出了重要一步，它不仅是我国首份全面且专门的甲烷排放控制政策文件，也是对未来我国甲烷排放控制工作的全面规划和系统安排。《甲烷排放控制行动方案》的发布，不仅对指导我国进一步控制甲烷排放具有重大意义，更将对推动经济社会的高质量发展产生深远影响。煤矿甲烷减排相关政策见表 3-8。

表 3-8　我国煤矿甲烷减排相关政策

时间	政策	内容
2012 年 1 月	"十二五"控制温室气体排放工作方案	加强畜牧业和城市废弃物处理及综合利用，控制甲烷等温室气体排放增长
2016 年 10 月	"十三五"控制温室气体排放工作方案	进一步明确要控制农田甲烷排放，开展垃圾填埋场、污水处理厂甲烷收集利用及与常规污染物协同处理工作
2021 年 1 月	关于统筹和加强应对气候变化与生态环境保护相关工作的指导意见	在重点排放点源层面试点开展石油天然气、煤炭开采等重点行业甲烷排放监测；在区域层面，探索大尺度区域甲烷等非二氧化碳温室气体排放监测

（续）

时间	政策	内容
2021年3月	我国第十四个五年规划和2035年远景目标纲要	要加大甲烷等其他温室气体控制力度，首次将控制甲烷排放写入五年规划
2021年10月	关于完整准确全面贯彻新发展理念做好碳达峰碳中和工作的意见	要加强甲烷等非二氧化碳类温室气体管控
2022年1月	“十四五”现代能源体系规划	要加大油气田甲烷采收利用力度，推进化石能源减排，甲烷减排工作受到我国政府的充分重视
2023年11月	甲烷排放控制行动方案	我国第一份全面、专门的甲烷排放控制政策性文件，对未来一段时期我国甲烷排放控制工作的顶层设计和系统部署，对进一步控制甲烷排放具有重要指导意义

煤矿甲烷减排需在“绿色发展、统筹协调、多措并举、支撑保障”的减排原则指导下，遵循“技术-经济-政策”协同发展的总体路径。具体路径主要包括以下六个方面：

（1）源头治理

大力推广应用智能化抽采等煤矿瓦斯精准抽采技术，突破软煤层塌孔和废弃煤矿瓦斯开发等技术瓶颈，提升抽采瓦斯体积分数，从源头上减少煤矿瓦斯的排放。

（2）技术支撑

加大技术与经济可行的煤矿瓦斯利用关键技术的突破，降低利用成本，为煤矿瓦斯减排提供技术支撑和保证。

（3）分质利用

针对不同体积分数的煤矿瓦斯，结合煤矿瓦斯利用的各项技术使用条件，积极开展民用燃气、工业锅炉、煤矿瓦斯发电、瓦斯提纯利用、氧化供热等煤矿瓦斯多元化综合利用。

（4）政策保障

进一步出台完善财政补贴、税费减免、发电上网加价等多种奖补和扶持地区差异化政策，探索民营企业与国有企业有效合作的商业化运营模式。

（5）监测核算

鼓励相关部门和企业，开展煤矿瓦斯监测技术和核算方法研究。有序推进煤矿瓦斯监测试点项目建设，发挥示范项目引领推动作用。

（6）完善碳市场

结合市场发展阶段有序推进将煤矿瓦斯利用产生的碳减排纳入碳交易市场落地，通过碳减排收益增加项目收益，带动企业开展煤矿瓦斯利用的积极性。

2. 结论与对策

（1）编制煤矿甲烷排放清单并加强统计与管控

煤矿甲烷排放主要受煤矿生产活动水平、甲烷排放强度和甲烷回收利用率的影响。不同的资源禀赋导致煤炭甲烷排放量差异很大。我国富煤贫油少气的能源资源禀赋特点决定了煤炭的主体能源地位短期内不会发生根本性变化，煤炭产量将在短期内继续增加。在实际情况下，我国大力鼓励煤矿甲烷抽采利用。对煤矿瓦斯抽放系统制定了更为严格的浓度排放限值。煤矿甲烷抽采量逐年增加。此外，随着国家能源产业的转型，大量关闭的小型煤矿，将有大量废弃煤矿产生甲烷排放。同时，随着我国实现碳中和目标，煤炭占能源的比例逐步下降，也会有大量煤矿逐步退出运行，进一步导致废弃煤矿产生甲烷排放。由于以上情况，由原煤产量法所计算的煤矿甲烷产量与实际甲烷排放量会存在一定的误差。

透明、完整和有效的煤矿甲烷排放数据是煤矿甲烷减排管控的基础。依据我国国情，需要进一步明确我国煤炭甲烷的构成、区域分布特点、排放强度、抽采量等，针对性地制定煤矿甲烷排放清单并及时更新。夯实甲烷排放数据，完善煤矿甲烷清单编制方法学，深入开展煤矿甲烷排放因子研究，以及建立独立、可靠的实地监测机制。测量中要结合“自上而下”和“自下而上”的方法，整合煤矿甲烷排放清单数据形成完整、准确的清单数据库和分析平台，提高数据透明度，积累甲烷排放监测、报告与核查经验。

（2）支持煤矿甲烷控制与减排技术的研发与推广

甲烷控制和减排技术的应用和创新是甲烷管控的关键。我国煤矿甲烷减排具有巨大潜力。目前我国煤矿甲烷排放行业已经开发和实施了一系列技术减少煤矿甲烷排放，煤炭行业甲烷减排技术针对煤炭开采过程中不同浓度等级的瓦斯进行分级利用，主要包含两类关键技术：第一类技术是回收煤炭开采过程中的甲烷，在开采前预开采高浓度煤矿瓦斯或回收风排瓦斯。高浓度煤矿瓦斯（体积分数≥30%）在煤矿瓦斯热电联产、民用燃气和汽车燃料等方面都具有较高的技术成熟度，并获得了较好的经济效益，成为促进我国煤矿甲烷减排最有价值的瓦斯利用技术。第二类技术是低甲烷浓度煤层气的利用，目前煤层气利用的难点是大量低甲烷浓度风排瓦斯利用的成本问题。针对低甲烷浓度气体的利用技术主要是热氧化技术，主要有燃料利用技术和辅助燃料利用技术，利用成本高，低甲烷浓度气体的利用潜力需要进一步挖掘，研发多途径、高效率利用低浓度瓦斯的方式，以此推动煤矿甲烷利用新技术的研发与应用。煤矿甲烷减排技术需要制定最佳适用技术目录，并且推广新技术的试点示范和商业化应用。建立甲烷控制利用技术孵化器，加快技术创新，促进煤矿甲烷减排。

（3）推进大气污染物与煤矿甲烷协同减排

甲烷不仅能够增加温室效应造成极端天气的发生，还能与共同排放的污染物造成对流层近地面臭氧增加和颗粒物污染。煤矿甲烷减排兼具安全、经济、环境和气候等多重效益。“十四五”时期，我国经济转向高质量发展阶段，生态文明建设进入以降碳为重点战略方向。煤炭清洁高效利用内涵不断深化，除继续强调在利用各环节更加高效、更加清洁，执行更加严格的污染排放标准外，还要结合规模化利用和低碳化、绿色化时代要求，更加注重绿色、低碳和品质赋能，实现全过程全要素清洁低碳利用。以《生态环境监测规划纲要(2020—2035年)》总体布局为依托，坚持污染物与温室气体监测相协同，以服务温室气体排放清单编制、支撑应对气候变化履约为主要目标，构建我国煤矿甲烷监测体系，深入推进我国煤矿行业甲烷及大气污染物排放管控；对甲烷及其他空气污染物实施全生命周期的协同管控，明确监管职责，建立跨部门、跨地区合作体系，因此需要深入夯实科学基础和创新管理机制进一步推进煤矿甲烷与污染物协同减排。

（4）加强废弃煤矿甲烷排放监测与管控

全球关闭/废弃煤矿数量逐年增加，到2050年关闭/废弃煤矿甲烷排放量在煤炭开采释放甲烷总量的占比可能超过20%，解决关闭/废弃矿井甲烷排放问题刻不容缓。随着煤炭行业调整转型，越来越多的小产能煤矿被关闭，由此产生的废弃矿井甲烷排放将成为一个重要的现实问题。由于小煤矿开采较深，甲烷及污染物排放管控手段不到位等，已经关闭和即将关闭的煤矿的甲烷排放总量将是巨大的，而且会越来越大。煤矿关闭或者废弃后，甲烷主要通过井口、通风口、采动裂隙带排放。据预测，2050年，全球废弃煤矿瓦斯占煤矿瓦斯排放总量的比例可能会增加到24%。而目前，国家还未对废弃矿井瓦斯排放实施相关管控。因此需进一步对废弃煤矿的甲烷排放进行监测与管控。

（5）利用市场手段推动煤矿甲烷减排

碳排放交易市场有两类基础产品：一类为政策制定者初始分配给企业的减排量（即配额）；另一类就是中国核证资源减排量（CCER），即通过实施项目削减温室气体而获得的减排凭证。CCER可以在控排企业履约时用于抵消部分碳排放使用，不仅帮助投资者有效规避气候风险，又能带来经济效益。我国现有甲烷排放金融激励政策，例如煤层气（煤矿瓦斯）抽采利用已经列入《绿色产业指导目录（2019年版)》，《绿色债券支持项目目录（2021年版)》也覆盖了伴生天然气和低浓度瓦斯回收利用项目，期待未来能够实施更多促进煤矿甲烷减排的项目。2023年10月19日生态环境部联合市场监管总局发布的《温室气体自愿减排交易管理办法（试行)》强化甲烷减排进入全国碳排放权交易体系或自愿减排交易体系的相关内容，鼓励政府资本和社会资本合作推进甲烷排放控制工作。2023年11月7日，生态环境部等11部门发布的《甲烷排放控制行动方案》提出将创新完善经济激励政策，完善温室气体自愿减排交易机制。

煤矿甲烷减排需要进一步强化完善煤矿甲烷纳入碳交易市场的相关制度，积极推进煤矿甲烷自愿减排交易机制改革，鼓励政府资本和社会资本合作推进煤矿甲烷排放控制工作。加强财政及政策支持，规范、优化对甲烷减排项目的补贴及税收优惠。

3.3 天然气及页岩气行业甲烷减排技术及对策

3.3.1 天然气及页岩气行业甲烷的来源与排放特征

天然气的主要成分是甲烷（CH_4），因此，在天然气开采—加工—储存—运输—消费的全生命周期中，甲烷排放存在于气田钻井、开采，天然气运输、储存、分配、终端使用和天然气火炬不完全燃烧等过程中（图3-13)。勘探是天然气开采的第一步，用来确定天然气的储量和分布情况。在勘探结束后首先进行井场调查和井场准备，对于常规天然气的开采，通过钻井设备，将钻头钻入地下储层，将天然气抽取到地面。对于页岩气等非常规天然气的开采常采用水力压裂集输，通过注水压裂在页岩地层形成流动通道，让地层中的甲烷气体和其他烃类气体迁移到生产井，同时大量的水以回流的形式返回地表，然后将释放的天然气通过油气井管收集起来。一般情况下，生产出来的天然气及页岩气会含有一定的杂质，因此，通常需要进行加工处理后再进行管网运输、分配，到达发电厂或其他终端消费者手中。当完井之后，常规天然气和页岩气的井场的操作过程及将气体输送到消费者手中的过程是一样的。

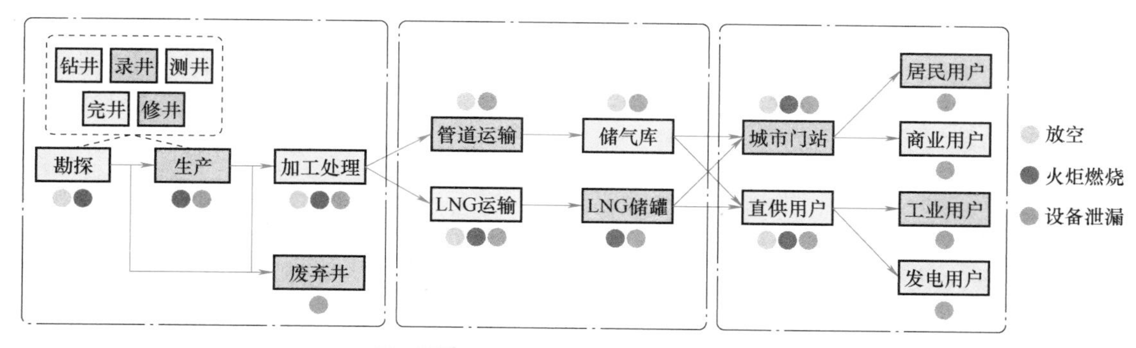

图 3-13 天然气系统甲烷排放示意图

1. 天然气及页岩气行业甲烷的产生来源

在天然气及页岩气的生产流程上，天然气及页岩气的生产中甲烷排放主要发生在以下环节：

（1）天然气及页岩气勘探生产过程中的甲烷排放

采用水力压裂开采页岩气的过程中，大量的压裂液通过高压方式注射到页岩储层中以便增加天然气的流动性。在水力压裂完成后的完井阶段，一部分压裂液和地层水会返回到地表，这部分液体被称为返排液。返排液中包含水、碳氢化合物液体。在返排液返排回地面的过程中，也会携带相当一部分的储层气体甲烷。这些携带的甲烷气体将在井口释放或者经过燃烧后排放。天然气勘探生产涉及的设备多是由各种阀门、连接件及管件等组成。对于处于高压环境下的低分子量天然气和烃类，在这些设备的密封部位仍然存在甲烷气体泄漏。甲烷排放来自气井的操作、气动控制器、脱水器和分离器、压缩机、储罐等井场设备和集输管道。

（2）天然气及页岩气开采后井场集输过程中的甲烷排放

在气井完井进行生产之后的集输过程中也会存在甲烷气体泄漏。一口典型的井通常拥有55~150个连接设备，如加热装置、脱水装置、压缩机、气相恢复装置等。这些设备大多数都存在潜在的泄漏因素。例如，用于控制液位、温度和压力的气动控制器，工作原理是通过高压天然气的导入来控制开关阀门的，在运行过程中可能存在连续或间歇性甲烷排放。气动泵和脱水装置是开采集输过程中甲烷的主要排放源。

（3）天然气及页岩气净化加工过程损耗导致的甲烷排放

一些刚刚开采出来的天然气，如果不进行进一步的净化加工处理，气体质量达不到直接管道运输的标准。此外，还要通过进一步加工去除杂质，如脱硫、脱水等加工处理才能形成天然气气源。除此之外，一些气体含有比较重的组分，如含硫气体，都需要在进入管道输送前进行去除处理。在这些加工过程中，都会排放出一些甲烷。

（4）天然气及页岩气储存运输过程中的甲烷排放

与勘探、生产及加工处理相比，天然气储运环节甲烷排放的占比较低。天然气及页岩气在完成加工后通过长距离运输管线向外输送和储存的过程中存在天然气管道运输、液化天然气（LNG）运输、天然气储存、天然气液化、LNG 气化等活动，涉及管道、储气、LNG 接收站等多种基础设施，甲烷排放源包括加压管道、压缩机站、气动控制器、储气设施、LNG接收站的放空和设备泄漏。其中，压缩机是天然气储存运输中甲烷的最大排放源，存在于天然气集输、增压、加工、储运、LNG运输等多个环节。此外，当一个压缩机或管线停止工作或需要维修时，需要释放其中的甲烷，造成甲烷的排放。

（5）天然气及页岩气分配利用过程中的甲烷排放

甲烷排放主要来自管道、计量和调节站、仪表和地面储存设施的泄漏及天然气机动车、加气站、天然气发电等。其中，调节计量装置和管线是天然气分配利用过程主要的甲烷排放源。

（6）天然气火炬不完全燃烧过程中的甲烷排放

火炬是将无法回收和再加工的可燃气体收集后在排放到大气之前燃烧的排放控制装置。在钻井、测井、气井清理和维护等勘探环节会用到火炬；天然气加工环节，设备过压时，安全阀通过管道将气体释放到火炬中。通过燃烧，火炬将废气转化为二氧化碳和水蒸气，由于燃烧不充分，仍然有部分天然气直接排放到大气中。

Howarth 等人对常规天然气和页岩气生产生命周期的完井过程、常规通风和设备泄漏、液体装卸过程、气体净化加工过程和运输、储存及分配过程等主要环节进行了甲烷排放率的估计和比较，结果见表 3-9。

表 3-9　页岩气与常规天然气开发利用过程甲烷排放率（%）

开发过程	页岩气	常规天然气
完井过程逃逸甲烷排放	1.9	0.01
常规通风和设备泄漏	0.3~1.9	0.3~1.9
液体装卸过程中的排放	0~0.26	0~0.26
气体加工过程中的排放	0~0.19	0~0.19
运输、储存及分配过程中的排放	1.4~3.6	1.4~3.6
总排放	3.6~7.9	1.7~6.0

由表 3-9 可知，页岩气完井过程中逃逸甲烷的排放率远远超过常规天然气完井阶段的甲烷排放率，是常规天然气完井阶段排放率的 190 倍。除完井阶段外的其他生产过程中的主要环节，常规天然气和页岩气的甲烷排放率基本一致。对于页岩气开采行业，完井阶段逃逸甲烷排放占总排放的 24.1%~52.8%，是页岩气甲烷排放的最大排放源。因此，要降低页岩气开采行业的甲烷排放，需着重关注完井阶段。

2. 天然气及页岩气行业甲烷的排放特征

《2006 IPCC 指南》提供了 3 个层级的方法核算天然气系统产生的甲烷逃逸排放。考虑到数据的可获得性，目前国内外对于我国天然气开发过程中温室气体排放量的计算主要采用《2006 IPCC 指南》第一层次方法（简称 IPCC 方法）。该方法用活动因子乘以排放因子而得到排放量，其排放因子对于我国的适用性尚不确定，故计算结果的科学性及准确性无法保证。随着水力压裂、水平钻井等新技术的成熟和应用，设备的更新换代、管线巡检修复的提升，都会对排放因子带来影响。温室气体排放清单中的排放因子需要不断更新，以正确反映天然气系统甲烷排放的实际状况。针对我国天然气行业甲烷排放的现场检测统计，国内发表的相关研究较少（表3-10），大部分研究主要集中在天然气生产的单个环节，如套管气、采出水、煤层气井口等，全面、系统性的全环节流程检测与分析还较少，对我国温室气体清单不具备参考价值，仍需继续扩大样本数量，明确取样检测代表性，并开展数据不确定性分析等工作。

表3-10 我国天然气行业生产过程甲烷排放研究及排放因子对比

区块	环节	排放因子或排放量	对比排放因子或排放量
胜利油田	套管气	35.96kg/t	22.2kg/t
四川某气矿	钻井	0	16.31t
	测试井	7.95t	24.78t
	设备维修	7.80t	479.41t
	天然气生产	987.92t	19365.95t
	天然气处理	29.65t	400.95t

研究者采用《2006年IPCC国家温室气体清单指南（2019修订版）》[简称《2006IPCC指南（2019修订版）》]推荐的排放因子（表3-11），核算了2000—2017年我国油气行业甲烷逃逸排放。如图3-14所示，伴随天然气产量的不断提升，天然气系统的甲烷排放保持持续增长，从2000年的141.7~322.5Gg增长到2017年的1000.7~2505.3Gg。在排放来源方面，低排放情景下天然气行业中的生产环节是最大的排放源，该环节2000年的甲烷排放量为57.4Gg，到2017年增长到340.5Gg，约是2000年的6.0倍。2017年，该环节占天然气系统总排放的34.0%。总体上，生产、处理、储存、运输、分销环节和其他来源在天然气系统排放总量中的占比分别为37.7%、9.5%、6.1%、27.2%、13.0%和6.3%。但在高排放情景下，天然气行业中的运输环节成为最大的甲烷排放源，其中，2000年甲烷排放量为82.3Gg，2010年所贡献的甲烷量超过天然气生产环节，为362.9Gg。2017年，生产、处理、储存、运输、分销环节和其他来源总体分别占天然气系统排放总量的25.1%、11.4%、5.9%、29.4%、25.5%和2.6%。

表3-11 天然气系统各环节甲烷排放因子

排放源	排放因子/(t/Mm^3)
天然气勘探	0.06
天然气生产（陆上：以排放更高的技术和实践为主）	4.09
天然气生产（陆上：以排放更低的技术和实践为主）	2.54
天然气生产（海上）	2.94
天然气处理（以排放更高的技术和实践为主）	1.65
天然气处理（以排放更低的技术和实践为主）	0.57

（续）

排放源	排放因子/(t/Mm³)
天然气运输（以排放更高的技术和实践为主）	3.36
天然气运输（以排放更低的技术和实践为主）	1.29
天然气储存（以排放更高的技术和实践为主）	0.67
天然气储存（以排放更低的技术和实践为主）	0.29
天然气分销（以排放更高的技术和实践为主）	2.92
天然气分销（以排放更低的技术和实践为主）	0.62

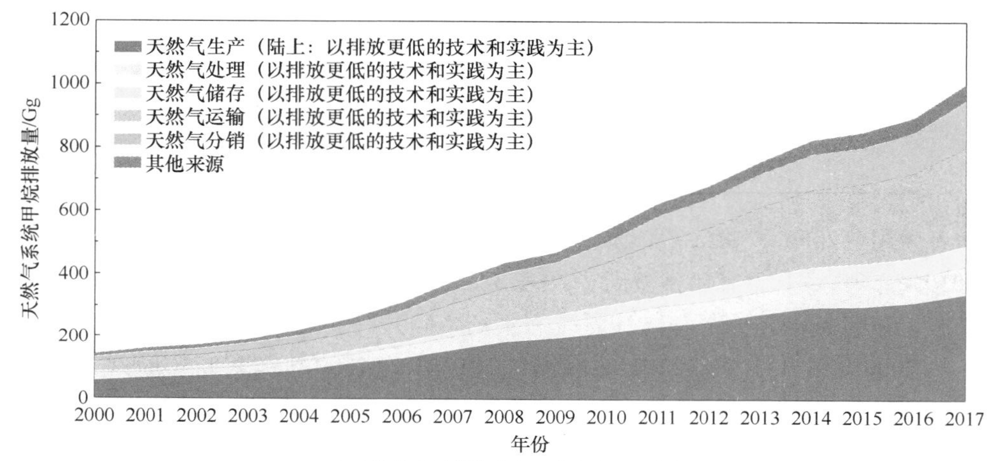

a) 以排放更低的技术和实践为主的天然气系统

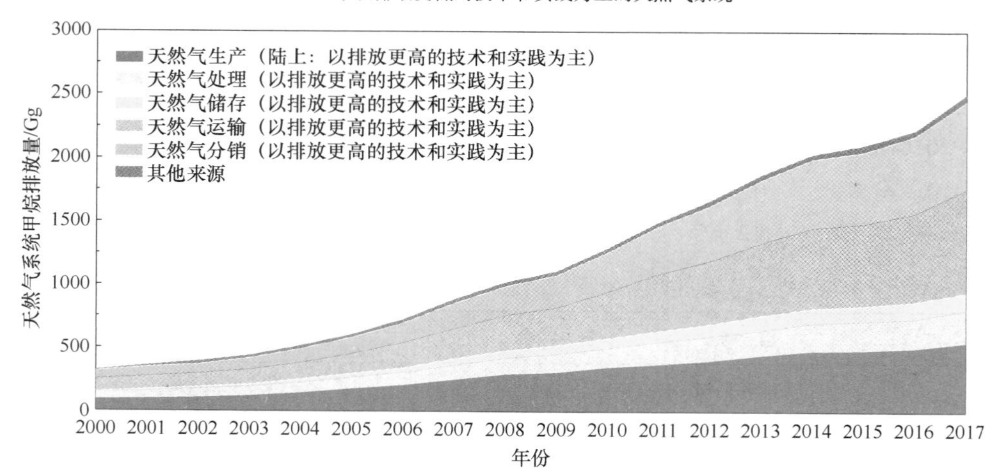

b) 以排放更高的技术和实践为主的天然气系统

图 3-14　2000—2017 年天然气系统甲烷排放情况

针对我国油气行业甲烷逃逸排放清单研究的不足，大部分研究仅对我国天然气行业甲烷逃逸排放进行了初步的核算与分析，事实上，完善油气行业甲烷逃逸排放清单的编制工作仍有大量工作要做。要尽快建立适宜于我国油气行业甲烷逃逸排放清单编制的方法学，支持开展反映不同尺度油气系统特征的甲烷逃逸排放因子研究及基于实测的计算方法和其他清单编制方法学研究。同时，加快我国油气行业特定排放因子的测量和数据收集与统计，探讨“自上而下”和“自下而上”的清单编制方法的结合，整合不同层级活动水平和关联排放因子数据，针对全产业链，构建完整全面的清单可靠性识别与优化方法，强化清单研究的一致性。

3.3.2 天然气及页岩气行业甲烷排放控制技术

供应链不同环节产生的有组织的甲烷排放适用的减排技术各异，需进行针对性的控制与治理。目前，国内外天然气行业已经形成比较成熟的甲烷减排技术和最佳实践。在天然气行业众多的甲烷减排技术中减排效果较好的10项技术是：绿色完井技术，柱塞举升系统技术，三乙二醇脱水排放控制技术，干燥剂脱水技术，离心式压缩机干密封技术，活塞杆密封技术，气动控制器技术，管道维修技术，伴生气、套管气回收技术，泄漏监测与修复技术。下面对这几项关键技术进行详细介绍。

1. 绿色完井技术

对于页岩气而言，通常采用的完井方式为套管射孔完井。具体操作流程及方法为：首先在生产套管中射孔，然后分阶段通过已射孔洞向储层注入高压压裂液进行储层改造，压裂完毕后封井若干时间，然后开井，让注入的压裂液返排回地面，接下来安装井口采气设备，并进行气井的放喷试采，以确定合理的采气制度。所有的这些完井工作完成之后，气井才可以进入正常的生产阶段。在这一典型的完井中，压裂液返排和测试放喷均会产生甲烷排放。该技术会造成水资源大量消耗；压裂液及后续产生的废水可能对地下水和地表水造成污染。而绿色完井技术则是在压裂液返排之前，在井口额外安装收集设备，使返排液首先进入该设备中，然后对返排液进行气、液、固等的分离，收集伴存于返排液中的甲烷气体，从而防止此类气体进入大气的技术。

2. 柱塞举升系统技术

井筒积液通常是气井和老井生产中的一个比较严重的问题，井内积液能阻碍甚至有时会阻止气体流动，降低气体的流动速度。操作人员通常使用有杆泵或采用将气井所含部分气体放空等补救措施来除去积液、恢复气井产能，而在这一过程中，往往存在甲烷排放，且排放量与作业时间有关系。作业时间越长，排放量也就越多。柱塞举升系统是当前对有杆泵举升和气体放空两种措施进行取代的一种经济有效的方法。该技术不仅能够显著减小举升中的气体损失，还能消除未来气井作业次数，在一定程度上减少了放空作业的次数，进而提高了气井产量。柱塞举升系统是一种间歇式气举方式，其核心是通过利用油套环空中回复的气体压力来推动钢制柱塞及其上面的液柱沿油管向上运动，并最终达到地面。在这一过程中，柱塞在液体和气体之间实质上起到一个活塞的作用，从而能够最大限度地降低液体回落，同时还充当了除垢器和刮蜡器的角色。柱塞举升系统是一种在不排放甲烷的情况下排除液体并保持气体流动的方法，可以延长气井的生产寿命。

3. 三乙二醇脱水排放控制技术

通常而言，从气井采出的天然气通常含有饱和水，这些水可能在汇集、输送、进入配气管网等过程中发生冷凝和结冰，从而造成整个管网系统出现堵塞、压力波动及腐蚀现象。为了避免出现这些问题，开采出的天然气一般要通过一个脱水器，在脱水器中与诸如三甘醇（TEG）、二甘醇（DEG）或碳酸丙烯等之类的脱水剂发生接触。目前最常用的处理工艺是使用三乙二醇脱水器。使用该技术脱水时，部分天然气会经乙二醇再生器向大气排放甲烷、挥发性有机化合物和有害空气污染物等，并且气动控制设备也向外泄漏天然气。通过对三乙二醇脱水系统进行改造，控制甲烷排放，优化脱水过程，降低甲烷的排放量。

4. 干燥剂脱水技术

为了在不排放甲烷的情况下去除气体中的湿气，干燥剂脱水器将气体通过吸水盐床进行干燥。当水分被吸收时，只有少量的甲烷会间歇地释放出来。相比三乙二醇脱水排放控制技术，采用干燥剂脱水技术则不仅可以从气体中吸收水分，连同甲烷、挥发性有机化合物和有害空气污染物也同时吸收，从而有效避免这部分天然气向大气中排放。

5. 离心式压缩机干密封技术

离心式压缩机广泛用于天然气开采和输送过程中，压缩机旋转轴上的密封设备能够有效阻止高压天然气从压缩机机箱中逸散出来。这些密封设备通常是使用高压密封油（即湿封技术）来阻止气体逸出。具体原理为，依靠密封油形成一个防止压缩气泄漏的屏障，密封油在高压下循环于压缩机轴周围的三个密封环之间。而机械干封系统是常规湿（油）封的一种替代方案。这种密封系统不使用任何循环密封油，而是使用高压气来密封压缩机，干气密封具有泄漏量少、摩擦损失小、寿命长、能耗低、操作简单可靠、维修量小和被密封的流体不受油污染等特点。干密封甲烷逸出量少，从而避免污染环境和工艺产品，密封稳定性和可靠性明显提高，密封辅助系统大大简化，运行维护费用显著下降。目前大多数新型离心式压缩机都配有干密封技术，使用气体来制造高压屏障，防止甲烷泄漏。

6. 活塞杆密封技术

在天然气工业中使用的往复式压缩机在正常运转过程中都会出现甲烷泄漏现象。甲烷泄漏频发的地方主要包括位于压缩机上的法兰、阀门和配件，然而，气体损失量最大的地方是活塞杆密封系统。密封系统用来使活塞杆周围保持密封，以防止压缩气缸中的高压压缩气体发生泄漏。随着系统使用年限的增加，从密封环和活塞杆轴承处泄漏的甲烷量将逐渐增加，定期监测和更换压缩机活塞杆密封系统磨损的填料，能防治甲烷泄漏并节约大量资金。

7. 气动控制器技术

天然气开采系统中井场使用一些控制装置来自动地操作阀门和控制压力、流量、温度和液面等。在技术经济条件可行的情况下，这些控制装置一般由电力或压缩空气来驱动。天然气开采系统经常会使用压缩天然气来提供动力以驱动这些控制装置，将此类驱动称为气动装置。采取气动装置的原因是所需要的天然气直接来自于自产气，来源边界且成本低廉。然而，气动装置由于使用天然气作为燃料，正常运行时会将部分甲烷释放到大气中，常常会存在甲烷泄漏的问题，因此来自气动装置的甲烷排放是整个天然气开发利用过程中的较大排放源。通过将高排气量控制器替换为低排气量控制器或无排气量控制器，采用减少排气量组件进行改造，将基于甲烷的气动系统转换为基于空气的气动系统等技术，可以减少甲烷的排放量。

8. 管道维修技术

天然气的井场集输、长途运输、分销通常都是通过高压管线完成。由于管道内部和外部腐蚀、垫片和焊接漏失、缺陷材料损伤及外部因素造成的损害等，使管线在其使用寿命期内需要不断进行修复或维护。在作业过程中，为了确保工作环境的安全，通常做法是先关闭部分管线，然后将该段管线中的天然气放空，最后再进行管线作业。当管道被修复、更换或切断以安装新的连接点时，通常会有部分甲烷释放到大气中。管线不停输开孔技术、在线复合材料复强修复技术等替代技术能在不关闭管线系统和放空天然气的情况下完成管线修复作业，达到减少甲烷排放、避免中断管线运行及减少维修费用的效果。除此之外，还可以通过在管线放空前使用便携式压缩机抽空技术来降低气体管线压力达到减少甲烷排放的目的。

9. 伴生气、套管气回收技术

含有天然气或气液的原油有时储存在储罐中，在液体搅拌、运输或混合时，大量甲烷气体的轻烃组分将蒸发并排放到大气中。一部分轻烃组分还通过操作损耗和小呼吸损耗的形式进入大气。在储罐上安装蒸气回收装置可经济有效地回收这部分排放的气体。回收套管气的方法之一是，用小直径管线将套管放空口直接连接到蒸气回收装置上进行回收，减少甲烷排放；另外还有一种方法是在井口安装压缩机，将套管气进行增压后直接输入集气管线中。

10. 泄漏监测与修复技术

甲烷泄漏可能发生在油气设施的阀门、排水管、泵的连接处及减压装置等多个位置。因为甲烷是一种无色、无味的气体，所以泄漏时通常不易被发现。一个良好的定期监测和修复的技术可以显著减少逸散性排放。泄漏监测与修复技术利用现代化检测手段和信息技术，系统化地管理设备泄漏排放，通过对天然气行业基础设施潜在泄漏点进行检测，及时发现存在泄漏问题的部件，对其进行修复或替换，进而减少或消除甲烷排放。泄漏监测与修复技术可应用于整个天然气供应链，根据组件类型的不同有固定的实施频率，通常分为季度检测和半年度检测。季度检测多涉及气动泵、压缩机、阀门等设备，半年度检测则多为法兰、接头、连接件等设备。

3.3.3　天然气及页岩气行业甲烷排放控制政策及对策

1. 相关控制政策

为了促进天然气行业的可持续发展，我国政府出台了一系列政策以加强天然气的回收与循环利用（表 3-12）。2012 年，我国发布的《天然气发展“十二五”规划》明确提出了强化石油和天然气开采过程中甲烷排放的回收，并积极推进伴生气及气体回收技术的现场试验。随后，在 2016 年，《天然气发展“十三五”规划》与《“十三五”控制温室气体排放工作方案》进一步强调了对放空天然气和油田伴生气的回收利用的重要性。2019 年，国家发展和改革委员会修订并发布了《产业结构调整指导目录（2019 年本）》，将油田伴生气回收、天然气储运过程中的泄漏回收技术、煤层气以及煤矿瓦斯的开采与利用技术列为推荐技术，以促进这些领域的技术进步和应用。

表 3-12　天然气及页岩气行业甲烷排放控制政策

年份	政策	内容
2012 年	天然气发展“十二五”规划	常规与非常规天然气开发相结合。页岩气和常规天然气分布区多有重叠，输送和利用方式相同，页岩气开发利用要与常规天然气开发有机结合。加强石油和天然气行业采矿活动的甲烷排放回收
2016 年	天然气发展“十三五”规划	大力推广油田伴生气和气田试采气回收技术、天然气开采节能技术等。采取严格的环境保护措施降低对环境敏感区的影响，优化储运工艺，加强天然气泄漏检测，减少温室气体逃逸排放。加大 LNG 冷能利用力度
2016 年	“十三五”控制温室气体排放工作方案	研发能源、工业、建筑、交通、农业、林业、海洋等重点领域经济适用的低碳技术。回收利用放空天然气和油田伴生气
2019 年	产业结构调整指导目录（2019 年本）	1. 常规石油、天然气勘探与开采 2. 页岩气、页岩油、致密油、油砂、天然气水合物等非常规资源勘探开发 3. 原油、天然气、液化天然气、成品油的储运和管道输送设施、网络和液化天然气加注设施建设 4. 油气伴生资源综合利用 5. 放空天然气回收利用与装置制造

2. 对策

（1）完善甲烷监测体系建设

主要从排放监测和质量检测两个方面开展完善甲烷体系建设。甲烷排放监测主要应用于支撑甲烷排放特征研究等方面，并依此提出可以采取的减排措施。对于天然气及页岩气行业，开展泄漏检测，更合理估算泄漏量，促进企业及时检修减少泄漏排放。监测点一般设置在泵、压缩机、阀门、开口阀或开口管线、气体或蒸气泄压设备、取样连接系统、法兰及其他连接件、其他密封设备等位置。浓度检测主要通过地面监测、卫星遥感监测和无人机遥感监测三种手段。卫星遥感具有连续观测和大尺度空间范围的优势，开展利用卫星遥感获取温室气体柱浓度和垂直分布的监测工作能更好地为温室气体减排政策提供科学依据。国内已成功发射的高分五号卫星可用于大气中的二氧化碳、甲烷等温室气体柱总量浓度的探测。无人机遥感是卫星遥感的有效补充，能够高精度地获取小尺度区域的温室气体数据，并具有机动、灵活和快速的优势，是低空监测温室气体的有力手段。监测站开展不同高度的甲烷浓度监测，增加地基遥感甲烷柱浓度及垂直分布监测。

（2）技术选择与创新

要根据不同的排放源合理选择天然气及页岩气行业现有甲烷减排技术，并推进现有技术不断创新。

减排效果较好的 10 项技术主要包括绿色完井技术，柱塞举升系统技术，三乙二醇脱水排放控制技术，干燥剂脱水技术，离心式压缩机干密封技术，活塞杆密封技术，气动控制器技术，管道维修技术，伴生气、套管气回收技术，泄漏监测与修复技术。通过使用密封良好、低排放的设施替换旧设施，可以减少压缩机和气动泵造成的排放。应用新的脱水技术或蒸气回收装置有助于减少天然气加工过程中的甲烷排放。泄漏检测和修复技术可以帮助减少整个供应链的排放。此外，泄漏检测和修复技术不仅可以帮助识别异常排放源并减少意外排放事件造成的排放，还可以提供现场测试测量，有助于研究排放源的特征。也有学者在关注碳捕集、封存及再利用技术，甲烷捕获可能成为未来天然气行业甲烷减排的重要途径。立足于自主创新，加大科研攻关力度，逐步形成适合我国地质条件的页岩气勘探开发技术，并实现页岩气重大设备自主生产制造。

（3）加强相关法治管理

具体说就是出台甲烷控制法律法规，完善天然气开发环境监管法律体系。

在减少页岩气开发过程中甲烷逸散排放领域较为领先的国家，都具备较为完善的法律法规体系。在这些国家，甲烷控制相关法律法规明确规定了具体的甲烷排放控制的监管主体、监管职责、监管方式、监管职权。常规天然气开发环境监管法律体系是进行页岩气等非常规天然气开发环境监管的基础，需加快完善常规天然气开发过程监管法律、法规、技术标准和规范等的制定和落实工作。同时，基于页岩气开发特点，提前研究、制定针对开发各环节的环境监管法规、生产技术标准和规范等，尤其是压裂液污染防治、返排水回收利用等方面需出台专门监管制度。

（4）构建完善的监管组织体系

监管组织体系是实施页岩气开发过程中甲烷排放控制的载体。我国需要从国家层面推动页岩气甲烷监管体系建设，建立页岩气开发甲烷监管统一管理机制。页岩气开发涉及环保、国土、水利、科技等多个部门，国家在制定页岩气甲烷监管机制时，应当明确各部门职责。地方政府也应基于当地的实际情况对应设立管理机构。国家立法机构应该充分吸收环保部门和公众等各方的意见，主要负责页岩气开发甲烷排放法律法规的制定。中央政府统一管理协调机构，以页岩气开发环境管理相关的法律、法规、技术标准和规范制定为主，地方政府机构以监管实施为主，并相互协调。

（5）加大资金支持，完善页岩气开发政策体系

鼓励企业（包括天然气生产企业、管网公司、LNG企业、城市燃气集团、技术支持机构、设备供应商、贸易服务企业等）将甲烷排放管控纳入相关企业发展规划。在发展初期提供必要的优惠政策支持，以吸引更多资本进入页岩气开发领域；在商业化开采阶段，可考虑用资源税、增值税、所得税等税收减免而不是直接补贴的方式用于鼓励油气开发商进行设备投资和降低运营成本等。页岩气开发过程一旦发生环境污染，不仅造成巨大的影响而且环境治理需要大量资金，建议中央和地方政府分级设立环境保护专项基金，此基金用于事故环境污染治理和页岩气开发环保技术研发及推广应用。

（6）准确估算甲烷逃逸排放

甲烷排放的核算研究是天然气行业甲烷排放研究系统的核心，是开展甲烷排放管控工作的前提。目前对天然气行业甲烷排放核算评估的研究主要有两类：一是利用自底向上估算法进行的核算研究，即确定排放源的排放因子和活动因子，然后采用插值计算法对设施级、地区级甚至国家级的甲烷排放量进行估算；二是利用自顶向下估算法进行的核算研究，即通过测量有界区域的甲烷浓度来量化该区域的甲烷排放量。常用的自顶向下估算法包括质量平衡

飞行测量和固定传感器测量两种。质量平衡飞行测量是利用飞行器测量某有界区域上风向断面、下风向断面的甲烷浓度来估算该区域的排放量；固定传感器测量通常采用气象传输模拟与固定传感器网络相结合或对流扩散模型与逆模型耦合来估算区域的甲烷排放量。根据测量区域的不同，甲烷排放量核算又可分为设施级、地区级、大陆级和全球级。现阶段甲烷排放监测成本较高，需要监测的排放区域广且排放点源多，全面高效地测量和估算甲烷排放量仍面临巨大挑战。随着监测技术不断进步，天然气行业将逐步形成空天地一体化的甲烷排放测量技术体系；多尺度不同数据源的甲烷排放清单交叉印证，将使得天然气供应链的各环节的甲烷排放监测数据更加精确。对于排放源要进行排放量、减排投入、投资回收期等的测算分析，形成完整的甲烷排放清单和减排可行性报告。

（7）加强国际合作与交流

在国际交流与合作层面，积极推进与油气贸易对象国在甲烷减排领域的交流与合作，充分借鉴国际先进甲烷检测与控制经验，与贸易伙伴共同开展甲烷减排技术装备研发与推广应用；结合自身在控制甲烷排放中的具体情况，进行消化吸收，提高减排的技术水平。除页岩气勘探开发技术外，对外合作过程中相关环境监测、保护技术也应一并引进、消化、吸收、再创新。由于页岩气藏储层、地质结构等方面的差异，我国不可能完全借鉴别国的勘探开发技术，要实现我国页岩气大规模经济有效开发，同时减少甲烷排放等问题带来的负面影响，我国必须立足于国情，在借鉴国外经验的基础上，走中国式的页岩气发展之路。

（8）建立有效的信息沟通机制，加强社会监督

我国页岩气资源部分集中在人口稠密区，未来大规模的页岩气开发可能对当地居民生活、土地使用和水资源取用产生较大影响。随着公众环保意识的增强，开发页岩气可能会遭到公众反对。因此要重视公众沟通，规范信息披露行为。页岩气开发企业应公开、诚实地向当地居民解释开发过程中可能存在的环境、健康风险，以及所采取的应对措施；环境监管机构应强制测量并公开用水量、废水量、甲烷及其他空气污染物等相关数据，制定环保标准，规范压裂液添加剂的成分及其用量。在控制页岩气开发中甲烷排放的监管组织体系中，应该充分发挥民众和环境保护组织的作用，一方面监督页岩气开发企业的甲烷减排行为，另一方面也为国家甲烷减排法律法规制定提供建议。

3.4 畜牧业甲烷减排技术及对策

3.4.1 畜牧业甲烷产生来源及排放特征

全球每年甲烷的排放量约为5.7亿t，人类活动排放的甲烷占全球总量的60%。农业源甲烷是人为排放甲烷的最大来源，而畜牧业的甲烷排放量占甲烷人为排放总量的37%。减缓气候变化需要大幅削减气候污染物的排放，而国际上的关注点主要集中于二氧化碳。事实上，许多科学家强调减少短期气候污染物，如甲烷等的排放，对于避免突破危险气候临界点，实现可持续发展目标也具有重要作用。当前，随着国际社会对甲烷影响气候认识的加

深，越来越多的国家、国际组织和企业参与到甲烷的减排管控行动当中。2019 年 IPCC 报告数据显示，2007—2016 年，全球温室气体排放中约有 23% 来自农业、林业等和土地相关的活动，其中甲烷占比 44%。有研究表明，约 80% 的农业甲烷来自畜牧系统，其中，近 90% 来自牛、羊等反刍动物的肠道发酵，约 10% 来自动物粪便，剩下的 20% 农业甲烷主要来自稻田，少量来自农业残渣燃烧。因此，降低畜牧业甲烷排放对于快速减缓气候变暖发挥着重要作用。

1. 畜牧业中甲烷的产生来源

畜牧业中的甲烷来自于反刍动物胃肠道发酵和粪尿有机物厌氧发酵，其排放量约占人类活动释放甲烷总量的 1/3。反刍动物是世界上最重要的人为甲烷排放来源，来自反刍动物胃肠道发酵产生的甲烷是畜牧业甲烷排放的最大来源。影响反刍动物甲烷排放量的因素也很多，包括采食量、饲料类型和质量、能量消耗、动物大小、生长速度、生产水平、遗传和环境温度等。不同类型家畜每年胃肠道发酵和粪尿排泄物的甲烷产量见表 3-13。

表 3-13　不同类型家畜每年胃肠道发酵和粪尿排泄物的甲烷产量

［单位：kg/(头・年)］

家畜种类	胃肠道甲烷产量	粪尿排泄物甲烷产量
泌乳奶牛	63 ~ 102	21
肉牛	87 ~ 102	15
猪	1.5	3.3
禽	0	0.26

牛、羊等反刍动物通过胃肠道中的微生物分解纤维素，产生大量甲烷，这是由于反刍动物的消化系统特殊工作方式与微生物发酵共同作用的结果。反刍动物瘤胃是产生甲烷的主要部位，在瘤胃内，产甲烷菌可以协同细菌、原虫和真菌形成共生系统，通过利用 CO_2、甲酸、乙酸、乙醇、甲基化合物（甲醇、一甲胺、二甲胺或二甲基硫）进行碳素循环，其中由进入胞内的可溶性 H_2 或甲酸穿梭体提供电子，用于合成甲烷，过程如图 3-15 所示。甲烷的产生途径主要可以分成三种途径，见表 3-14。

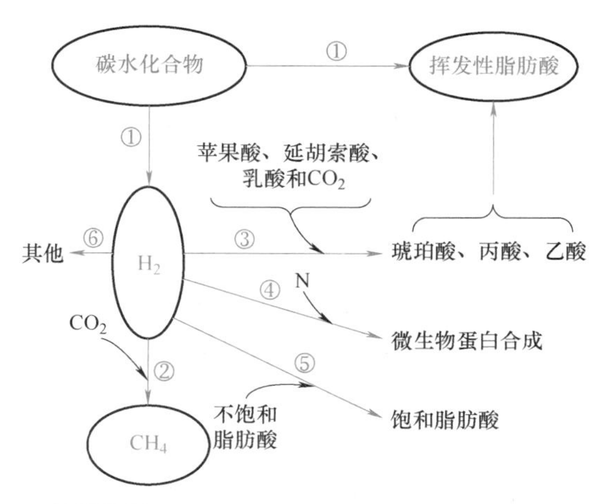

图 3-15　瘤胃内甲烷生成和 H_2 利用示意图

1）H_2-CO_2 还原途径。H_2 产生甲烷是一个氧化还原过程，其中，H_2 被氧化，CO_2 被还原，产生的甲烷 80% 来自于 H_2 的氧化。氢营养型产甲烷菌可以利用 H_2 作为电子供体，CO_2 在各种酶的作用下生成甲烷。

2）以挥发性脂肪酸（甲酸、乙酸和丁酸等）为底物途径。由甲酸生成甲烷的过程中，甲酸首先被分解为 CO_2 和 H_2，然后 H_2

还原 CO_2 形成甲烷，约 20%的甲烷由甲酸生成。

3）以甲基化合物（甲醇、乙醇等）为底物途径。甲基营养型产甲烷菌可以利用甲醇、甲胺、甲硫醇等甲基化合物为底物生成甲烷。但是，瘤胃中大部分甲基营养型产甲烷菌均需要 H_2 作为共基质生成甲烷。乙醇、甲醇和其他醇类及乙酸，也可以作为电子供体产生甲烷，但相关过程较慢，在转化为甲烷之前已经被利用。因此，各种代谢途径间氢的竞争能改变氢的利用方式，从而影响甲烷的生成和瘤胃代谢。

表 3-14　反刍动物瘤胃甲烷产生的主要途径

主要途径	反应过程
H_2-CO_2 还原途径	$4H_2+HCO_3^-+H^+ \longrightarrow CH_4+3H_2O$ 此过程在一系列酶和辅酶作用下发生，CO_2 被 H_2 还原产生 CH_4
以挥发性脂肪酸（甲酸、乙酸和丁酸等）为底物途径	$4HCOOH+H_2O \longrightarrow CH_4+3HCO_3^-+3H^+$ $CH_3COOH+H_2O \longrightarrow CH_4+HCO_3^-+H^+$ $2CH_3CH_2CH_2COOH+2H_2O+CO_2 \longrightarrow CH_4+4CH_3COOH$
以甲基化合物（甲醇、乙醇等）为底物途径	$4CH_3OH \longrightarrow 3CH_4+HCO_3^-+H^++H_2O$ $2CH_3CH_2OH+CO_2 \longrightarrow 2CH_3COOH+CH_4$

动物粪便也是畜牧业甲烷的主要来源之一，家畜粪尿中的有机物含量非常高。在厌氧条件下，粪尿中的有机物首先被细菌分解为有机酸、[H] 和 CO_2，然后被细菌利用生成甲烷。大约每千克粪便挥发性固体将产生 0.29m^3 甲烷[⊖]。

2. 畜牧业中甲烷的排放规模

据估计，到 2050 年全球牲畜数量可能超过 1000 亿头，猪肉将增长 290%，绵羊和山羊肉将增长 200%，牛肉和水牛肉将增长 180%，牛奶将增长 180%，禽肉将增长 700%。2004 年，牲畜消耗了约 43%的饲料，到 2050 年这一比例可能上升至 48%～55%，全球平均放牧强度预计将增加约 70%。可见，未来全球农业活动数量大、增长快，如果不采取相应的减排措施，畜牧业甲烷排放将会大幅增加。就全世界而言，在世界各地区，1961 年以来，畜牧业甲烷估计排放量存在显著差异，并且总体呈不断上升的趋势，如图 3-16 所示。1961—2019 年，在非洲和亚洲等快速发展的地区，畜牧业甲烷排放总量也增加较多且增速最快；欧洲和大洋洲的排放量略有下降且年增长率为负；美洲的排放总量有一定程度增长且增速适中。

如图 3-16 所示，全世界畜牧业甲烷排放总量由 1961 年的 7252.21 万 t 增长至 2019 年的 11055.06 万 t，年平均增长率为 0.73%。就各地区而言，非洲畜牧业甲烷排放总量由 1961 年的 608.82 万 t 增长至 2019 年的 1947.39 万 t，年平均增长率高达 2.02%。亚洲畜牧业甲烷排放总量由 1961 年的 2029.97 万 t 增长至 2019 年的 4031.08 万 t，年平均增长率高达 1.19%。

⊖ 摘自朱伟云在生态环境与畜牧业可持续发展学术研讨会暨中国畜牧兽医学会 2012 年学术年会和第七届全国畜牧兽医青年科技工作者学术研讨会会议的特邀报告——《反刍动物瘤胃甲烷生成机理及其营养调控》，2012。

美洲畜牧业甲烷排放总量由 1961 年的 2132.65 万 t 增长至 2019 年的 3487.20 万 t，年平均增长率达 0.85%。欧洲畜牧业甲烷排放总量由 1961 年的 2131.48 万 t 下降至 2019 年的 1248.89 万 t，年平均下降率达 0.92%。大洋洲畜牧业甲烷排放总量由 1961 年的 349.30 万 t 下降至 2019 年的 340.49 万 t，年平均下降率为 0.04%。

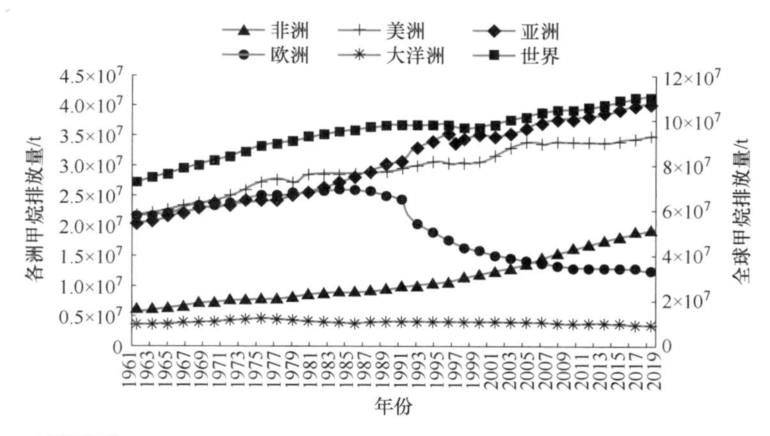

图 3-16　世界各大洲畜牧业甲烷排放量变化趋势（1961—2019 年）

根据联合国粮农组织（FAO）估算，我国畜牧业甲烷排放量（胃肠道发酵）如图 3-17 所示，1960—2010 年，我国畜牧业来自反刍畜禽胃肠道发酵的甲烷主要来源于肉牛和奶牛养殖的排放，其中肉牛胃肠道发酵排放的甲烷贡献最大。如图 3-18 所示，我国畜牧业同期来自粪污管理的甲烷排放中，65%～84%来自于养猪场粪污储存和管理。

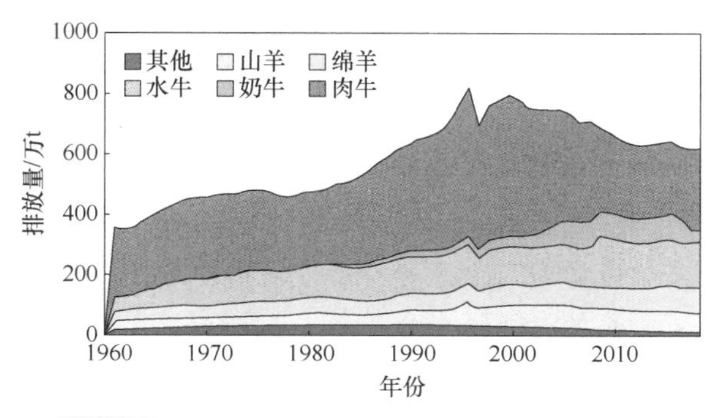

图 3-17　我国畜牧业甲烷排放量（胃肠道发酵）

根据 2021 年《中国农村统计年鉴》数据（表 3-15），2016 年以来我国畜禽甲烷排放量总体呈现平稳下降趋势，主要原因是我国畜牧业产业结构不断优化调整，畜牧业产业结构稳中向好。虽然受到非洲猪瘟等因素的影响，但我国其他畜禽的年平均饲养量整体上有不同程度的增长趋势。2016—2020 年畜禽胃肠道发酵甲烷排放量占全国甲烷排放量比例均保持在 50%以上，而畜禽排泄物甲烷排放量占全国甲烷排放量的比例总体呈现下降趋势。此外，由表 3-15 可知，2016—2020 年我国畜禽甲烷排放量年平均达 323.1 万 t，这包括畜禽胃肠道发酵甲烷排放量 168.4 万 t，占畜禽甲烷排放总量的 52.1%；畜禽排泄物甲烷排放量达到 154.7 万 t，占畜禽甲烷排放总量的 47.9%，反映了年平均畜禽温室气体甲烷排放量中畜禽胃肠道发酵甲烷排放量所占比例仍在一半以上。2016—2020 年，骆驼及羊的年平均饲养量整体呈现增加趋势，导致年平均畜禽胃肠道发酵甲烷排放量较高。

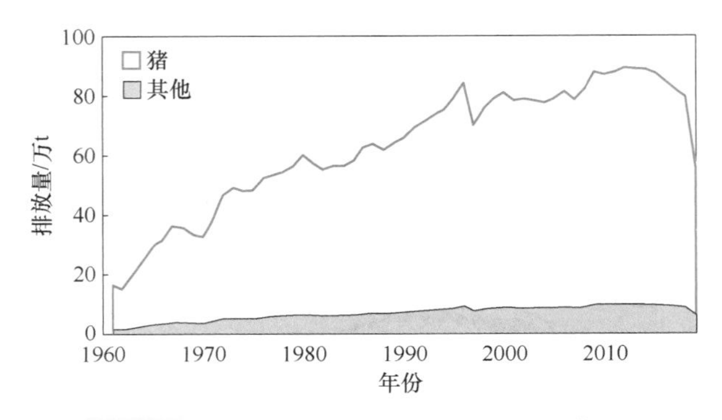

图 3-18　我国畜牧业甲烷排放量（粪污管理）

表 3-15　2016—2020 年我国畜禽胃肠道发酵和排泄物的甲烷排放量　（单位：万 t）

年份	胃肠道发酵	占全国甲烷排放量比例（%）	排泄物	占全国甲烷排放量比例（%）	总计
2016	186. 1	52. 2	170. 3	47. 8	356. 4
2017	168. 2	50. 2	166. 9	49. 8	335. 1
2018	168. 1	50. 4	165. 2	49. 6	333. 2
2019	159. 9	53. 9	136. 7	46. 1	296. 7
2020	159. 9	54. 3	134. 3	45. 7	294. 1

根据 2019 年《中国畜牧兽医年鉴》数据（表 3-16），2018 年我国畜禽胃肠道发酵所产生的甲烷排放量达 166. 6 万 t，排泄物所产生的甲烷量达 164. 8 万 t。排在前 10 名省（市、自治区）的畜禽甲烷排放量总量占全国畜禽甲烷排放量总量的 62. 68%，其中四川、湖北、河南、河北、山东、湖南、云南呈现出区域性与集中化趋势。排在后 10 名的多是东南沿海地区的发达城市，畜禽甲烷排放量总量占全国畜禽甲烷排放量总量的 9. 42%。可见，畜牧业多是集中在欠发达地区。

表 3-16　2018 年我国畜禽甲烷排放量前后各 10 名的省（市、自治区）

畜禽甲烷排放前 10 名的省（市、自治区）				畜禽甲烷排放后 10 名的省（市、自治区）			
序号	省（市、自治区）	甲烷排放量/万 t	占全国甲烷排放量比例（%）	序号	省（市、自治区）	甲烷排放量/万 t	占全国甲烷排放量比例（%）
1	四川	29. 41	8. 87	1	上海	0. 87	0. 26
2	山东	26. 11	7. 88	2	北京	1. 12	0. 34
3	内蒙古	24. 94	7. 53	3	海南	1. 63	0. 49
4	河南	23. 50	7. 09	4	天津	1. 76	0. 53
5	河北	22. 49	6. 79	5	浙江	2. 91	0. 88

（续）

畜禽甲烷排放前10名的省（市、自治区）				畜禽甲烷排放后10名的省（市、自治区）			
序号	省（市、自治区）	甲烷排放量/万t	占全国甲烷排放量比例（%）	序号	省（市、自治区）	甲烷排放量/万t	占全国甲烷排放量比例（%）
6	新疆	22.34	6.74	6	青海	3.57	1.08
7	湖南	17.36	5.24	7	福建	4.49	1.35
8	黑龙江	15.43	4.66	8	宁夏	4.55	1.37
9	云南	13.38	4.04	9	西藏	4.72	1.42
10	湖北	12.76	3.85	10	重庆	5.59	1.69
	前10名总计	207.72	62.68		后10名总计	31.21	9.42
	全国总计	331.42	100.00		全国总计	331.42	100.00

3.4.2 控制技术

采取措施减少畜牧业生产带来的环境问题，实现畜牧业绿色低碳可持续发展具有重要意义。畜牧业减排的主要技术分为以下几类：

1. 胃肠道发酵甲烷减缓技术

（1）饲料质量的提高

通过降低中性洗涤纤维与非纤维性碳水化合物的比例和添加可溶性碳水化合物来提高饲料质量，也可以减少动物胃肠道发酵产生的甲烷排放。高品质饲料还可提高自愿采食量，缩短饲料在瘤胃内的停留时间，降低日粮转化为甲烷的比例。提高饲料质量可以提高日粮消化率并有助于减少动物胃肠道甲烷排放。饲料的质量不仅取决于所提供的饲料类型，饲料成熟度还通过改变饲料的营养密度和消化率影响反刍动物胃肠道甲烷的产生量。

（2）日粮饲料种类的优化

以全株玉米、高粱、木薯渣和苜蓿为原料制成的青储可替代反刍动物饲料中的其他粗饲料（通常为谷类秸秆），可提高饲料消化率，减少瘤胃甲烷排放。高质量青储饲料作为减少动物胃肠道排放甲烷和提高生产率的缓解替代方案，可减少每单位产品的温室气体排放。改善低质饲料的品质可提高消化率和瘤胃内食糜颗粒的流通速率，减少瘤胃甲烷生成和粪便中残留的有机物，进而减少消耗单位饲料的甲烷产量。

（3）饲料营养成分的调节

饲料补充剂包括但不限于红海藻、葡萄渣、硝酸盐、灌木或植物化合物、生物炭及热带豆科植物作为种植饲料或饲料添加剂。这些添加剂可以打破胃肠道微生物的生态平衡，抑制瘤胃微生物的活性，减少甲烷的排放，但由于瘤胃微生物生态系统产生适应性，这种技术的长期效果往往大幅下降。在各种饲料添加物中，添加一定量的脂肪或脂肪酸可以改变瘤胃发酵的模式。在日粮中添加脂肪是公认的减少胃肠道甲烷排放的膳食选择之一，但脂肪对甲烷产生的抑制作用取决于脂肪的浓度、类型和脂肪酸组成，以及日粮的整体营养组成。

（4）合理的放牧管理策略会降低甲烷排放

牧场管理策略包括饲草生长阶段控制、牧场的休牧和饲草恢复、牧草林的管理（制订放牧计划、放牧系统、围场设计、牲畜分布、豆科牧草）、具备放牧管理术语和计算的实用知识；放牧策略包括提高牲畜的活重与年龄的比率、降低畜群的平均年龄、减少畜群中非生产性动物的比例、改变每类牲畜的相对数量等。

2. 粪肥管理甲烷减排技术

（1）固液粪肥分离

粪便固液分离是公认的一种有效的减排技术。该工艺可降低液体出水中的有机物含量，经储存或处理后可用于农田，并可进行好氧堆肥，使固体粪便成为肥料。

（2）通过粪便储存减少排放

研究发现泥浆储存的甲烷减排潜力可达到9%～88%，而N_2O排放量可通过合适的减排技术大幅减少80%以上。由于产甲烷菌对温度非常敏感，较低的储存温度对甲烷的排放有减少作用。在较低温度下储存的浆料可减少15%～93%的甲烷排放量，而从生产设施内去除浆料以降低其温度可使甲烷排放量降低23%～46%。此外，通过酸化原料猪浆，总温室气体（包括甲烷和N_2O）排放量减少31%～92%。

（3）通过好氧堆肥减少温室气体排放

在堆肥过程中使用一些添加剂可以减少甲烷和N_2O的排放。常见的添加剂包括改性赤泥、过磷酸酯、改性镁橄榄石、生物炭和微生物添加剂。添加剂的作用因目标和操作环境而异。添加磷石膏会释放SO_4^{2-}，SO_4^{2-}，对产甲烷菌有毒，导致甲烷产量减少。添加生物炭可使堆肥的甲烷排放量减少78%～84%，还可增加堆肥的孔隙度，促进更好的通风以减缓甲烷。在粪肥堆肥中加入镁盐和磷酸形成鸟粪石结晶，可使N_2O排放减少9%～80%。

（4）提升畜牧养殖的粪污利用水平

畜牧养殖产生的大量粪便，是畜牧业温室气体的主要来源之一，但也是种植业有机肥生产的原料来源之一。因此，畜牧粪污减排和种养业的高度融合可作为畜牧业甲烷减排的重点研究方向。针对排放潜力大的粪便减少液体储存过程，并通过厌氧发酵回收甲烷减少温室气体排放是减少粪便甲烷排放的主要措施。建设沼气工程回收利用甲烷、改湿清粪为干清粪减少甲烷排放量、通过覆盖等改变粪便储存方式减少甲烷排放等都是合理有效的措施。

3.4.3 控制对策

我国已经把畜牧业减排降碳纳入农业农村减碳固碳的重要任务之一，并提出要求：降低反刍动物胃肠道甲烷排放强度，推广精准饲喂技术，推进品种改良，提高畜禽单产水平和饲料报酬，提升畜禽养殖粪污管理资源化利用水平。2023年，生态环境部联合有关部门发布《甲烷排放控制行动方案》中指出：推进畜禽粪污资源化利用。以畜禽规模养殖场为重点，改进畜禽粪污储存及处理设施装备，推广粪污密闭处理、气体收集利用或处理等技术，建立粪污资源化利用台账，探索实施畜禽粪污养分平衡管理，提高畜禽粪污处理及资源化利用水平。到2025年，畜禽粪污综合利用率达到80%以上，2030年达到85%以上。

1. 控制畜牧业甲烷排放的生产层面

1）加强农业管理：改变动物饲养和管理方式可以减少甲烷排放。例如，改善饲料和喂养技术，以减少动物产生的甲烷。

2）增加生物气体捕捉技术：通过使用沼气和其他生物能源技术，可以抓取和利用动物产生的甲烷，减少其直接排放到大气中。

3）提高废弃物处理效率：改善垃圾填埋场的管理和处理方法，减少废物分解产生的甲烷。

4）科学研究和技术创新：加大对动物甲烷排放的研究力度，发展新的技术和方法来减少动物产生的甲烷。

5）合理饲养和养殖：控制畜牧业规模，合理安排饲养密度，并采用环保的养殖方式，减少甲烷的排放。

2. 控制畜牧业甲烷排放的政策层面

1）建立畜牧业甲烷排放的统计数据与规范测算标准，并加强对畜牧业甲烷排放的检测和管理。重视缩小我国甲烷方面的基础数据以及测算方法与国际水平的差距。完善甲烷排放的监测标准，降低甲烷监测误差，形成一套受国际认可的基础数据。逐步完善长期以来甲烷减排在国家层面上缺少统一的管理方案，且相关政策主要以安全为导向等的不足。

2）对畜牧业温室气体排放征税或使其参与碳市场提高畜牧产品市场价格，改变人们的消费习惯，从而减少甲烷排放。针对畜牧养殖业征税，以鼓励人们减少肉食消费，降低牛、绵羊和山羊的甲烷排放量。减少牲畜的数量还能够避免森林被变为牲畜养殖场后释放二氧化碳。充分利用碳排放权交易市场对畜禽养殖业温室气体排放进行控制，以及开展畜牧养殖企业的 CCER 项目获取生态补偿，实现畜牧养殖企业的环境效益和经济效益的协同发展。

3）建立奖励机制激励农户降低农场的甲烷排放。建立奖励机制有助于农户抵消其投入在温室气体减排技术上的成本，增加农户采纳缓解甲烷排放的经营措施，并且有助于激发农户提升养殖产能的创造力。

4）加强生产者和消费者关于畜牧业促使气候变化方面的科学认知。加强政府和环境组织等对畜牧业温室气体排放对气候变化影响的宣传，增强人们对减少畜牧业甲烷排放问题的环境意识，从而进一步提升人们采取低碳畜牧业生产与低碳畜产品消费的意愿。通过向生产者宣传畜牧业养殖对生态环境的危害性，增强其转向低碳绿色可持续养殖的意愿与行动。此外，还可以向消费者宣传肉类和乳制品对气候变化的影响，促使其降低肉类和乳制品消费比例，以及转向偏植物性的膳食结构。

3. 控制畜牧业甲烷排放的消费层面

1）减少肉类和乳制品浪费和用植物性饮食减少或替代动物类饮食两个方面。畜牧业是世界上最大的土地资源使用者，牧场和用于生产饲料的耕地，约占所有农业用地的 80%。用于种植饲料作物的农田占了所有农田总数的 1/3，而牧场所占的土地总面积相当于无冰陆地面积的 26%。此外，人类大规模开垦农田种植的农作物大部分也不是人类直接用于食物消费，而是给畜牧业的牲畜提供饲料。因此，食物浪费意味着土地和水资源等的无效投入和温室气体的无序排放。消费端肉类和奶类食物浪费的减量化对于缓解食物浪费的环境影响和资源消耗压力、保障全球粮食安全具有重要意义。

2）改变膳食结构与饮食习惯也可以有效减少甲烷排放。这些措施包括，采取更加均衡的饮食结构，例如，提高粗粮、豆类、水果和蔬菜在饮食中的比例；将动物类蛋白质摄取调整为以低排放、可持续生产的禽蛋肉类为主；适度转向植物性食物和替代肉产品（培养肉或者人造肉）消费。

3.5 稻田甲烷减排技术及对策

3.5.1 稻田甲烷的排放特征

根据中华人民共和国气候变化第二次两年更新报告，2018 年我国甲烷排放量为 6411.3 万 t（表 3-17），其中，能源活动排放为 2865.8 万 t，占比 44.7%；工业生产过程排放 0.5 万 t；农业活动排放为 2384.6 万 t，占比 37.2%；土地利用、土地利用变化和林业排放为 398.1 万 t，占比 6.2%；废弃物处理排放为 762.2 万 t，占比 11.9%。农业部门是我国甲烷的第二大排放源，动物胃肠道、动物粪便管理、水稻种植和秸秆田间焚烧是主要的甲烷排放源。其中，动物胃肠道排放占比 45.5%，动物粪便管理排放占比 14.5%，水稻种植排放占比 39.1%，秸秆田间焚烧排放占比 0.9%。解决动物胃肠道发酵和水稻种植的甲烷排放是农业面临的巨大挑战。水稻是世界上第一大粮食作物，世界上 2/3 的人将稻米作为主食。绝大多数水稻是在水灌稻田中生长，而水灌稻田土壤中的有机物质会发生厌氧降解产生甲烷。水稻是我国主粮作物，总产居世界第一。如图 3-19 所示，1978—2020 年我国水稻总产量和水稻单产量总体呈现出上升趋势。在确保粮食安全的前提下有效控制稻田甲烷排放，不仅关系农业低碳生产转型，还涉及国际气候谈判履约。

表 3-17 2018 年我国甲烷气体排放 （单位：万 t）

活动	CH_4 排放量
能源活动	2865.8
工业生产过程	0.5
农业活动	2384.6
土地利用、土地利用变化和林业	398.1
废弃物处理	762.2
总量	6411.3

在稻田生态系统中，土壤中除了内源有机物质以外，外源有机物质包括水稻根系分泌物和植株凋落物等也是产甲烷的前体，部分死亡根系在长期淹水条件下被分解成为低碳有机物，也是产甲烷的良好中间体。土壤微生物利用产甲烷底物，通过各种酶代谢过程，逐步分解为简单糖类、有机酸、醇等简单的有机物，再由这些简单的有机物生成产甲烷的直接前体物质，如 CO_2 和 H_2、酯类、有机酸盐等小分子化合物，然后，产甲烷菌在严格厌氧条件下作用于这些产甲烷前体，产生甲烷。稻田甲烷排放主要包括土壤甲烷产生、氧化及其向大气传输三个关键过程。

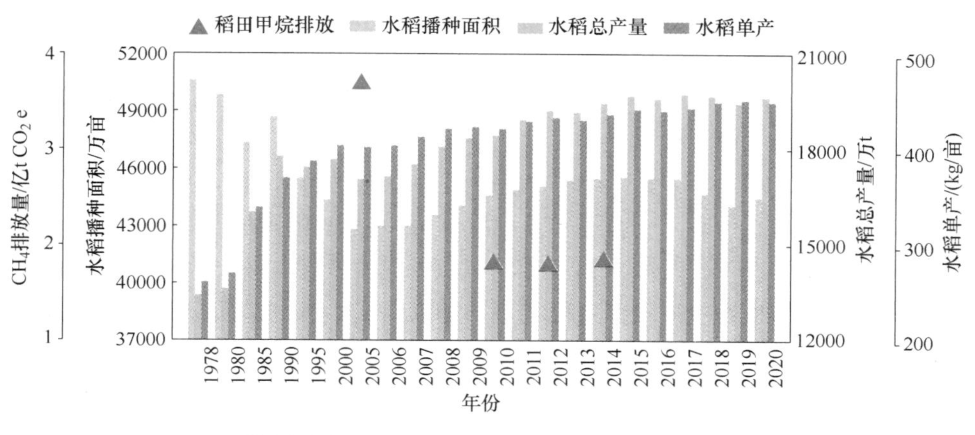

图 3-19 我国水稻生产和稻田 CH_4 排放现状

图 3-19 彩图

注：1 亩 = 666.67m^2。

稻田淹水后，土壤原有氧气逐步被好氧和兼性厌氧菌消耗掉，促使土壤兼性和厌氧菌依次利用 NO^{3-}、Mn^{4+}、Fe^{3+}和 SO_4^{2-} 等电子受体进行呼吸作用，分解有机物，逐步形成适宜产甲烷菌生长的厌氧环境过程。稻田甲烷的产生主要发生在土壤耕层的厌氧层。在极端厌氧条件下，土壤中的有机物质经厌氧微生物的作用，水解和发酵后形成乙酸、二氧化碳和氢气等，其中，乙酸、二氧化碳和氢气被产甲烷菌利用还原成甲烷。然而不同的稻田土壤中，二氧化碳与氢气和乙酸这两种产甲烷前体对甲烷产生的贡献率并不是固定不变的，主要取决于土壤中微生物种群的差异。乙酸腐解途径产甲烷的产甲烷菌称为嗜乙酸产甲烷菌。嗜乙酸产甲烷菌偏爱乙酸或乙酸盐，而嗜氢产甲烷菌则首选 CO_2 和 H_2 作为前体物。多数情况下，稻田甲烷产生主要以乙酸途径为主导。

稻田甲烷的氧化分为好氧氧化和厌氧氧化，其中，以好氧氧化为主。好氧氧化主要发生在甲烷与氧气共存的微小界面空间，包括土壤-空气界面、水-空气界面、植物根际及植物内部等，土壤和灌溉水交界面的好氧层和水稻根系泌氧区的根际好氧区；厌氧氧化主要发生在土壤耕作厌氧层，受微生物种间直接电子传递的影响。甲烷氧化细菌和硝化细菌是土壤中消耗甲烷的两种主要微生物，前者氧化甲烷的速率显著高于后者，因此，土壤甲烷的氧化主要由甲烷氧化细菌完成。甲烷氧化细菌以甲烷作为底物获得碳源和能源，所供应的甲烷浓度的变化也将影响甲烷氧化细菌的数量与活性。

在稻田土壤厌氧环境中产生的甲烷，有三种传输途径：①一部分通过水层扩散进入大气即液相扩散；②植物体通气组织，一部分被吸附在根部周围的甲烷大部分被氧化掉，剩余的通过稻根传入水稻的维管束细胞壁间隙，沿着水稻的养分或水分输送通道，穿过叶环和气孔进入大气；③水层冒泡，甲烷形成富含的气泡在水面炸裂进入大气。三种传输途径中，水稻植株通气组织是稻田甲烷最主要的传输通道。稻田产生的大部分甲烷在穿过土壤表层的好氧层和水稻根际好氧区两个氧气较为富集的区域时被氧化，只有少部分未被氧化的甲烷传输至大气。只有当土壤中甲烷含量积累到一定程度，并且甲烷在土壤、水层及水稻植株的传输途径中被较少地氧化，并且三种排放途径较为通畅时，才会出现较大的甲烷排放量。

3.5.2 稻田甲烷排放控制技术

水稻的品种、施肥、水分管理、研制和应用甲烷抑制剂、增氧剂、耕作强度等都是影响稻田甲烷排放量的重要因素。下面主要介绍有关这几个方面的稻田甲烷减排技术。

1）水稻丰产与稻田甲烷减排协同技术，培育高产低甲烷排放的水稻品种。许多科研工作者从作物遗传改良，培育节水、高氮吸收新种质出发，减少稻田碳排放。大量野外实地观测证明，在其他条件相同的情况下，不同水稻品种的稻田甲烷排放率有较大的差异。一般情况下，稻田甲烷排放和水稻的植物总质量成反比关系，即具有较大植物总质量的水稻品种的稻田甲烷排放较小。这是因为较大植物总质量的水稻品种把更多的碳固定在水稻株杆中。水稻品种之间的排放差异表明从育种基因型角度培育低排放水稻品种的可行性。多数研究认为，水稻品种对甲烷排放的影响主要与水稻生长性能有关，即分蘖数、植物地上和地下生物量。研究指出近 50 年来我国水稻品种改良更替和稻作技术创新，在提高产量的同时有效降低了甲烷排放，驳击了水稻“高产高排放”的认知。高产低甲烷排放水稻品种选育可为稻田减排提供可持续解决方案，该类技术适用性高，通过有效调整水稻植株有机物分配更多向籽粒转移，可达到高产低排放目标。目前，有关这种基于基因编辑的水稻品种改良实现甲烷减排的探索还较少，未来也面临水稻产业发展和国家粮食安全保障等诸多挑战。除低排放高产水稻品种的基因编辑、分子育种和超短生育期品种培育的探索外，更多研究关注于低排放品种与水稻植株通气组织、根系分泌及植株生理生态特性的关系等方面。甲烷排放速率受通气组织取向、根系分泌和生物量产生速率的控制，这些是栽培品种的关键特定性状，已确定的性状与特定生态环境中种植品种的持续时间和适应性密切相关。因此，可根据生态、持续时间和具有较少的甲烷排放潜力来选育水稻品种。

2）施肥是影响稻田甲烷排放的重要因子，也可能是人类控制稻田甲烷排放的一条有效途径。在不影响土地潜在生产力和系统生物生产力的前提下，适时、适量选用有关种类，合理地施用化肥，是稻田甲烷减排的重要措施。肥料可分为无机肥和有机肥两大类。无机肥是指用化学合成方法生产的肥料。有机肥是由有机物质组成的肥料，主要包括动、植物残体或排泄物等。我国传统的稻田施肥以有机肥为主，随着工农业生产的发展，稻田施用氮肥的比例越来越大。常用的氮肥包括尿素、硫铵、碳铵、复合肥等。尿素是稻田中最常用的一种氮肥。大量研究表明，尿素促进根系的发育，增加根系分泌物，稻田尿素的施用量越大，稻田土壤中的有机物就越多，为土壤中的产甲烷菌提供的能量和养分也相应增多，其所产生的甲烷就越多。此外，土壤产生的甲烷主要通过植株排放到大气中，尿素促进作物生长，从而提高了植株向大气传输甲烷的能力。因此排放的甲烷也就越多。但是在稻田分蘖期和孕穗期施用尿素能抑制甲烷排放。也有研究表明，氮促进甲烷氧化细菌的生长和活性，从而减少甲烷的排放。稻田施用的氮肥或有机肥均会与土壤原有的碳库、氮库发生复杂的生物化学和物理化学作用，改变土壤碳、氮循环过程，从而影响稻田甲烷的排放。研究表明，稻田甲烷的排放量会随着氮肥投入量、施入方式、施入时间等因素的不同发生显著变化。目前国内外关于有机肥对稻田土壤甲烷排放效应的影响研究结果比较一致，一般认为施用有机肥一方面为土壤产甲烷菌提供了丰富的产甲烷基质；另一方面，淹水条件下有机肥的快速分解加速稻田氧化还原电位的下降，为产甲烷菌的生长提供了适宜的环境条件，从而促进稻田甲烷的排放。有机肥的类型、有机无机配施比例、施用量、施用方式等是有机肥影响稻田甲烷排放的主要因素。研究施肥对产甲烷菌的影响发现，施肥会显著影响稻田土壤中的产甲烷菌群落结构，使得土壤中的优势菌群发生改变。

3）水是影响稻田甲烷排放的决定性因子。通过改变稻田的灌水方式，从而改善土壤通气性，并且为土壤微生物群落结构和氧化还原电位的变化产生积极作用，减少甲烷排放。土壤厌氧条件是决定甲烷产生和促进产甲烷菌繁殖的前提，因此优化水分灌溉管理以提高土壤通气性是稻田甲烷减排的关键。常规稻作模式在稻季与非稻季均淹水，不仅会极大消耗水资源，而且会造成氮素流失、产量降低和环境污染等问题。因此在稻田常规淹水灌溉的基础上，人们研发出许多灌溉模式。大量研究表明深水灌溉、间歇灌溉和常湿稻田都能减少稻田甲烷排放。深水灌溉是指水稻田的淹水深度高于正常的灌水深度大约10cm。在这种情况下较深的水阻碍了厌氧环境下所产生的甲烷由下至上的传输，从而减少了稻田甲烷排放。同时深水灌溉还有利于保持土壤中的有机物。但是深水灌溉耗水量大且操作复杂。间歇灌溉是每隔几天灌溉一次稻田，保持几天灌水和几天晒田相间隔，稻田甲烷排放明显减少。采取间歇灌溉，应根据土壤保水能力和渗透率及降雨，考虑间歇时间，在不影响稻作生长的前提下，时间越长越有可能降低稻田甲烷的排放量。但有研究表明，稻田甲烷排放减少的同时，其他温室气体如氧化亚氮的排放有所增加。常湿稻田是稻田水分接近饱和，但不建立水层的灌水方式。这种灌溉方式改善了土壤通气条件，破坏了产甲烷菌赖以生存的厌氧环境，从而实现了稻田甲烷减排，但水稻却有较大幅度的减产，因此并不可取。排水晒田可以缓解淹灌稻田所导致的土壤极端还原条件，也可以控制水稻分蘖数。相对于稻田长期淹水，水稻生长中期的排水晒田能够提高土壤通气性，促进土壤氧化还原电位的提升，削弱了产甲烷菌的代谢活动，减少甲烷的排放。在不影响系统生产力和考虑土壤因素和水源的条件下，为了尽可能地降低稻田甲烷的排放，中期晒田、间歇性灌溉，能提高水分利用效率、抑制无效分蘖、促进根系活力，保证水稻稳产高产。在中期晒田、间歇性灌溉基础上发展而来的稻田“薄、浅、湿、晒”节水灌溉或者湿润灌溉技术，可根据水稻生长需水特性，严格控制稻田水层深度、土壤湿度和持水量，干湿循环交替，进一步降低甲烷排放。

4）向土壤中施入有机添加物，如秸秆还田、生物炭等是改良土壤、促进水稻高产的重要农艺措施。秸秆携带有丰富的氮、磷、钾、钙和镁等营养元素，其输入可有效增加土壤的肥力水平。秸秆还田还可以有效地改良土壤的物理特性，增加土壤温度和含水率，降低土壤容重。此外，秸秆还田有效改善土壤生物学特性。秸秆还田可为土壤微生物提供重要的碳源，增加土壤微生物的活性和丰度，提高土壤酶活性，促进土壤养分和物质循环，提高作物产量。秸秆还田是最有效的土壤有机物质补充方式之一，也是我国大力推行的保护性耕作措施。研究表明，秸秆还田能够提高土壤有机物质，有显著的固碳效果，随着年限增长，秸秆还田的增产效果越明显。通过稻草粉碎或腐熟还田等不同形式的秸秆还田，能促进土壤微生物碳利用和土壤团聚体稳定性，达到固碳减排的目的。施用于稻田的秸秆等有机物料在秸秆发生厌氧分解时，会加速土壤氧化还原电位的下降为产甲烷菌提供适宜的生存环境，并为土壤产甲烷菌提供大量的有机碳底物，会显著促进甲烷排放。通过秸秆腐熟还田、过腹还田或旱季还田，能大幅削弱秸秆对甲烷排放的刺激效果。此外，秸秆还田时耕作的方式也是影响甲烷排放的重要因素，免耕减少秸秆还田稻田甲烷排放是通过减少土壤扰动，使得稻草在土壤表层进行有氧分解，减少消耗土壤中的溶解氧，进而促进甲烷氧化细菌的生长，最终减少稻田甲烷排放。稻田施用生物炭能够减少甲烷排放，并提高土壤质量和固碳能力，使水稻增产。在无氧和厌氧的情况下，秸秆生物材料经过高温热解处理，形成一种固态多功能材料，其孔隙丰富、碳素性质稳定，被称为生物炭。生物炭具有改良土壤结构、提高土壤养分含量、增强土壤储水能力、改变土壤微生物多样性等多种作用，从而显著提高农作物的产量和品质。一般认为生物炭的微孔结构可提高土壤孔隙度和甲烷氧化细菌的活性，降低土壤产甲烷菌与甲烷氧化细菌的比例，增强甲烷氧化效率进而控制甲烷排放。但其减排效果存在不确定性，有研究发现稻田施用生物炭对甲烷排放没有显著影响。目前，生物炭制作成本较高，距离大规模还田应用仍存在较大差距，但生物炭作为惰性碳封存于土壤，兼具减排和固碳效益，在未来成本降低或碳交易补偿的情况下具备良好的应用前景。

5）抑制剂、增氧剂的研发与应用，一是针对甲烷产生过程，二是可以增强甲烷的氧化。产甲烷菌和甲烷氧化细菌在稻田甲烷产生和排放过程中起决定性作用。甲烷抑制剂可在不影响水稻产量的前提下，通过减少产甲烷底物或抑制产甲烷菌活性来减少稻田甲烷排放量。大量研究表明，稻田使用液体状肥料型甲烷抑制剂，不仅抑制稻田甲烷排放，而且有一定的经济效益。这种抑制剂的主要原料为一特种腐殖酸，抑制剂可以将有机物质转化为腐殖物质。在增加稻谷产量的同时，也减少了甲烷形成的基质。由于这种抑制剂的特点是适用于中等和肥料条件差的稻田中。甲烷抑制剂大量连续施用，可能会破坏土壤健康。因此，甲烷抑制剂还尚未被大范围应用，即使它们抑制甲烷排放的潜力高于稻田常规农艺实践所能达到的水平。增氧剂施入稻田后，与水发生反应产生氧气，从而抑制产甲烷菌且增强甲烷氧化细菌的活性，进而减少甲烷排放，如过氧化钙等。过氧化钙与水反应生成氢氧化钙，这能提高土壤 pH 值，从而缓解土壤酸性胁迫。此外，过氧化钙溶于水后生成过氧化氢，能够分解土壤中有机物质，从而提高土壤养分。微生物减排制剂，如丛枝菌根真菌，能与大部分农作物形成共生关系，其产生的多糖等次级化合物可保护有机物质免受微生物分解，从而起到固碳减排效果。微生物减排制剂具有一定的减排增产效果，但目前研究还较少，限制了其进一步推广应用。

6）采取生态种养方式，在稻田中引入虾、鱼、鸭、蛙和螃蟹等水产动物，引起稻田系统土壤理化性质、土壤动物、土壤微生物活性和数量以及土壤微生物多样性等发生变化，从而引起稻田系统温室气体排放发生改变。近年来，稻田种养结合循环农业在我国迅速发展，具有稳产增效、绿色发展的重要功效，同时显著影响了稻田温室气体排放特征及 GWP。稻-鸭共作、稻田养殖小龙虾、稻-鱼共作、稻田养蟹、稻田养鳖等稻田种养结合循环农业模式，由于稻田养殖动物在稻田生态系统中具有添加生态位、延长食物链，通过动物的持续运动、觅食活动等，不同程度地影响稻田温室气体的排放量和 GWP，总体呈现出减缓温室效应的趋势。但实际上每种综合种养模式温室气体排放的规律并不一致。其中稻-鸭共作模式作为一种应用最广泛的种养模式，鸭子具有好动、勤觅食的习性，鸭在稻田中觅食、游走踩踏扰动水体和排泄等行为降低土壤还原物质含量，改善稻田系统中氧化还原电位，提高甲烷氧化细菌活性，促进甲烷氧化，降低甲烷排放。此外，鸭子的活动可对稻田起到中耕、除草和控虫防病作用，鸭子的粪便还可以增加土壤养分。水稻利用光能合成的有机物质转移到籽粒中，成熟之后秸秆通过田间微生物的腐解作用归还于稻田；从外界施入的有机物料、鸭饲料等能够被水稻吸收并转化为自身的一部分，从而实现物质的循环利用和能量多级流动的特性。大量研究表明，稻-鸭共作体系可显著降低甲烷的排放量。在稻田中引入虾，形成稻-虾共作系统，虾在稻田中打洞、觅食、排泄等活动和饲料投入改变了稻田氧化还原环境和产甲烷菌、硝化细菌等底物浓度，减少稻田系统中甲烷排放，增加氧化亚氮的排放。

7）土壤中产甲烷菌分布具有垂直分布的特点，耕作强度的不同会直接导致甲烷产生的差异，影响甲烷排放量。我国一般采用三种耕作强度，即免耕、翻耕及旋耕。免耕则是在种植作物之前不对耕土层进行任何扰动，表层土壤过分紧实，通气性差，降低甲烷向土壤扩散的概率，增加甲烷被氧化的持续时间，促进甲烷氧化，降低土壤对甲烷的固定作用。一方面免耕提升了土壤氧化还原特性，增强了土壤对甲烷的氧化能力；另一方面免耕减少了土壤的水分含量和紧密度，还影响到土壤有机碳和土壤微生物的重新分布，从而起到降低甲烷排放的作用。翻耕是指利用犁翻转耕层，疏松土壤，将肥料及作物残茬进行翻埋的过程，其耕作深度较深，一般为 20~25cm。一方面，翻耕使得土层充分搅拌，增强土壤传热性能，促进土壤有机物质分解，为产甲烷菌提供了丰富的基质；另一方面，翻耕不仅严重扰乱甲烷氧化细菌的生存环境，减弱土壤氧化甲烷的能力，还破坏土壤团粒结构，降低土壤通气性能，降低土壤氧化还原电位。旋耕是一种利用旋耕机对土地进行整理的方式，其耕作深度较浅，一般为 12~13cm，不超过 15cm。由于旋耕对于土壤的扰动程度明显低于翻耕，使得稻田甲烷排放量降低。

3.5.3　稻田甲烷排放控制政策及对策

1. 相关控制政策

我国农业部门实施的政策在促进甲烷减排方面发挥了积极作用。这些政策包括减少化肥和农药的使用，实施化肥农药使用量零增长的行动计划；加速构建循环型农业体系，推动畜禽养殖废弃物的资源化利用，以及提升动物粪便和秸秆的综合利用率；推广保护性耕作和草地生态保护措施，增强农田和草地土壤的固碳能力。根据《国家应对气候变化规划（2014—2020 年）》《“十三五”控制温室气体排放工作方案》及《产业结构调整指导目录（2019 年本）》，进一步提出了控制农田甲烷排放的具体措施，包括选育高产低排放的优良品种，改进水分和肥料管理，以及鼓励建设畜禽养殖场的大中型沼气工程，以实现农业可持续发展和温室气体减排的目标（表 3-18）。

表 3-18　稻田甲烷排放控制政策

年份	政策	内容
2014	国家应对气候变化规划（2014—2020 年）	鼓励使用有机肥，因地制宜推广低碳循环生产方式（如“猪-沼-果”沼气生产），发展规模养殖。推进农作物秸秆综合利用、农林废弃物资源化利用、畜禽粪便综合利用，积极推进地热能在农业和水产养殖设施中的应用

（续）

年份	政策	内容
2016	“十三五”控制温室气体排放工作方案	控制农田甲烷排放，选育高产低排放良种，改善水分和肥料管理，鼓励建设畜禽养殖场大中型沼气工程
2019	产业结构调整指导目录（2019年本）	1. 动植物（含野生）优良品种选育、繁育、保种和开发，生物育种，种子（种苗）生产、加工、包装、检验、鉴定技术和仓储、运输设备的开发与应用 2. 旱作节水农业、保护性耕作、生态农业建设、耕地质量建设、新开耕地快速培肥、水肥一体化技术开发与应用

2. 对策

1）优化集成现有稻田甲烷减排技术，加大轻简化减排技术研发创新和推广。

加强稻田甲烷排放长期性、基础性科研支持，推进成熟减排技术集成和成果转化，探索不同区域稻田温室气体综合减排技术，并将其集成到示范项目中。进一步推广稻田浅薄湿润灌溉、节水灌溉技术，减少甲烷排放。改进稻田有机肥和秸秆管理，采取堆肥腐熟还田、秸秆好氧还田、旱季还田、过腹还田，控制有机物料在淹水条件下厌氧分解导致的甲烷排放增长。评估鉴定现有高产优质水稻品种的甲烷排放特性，筛选低排放品种，并将杂交育种等传统育种方式与细胞工程育种、转基因技术等新型育种方式有机结合，充分发挥各育种方法的优势，培育出优质高产低甲烷排放的新型水稻品种。因地制宜推广直播稻，采取浅水直播、旱直播或免耕直播技术，实现减排节本降耗。结合生态稻作实际需求，在长期稻-鸭共作研究和推广的基础上，探索和建立一些新型生态种养技术模式，充分利用和发挥稻田生态功能。例如，开展沼-稻-鸭共作系统，降低稻田水面的氮磷浓度，缩短氮磷消解周期，提高氮磷归还率，有利于维持稻田养分平衡。发展沼-稻-鸭循环农作技术不仅有利于消除农业生产过程中产生的废弃物，提高废弃物利用效率，减轻农田温室气体排放；还有利于促进水稻健壮生长，改善稻米品质性状，达到增产增收的目的；同时还具有明显的防治病虫害作用，能够显著增强水稻植株对病虫害的抵抗能力，给农作物创造一个良好的生长环境。此外，相比单一减排技术，可综合集成多种技术，如秸秆腐熟还田搭配节水灌溉、控释肥料搭配直播深施等，进一步提高甲烷减排潜力。

2）构建稻田甲烷排放监测、估算、报告、核查体系，明确甲烷减排路径。

稻田甲烷排放受土壤、气候、管理方式、灌水方式、品种等诸多因素影响，具有不确定性，难以准确评估稻田甲烷减排技术和政策的实施效果。需构建稻田甲烷排放监测、估算、报告和核查体系，制定观测规范和核算标准，应在不同稻作区设立稻田甲烷排放长期监测站点，明确不同气候、土壤、管理方式和稻作类型的排放规律和关键参数。建立环境质量监测网络获取大气中甲烷浓度监测数据，根据地面、遥感监测所得大气中甲烷浓度，对排放核算结果进行校验。整体评估甲烷减排效果，验证各领域甲烷排放清单的准确性。稻田甲烷排放量的估算有很多方法，其中主要有：①根据田间直接测定的甲烷排放通量和该通量代表的稻田面积计算；②通过水稻净初级生产率（NPP）来估算；③根据投入土壤中的有机碳量折算（换算系数为30%）或根据土壤有机质碳含量折算；④根据甲烷排放模式计算。根据我国水稻种植情况、生产规模、技术水平及未来稻米需求，在充分保障粮食安全的前提下判断稻田甲烷排放的未来趋势，准确评估不同技术的减排潜力、成本、适用性及协同效益，提出稻田甲烷减排的实施路径。

3）探索合理的轮作模式。

轮作模式能够防止冬季淹水和季节性抛荒，实行水稻与小麦、油菜、绿肥等旱地作物轮作，可有效降低田间产甲烷菌数量，减少稻田甲烷排放，还可以有效地利用土地资源。同时，轮作可缩短休耕时间，可减少氮素积累，降低休耕期氧化亚氮的排放。通过水旱轮作，把长期灌水的稻田改为旱作后，土壤中的还原物质被氧化，抑制产甲烷菌数量，从而降低甲烷的排放。此外，即使该田块灌水后，土壤中产甲烷菌的数量在短时间内也很难恢复到原有水平。因此，通过旱作后的稻田，在水稻生长前期很少有甲烷的排放；旱作时间越长，则稻田甲烷排放越迟，高峰值也越小。

4）加强农业绿色低碳引导，建立稻田甲烷减排补偿激励机制。

推动绿色低碳理念宣传，让公众对科普气候变化、温室气体减排、农业绿色低碳等概念更加了解，提高农民的绿色理念，加强对水稻绿色低碳生产良好做法和典型模式的宣传。建立稻田甲烷减排激励机制，对绿色环保、减排效果好且易于监测核证的技术，如间歇性灌溉、高效肥料、侧深施肥、秸秆腐熟还田等进行补贴，提供一定程度的资金支持。推动农民采取低甲烷排放的水稻生产方式，助力农业低碳发展和农民增收。

3.6 垃圾填埋场甲烷减排技术及对策

3.6.1 垃圾填埋场甲烷的产生及排放

随着城市化发展与人类生活水平的提高，生活垃圾填埋场也已日益成为重要的甲烷释放源。垃圾填埋场是厌氧细菌的滋生地，会产生大量甲烷。甲烷的温室效应比二氧化碳更强，尽管可以将其捕捉并转化为能源，但是即使最高效的回收系统，仍有高达 10%的甲烷发生逃逸。

1. 垃圾填埋场甲烷的产生机制

对于垃圾填埋场系统，其输入为填埋垃圾和水分，输出则为渗滤液和填埋气，两者的产生均是填埋场内物理、化学和生物过程共同作用的结果。填埋气是一种混合气体，其组成包括甲烷、CO_2、O_2、N_2、H_2 和多种痕量气体，主要成分则是甲烷和 CO_2 等重要的温室气体，在稳定态填埋气中甲烷的含量约占一半。

垃圾填埋场气体的产生是一个复杂的过程，如图 3-20 所示，包含了物理、化学、生物作用，其产生过程大致分为以下五个阶段：

（1）好氧阶段

废物进入填埋场后就开始进入好氧阶段。复杂的有机物通过微生物胞外酶分解成简单有机物，简单有机物通过好氧分解转化成小分子物质。这时填埋场中氧气已几乎被耗尽。好氧阶段微生物进行好氧呼吸释放出的能量较大。此阶段开始产生 CO_2。

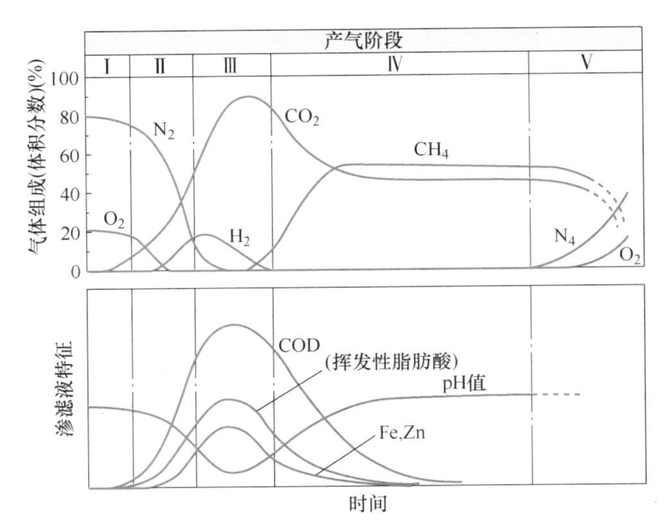

图 3-20　垃圾填埋场气体的产生过程

（2）过渡阶段

此阶段 O_2 被耗尽，开始形成厌氧环境。复杂有机物如多糖、蛋白质等在微生物作用或化学作用下水解、发酵，由不溶性物质变为可溶性物质并迅速生成挥发性脂肪酸、CO_2 和少量 H_2。由于水解、发酵作用生成挥发性有机物、CO_2 及其他一些气体使填埋场气体的组成较好氧阶段复杂，但气体成分仍以 CO_2 为主，另外会存在少量 N_2 和 H_2、高分子有机气体，但基本上不含甲烷。

（3）产酸阶段

发酵性细菌将小分子有机物分解为乙酸、丙酸、丁酸、H_2 和 CO_2 等，再由产氢产乙酸菌将其转化为产甲烷菌可利用的乙酸、H_2 和 CO_2。CO_2 是这一阶段的主要产生气体，也有少量 H_2 产生。

（4）产甲烷阶段

前几个阶段的产物如甲酸、乙酸、H_2 在产甲烷菌的作用下转化为甲烷和 CO_2。该阶段是能源回用的黄金时期，甲烷产生率稳定，浓度保持在 50%～65%。

（5）填埋场稳定阶段

在上一阶段大部分可降解有机物转化成甲烷和 CO_2 后，填埋场释放气体的产生速率显著减小，填埋场处于相对稳定阶段。该阶段几乎没有气体产生，渗滤液及废物的性质稳定，填埋场中微生物量极贫乏。

以上各个阶段的持续时间则根据不同的废物、填埋场条件而有所不同。因为填埋场中垃圾是在不同时期进行填埋的，所以在填埋场的不同部位各个阶段的反应都在同时进行。其中甲烷的产生主要在第Ⅳ阶段。

2. 垃圾填埋场甲烷的排放计算

根据《2006 IPCC 指南》推荐的方法，利用我国特有的活动水平数据、排放因子和相关参数，综合考虑专家判断和 IPCC 推荐缺省值，计算垃圾填埋场废弃物处理甲烷排放量。采用一阶衰减（FOD）方法更为准确，根据累计原理，《2006 IPCC 指南》规定利用 FOD 方法必须有至少 50 年的数据。

垃圾填埋场废弃物处理 CH_4 排放计算一阶衰减（FOD）方法介绍如下。

固体废弃物处置场所（SWDS）产生的 CH_4 用下式计算：

$$CH_{4产生} = \sum_x \{[A \times k \times MSW_T(x) \times MSW_F(x) \times L_0(x)] \times e^{-k(t-x)}\} \tag{3-2}$$

式中　t——计算当年；

x——计算开始的年；

A——修正总量的归一化因子：

$$A = (1-e^{-k})/k \tag{3-3}$$

k——甲烷产生率，$k=\frac{\ln(2)}{t_{1/2}}$，$t_{1/2}$为半衰期；

$MSW_T(x)$——在某年（x）城市固体废弃物（城市生活垃圾）产生的总量；

$MSW_F(x)$——某年在城市固体废弃物处置场处理的废弃物的比例；

$L_0(x)$——甲烷产生潜力：

$$L_0(x) = MCF(x) \times DOC(x) \times DOC_f \times F \times \frac{16}{12} \tag{3-4}$$

式中　$MCF(x)$——某年（x）的甲烷修正因子（比例）；

$DOC(x)$——某年（x）的可降解有机碳含量（比例）；

DOC_f——可降解有机碳分解比例；

F——甲烷在垃圾填埋气中所占的体积比；

$\frac{16}{12}$——碳转化为甲烷的系数。

固体废弃物处置场所（SWDS）排放的 CH_4 用下式计算：

$$CH_{4排放T} = \left(\sum_X CH_{4产生X,T} - R_T\right) \times (1 - OX_T) \tag{3-5}$$

式中　$CH_{4排放T}$——T 年排放的 CH_4（Gg）；

X——废弃物类别或类型/材料；

R_T——T 年回收的 CH_4（Gg）；

OX_T——T 年的氧化因子（比例）。

计算垃圾填埋场废弃物处理 CH_4 排放时需要的排放因子数据包括：甲烷修正因子（MCF）、垃圾中可降解有机碳含量（DOC）、甲烷在垃圾填埋气中所占的体积比（F）、甲烷回收利用量（R）、氧化因子（OX）、半衰期（$t_{1/2}$）、甲烷产生率（k）、厌氧分解延迟时间等。

（1）甲烷修正因子（MCF）

城市生活垃圾填埋处理的甲烷修正因子（MCF）主要取决于城市生活垃圾填埋处理场的状况。2001—2010 年我国城市生活垃圾填埋场呈现波动的状态，据调研可知，2001 年左右虽然场数较多，但是其处于卫生填埋管理水平的比例较之后的几年要小。

城市生活垃圾处理方式主要分为卫生填埋处理、焚烧、堆肥和其他等方式。目前我国城市生活垃圾还是以填埋为主。《2006 IPCC 指南》中填埋分为标准卫生填埋、简易填埋及丢弃堆放。我国城市生活垃圾的处理从随意丢弃到简易填埋到标准卫生填埋逐渐过渡，目前大多数城市基本采用标准卫生填埋。

给出了我国三种处理方式的比例，根据我国历年垃圾填埋状况得到我国垃圾填埋处置场所发展的不同阶段：1956—1978 年为第一阶段，此阶段我国城市生活垃圾没有进行集中处理，基本随意丢弃和堆放；1979—1990 年为第二阶段，20 世纪 80 年代开始逐渐形成垃圾围城，许多城市和地区开始形成大的垃圾堆；1991—2001 年为第三阶段，1991 年我国建设了第一座垃圾填埋场，垃圾开始集中填埋；2001—2010 年为第四阶段，城市生活垃圾填埋开始有序地进行，并且开始进行数据记载和统计。

结合实地调研的现状及专家所提供的各地区资料、管理水平数据及 IPCC 定义的每一个类别所，按照其占比分别得到三种处理方式相应的 MCF 值（MCF = 1，MCF = 0.8，MCF = 0.4），最终得到符合我国实际情况的历年不同 MCF 值的比例，见表 3-19。

表 3-19　我国城市生活垃圾填埋处理的各阶段不同 MCF 值的比例

MCF	1956—1978 年	1979—1990 年	1991—2000 年	2001—2010 年
MCF = 1	—	—	25%	60%
MCF = 0.8	—	50%	50%	—
MCF = 0.4	100%	50%	25%	40%

（2）可降解有机碳含量（DOC）

城市生活垃圾中可降解有机碳含量（DOC）主要取决于城市生活垃圾物理成分，各区域的可降解有机碳含量数值可划分为若干阶段：1956—1990 年为第一阶段，1991—2000 年为第二阶段，2001—2010 年为第三阶段。收集了在各个阶段的城市生活垃圾物理成分，进行了整理分析。根据 IPCC 的推荐方法，采用缺省碳含量值计算 DOC；其中，DOC_i 采用 IPCC 缺省值，W_i 采用我国特有值。表 3-20 给出了 1956—2010 年我国各区域各阶段城市生活垃圾的 DOC 数值。

表 3-20　1956—2010 年我国各区域各阶段城市生活垃圾的 DOC 数值

区域	1956—1990 年	1991—2000 年	2001—2010 年
东北	8.42%	15.80%	16.00%
华北	9.60%	13.1%	13.88%
西北	9.02%	11.70%	10.63%
华中	5.17%	12.51%	11.68%
华东	11.84%	14.54%	14.42%
华南	10.04%	14.75%	14.84%
西南	9.02%	14.13%	15.79%

（3）垃圾填埋气中甲烷的比例 F

固体废弃物处置排放的填埋气中甲烷的含量约为 50%，一般取值范围在 40% ~ 60% 之间，只有含大量油脂的材料会产生甲烷含量超过50%的气体。

垃圾填埋气体中甲烷的比例不应与固体废弃物处置排放气体中的甲烷测量值混淆。在固体废弃物处置中，CO_2 被吸收到渗漏液中，固体废弃物填埋处理的中性条件将吸收的大部分 CO_2 转换为重碳酸盐。因此，优良做法是，若垃圾填埋气体中 CH_4 比例基于生活垃圾填埋场排放的垃圾填埋气体的甲烷测量浓度，就要调整渗漏液的 CO_2 吸收作用。

回收或者排空甲烷的量一般比实际分解产生的量要小，因此不应把 F 与 SWDS 排放气体中的甲烷测量值混淆。我国各个区域中各量均采用0.4计算。

（4）甲烷回收量（R）与氧化因子（OX）

甲烷回收量（R）是指在固体废弃物处置场中产生并收集和用于发电装置或直接燃烧部分的甲烷量，回收的甲烷及随后又排放出的甲烷量不应该从总的排放量中减去。缺省的甲烷回收量为零，这一缺省值只在有文献记录并可以获得甲烷回收利用量时才会发生变化。回收利用的气体应当是甲烷气体而不是填埋气，因为填埋气中只含有一部分甲烷。没有详细文献记录而对填埋气体潜在回收进行估计是不合适的。

氧化因子（OX）代表在废弃物堆上层和覆盖物中氧化掉的甲烷气体部分，由于有氧化作用，实际上最终排放出的甲烷气体量会减少。氧化因子非常不确定，因为它难以计量，一般随以下因素而有很大变化：覆盖材料的厚度和性质、大气状况和气候、甲烷流量和通过覆盖材料破裂/裂缝处逃逸的甲烷量。实地和实验室研究仅确定通过同一均匀土壤层的甲烷氧化，可能导致高估垃圾填埋覆盖土壤的氧化。

截至目前还没有一个国际普遍接受的用于计算甲烷气体的氧化因子。目前现有的方法中设置氧化因子的缺省值为0。对于比较合格的管理型垃圾填埋场的氧化因子取值为0.1。

（5）半衰期（$t_{1/2}$）和甲烷产生率（k）

半衰期 $t_{1/2}$ 是废弃物中可降解有机碳含量（DOC）衰减至初始质量一半所消耗的时间，甲烷产生率 k 与 $t_{1/2}$ 的关系可表示如下：

$$k=\ln(2)/t_{1/2} \tag{3-6}$$

根据我国所处气候区及废弃物处理方法，《2006 IPCC 指南》中推荐的甲烷产生率缺省值为0.09年$^{-1}$，由式（3-6）可计算出 $t_{1/2}$ 为7.7年。但是，根据我国的研究结果表明，垃圾填埋气甲烷产生率为0.2~0.32年$^{-1}$，对应的半衰期为2.17~3.5年。经过专家组的论证最终得出我国甲烷产生率取为0.3年$^{-1}$，相应计算的半衰期为2.3年。

（6）厌氧分解延迟时间

在大部分固体废弃物处置场所，废弃物全年连续不断地沉积，通常按日计算。然而，研究表明 CH_4 产生并不在废弃物处置之后立即开始。当垃圾填入填埋场后首先进入初期调整阶段，由于垃圾在填埋过程中会带入空气，因此这一阶段主要进行的是有机可降解成分的好氧生物降解，生成小分子的中间产物和 CO_2、H_2O。当氧气被消耗殆尽，开始形成厌氧条件，垃圾降解由好氧降解过渡到兼性厌氧降解，此阶段通常持续若干月。此后为酸性-中性条件的转换周期，便开始产生 CH_4。也就是说垃圾填埋之后不会马上进行厌氧反应，而是会经历一段时间，将这段时间称为厌氧分解延迟时间。经过专家判断，我国垃圾填埋产生甲烷的延迟时间为4个月。

3. 垃圾填埋场甲烷的排放特征

垃圾填埋场是全球重要的甲烷排放源，约占全球甲烷总排放的12%。全球垃圾填埋甲烷排放增长速度很快，1970—2010年几乎翻了1倍，我国的生活垃圾处理方式以厌氧填埋为主。以2012年为例，全国城市生活垃圾清运量约为1.71亿t，无害化处理率为84.80%，其中绝大部分的生活垃圾是通过卫生填埋的方式进入垃圾填埋场。因此科学准确地核算我国填埋场的甲烷排放量，研究并了解其排放特征，对于我国积极控制温室气体，实施低碳发展和改善空气质量都有非常重要的作用。

以2012年垃圾填埋场甲烷排放水平为例，基于我国1955个垃圾填埋场较为详尽的基础数据和前期研究基础，分析甲烷的排放特征，结果表明，2012年我国不同区域、不同规模的垃圾填埋场甲烷排放水平差异较大。我国垃圾填埋场主要集中在东部地区，因而其甲烷排放也集中在东部地区。2012年我国垃圾填埋场的甲烷排放量为148.12万t，其中，广东排放量最高，西藏排放量最低。整体而言，排放大省均是东部沿海省份，而西北省份则普遍排放水平较低。2012年我国不同地区不同规模垃圾填埋场甲烷排放量见表3-21，由该表可知：华东地区的垃圾填埋场甲烷排放量占全国排放量比例最高，达33.00%，西北地区排放量占比最低。从填埋场规模角度看，大型填埋场（Ⅰ类）排放量占比为45.88%；中型填埋场（Ⅱ类）的排放量占比最低，为25.77%；小型填埋场（Ⅲ类）的排放量占比为28.35%。

表3-21　2012年我国分区域、分规模的垃圾填埋场甲烷排放量　（单位：万t）

区域/规模	Ⅰ类	Ⅱ类	Ⅲ类	合计	占总排放比例
东北	5.94	4.53	4.31	14.78	9.98%
华北	8.09	4.82	5.47	18.38	12.41%
华东	26.18	9.81	12.90	48.89	33.01%
华南	14.55	3.78	3.57	21.90	14.79%
华中	2.73	8.01	5.54	16.28	10.99%
西北	4.77	4.17	4.03	12.97	8.76%
西南	5.68	3.04	6.19	14.91	10.07%
合计	67.94	38.16	42.01	148.11	100%
占总排放量比例	45.88%	25.77%	28.35%	100%	—

3.6.2　垃圾填埋场甲烷排放控制技术

填埋场是主要的人为源甲烷排放地之一。据国家统计局统计数据显示，2018年全国城市生活垃圾无害化处理量为2.26亿t。其中，卫生填埋处理量为1.17亿t，占51.77%；焚烧处理量为1.02亿t，占45.13%；其他处理方式占3.1%。无害化处理率达99%，比2017年上升1.3%。一般填埋气中含有体积分数50%~65%的甲烷、30%~50%的CO_2及少量的其他气体和化合物，而每吨生活垃圾每年能产生150~250 m^3填埋气。因此，生活垃圾卫生填埋场温室气体减排技术正在成为国内外竞相研究开发的热点，我国也把减少甲烷的排放途径作为温室气体排放实施控制的措施之一。

针对我国生活垃圾卫生填埋场大部分填埋气都不能有效利用及甲烷排放浓度高的问题，垃圾填埋场甲烷减排技术主要可以从填埋层原位减排、资源化利用和末端控制技术三个方面入手，如图 3-21 所示。

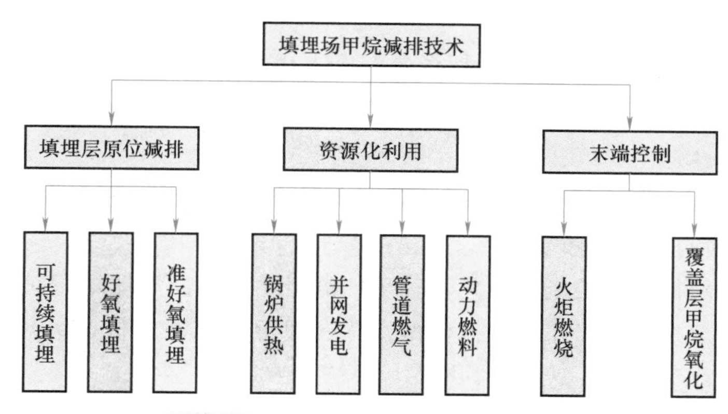

图 3-21　垃圾填埋场的甲烷减排技术

1．填埋层原位减排

填埋层原位减排可分为可持续填埋、好氧填埋和准好氧填埋等。

1）可持续填埋是对原生垃圾进行集中分类筛选后进行填埋和资源化利用的处理方式。可持续填埋对垃圾进行好氧预处理，使其稳定化进程加快，通过新旧填埋场的交替使用以减少甲烷的释放。采用机械+生物处理技术，对原生垃圾优先进行筛选，将垃圾分成可回收物质、可生物降解物质、可燃物质和惰性物质，对可生物降解物质进行生物处理，转化成沼气和有机肥等资源，其他物质针对性回收利用，对惰性物质进行填埋。这种综合的处理方案，既提高了垃圾资源化利用的程度，又减少了填埋场库容，可延长填埋场的使用寿命，降低运维费用，并且减少填埋场对周边环境的影响。经过可持续填埋处理后，具有明显的经济和环境效益。

2）好氧填埋是通过间歇式强制通风，加速填埋垃圾的稳定化，同时抑制甲烷产生。具体过程是在垃圾堆体内布设通风管网，用鼓风机向垃圾堆体内送入空气。垃圾有充足的氧气，使好氧分解加速，垃圾性质较快稳定，堆体迅速降解，反应过程中产生较高温度（60℃左右），使垃圾中大肠杆菌等得以消灭。好氧填埋适应于干旱少雨地区的中小型城市；适应于填埋有机物含量高，含水率低的生活垃圾。该类型的填埋场，通风阻力不宜太大，因此填埋体高度一般都较低。好氧填埋场结构较复杂，施工要求较高，单位造价高，有一定的局限性，因而应用不是很普遍。我国在老旧填埋场的修复及加速稳定化方面应用该类型填埋场技术的越来越多。

3）准好氧填埋场是改良型的厌氧填埋场，利用填埋层内外的温度差和渗滤液收集管道的不满流设计，使空气自然通入，保证导气管周围形成好氧区域，而远离导气管则处于厌氧状态。不需鼓风设备，只需增大排气排水管径，扩大排水和导气空间，使排气管与渗滤液收集管相通，使得排气和进气形成循环，并在填埋地表层、集水管附近、立渠和排气设施附近形成好氧状态，但在空气接近不了的填埋层中央部分仍处于厌氧状态。这种好氧、厌氧共存的填埋方式，即为准好氧填埋。研究表明，准好氧填埋可以有效降低70%~90%的甲烷气体排放，且投资和运行成本相对较低，是一种适合我国大量中小型填埋场甲烷减排的填埋技术，是一种经济、安全的垃圾填埋技术，也是控制填埋场甲烷排放最可行和有效的措施之一。

与一般的填埋场相比，准好氧填埋场具有以下优点：

1）由于导气系统比一般卫生填埋所用排气管管径大、间距小，因此垃圾分解产生的气体易于排出，填埋场安全性较好。

2）准好氧填埋为垃圾的降解提供了有利条件，因此垃圾分解较快，堆体稳定速度加快，便于填埋场地的稳定与修复。

3）准好氧填埋很好地控制了硫化氢等臭气的产生，因此填埋场相对较卫生。

4）准好氧填埋垃圾所产生的渗滤液浓度比一般卫生填埋场低，缩减了垃圾渗滤液处理费用。

5）其总的建设投资费用、运营费用以及维护保养费用较低。

2. 资源化利用

甲烷资源化利用包括：①收集垃圾填埋气用于供热或并网发电；②利用作为管道气；③利用作为动力燃料。

1）收集垃圾填埋气用于供热或并网发电。在垃圾填埋场产气活跃期，垃圾填埋气中甲烷含量高达50%以上，是一种良好的可再生能源，利用垃圾填埋气发电和供热是国际上应用最广泛的温室气体减排技术之一。

2）利用作为管道气。采用有效的预处理手段，将垃圾填埋气中的甲烷浓度提高到95%，同时去除灰尘及酸性气体，可以制备性能卓越的管道气，作为城市煤气的替代产品，从而控制垃圾场甲烷的无控释放。

3）利用作为动力燃料。去除垃圾填埋气中的微量有害成分后，可制成压缩填埋气，用作动力燃料。

3. 末端控制

末端控制包括：①火炬燃烧；②覆盖层甲烷氧化。

1）填埋场一般要设置火炬，它的作用是将未能利用的填埋气燃烧，减少温室气体排放，也降低填埋气对周围环境的影响。通过火炬燃烧将甲烷转化为CO_2可以大大降低垃圾填埋气的温室气体排放强度。

2）通过在填埋场覆盖层中营造适宜甲烷氧化细菌生长的条件，充分利用其中甲烷氧化细菌的甲烷氧化能力最大限度地减少甲烷排放一直是研究的热点之一。但其甲烷减排的效果受到环境条件等诸多因素的影响。填埋场覆盖层的物化性质如温度、含水率、有机物质含量、孔隙率等都会影响其甲烷氧化能力，是填埋场覆盖层甲烷氧化能力研究和调控的主要参数。

填埋场覆盖层一般采用黏土进行终场覆盖，甲烷氧化能力受覆盖土壤类型的影响相对较低。因此，为了提高填埋场覆盖层的甲烷氧化速率，构建适合于甲烷氧化细菌生长的环境，可采用生物覆盖层。垃圾填埋气在通过填埋场表面覆盖层时，通过甲烷氧化微生物的作用，可以将甲烷氧化为 CO_2，甲烷氧化率达 12%～60%。通过设计安装垃圾填埋场生物覆盖层，强化甲烷氧化微生物的活性，加快甲烷的氧化速度，有望实现填埋场运营后期不适宜资源化的填埋气通过火炬焚烧达到低浓度甲烷填埋气的减排。

3.6.3　垃圾填埋场甲烷排放控制对策

我国是世界上人口最多的国家，也是全球经济最活跃的国家之一。随着我国经济、人口的增长，垃圾填埋场释放的甲烷将占越来越大的比例，甲烷排放量在未来仍将呈增长趋势。2023 年，生态环境部联合有关部门发布《甲烷排放控制行动方案》中指出，加强生活垃圾填埋场综合整治，提高填埋气回收利用水平，目标到 2025 年，全国城市生活垃圾资源化利用率达到 60%左右。因此，需要采取更加有力的垃圾填埋场甲烷减排对策。

1）垃圾分类与回收：垃圾分类能够将可回收的物品分离出来，减少填埋的垃圾量。回收利用可以减少填埋时产生的有机废料，从而减少甲烷的释放。

2）垃圾压实和覆盖：垃圾在填埋前需要经过压实处理，以减少堆放空间。同时，在填埋后要及时进行地表覆盖，以防甲烷直接释放。

3）气体收集与利用：利用甲烷收集系统，将填埋过程中排放的甲烷收集起来，然后进行处理利用。可以通过将甲烷燃烧或利用其作为能源产生电力等方式，减少甲烷的排放。

4）甲烷气体监测与管理：建立有效的甲烷气体监测和管理机制，定期检测甲烷的排放量，及时采取措施加以管理和控制，确保减排目标的实现。

思　考　题

1. 甲烷在人类活动中的释放有哪些主要来源？会造成哪些危害？
2. 煤矿甲烷的形成分为几个时期？特点是什么？
3. 天然气及页岩气行业的甲烷如何产生？该行业的甲烷减排技术有哪些？
4. 为什么反刍动物在消化过程中会产生甲烷？
5. 简述稻田甲烷排放机理。
6. 垃圾填埋场中的甲烷如何产生？如何防止填埋场甲烷气体爆炸？

第4章 氧化亚氮（N_2O）减排技术

4.1 农业源氧化亚氮减排技术及对策

4.1.1 农业活动中氧化亚氮的排放

目前，农业占地面积将近地球表面的一半，农业活动所产生的 N_2O 排放量占人类活动总排放量的近60%。施用于土壤的人造氮肥是农业活动 N_2O 排放的主要来源。在人工合成的氮肥中，尿素是所有固体氮肥中含氮量最高的，占全球氮肥使用量的66%。因此，有效的尿素氮管理对于全球 N_2O 减排至关重要。

在过去的几十年里，化肥的使用大大增加了土壤氮和粮食产量。然而，由于化肥使用的时间和方法不适当、类型或数量不确定，因此化肥使用效率偏低，这可能会增加硝化和反硝化活性，从而导致硝酸盐浸出和 N_2O 排放。在受管理的农业系统中，N_2O 的直接排放平均每年占全球氮肥施用量的1%。此外，到2030年，与施氮相关的排放量将从6.1MtN_2O-N/年增加到7MtN_2O-N/年以上。因此，合成肥料一直是农业系统 N_2O 排放增加的主要来源之一。

1. 排放来源

土壤 N_2O 产生的途径主要包括硝化作用（自养硝化、异养硝化、全程氨氧化）、硝化菌反硝化作用、反硝化作用（生物反硝化、化学反硝化）、硝态氮异化还原为氨等作用。其中硝化作用和反硝化作用产生的 N_2O 占整个生物圈 N_2O 排放总量的70%~90%。

N_2O 产生过程如图4-1所示，硝化作用是 NH_4^+—N/NH_3 在硝化菌的作用下经过氨氧化作用和亚硝酸盐氧化作用转化为硝酸盐（NO_3^-）的过程。在氨单加氧酶（AMO）的作用下 NH_4^+—N/NH_3 被氧化为 NH_2OH，NH_2OH 在羟胺脱氢酶（HAO）作用下全部被氧化为NO，一部分被还原为 N_2O，其余部分被氧化为 NO_2^-。这一反应过程为氨氧化作用阶段。亚硝酸盐氧化反应是指 NO_2^- 在亚硝酸盐氧化还原酶（NOR）作用下被氧化为 NO_3^-。

硝化细菌反硝化作用是指硝化微生物将 NH_4^+ 氧化成 NO_2^-（这一阶段属于反硝化过程的前半部分），然后生成的 NO_2^- 进一步被还原成NO、N_2O 和 N_2（这一阶段属于反硝化过程的后半部分）。硝化菌反硝化作用特指在部分氨氧化菌的驱动下 NO_2^- 被还原为 N_2 的过程。该过程分为两个阶段：第一阶段是 NH_4^+—N/NH_3 被氧化为 NO_2^-；第二阶段是 NO_2^- 被还原为 NO、N_2O、N_2，整个过程没有 NO_3^- 生成，且仅由氨氧化菌参与完成。这是区别于硝化和反硝化作用的关键一环。在高氮、低有机碳、低氧气分压的土壤环境中，硝化细菌反硝化作用所产生的 N_2O 排放比相当大。

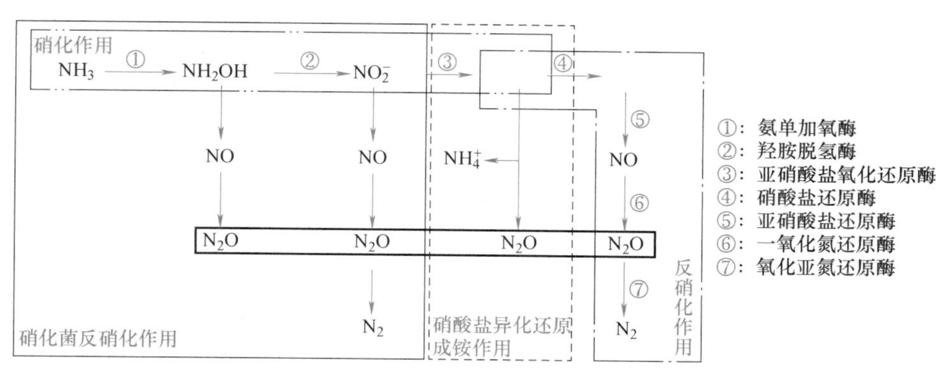

图 4-1　土壤中氧化亚氮产生示意图

反硝化作用是 NO_3^- 在厌氧条件下被还原成 NO、N_2O 和 N_2 的过程，一般发生于兼气或低氧的土壤系统中。在微生物的参与下，NO_3^- 经过四步还原反应，在硝酸盐还原酶（Nar）、亚硝酸盐还原酶（Nir）、一氧化氮还原酶（Nor）、氧化亚氮还原酶（Nos）作用下最终被还原为 N_2，N_2O 的排放来源于第三步反应。亚硝酸盐还原作用将亚硝酸盐转化为 NO，是反硝化过程中最关键的反应，同时也是决速步骤。

硝酸盐异化还原成铵（DNRA）是指在厌氧情况和微生物（专性厌氧菌、兼性厌氧菌和好氧菌）作用下将 NO_3^- 经过 NO_2^- 还原成 NH_4^+ 的过程。该过程包括两个阶段：第一个阶段是 NO_3^- 在异化硝酸盐还原酶（Nar）的作用下被还原成 NO_2^-；第二个阶段是 NO_2^- 在亚硝酸盐还原酶（Nir）的作用下被还原成 NH_4^+，在此阶段会产生 N_2O 的排放。

少部分非生物学过程主要包括：羟胺的化学分解和化学反硝化、亚硝酸盐的化学反硝化以及硝酸铵的非生物分解等，这些也是农业活动 N_2O 的排放源，但排放量占比较少。

2. 排放规模

进入 21 世纪以来，我国农田 N_2O 排放一直处于稳定上升状态，如图 4-2 所示。直到 2015 年，农田 N_2O 排放量达到最大，而后逐渐开始下降，主要原因可能是农业农村部启动的“减肥减药”双减行动。但从排放量看，2018 年农田 N_2O 排放量仍高于 2001 年。从各地区排放趋势看，除华东地区外，其他地区农田 N_2O 排放均呈增长趋势，直到 2015 年才略有下降，但依旧高于 2001 年。近年来，华东地区农田 N_2O 排放呈下降趋势，截至 2018 年其农田 N_2O 排放（与 2001 年相比）下降约 15%，但从 2001 到 2018 年，华东地区农田 N_2O 排放规模一直占居首位，是我国农业 N_2O 排放的主要地区。

从我国农田 N_2O 排放的空间特征来看，2018 年单位播种面积 N_2O 排放以华东地区最高，达 7.3tCO_2e/hm^2，其他区域排放从高到低依次是华南地区、西南地区、华北地区、东北地区、西北地区和华中地区，最低 N_2O 排放仅为 2.1tCO_2e/hm^2。不同地区环境条件、作物品种、耕作方式和外界碳氮投入的相互作用，使得农田 N_2O 排放形成南高北低的趋势。

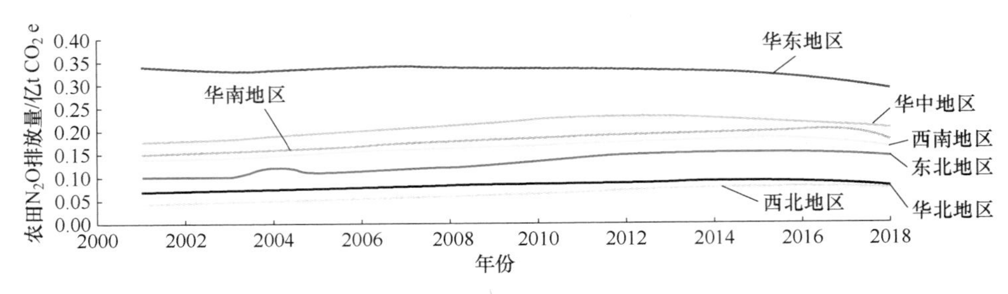

图 4-2　2001—2018 年我国不同地区农田的 N_2O 排放规模

氮肥施用是影响农田 N_2O 排放高低的关键因素。如图 4-3 所示，从时间上看，我国农田单位播种面积的氮肥用量在 2001—2007 年呈明显递增趋势，而后保持相对稳定，2014 年之后出现下降趋势，但 2018 年农田单位播种面积的氮肥用量仍高于 2001 年。各区域的农田单位播种面积氮肥用量达最高点的时间不同，但在 2018 年均有所下降。2001—2018 年，不同区域农田单位播种面积氮肥用量从高到低依次是华东地区、华北地区、西北地区、西南地区、华南地区、华中地区、东北地区。总体来看，华南地区的上升趋势最明显。

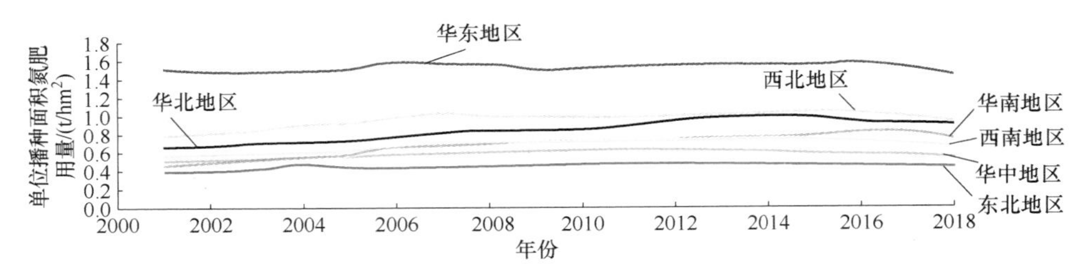

图 4-3　2001—2018 年我国不同地区农田氮肥施用的时间特征

从我国农田氮肥施用的空间特征来看，2018 年单位播种面积氮肥用量依次是华东地区、华北地区、西北地区、华南地区、西南地区、华中地区、东北地区。华东地区的平均单位播种面积氮肥用量高达 1.43t/hm^2，而东北地区的平均单位播种面积氮肥用量仅为 0.44t/hm^2，两地区相差约 3.3 倍。

4.1.2　农业活动中氧化亚氮的减排措施

随着非二氧化碳温室气体排放的国际压力剧增，以及国内农业绿色高质量发展要求和碳达峰、碳中和目标等行动的深入推进，在粮食安全的前提下，开展作物生产的农田 N_2O 减排，急需区域针对性强的农田 N_2O 减排策略与技术。目前，农业活动 N_2O 减排措施主要包括灌溉管理、氮肥施用管理、硝化抑制剂使用、施用生物碳等。

1. 灌溉管理

漫灌、沟灌、喷灌、地表/地下滴灌是种植系统中最常用的灌溉方式。灌溉方式影响土壤含水率，从而决定了土壤中的氧气含量。漫灌系统中，土壤氧气含量极少，促进 N_2O 转化成 N_2，N_2O 排放并不多。在沟灌系统中，灌溉过后 1~8d 出现 N_2O 排放高峰。但沟灌系统在环境条件上存在微观和宏观的异质性，因此很难精确地量化 N_2O 排放量。与漫灌和沟灌相比，滴灌和喷灌系统有较少的 N_2O 排放量，原因在于漫灌和沟灌使得土壤处于干燥—潮湿的循环交替阶段，促进了微生物的活性，提高了反硝化和氨氧化作用过程中 N_2O 排放量。除了减少水分散失，还可以利用滴灌系统施肥，从而提高肥料的利用率并减少 N_2O 排放。研究表明，与沟灌相比，地下滴灌是一种有效实现 N_2O 减排的措施。

2. 氮肥施用管理

在不造成产量损失的前提下改善农业管理是减少温室气体排放的一项建议战略。氮肥是农业土壤中 N_2O 排放的最大来源，要削减土壤 N_2O 的排放，主要控制措施有以下四方面：①要提高氮肥利用率，减少氮肥的施用量，依据作物不同生长阶段需肥特征，分次撒施，提高作物吸收，减少氮素在土壤中的累积；②要科学合理施肥，采用测土配方施肥技术，根据土壤氮素含量测定结果及农作物的需肥规律确定施肥量；③要选用长效氮肥和缓释氮肥，延后 N_2O 排放高峰，减少 N_2O 排放量；④优化施肥方式，采用混施、深施或叶面喷施，可以提高氮肥的利用率，减少 N_2O 的排放。

在选用氮高效利用及低土壤 N_2O 排放的作物品种前提下，我国不同区域农田 N_2O 减排可考虑选用绿色生态施肥技术，如配方肥深施、水肥一体化、有机肥或绿肥替代化肥等技术途径。通过氮肥增效或有机肥替代等措施实现减量施用，显著降低土壤 N_2O 排放。在农田氮肥施用量和 N_2O 排放较高的地区，可依据作物不同生长阶段需肥特性，优化施肥时间与方式。例如，在华东地区，由于作物生长前期需肥量少，可调整 N、P、K 的施肥比例，分次撒施，以及选用长效氮肥和缓控释肥等，通过科学施肥来提高氮肥利用效率，减少氮素在土壤中的累积，进而降低农田 N_2O 排放。而在华北等蔬菜广泛种植或水分调控程度高的地区，可通过合适的土壤水分以及水肥一体化的管理措施，改变土壤充水孔隙度（WFPS）、土壤通气性和 O_2 浓度等，影响硝化和反硝化菌的活性，进而影响土壤 N_2O 排放。已有研究表明，不同灌溉管理措施下，水肥一体化的滴灌（与传统灌溉相比）创造了一个相对稳定的环境，减少了农田 N_2O 排放。

3. 硝化抑制剂使用

在考虑作物品种和耕作栽培技术等的同时，一些减排产品，诸如硝化抑制剂也可以起到明显的 N_2O 减排效果。硝化抑制剂又称氮肥增效剂，是一类对硝化菌有抑制作用的有机化合物，可以抑制土壤中 NH_4^+—N 向 NO_3^-—N 的转化，从而抑制土壤微生物硝化和反硝化过程的 N_2O 排放。目前常用的硝化抑制剂包括双氰铵和 3,4-二甲基吡唑和乙炔等。研究表明，硝化抑制剂可以使土壤 N_2O 排放减少 32%~76%。虽然硝化抑制剂对降低农田土壤 N_2O 的排放具有巨大潜力，但是硝化抑制剂在特定田间条件下的作用效果及其有效量仍缺乏足够的认识，需进一步研究。

4. 施用生物炭

外施生物炭不仅可以显著提高土壤固碳量，而且可通过改变土壤物理、化学及生物学性质影响农田 N_2O 的排放。生物炭通常具有较高的 C/N 比，并含有小分子量有机化合物，其多孔的结构适宜微生物生长并有利于土壤氮素的固定，进而减少氮素有效性，降低土壤 N_2O 的排放。另外，生物炭具有碱性特性，可用来改良酸性土壤，提高土壤 pH，抑制土壤 N_2O 的产生，降低其排放。

4.1.3 农业氧化亚氮减排的展望

考虑到农田排放的非点源性，且存在持久性、不确定性和精准监测难等问题，需发展简单易行且适用范围更广的农田减排理论和技术，创制更为完整的监测评价体系，以及建立农田减排相关的政策法律法规。同时，要加强科普宣传，政府进行适度干预，推出可持续的碳减排激励和碳排放约束措施的同时，激励社会多元主体参与，共同促进碳减排。科技和经营方式等需要创新，在粮食安全的前提下，完善农田 N_2O 减排技术措施，构建相对简单易行的减排行动方案，提高小农户的绿色低碳意识和组织化程度，发展绿色低碳作物生产模式。另外，创新智慧农业技术，提高农业气象灾害预报预警，提升作物生产系统的气候韧性，完善计量、监测和评估方法，也可以助力农田 N_2O 减排行动。

4.2 己二酸生产行业氧化亚氮减排技术及对策

随着全球工业化的高速发展，对环境的影响也日益加剧。保护环境实现经济建设与环境保护的协调和可持续发展已成为当今经济建设和社会发展的主题，己二酸是目前最具经济价值的脂肪族二元酸，又称肥酸，分子式为 $C_6H_{10}O_4$。作为有机合成中间体，己二酸主要用于制造合成纤维-尼龙-66，大约占己二酸总量的 70%；其余 30% 应用于制备聚氨酯、合成树脂、革、聚酯泡沫塑料、塑料增塑剂、润滑剂、食品添加剂、黏合剂、杀虫剂、染料、香料、医药等领域。

己二酸生产行业 N_2O 减排技术

己二酸是重要的石油化工原料，其生产工艺过程中产生大量的 NO_x 气体经尾气排入大气，包括 NO、NO_2 和 N_2O。其中 NO、NO_2 在装置的尾气处理中由水吸收成为硝酸，而 N_2O 需要特殊的减排工艺技术处理。科学研究表明，N_2O 气体是对地球大气层造成破坏最为严重的气体之一，它可造成大气的温室效应，也可造成大气臭氧层的破坏。其温室效应是二氧化碳的约 310 倍。为了保护大气层，必须对己二酸装置排放尾气中的 N_2O 进行分解处理，使它转化成对大气没有破坏的氮气和氧气。N_2O 分解处理的工艺技术复杂，评价 N_2O 分解处理效果的好坏，需要通过对己二酸装置排放尾气减排装置入口和出口气体中的 N_2O 含量进行监测来实现。目前我国还没有关于己二酸装置排放尾气中 N_2O 分析的国家标准，建立己二酸装置排放尾气中 N_2O 的分析方法，对 N_2O 的分解技术有着非常重要的意义。

4.2.1 己二酸生产行业氧化亚氮的排放

1. 己二酸生产工艺

己二酸在工业上广泛采用的生产方法有苯完全氢化制 KA 油硝酸氧化法、苯部分氢化环己醇硝酸氧化法和苯酚加氢硝酸氧化法，其中以苯完全氢化制 KA 油硝酸氧化法所占比例最大。

（1）苯完全氢化制KA油硝酸氧化法

该方法将苯进行氢化制成环己烷，然后以钴的醋酸盐为催化剂进行液相空气氧化反应制得KA油，环己烷的单程转化率为5%~6%，KA油的选择性为75%~77%。20世纪60年代，美国SD公司开发出了以无水硼酸为催化剂的环己烷氧化技术，将KA油的选择性提高至85%~90%，并使KA油中环己醇与环己酮的比例达到10∶1。之后环己醇与硝酸反应制得己二酸。

苯加氢制环己烷可分为IFP法和富士制铁法。IFP法是指采用悬浮状镍催化剂在180~200℃、2.7MPa条件下，悬浮液相苯加氢生成环己烷。富士制铁法是指苯分别在高温（200~250℃）和低温（160℃）条件下两步催化加氢合成环己烷。

（2）苯部分氢化制环己醇硝酸氧化法

该方法使用钌催化剂使苯部分加氢氧化生成环己烯，环己烯水合生成环己醇，再经硝酸氧化制成己二酸。目前中国平煤神马集团已采用此方法生产己二酸。

苯在钌催化剂的催化作用下，通过控制一定的温度、压力，使苯部分氢化生成环己烯和环己烷，苯的转化率为40%~50%，环己烯选择性为80%。在高硅沸石催化剂存在下，控制一定的浓度、压力，使环己烯水合转化为环己醇。环己烯的转化率为10%，环己醇的选择性为99%。之后环己醇用硝酸氧化生产己二酸。

采用该工艺生产己二酸具有如下主要特点：①产品的质量好，纯度高；②苯部分加氢的反应条件较温和，加氢及水合反应均在液相中进行，操作安全，不需采取专门的安全措施；③副产品少，环己烷是唯一的副产品，它也可以作为有用的化学产品销售；④具有环保优势，加氢和水合反应过程不像传统工艺那样产生一元酸、二元酸、酯等产物，废液量少，环保投资低，而且不存在设备腐蚀性；⑤生产过程不存在设备结垢问题，不存在堵塞问题，因此事故少、维护成本低；⑥能耗低，生产成本低。

（3）苯酚加氢硝酸氧化法

该方法反应原理是，以苯酚为原料，采用多相催化剂，在150℃、1MPa条件下将苯酚加氢得到环己醇。国内目前只有太原的一家企业采用苯酚法，己二酸的产能仅有0.2万t，占我国己二酸总产能的0.3%，因此在此不再详细介绍。该方法具有投资少、设备简单、工艺安全等优点。但是原料成本较高，仅适用于小规模生产。

我国己二酸主要生产企业和生产工艺汇总情况见表4-1。

表4-1　我国己二酸主要生产企业和生产工艺汇总

序号	公司名称	备注
1	中国平煤神马集团	采用苯部分氢化制环己醇硝酸氧化法
2	山东海力化工股份有限公司	采用苯完全氢化制KA油硝酸氧化法
3	山东洪业化工有限公司	采用苯完全氢化制KA油硝酸氧化法
4	中国石油辽阳石化公司	采用苯完全氢化制KA油硝酸氧化法
5	新疆天利高新股份有限公司	采用苯完全氢化制KA油硝酸氧化法
6	宁波敏特尼龙工业有限公司	采用尼龙-66回收分解法，生产线开工率较低
7	太原化工股份有限公司	采用苯酚法

2. 排放特征

己二酸生产过程中产生大量的尾气，主要成分为N_2O、NO、NO_2、CO_2等。其中，对环境影响最大的是N_2O，在尾气中体积分数约为38%。

（1）排放量计算方法

《2006 IPCC指南》中为工业过程中N_2O的排放计算提供了三类方法。己二酸、硝酸和己内酰胺生产排放的N_2O计算方法类似，下文合并进行分析。

根据数据的可获得性，将计算方法分为三类。第一类方法采用缺省的排放因子，第二类方法和第三类方法都建立在生产企业层面活动数据基础上。

1）第一类方法是在没有采取任何N_2O减排措施的情况下，使用高限的缺省排放因子来计算N_2O排放量。计算公式如下：

$$E_{N_2O} = EF \times P \tag{4-1}$$

式中 E_{N_2O}——N_2O排放量（kg）；

EF——N_2O的缺省排放因子（kg N_2O/t产量）；

P——产量（t）。

2）第二类方法在第一类方法的基础上考虑了生产企业的工艺类型，利用不同技术类型的企业生产数据及缺省排放因子来计算排放量。计算公式如下：

$$E_{N_2O} = \sum_{i,j} [EF_i \times P_i(1 - DF_j \times ASUF_j)] \tag{4-2}$$

式中 E_{N_2O}——N_2O排放量（kg）；

EF_i——技术i的缺省排放因子（kgN_2O/t·产量）；

P_i——使用技术i的产量（t）；

DF_j——减排技术j的分解效率；

$ASUF_j$——减排技术j的利用系数。

3）第三类方法需要对代表性生产企业进行排放因子的实测，对数据的要求最高。计算时需使用企业的生产数据和实测排放因子。

（2）排放因子确定

1）IPCC提供的氧化亚氮排放因子。如果采用《2006 IPCC指南》给出的己二酸生产中N_2O排放量的计算方法，结合使用表4-2给出的最高缺省排放因子，则

$$E_{N_2O} = EF \times AAP \tag{4-3}$$

式中 E_{N_2O}——N_2O排放量（kg）；

EF——N_2O排放因子（缺省值）（kg N_2O/t己二酸）；

AAP——己二酸产量（t）。

表4-2 己二酸生产过程N_2O的最高缺省排放因子

生产过程	N_2O排放因子	误差范围
硝酸氧化	0.3tN_2O/t己二酸	±10%

2）实际生产中的氧化亚氮排放因子分析。如果依据清洁发展机制（CDM）方法学

AM0021 的要求，化工行业的 N_2O 分解消除项目中 N_2O 排放因子的估算方法如下：

$$EF_{N_2O,y}=\frac{Q_{HNO_3,chem}}{P_{AdOH,y}}\times\frac{63}{2}R_{N_2O\text{-}N_2,y}\times 44 \tag{4-4}$$

式中　$Q_{HNO_3,chem}$——硝酸的化学消耗量；

$P_{AdOH,y}$——y 年生产的己二酸总量；

$R_{N_2O\cdot N_2,y}$——y 年副产物 N_2O 和 N_2 的比值，当原料从纯的环己醇逐渐变成纯的环己酮时，该值也从 0.96 逐渐变为 0.04；

$EF_{N_2O,y}$——y 年的 N_2O 排放因子。

国内目前正在运行的己二酸生产中 N_2O 分解消除 CDM 项目有两个，分别是河南神马尼龙化工有限责任公司（神马化工）N_2O 分解项目和中国石油天然气股份有限公司辽阳石化分公司（辽阳石化）N_2O 分解项目。神马化工采用环己醇硝酸氧化法生产己二酸，辽阳石化采用 KA 油硝酸氧化法生产己二酸。

通过硝酸的化学消耗量和己二酸的产量对两个企业分别计算了各个监测期的 N_2O 排放因子数据。结合一系列的监测报告可以得出，神马化工 N_2O 排放因子的统计平均值为 0.285tN_2O/t 己二酸，辽阳石化的统计平均值为 0.301tN_2O/t 己二酸。

由于神马化工与辽阳石化是国内己二酸领域仅有的两家运行 CDM 项目的企业，因此两企业的数据具有较强的代表性。根据两家企业的 N_2O 分解消除情况，可以初步确定，我国己二酸生产企业的 N_2O 排放因子均可取为两家企业排放因子的统计平均值，即 0.293tN_2O/t 己二酸，该值可认为是能够反映我国国情的数据。

3. 我国己二酸生产行业 N_2O 的排放现状

2005 年我国己二酸行业 N_2O 的排放量为 1798.5 万 tCO_2e，2010 年增至 3225.2 万 tCO_2e。神马化工和辽阳石化分别于 2007 年年底、2008 年 3 月正式开始分解消除 N_2O，这也标志着 CDM 项目开始执行。根据这两家企业的监测报告，可以计算出 2007—2010 年各年总减排量，见表 4-3。

表 4-3　2007—2010 年我国己二酸 CDM 项目总减排量

年份	N_2O 减排量总计/万 tCO_2e
2007	21.4
2008	1532.3
2009	1784.7
2010	1702.3

结合我国 N_2O 分解消除 CDM 项目的执行情况，计算得出，适合我国国情的 N_2O 排放因子应取为 0.293tN_2O/t 己二酸。根据该值和 2005—2010 年我国己二酸的产量数据，以及表 4-3 中的数据可以计算得到 2005—2010 年我国己二酸生产企业每年 N_2O 的总排放量及减排率。由于我国己二酸行业的第一个 CDM 项目，即神马化工的 N_2O 分解消除项目是 2007 年年底才正式开始运行的，这导致了 2007 年的 N_2O 减排率很低，仅为 1.1%。2008—2010 年，下游产品发展迅速，带动我国己二酸产量增速显著，约为 22.3%。然而，由于神马化工和

辽阳石化两家企业每年的 N_2O 减排量较为稳定，这使得 N_2O 减排率从 2008 年的 60.3%下降至 2010 年的 34.5%。

《中华人民共和国气候变化第二次国家信息通报》中给出了 2005 年我国工业生产过程温室气体排放清单，其中己二酸生产排放的 N_2O 量是 1850 万 tCO_2e，比本报告估算的 1798.5 万 tCO_2e 高出 2.86%。清单中 2005 年我国己二酸生产过程氧化亚氮排放量计算采用《IPCC 国家温室气体清单优良做法指南和确定性管理》推荐的方法 2，活动水平数据和排放因子通过企业调查获得。本报告的活动水平数据由行业研究机构提供，排放因子是通过统计 N_2O 减排 CDM 项目中的数据计算获得。由于 2005 年我国己二酸领域还未开始 N_2O 减排 CDM 项目，因此导致排放量差别的原因除了活动水平数据来源不同外，主要是清单采用的方法 2 考虑了各企业生产己二酸所采取的技术类型的不同，由此产生计算结果的差异。

4.2.2 控制技术

1. N_2O 催化分解技术

催化分解是将 N_2O 催化分解为 N_2 和 O_2，常用的催化剂包括金属氧化物、贵金属氧化物和分子筛催化剂等，分解温度在 400~800℃。典型工艺流程是己二酸装置的尾气经分液罐除液后，与送来的压缩空气混合，稀释至 10%~12%，经热交换器与反应器出口气体换热，温度升至 400℃。预热至 400℃的尾气进入分解反应器，N_2O 分解为 N_2 和 O_2，同时放出热量，出口温度将升至约 650℃。出口气体进入热交换器与新鲜气体进行换热，降温至约 375℃，并进行余热回收副产蒸气，催化分解系统如图 4-4 所示。

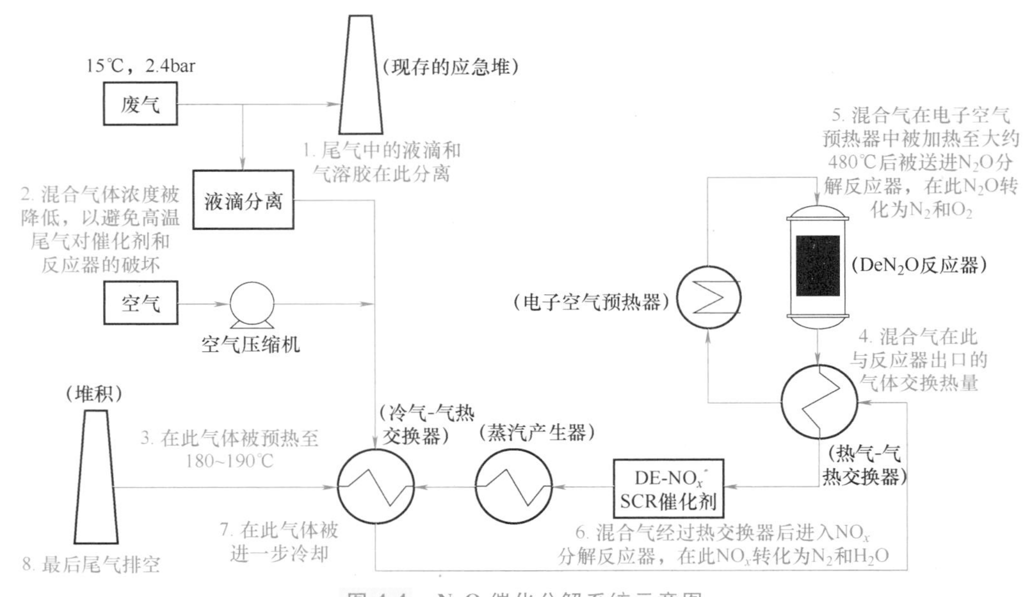

图 4-4 N_2O 催化分解系统示意图

以辽阳石化为例，采用的 N_2O 处理技术是由德国 BASF 公司提供的催化分解技术。减排系统内，混合气体在电子空气预热器中被加热至大约 480℃，再被送进 N_2O 分解反应器，在

这里 N_2O 被转化为 N_2 和 O_2。随后，气体经过热交换器后进入脱硝装置，即 NO_x 脱硝反应器，在 200~300℃、铜钯催化剂作用下，NO_x 与 NH_3 反应生成 N_2 和 H_2O。这一过程中 NO_x 的转化率为 90%。由于 N_2O 比 NO、NO_2 气体稳定，因此，在上述脱硝反应中 N_2O 一般很难被转化。最后，经过处理的达标混合气体进一步冷却后被排空。

N_2O 的催化分解反应中主要步骤有：

$$N_2O+M \longrightarrow N_2+O+M \tag{4-5}$$

$$N_2O+O \longrightarrow N_2+O_2 \tag{4-6}$$

$$N_2O+O \longrightarrow NO+NO \tag{4-7}$$

催化剂 *M* 的作用主要是在尽可能低的温度下加速反应［式（4-5）和式（4-6）］，同时避免式（4-7）所示的反应发生。

N_2O 直接分解不产生 NO_x（NO 和 NO_2），对环境无污染，分解后的气体可直接排放，成本低，操作简单。国内研究基本集中于新型催化剂的开发，部分单位已进行 N_2O 催化分解中试研究，但由于目前并未严格控制 N_2O 排放，技术只停留在实验室及中试研究阶段，工业化应用尚未开展。

2. N_2O 热分解技术

N_2O 在高温条件下可以分解为 N_2 和 O_2，并起到助燃作用。高温处理过程是在 1000℃以上条件下，将 N_2O 和燃料气（如 CH_4 或有机尾气）混合后送入焚烧装置，N_2O 与有机气体燃烧反应生成 N_2、O_2 和 NO，副产的大量热能用于回收产生蒸汽。该项技术已推广于 INVISTA 公司、美国 DuPont 和日本旭化成等公司的 N_2O 减排。

在一级分解室中将天然气和己二酸生产所排放的尾气混合，N_2O 在此作为氧化剂，将天然气氧化成 CO_2 和水蒸气。反应方程式如下：

$$4N_2O+CH_4 \longrightarrow 4N_2+CO_2+2H_2O \tag{4-8}$$

反应过程中，为了减少燃烧副产物 NO 和 NO_2 的形成，燃烧炉的温度需要保持在 1000℃以上、燃料必须足够充足。从一级分解室出来的高温尾气经过冷却、热量回收以生产饱和热蒸气。热分解技术还有一个重要特点在于可以更高效削减 NO_x，这使得该技术具有额外的环境效益。热分解系统示意图如图 4-5 所示。

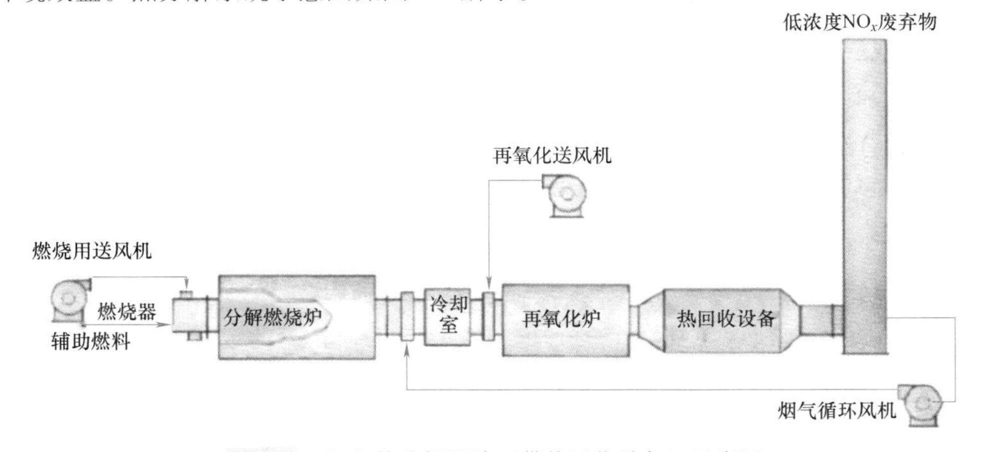

图 4-5　N_2O 热分解系统（带热回收设备）示意图

$$N_2O \longrightarrow N_2+O \tag{4-9}$$

$$N_2O+O \longrightarrow N_2+O_2 \tag{4-10}$$

$$N_2O+O \longrightarrow NO+NO \tag{4-11}$$

$$CH_4+2O_2 \longrightarrow CO_2+2H_2O \tag{4-12}$$

$$CH_4+4N_2O \longrightarrow 4N_2+CO_2+2H_2O \tag{4-13}$$

$$CH_4+4NO \longrightarrow 2N_2+CO_2+2H_2O \tag{4-14}$$

热分解技术与催化分解技术相比，分解率差不多，投资成本略低，但运行时需要天然气或者燃油，同时由于温度过高，存在能耗高和设备投资大等问题，因此运行成本较高。其优点是不需要使用催化剂，尤其对于缺乏催化剂研发技术的发展中国家，热分解技术易于掌握，也便于推广。

3. 循环回收生产硝酸

该技术是通过反应器内的热气体，将己二酸生产所排放的尾气加热至700℃，这些经过预热的气体被注入燃烧室后加热至1000℃，在此 N_2O 分解为 NO 和 N_2。随后，这些气体再经过冷却，在3bar（1bar=0.1MPa，下同）压力下，进入吸收塔生产硝酸。该技术的反应原理如下：

$$N_2O \longrightarrow N_2+1/2O_2\text{（80\%以上的 }N_2O\text{ 发生此反应）} \tag{4-15}$$

$$N_2O \longrightarrow NO+1/2N_2\text{（少于 20\%的 }N_2O\text{ 发生此反应）} \tag{4-16}$$

$$NO+3/4O_2+1/2H_2O \longrightarrow HNO_3 \tag{4-17}$$

表4-4是上述各类处理技术及相应技术的主要供应商，可以看出，所有的供应商都在国外，目前国内没有相关自主技术。如果我国要引进其中一种处理技术，必然需要较高的成本。

表4-4　N_2O 处理技术及其供应商

序号	技术种类	技术供应商
1	热分解	Asahi
2	催化分解	BASF
3	低火焰燃烧器	Bayer
4	催化分解、低火焰燃烧器	DuPont
5	热/催化分解	Rhone-Poulenc
6	苯酚生产	Solutia

除上述处理技术外，通过控制催化剂及反应条件等，也能不同程度地调节 N_2O 的排放量。例如，热分解过程中，提高分解温度会将更多的 N_2O 转化为 NO，NO 进一步被氧化为 NO_2，NO_2 进入吸收柱后被氧化为硝酸，硝酸的生成量会相应增加，N_2O 的回收率也因此提高。同时，因为分解温度的提高，更多的 NO_x 在此过程中也能够被削减。

4.2.3 对策

1. N_2O 控制技术评估

目前，制约国内开展 N_2O 污染控制的障碍主要在于减排技术。目前较成熟的技术均被欧洲和日本企业所掌握，技术引进成本高昂。国内开展己二酸 N_2O 减排的神马化工和辽阳石化均采用催化分解技术，催化剂占投资成本的 1/3。在使用过程中，随着催化效率的降低，还需要更新催化剂。由于目前国际市场催化剂存在垄断，导致其更换费用不断上涨，这一现状非常不利于整个行业开展自主减排。

热分解技术可以克服催化剂被发达国家垄断的缺点，也不存在随着催化剂老化进而降低减排效率的问题，其减排效果相对稳定。但该工艺需要天然气或燃油，不适用于缺乏气源或者燃油的地区，运行成本较高。

2. N_2O 控制影响分析

由于我国政府对 N_2O 排放没有出台限制性法规，减少 N_2O 的排放对企业不能产生经济效益，因此，目前己二酸生产过程产生的 N_2O 一般作为废气直接排入大气。然而如果开发 CDM 项目，则可以通过预先出售项目产生的核证减排量（CER）来获得资金、技术和设备方面的支持。

目前，全球大多数催化剂都已经被 BASF 公司收购，因此，垄断导致催化剂的价格一直在上涨。如果国内所有己二酸生产企业都被要求开展减排，催化剂的需求量将大增，需求市场扩大，可能会导致国外的催化剂供应商抬高催化剂的价格，增加催化剂成本。在这种情况下，N_2O 的减排成本和减排范围已不再是简单的比例关系，即随着减排范围的扩大，减排成本很可能会有突变性的增长。依据上述对国外催化剂市场的分析，国内急需开发自主技术，降低实际运行成本。

减排行动作为推动能源、化工等领域技术创新的重要驱动力，最终会促进国家经济和社会的全面、协调和可持续发展。例如，N_2O 减排 CDM 项目不仅给企业的节能减排工作提供了资金支持、减小了企业的压力、提高了减排工作的效率，而且也给企业带来了更严格的管理理念、更准确的操作规程和数据记录习惯、更精确的仪器仪表，提高了员工的环保意识。

另外，N_2O 分解设备的运行，会产生固体废弃物、废水和废气。如果对这“三废”按照相关环境法规要求进行处理，则可使其对环境危害降到最低。

鉴于我国温室气体排放总量成为世界第一、人均排放量超过世界人均排放量且依然继续快速增长的现状，应尽快采取措施控制并逐渐减少温室气体排放才能够缓解我国面临的国际压力。

4.3　硝酸生产行业氧化亚氮减排技术及对策

4.3.1　硝酸生产行业氧化亚氮的排放

硝酸生产行业 N_2O 减排技术

硝酸作为一种重要的化工原料被广泛用于生产化肥和炸药及作为氧化剂用于脂肪酸的生产，但其生产过程会导致大量有害气体的排放，最主要的是 NO_x（NO 和 NO_2）和 N_2O。NO_x 是主要的大气污染物之一，会导致酸雨和光化学烟雾的形成及臭氧层的消耗，同时 NO_x 是大气细颗粒物中硝酸盐的主要前体物。我国《硝酸工业污染物排放标准》（GB 26131—2010）规定，现有和新建企业分别自 2013 年 4 月 1 日和 2011 年 3 月 1 日起执行 $30mg/m^3$ 的 NO_x 排放限值，同时规定 NO_x 的特别排放限值为 $20mg/m^3$。

化工行业排放的 N_2O 占人为排放总量的 29%，每生产 1t 硝酸约排放 6kgN_2O。目前许多工业发达国家对硝酸生产行业实施了严格的 N_2O 排放限制，如 2010 年 11 月 24 日欧洲立法规定硝酸厂出口尾气中 N_2O 浓度限值为 20~100μL/L。我国科技部于 2022 年 8 月 18 日发布的《科技支撑碳达峰碳中和实施方案（2022—2030 年）》中明确提出，要加强包括 N_2O 在内的非二氧化碳类温室气体的监测和减量替代技术研发及标准研究，预计不久的将来我国会对重点行业 N_2O 的排放进行限制。

1. 硝酸生产工艺

（1）常压法

早期硝酸生产通常采用常压法，全部过程在常压下操作。常压法的特点是：氨氧化率高，铂催化剂损失较低，设备结构简单；但吸收塔容积大，成品硝酸浓度较低，尾气中氧化氮排放浓度较高，易造成严重污染，需要碱吸收尾气或者其他方法吸收尾气，但是存在设备占地面积大，基建材料及投资较多的问题。这种流程在我国已经列入落后和淘汰行列，除个别老厂外，新建设施已不再选用。

（2）综合法

综合法氨氧化和氧化氮吸收分别在常压和压力下操作，具有常压法和全中压法的优点。其特点是氨转化率高，铂催化剂消耗低，吸收率高，占地面积小，投资不大，适合规模不大的工厂选择。其缺点是基建投资比大，产品浓度低，只有 47%~49%，尾气中 NO_x 仍高达 0.2%，需要进行再处理，流程较复杂。我国 20 世纪 50 年代末在兰州、太原、四川和淮南建成综合法装置。新建装置基本已不再选用此工艺。

（3）全中压法

氨的氧化和 NO_x 吸收均在 0.35~0.6MPa 的中压下进行，此法特点是：设备较为紧凑，生产强度有所提高，流程比综合法简单。缺点是生产强度仍然较低，吸收容积较大，尾气 NO_x 含量仍高达 0.12%~0.2%，需要再处理。我国 20 世纪 60 年代相继建成一些全中压法装置。

（4）高压法

氨的氧化和 NO_x 吸收均在 0.71~1.2MPa 的压力下进行，基本流程与全中压法相似。此方法的特点是流程简单，设备布置紧凑，基建投资小，生产强度大，吸收率高，产品浓度高，尾气中 NO_x 含量低，能实现清洁生产。缺点是氨氧化率低，氨耗高，铂催化剂填量大，使用周期短，损耗大，生产成本高。但投资少，可以弥补运行费用高的弱点。高压法是除双加压法外，在我国使用比例最高的工艺。

（5）双加压法

近年来，新建和改扩建的大型硝酸生产装置基本上均采用双加压法。这种方法工艺流程中，氨氧化在 0.35~0.6MPa（绝对压力）下操作，氧化氮吸收在 1.0~1.5MPa（绝对压力）下操作。氨气、空气分别经过滤处理，在混合器中均匀混合，于 800℃ 左右的氧化温度下从上而下通过氨氧化器（俗称氧化炉）的铂网进行反应。出氨氧化器的高温氧化氮气体经回收热能和冷却，由氧化氮压缩机加压到吸收压力，冷却后进入吸收塔，被水吸收制得稀硝酸。因酸中有氧化氮溶解，所以在漂白塔中用空气将氧化氮吹出，即得成品硝酸。吸收塔出口的尾气经过透平膨胀机回收能量后排空。

此法吸收了全中压法与高压法的优点，并可以采用比高压法更高的吸收压力，对工艺过程更为适用。双加压法的氨氮损耗与铂催化剂损耗接近常压法，吸收率高（99.5%），吸收系统采用高压，容积减少，产品浓度高（60%~70%），生产强度大，经济指标最优化，生产成本低，尾气中 NO_x 含量低，是彻底的清洁技术，符合国际上的排放要求，且基建投资适度，能量回收综合利用合理，是硝酸生产工艺的发展方向，被列为硝酸新建装置的首选。图4-6是双加压法硝酸生产工艺流程图。

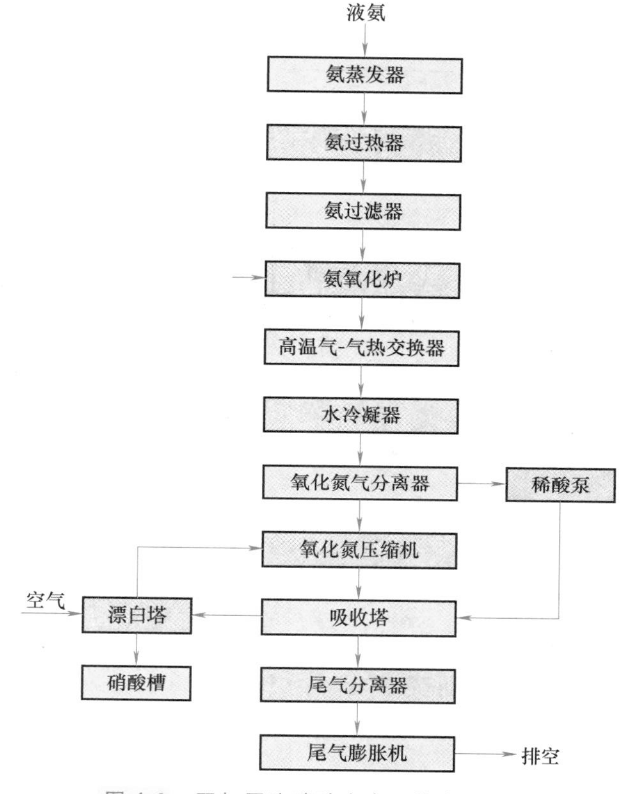

图4-6　双加压法硝酸生产工艺流程图

2. 氧化亚氮的排放特征

氨氧化法是世界范围内生产稀硝酸（55%~60%，质量分数）的主要方法，该法以贵金属为催化剂，在高温（750~900℃）下催化氨氧化为NO［式（4-18）］，然后通过换热和冷却降低气体温度，促使NO氧化为 NO_2［式（4-19）］，在吸收塔内用水吸收 NO_2，即制得稀硝酸产品［式（4-20）］，硝酸生产典型工艺流程如图4-7所示。

$$4NH_3+5O_2 \longrightarrow 4NO+6H_2O \quad (4\text{-}18)$$

$$2NO+O_2 \longrightarrow 2NO_2 \quad (4\text{-}19)$$

$$3NO_2+H_2O \longrightarrow 2HNO_3+NO \quad (4\text{-}20)$$

除氧化为NO外，氨氧化过程中还会发生式（4-21）~式（4-24）所示的副反应，导致副产物 N_2O 的生成及 NH_3 和NO的消耗。

$$4NH_3+4O_2 \longrightarrow 2N_2O+6H_2O \quad (4\text{-}21)$$

$$2NH_3+8NO \longrightarrow 5N_2O+3H_2O \quad (4\text{-}22)$$

$$4NH_3+4NO+3O_2 \longrightarrow 4N_2O+6H_2O \quad (4\text{-}23)$$

$$4NH_3+3O_2 \longrightarrow 2N_2+6H_2O \quad (4\text{-}24)$$

硝酸生产过程中形成的 N_2O 量取决于氨氧化反应条件（如温度和压力）、氨氧化催化剂的组成和状态及氨氧化炉的设计等。在氨氧化过程中高温、低压有利于提高NO的产率，而低温、高压则会增加 N_2O 的生成量。在典型的氨氧化条件（750~900℃，0.1~1.3MPa）下，NO、N_2O 和 N_2 产率分别为95%~97%、1.5%~2.5%、4%~4.5%。离开氨氧化炉的 N_2O 不再参与硝酸生产过程，若不采取末端控制措施，则形成的 N_2O 都将随尾气排入大气中。另外，在水吸收 NO_2 生成 HNO_3 的过程中，2/3的 NO_2 转化为 HNO_3，1/3的 NO_2 会转化为NO，虽然NO会被再次氧化和吸收，最终仍会有部分NO和 NO_2 进入尾气中。表4-5列出了硝酸生产尾气的典型组成。

表 4-5 硝酸生产尾气典型组成

尾气组成	体积分数（%）
NO_x	0.01~0.35
N_2O	0.03~0.35
O_2	1~4
H_2O	0.2~2

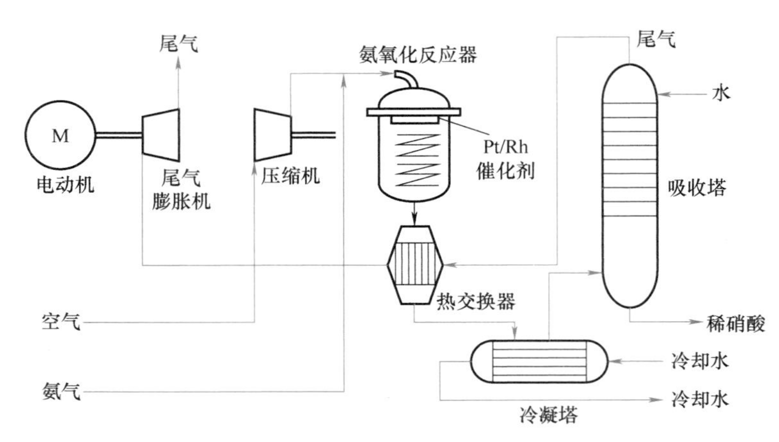

图 4-7 硝酸生产典型工艺流程

4.3.2 控制技术

在硝酸生产工艺流程中，N_2O 控制措施可分为一级控制措施、二级控制措施和三级控制措施三类。

1. 一级控制措施

一级控制措施包括改进氨氧化催化剂以减少 N_2O 的形成、增大氨氧化炉尺寸（延长氨氧化后的气体在高温区的停留时间）以促使形成的 N_2O 发生分解等，可减少 30%~85%的 N_2O。由于 N_2O 的分解率较低，在 20%~40%之间，同时需要改造氨氧化炉的结构及选择新的替代催化剂，工艺复杂，尚处于试验阶段，未投入商业化运营，所以几乎没有实际应用，仅适于新建厂采用。

2. 二级控制措施

二级控制措施是指在氨氧化催化剂之后布设 N_2O 高温分解催化剂以使氨氧化形成的 N_2O 在炉内发生分解，N_2O 分解催化剂有针对性地只选择 N_2O，N_2O 分解率为 80%~90%，此法又称高温选择性催化还原法。该措施可在不消耗还原剂、不进行大的工艺改动的前提下减排 N_2O，但会增加压损以及会有少量 NO 发生分解而造成 NO 的减少。同时，受制于氧化炉的空间和尺寸，如果在氨氧化炉内没有设置催化剂床层的空间，需要对氧化炉进行改造，不仅如此，可能还对氧化炉内压力有影响，且一般不能同时去除尾气 NO_x，还需要安装 NO_x 分解装置以满足环境保护需求。该技术的核心在于开发能够耐受高温及高浓度 NO、O_2 和

H_2O 影响的 N_2O 分解催化剂。目前工业化催化剂主要由 Yara（挪威）、BASF（德国）、Johnson Matthey（英国）和 Heraeus（德国）等公司研发，催化活性组分为贵金属或金属氧化物。国内方面，据报道，四川蜀泰化工科技有限公司自主研发的铈锆固溶体负载金属氧化物型 N_2O 炉内分解催化剂也在硝酸生产装置上实现了工业应用。国内外实践表明，约 80% 的生产企业采用了炉内 N_2O 催化分解技术的项目，N_2O 减排超过 70%。图 4-8 为硝酸 N_2O 排放的二级控制措施示意图。

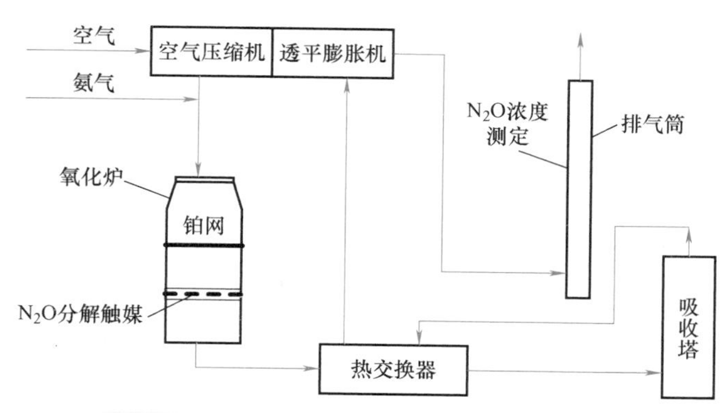

图 4-8 硝酸 N_2O 排放的二级控制措施示意图

3. 三级控制措施

三级控制措施是指借助催化分解或催化还原等技术脱除硝酸生产尾气中的 N_2O，又称为非选择性催化还原法。根据反应所需温度的不同可布设在尾气膨胀机的上游或下游，不会对硝酸生产过程造成显著影响，且可通过放大反应器、优化工艺条件等实现 N_2O 的高效脱除。与催化 N_2O 还原相比，催化 N_2O 分解不需要使用还原剂，具有较为明显的经济优势。目前研究较多的硝酸生产尾气 N_2O 分解催化剂主要包括分子筛和金属氧化物。

按照尾气温度的不同，三级控制措施又分为以下两种：

（1）高温尾气处理法

对于尾气温度在 425～520℃ 的硝酸生产工艺，适用高温尾气处理法。含有 N_2O 和 NO_x 的尾气进入反应器后，NO_x 的存在会加速 N_2O 在第一个反应床（沸石催化剂）进行分解。在第二个反应床，NO_x 在氨气的作用下还原，同时少量的 N_2O 被进一步消除，形成清洁的尾气排入大气。通常 N_2O 分解率可以达到 98%以上，NO_x 的催化转化率可以通过调节氨气的进入量来满足环境排放标准的要求。图 4-9 为高温尾

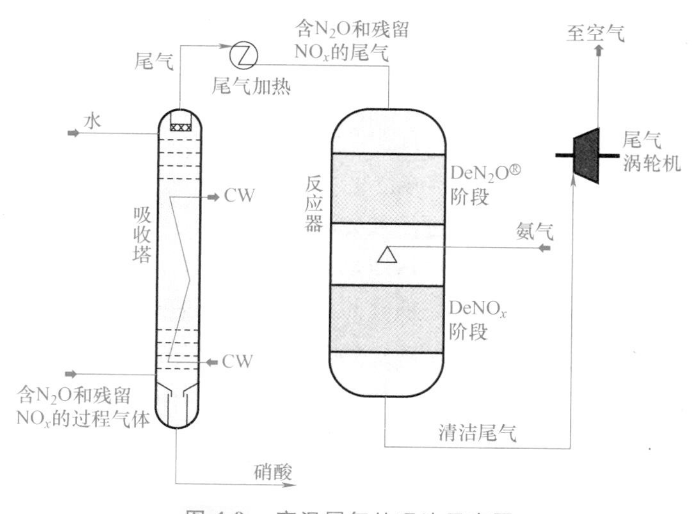

图 4-9 高温尾气处理法示意图

气处理法示意图。

（2）低温尾气处理法

对于尾气温度低于425℃的硝酸生产工艺，可以采用低温尾气处理法。该处理法的处理率一般超过99%。在沸石催化剂作用下，伴随着碳氢化合物参加反应，N_2O 会被完全消除。但这个反应受 NO_x 影响极大，即使尾气中含有少量 NO_x 也会严重影响 N_2O 的分解率，为此，需要将尾气中的 NO_x 去除干净。尾气中的 NO_x 在氨气作用下在第一个反应床进行完全分解，接着在碳氢化合物作用下 N_2O 将在第二个反应床分解完毕。需要强调的是，在这个反应过程中，碳氢化合物是作为反应参与物进行作用的，而不是作为燃料，考虑运行成本则可以选用天然气或者丙烷。图4-10为低温尾气处理法示意图。

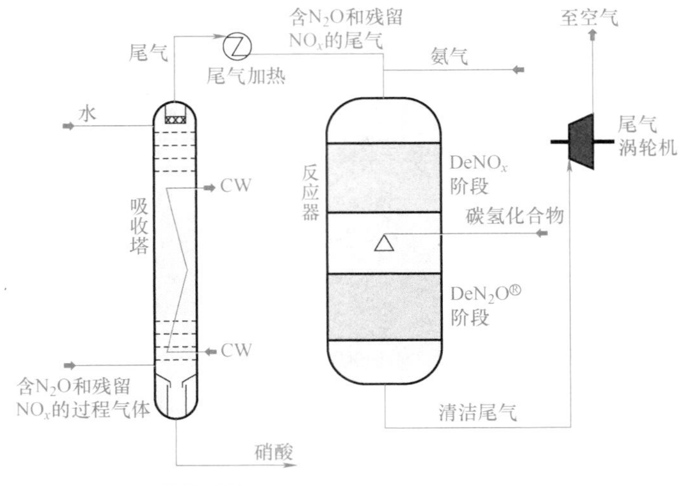

图 4-10　低温尾气处理法示意图

4.3.3　对策

1. 控制措施技术评估

上文中提到的三种控制技术中，实现工业化的只有二级控制措施和三级控制措施，但这两种方法在我国应用差异很大。我国开展CDM项目的企业只有河南开封晋开化工和广西柳州化工使用了三级控制措施，其余的大部分厂家均采用了二级控制措施，主要原因是受制于天然气供应。

通过分析我国现有的硝酸类氧化亚氮减排项目，二级控制措施处理效率的平均值为71%，低于技术供应商提供的技术参数80%。三级控制措施的处理效率要好于二级控制措施，处理效率基本达到90%以上，但随着催化剂的老化，处理效率逐渐下降。

考虑到硝酸行业附加值较低，企业更愿意选择一次性投资和运行成本较小的二级控制措施。同时，二级控制措施也是CDM方法学认可的技术。因此，二级控制措施可作为我国硝酸行业 N_2O 减排的先进技术发展。

2. 控制措施成本和环境影响分析

二级控制措施的主要投资是催化剂，催化剂占投资成本的70%，运行费用不大，仅涉及维护方面的支出。按照天脊化工提供的数据，使用已经超过3年的催化剂，催化效率依然保持在80%左右；三级控制措施的设备投资额163万美元，折合人民币约1200万元，设备运行需要大量天然气和热源，运行成本比较高；催化剂约占运行成本的1/3，大约3年换一次，初始时的减排效率可达90%，运行3年后减排效率下降到30%左右；综合计算，三级控制措施的成本为12元/tCO_2e。

制约我国减排工作开展的主要瓶颈是技术障碍，因为无论是二级控制措施还是三级控制措施，其技术供应商均来自国外，目前我国还没有自主研发相应技术，因而仍需自主开发硝酸生产行业 N_2O 减排技术，降低减排技术实际运行成本。另外，减少 N_2O 的排放有助于减缓气候变化，而且整个过程没有其他废气、废水排放，对土地资源和周围环境没有不良影响，也不消耗其他自然资源。减排过程中使用的催化剂由技术供应商进行回收，不会污染环境。

4.4　己内酰胺生产行业氧化亚氮减排技术及对策

4.4.1　己内酰胺生产行业氧化亚氮的排放

1. 产生来源

（1）己内酰胺生产工艺

己内酰胺（Caprolactam，简称 CPL），分子式为 $C_6H_{11}NO$，常温下为白色晶体，性质稳定，溶于水，溶于乙醇、乙醚、氯仿等多数有机溶剂。己内酰胺是一种重要的有机化工原料，主要用作生产尼龙 6 纤维、尼龙 6 工程塑料和薄膜的原料。尼龙 6 工程塑料主要用作汽车、船舶、电子电器、工业机械和日用消费品的构件和组件等，尼龙 6 纤维可制成纺织品、工业丝和地毯用丝等。此外，己内酰胺还可用于生产抗血小板药物 6-氨基己酸，生产月桂氮卓酮等，用途十分广泛。

世界己内酰胺的生产有多种技术和原料路线，按原料路线分主要有苯法、甲苯法、苯酚法三种。按技术方法分主要有环己酮-羟胺法、甲苯法、环己烷光亚硝化法等。其中，环己酮-羟胺法是世界生产己内酰胺的主流方法，反应序列由四个步骤组成：环己酮的制备、羟胺的制备、由上述产品制环己酮肟，肟用硫酸重排为己内酰胺。

目前，我国己内酰胺的生产企业主要使用苯法和甲苯法生产工艺。所有厂家中，除了中石化石家庄化纤公司的年产 6.5 万 t 装置采用甲苯法外，其余装置均采用以苯为原料的环己酮-羟胺生产工艺。其中，南京帝斯曼东方化工有限公司和中石化巴陵石油化工公司在 20 世纪 90 年代引进了荷兰帝斯曼（DSM）公司的环己酮-羟胺（HPO）工艺技术，并在此基础上采用自有技术进行改进。中石化石家庄化纤公司的年产 6.5 万 t 装置采用意大利 SNIA 公司的甲苯法技术，2009 年新建的年产 10 万 t 装置采用中石化的苯法技术。另外，有厂家计划未来采用苯酚法工艺装置生产己内酰胺。

1）DSM-HPO 工艺（苯法）。荷兰 DSM 公司开发的 HPO 工艺以苯为主要原料生产环己酮，采用羟胺磷酸盐替代羟胺硫酸盐与环己酮在甲苯体系中进行肟化反应生成环己酮肟。通过无机工艺液和有机工艺液两大物料循环系统的分合，该工艺将羟胺制备和环己酮肟化及相关的物料分离净化结合在一起，形成了物料平衡性能良好的闭路循环体系。无机工艺液将 HNO_3 的合成、羟胺的合成和环己酮肟的合成构成了一个无机回路。有机工艺液则构成了环己酮进一步转化、肟分离和无机工艺液净化的有机回路。环己酮肟在 SO_3 浓度 10% 的发烟 H_2SO_4 催化作用下发生贝克曼重排反应制得己内酰胺。精制过程有萃取、离子交换、加氢、三效蒸发、蒸馏等。尽管 HPO 工艺在传统液相烟酸贝克曼过程中仍会生成 $(NH_4)_2SO_4$，但在羟胺制备、环己酮肟化反应中不副产 $(NH_4)_2SO_4$。图 4-11 为 DSM-HPO 工艺（苯法）路线图。

2）SNIA 工艺（甲苯法）。意大利 SNIA 公司开发的 SNIA 工艺是唯一以甲苯为主要原料的己内酰胺生产工艺。该工艺又称为甲苯法，是将甲苯氧化，加氢制得苯甲酸，接着与亚硝酰硫酸反应生成己内酰胺硫酸盐，己内酰胺硫酸盐再经水解得到己内酰胺。图 4-12 为 SNIA 工艺（甲苯法）线路图。

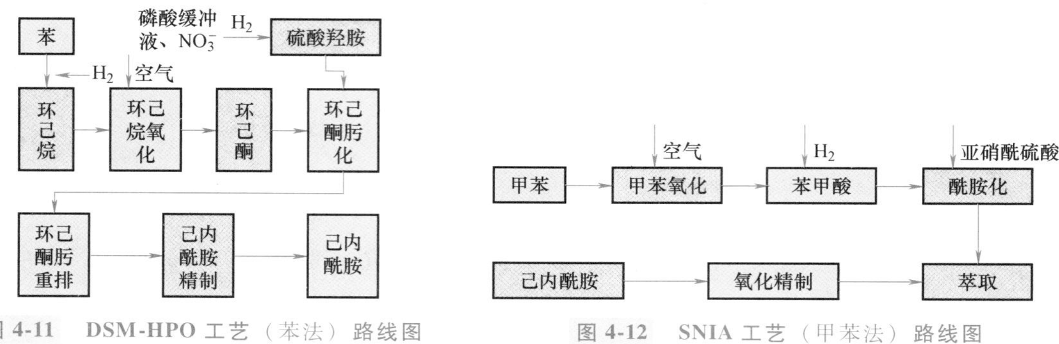

图 4-11　DSM-HPO 工艺（苯法）路线图

图 4-12　SNIA 工艺（甲苯法）路线图

在 SNIA 工艺中，含己内酰胺 60%左右的酰胺油先与 $NH_3 \cdot H_2O$ 反应，然后经甲苯萃取、水萃取制成 30%的己内酰胺水溶液。己内酰胺水溶液经 $KMnO_4$ 氧化和过滤、三效蒸发、脱水浓缩、预蒸馏、NaOH 处理和蒸馏、轻副产物蒸馏和精馏、重副产物蒸馏和精馏等精制过程，才能得到符合标准的纤维级己内酰胺成品。1999 年，中石化石家庄化纤公司采用意大利 SNIA 公司甲苯法生产技术，耗资 35 亿元，建成一套生产能力为 5 万 t/年的己内酰胺生产装置。2002 年，该公司与中国石化科学研究院合作开发并应用非晶态镍催化剂至苯甲酸加氢反应系统，部分取代 Pd/C 催化剂，以及己内酰胺水溶液加氢取代 $KMnO_4$ 工艺技术，由此将生产能力扩大到 6.5 万 t/年。

尽管 SNIA 工艺为己内酰胺生产提供了新的原料路线，采用甲苯为原料，不经过环己酮肟直接生产己内酰胺，但酰胺化反应条件苛刻，收率较低，生成的副产物成分复杂，每生产 1t 己内酰胺副产 3.8t $(NH_4)_2SO_4$；而且工艺精制过程存在流程长、工艺控制复杂、能耗大、产品质量不稳定、优级品率低的问题；另外，该工艺投资大、生产设备高度专业化、难以转换用途。由于生产成本高、副产品量大、影响己内酰胺质量的副产物多等问题，加之受 SNIA 公司规模及发展战略的影响，目前国外已没有采用 SNIA 工艺的新建己内酰胺生产装置。

3）环己酮-氨肟化法。环己酮-氨肟化法以环己酮、液氨、过氧化氢为原料，经过氨肟化反应制备环己酮肟，环己酮肟在发烟硫酸条件下进行贝克曼重排，经中和、精制得到己内酰胺。如图 4-13 所示，环己酮-氨肟化法生产过程主要包括氨肟化工序、重排工序、精制工序、硫铵结晶工序。从工艺角度分析，该法反应条件温和，工艺过程简单，选择性与收率高，操作难度一般，总体投资较小。从产品质量出发，环己酮-氨肟化法存在产品质量一般，副产物多等特点。

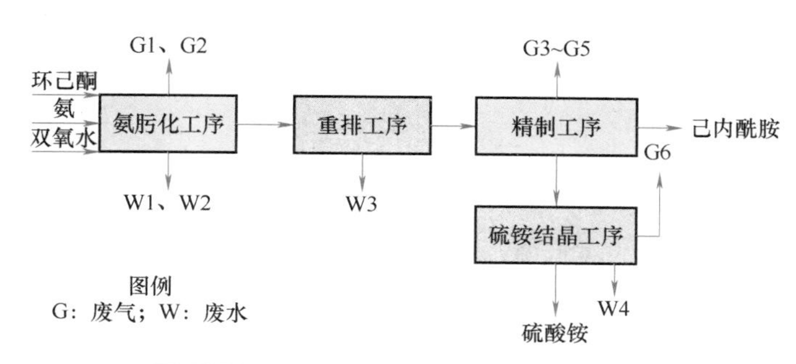

图 4-13　己内酰胺生产工艺及产污环节图

（2）己内酰胺生产氧化亚氮产生环节

己内酰胺生产过程 N_2O 产生环节主要来自氨氧化过程，与硝酸生产中氨氧化原理相同。己内酰胺的生产过程会副产硫酸铵，由于硫酸铵滞销，因此己内酰胺工业生产是否经济的一个重要指标是能否减少硫酸铵。目前工艺的改进主要效果在于硫酸铵副产的减少，而对于工艺前端的氨氧化过程，即 N_2O 的生成，影响不大。

从排放机理来看，己二酸、硝酸和己内酰胺排放的 N_2O 均来源于生产环节，其差别在于己二酸生产的排放来源于醇酮的硝酸氧化过程，而硝酸和己内酰胺生产的排放来源于氨氧化过程。

如图 4-15 所示，采用环己酮-氨肟化法生产己内酰胺各个过程中均会产生废气，其工艺废气排放情况详见表 4-6。

表 4-6　己内酰胺生产工艺废气排放情况一览表

类别	生产工序	污染源	废气量（m^3/t 产品）	主要污染物	产生浓度/（mg/m^3）
有组织	氨肟化工序	G1 氨肟化反应器尾气吸收塔排放废气	6.3~7.3	N_2O、H_2O、O_2、N_2 及少量有机废气	
		G2 氨肟化工段不凝气	1.5~1.7	甲苯	≤50
				环己酮	≤75
				VOCs	≤500
	重排工序、精制工序	G3 苯蒸馏塔、汽提塔不凝气	24.2~26.7	苯	≤15
				VOCs	≤200
		G4 加氢精制反应釜尾气	2.2~2.3	H_2 及少量有机废气	
		G5 催化剂过滤进料槽尾气	3.6~3.8	H_2、N_2、微量有机废气	
	硫铵结晶工序	G6 硫铵结晶干燥含尘尾气	1042.4~1090.9	颗粒物	≤1000
				氨	≤400
	无组织		—	苯、甲苯、氨、硫酸雾、环己酮、VOCs	

2. 排放特征

（1）排放量计算方法

《2006 IPCC 指南》给出了估算硝酸生产过程 N_2O 排放量的方法，己内酰胺生产过程

N_2O 的缺省排放因子见表 4-7。在没有采取任何 N_2O 减排措施的情况下，使用最高缺省排放因子来计算 N_2O 的排放量，公式如下：

$$E_{N_2O}=EF\times NAP \tag{4-25}$$

式中 E_{N_2O}——N_2O 排放量（t）；

EF——N_2O 排放因子（缺省值）（tN_2O/t 己内酰胺）；

NAP——己内酰胺产量（t）。

表 4-7 己内酰胺生产过程 N_2O 的缺省排放因子

生产过程	N_2O 排放因子	误差范围
Raschig	0.009tN_2O/t 己内酰胺	±40%

（2）我国己内酰胺行业氧化亚氮排放现状

我国己内酰胺的生产始于 20 世纪 50 年代末期，但直到 20 世纪 90 年代中后期，我国己内酰胺的生产才得到较大发展，进入大规模工业化时代。目前我国有 4 个己内酰胺生产厂家，分别为南京己内酰胺厂、中石化巴陵石油化工公司、中石化石家庄化纤公司和巨化集团。另外，山东海力化工股份有限公司在 2010 年开始建设 10 万 t/年的己内酰胺生产装置，原计划 2010 年年底建成投产，但由于技术等原因，2011 年该装置仍未正常运行。2010 年，我国己内酰胺的总生产能力为 52.5 万 t/年，同比增长 8% 左右，2010 年产量为 47 万 t，同比增长 47% 左右。在进口的同时，我国己内酰胺也有极少量出口，2010 年出口量约为 0.1 万 t。我国己内酰胺 2005—2010 年生产情况如图 4-14 所示。

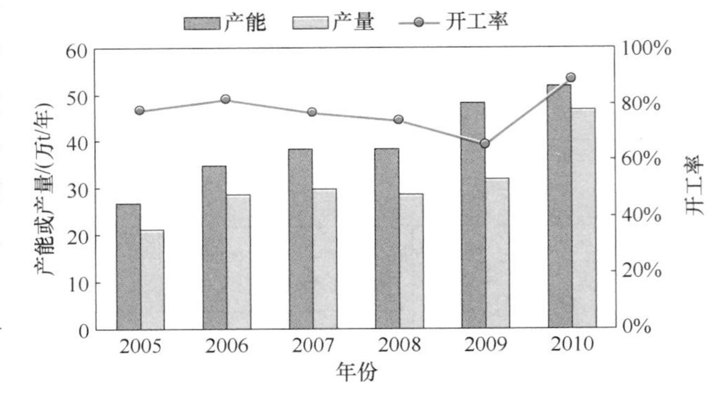

图 4-14 我国己内酰胺 2005—2010 年生产情况

《IPCC 国家温室气体清单指南》指出，在没有减排措施的情况下，可以通过 N_2O 的缺省排放因子和己内酰胺的产量数据来估算 N_2O 的排放量。由于我国不存在限制 N_2O 排放的法律法规，同时，在实践中缺乏己内酰胺生产过程 N_2O 排放计算的相关信息，为计算我国己内酰胺生产过程 N_2O 排放现状及预测未来排放，本书使用 IPCC 提供的缺省因子 0.009tN_2O/t 己内酰胺。

根据 2005—2010 年己内酰胺产量和排放因子，估算我国这几年己内酰胺生产过程 N_2O 的排放状况，2005 年和 2010 年，我国己内酰胺生产过程 N_2O 排放量分别约为 59 万 tCO_2e 和 131 万 tCO_2e。近几年己内酰胺需求旺盛，所有生产厂家均纷纷扩建和新建己内酰胺生产装置。同时，与往年相比，2010 年己内酰胺生产厂家的开工率大幅提高至 90% 左右。因此，2010 年 N_2O 排放量增速显著。

根据我国工业生产活动状况，2005 年我国工业生产过程温室气体清单编制中，氧化亚氮只估算了己二酸和硝酸生产过程中 N_2O 的排放量，由于己内酰胺生产过程的 N_2O 排放量很低，所以在国家信息通报的清单中没有提及。

（3）我国己内酰胺生产 N_2O 排放趋势

到目前为止，国内外还没有实现工业化的己内酰胺生产过程 N_2O 减排技术，考虑到其 N_2O 产生环节与硝酸生产过程一样，因此，可以借鉴硝酸生产过程 N_2O 减排技术对己内酰胺生产过程 N_2O 减排潜力进行估算。

近年来，我国己内酰胺虽然产量增长较快，但仍不能满足化学纤维工业和塑料制品业发展的需求，每年都需要大量进口。据海关统计，2002 年我国己内酰胺的进口量为 32 万 t，2010 年达到 63 万 t，进口量增长近 1 倍。“十二五” 期间，国家鼓励化工新材料领域大力发展，己内酰胺下游产品需求量增长迅速，产品供不应求，己内酰胺行业呈高速发展的态势。2011—2015 年间，国内有多家企业计划新建、扩建己内酰胺装置，己内酰胺产能获得大量释放，呈爆发性增长。

（4）减排情景设计

目前我国仅有一家企业，即南京己内酰胺厂，于 2011 年 9 月注册了 N_2O 减排 CDM 项目，计入期截至 2021 年 8 月。假设我国 2015 年开始，南京己内酰胺厂继续开展 N_2O 减排 CDM 项目，其他己内酰胺企业开始自主减排，以此为减排情景，情景设计见表 4-8。

表 4-8　我国己内酰胺行业减排情景设计

减排情景	设计	依据
情景	2015 年开始，己内酰胺行业开展全行业自主减排，南京己内酰胺厂的 CDM 项目	参考已注册的己内酰胺 N_2O 减排 CDM 项目
	采用三级处理法，减排效率为 99%	

根据上述减排情景设计，可以计算得到减排情景下己内酰胺生产排放的 N_2O 及其相对基线情景下的减排潜力。如果己内酰胺行业开展全行业自主减排，2015 年的减排潜力为 276 万 tCO_2e，排放量仅 3 万 tCO_2e，2020 年的减排潜力为 356 万 tCO_2e，排放量也仅为 4 万 tCO_2e 左右。

根据南京己内酰胺厂的 N_2O 减排 CDM 项目的设计报告，三级控制措施的运行费用为 0.4~1.0 欧元/tCO_2e，折合人民币为 3.6~8.99 元/tCO_2e（2011 年欧元兑人民币平均汇率为 1∶8.99）。该项目于 2011 年 7 月开始运行，因此，上述运行费用的计算基础是 2011 年的物价水平。结合每年材料费、运输费、人工费等支出的上涨情况，可以估算 2015 年至 2020 年自主减排期间实现相应的减排量所需投入的运行费用。如果所有己内酰胺生产企业都开展 N_2O 减排项目，则每年用于运行减排项目的成本在（0.12~0.5）亿元之间，远远低于己二酸的成本。

根据排放因子数据可知，生产 1t 己内酰胺的同时会产生 0.009tN_2O，N_2O 催化分解技术的效率为 99%，因此，生产 1t 己内酰胺能够实现 0.0089tN_2O 的减排。利用 N_2O 的 GWP 值和单位减排成本可以计算得出，生产 1t 己内酰胺的同时，由于减排措施的引入需要额外投入 33 元的费用用于减排，占己内酰胺销售价格 20500 元/t 的 0.16%。这部分费用很少，对下游产业的发展不会有显著影响。

4.4.2 控制技术

在己内酰胺的生产过程中，产生大量的废气，这些废气不仅会对环境造成污染，还可能对人体健康造成危害。因此需要采取有效的废气处理方案。从废气污染防治分析，氨肟化工序主要为物料精馏塔、萃取塔、汽提塔等不凝气排放，重排、精制工序主要为蒸馏塔、苯汽提塔、反应釜、进料槽等不凝气排放，主要含有机烃类污染物。按照现行《石油化学工业污染物排放标准》（GB 31571—2015）等环保要求，有机废气去除效率要高于95%。为保证有机废气处理效率，宜采用冷凝预处理，并通过燃烧法处理方式处置。

有机废气末端处理工艺主要有吸附法、吸收法、燃烧法、低温等离子体技术等。

1. 吸附法

吸附法是一种应用较为广泛的有机废气处理方法。其原理是通过吸附能力较强的物质，比如沸石分子筛及活性炭等，吸附废气中的有机污染物，将空气与有机气体分开，从而处理有机废气，而吸附剂还能够进行循环利用。一般情况下，吸附法主要适用于气体污染物，特别是浓度中低等、流量大的气体污染物，其应用十分广泛，制造工艺也已经发展成熟。相关科研人员还发现纤维状的吸附剂结构，具有极佳的吸附效果。其中，活性炭吸附是一种简单、易行和经济的废气处理方法，操作过程简单，对废气成分变化的适应性比较强，能够处理大量的废气。实践证明，活性炭吸附法对挥发性有机化合物的去除效率较高。

2. 吸收法

一般情况下，吸收法包括物理吸收法和化学吸收法。其中，物理吸收法是利用洗涤装置中的溶剂将废气中的有害成分吸收掉，利用溶剂与有机分子的物理性质差异，分离和处理有害气体。例如，利用水吸收丙酮、甲醇及醚等，并利用活性基因将水溶性差的“三苯”等进行吸收。但是，针对净化要求高、废气量大的有机废气，物理吸收法存在局限性。化学吸收法是利用溶剂中的化学物质和废气进行化学反应，来实现废气的处理。相较于物理吸收法，化学吸收法具有更高的吸收效率，通常用于处理无机废气。

3. 燃烧法

燃烧法处理工艺简单，去除效率高，但设备投资高，运行成本高。燃烧法分为直接焚烧法和催化燃烧法。直接焚烧，需要较高的温度，如有机废气直接燃烧需800℃左右，需消耗大量能源，也易在高温下生成 NO_x 等造成二次污染。催化燃烧则可使有害组分在较低温度（通常为250~500℃）下完全燃烧，转化为二氧化碳和水，催化燃烧是己内酰胺废气处理的一个有效方法，净化效率可高达95%以上。在催化燃烧过程中，废气通过催化剂床，与高温氧气进行反应，达到废气的净化处理目的，如图4-15所示。与其他传统的废气处理方法相比，催化燃烧技术能够高效、快速、稳定地处理废气，具有较高的经济性和环保性。但催化燃烧过程控制比较复杂，若控制不好则会有燃烧反应难以稳定运行、净化效率低等问题。

4. 低温等离子体技术

低温等离子体技术在实际作用的发挥中对电场有较强的依赖性，且在高频放电状态下会产生瞬间高能，从而将有机废气分子化学键打开，采用分解的方式得到无害或单质的有机废气分子，且在等离子体氧化性强的自由基、正负离子等作用下，实现对有机废气分子的氧化处理。同时，基于低温等离子体技术的有机废气处理技术，最终可生成二氧化碳、氮气等无机物质。该技术应用效果良好，使得这类技术在有机废气处理方面有着良好的应用前景。

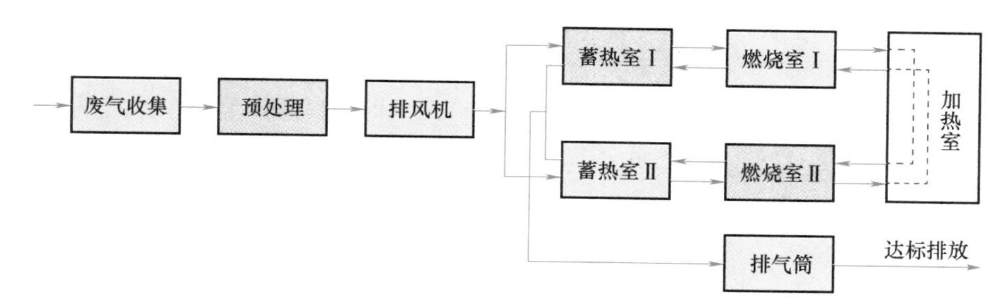

图 4-15　催化燃烧治理工业有机废气流程图

4.4.3　对策

1. 产业政策支持

为推动资源综合利用行业持续健康发展，我国发布了《关于完善资源综合利用增值税政策的公告》等多项税务优惠政策文件，对从事再生资源回收业务的企业给予税务优惠支持。其中，环氧环己烷、正戊醇、醇醚溶剂及水泥生料助磨剂等资源综合利用类产品名列其中。上述税收优惠政策的出台有利于己内酰胺副产物综合利用行业的快速健康发展。

2021 年 2 月，我国发布了《关于加快建立健全绿色低碳循环发展经济体系的指导意见》，其中提出："加快实施钢铁、石化、化工、有色、建材、纺织、造纸、皮革等行业绿色化改造。推行产品绿色设计，建设绿色制造体系。建设资源综合利用基地，促进工业固体废物综合利用。"己内酰胺副产物综合利用业务符合国家绿色低碳循环经济的发展方向。

2. "补链、强链"需求突显

目前，我国已成为全球最大的己内酰胺生产基地。我国己内酰胺行业的快速发展为己内酰胺副产物综合利用行业提供了充足的原料供应，有利于国内己内酰胺副产物综合利用行业的发展。同时，己内酰胺副产物资源化利用，也成为推动己内酰胺产业转型升级及提升经济效益的有效措施。

精细化工虽不同于污染较大的基础化工，但在生产过程中若操作不当或发生其他不可控情况，仍会导致周边环境受到污染。目前，国家对行业的监管逐步趋严，部分环保不达标的企业将逐步被淘汰。

在国家不断提高环保要求的背景下，促使己内酰胺企业重视节能减排，低碳排放，寻求与资源综合利用企业的深入合作。综合利用企业协同己内酰胺企业开展"三废"综合利用业务，减少副产物原有处理方法造成的温室气体及有害气体排放，使己内酰胺行业更具环保性。己内酰胺企业的"补链、强链"需求将日趋显著。

3. 精细化工发展

精细化工行业是关系国家长远利益的战略性产业。精细化工具有技术含量高、附加值高、与国民经济各部门配套性强等特点。我国精细化工产品特别是高端精细化学品产业规模较小、发展水平较低。

我国化工总体精细化率在45%左右，低于发达国家60%~70%的平均水平，精细化率仍有很大提升空间。根据中国石油和化学工业联合会发布的《化工新材料产业“十四五”发展指南》，化工新材料产业已成为我国化学工业发展最快、前景最好的转型升级方向，我国产业升级步伐的加快带动对化工新材料的需求持续增长。“十四五”期间我国化工新材料自给率将持续增长，由2015年的53%提升到2020年的70%，到2025年，预计达到75%，占化工行业整体比例超过10%。随着我国精细化工工艺技术的进步，行业各细分领域集中度逐渐提高，产品向着精细化、高质量发展。国内各细分领域龙头企业与国际巨头之间的技术水平和产品质量之间的差距逐渐缩小。我国精细化率及化工新材料自给率的不断提升，将为精细化工行业的发展注入新的活力，市场前景广阔。

4. 己内酰胺废气综合利用

己内酰胺生产过程会产生多种工业废气，如CO_2、H_2、N_2O等。己内酰胺生产企业若独立从事废气的回收及综合利用业务，需要增加额外人员、资产，进入与其主营业务完全不同的领域。在石化行业分工越来越专业的背景下，己内酰胺生产企业一般不愿进行此类投资。气体的运输需要特殊的容器或管道，且管道的运输成本远低于容器。废气综合利用企业与己内酰胺生产企业同地共建或隔墙建设可有效降低废气综合利用的成本。

行业内企业结合各自的业务特点，针对不同种类的废气开展综合利用业务，还不存在全面利用各种废气的综合利用企业。以凯美特气为例，其将上游己内酰胺装置脱碳系统富含二氧化碳的放空气体回收，经过压缩、净化、液化提纯等工序，得到液体二氧化碳产品。

4.5 钢铁行业氧化亚氮减排技术及对策

4.5.1 钢铁行业氧化亚氮的排放

钢铁行业在我国社会经济发展中起到重要支撑作用，进入新世纪以来，我国钢铁行业发展迅速，粗钢产量常年位居世界第一，占全球总产量的半壁江山。在我国钢铁生产中，高炉-转炉长流程工艺结构占有主导地位；能源结构呈现出高碳化的特点，煤和焦炭占能源投入的比率高居不下。

目前，钢铁行业大气污染物排放总量已超过电力行业，成为我国工业领域最大的排放源。我国钢铁行业年产量超过全球50%，钢铁生产中焦化及烧结/球团工序排放烟气是钢铁行业大气污染物排放的主要来源，需要引起特别关注。自“十三五”以来，生态环境部及各地方政府为治理大气污染，均出台了钢铁行业相关超低排放标准。河北省于2018年先后印发了《钢铁工业大气污染物排放标准（征求意见稿）》与国内首个焦化工序的超低排放标准《河北炼焦化学工业大气污染物超低排放标准》（DB 13/2863—2018）。2019年，生态环境部等五部委联合发布了《关于推进实施钢铁行业超低排放的意见》明确要求NO_x排放浓度小时均值分别不高于$50mg/m^3$。“十四五”以来，随着“双碳”目标的提出，国家对于钢铁行业污染物排放的要求愈加严格。因此，钢铁行业如何在实现污染物净化后，完成企业超低排放转型升级，实现环境与效益双赢成为接来下的重点工作。

1. 产生来源

我国钢铁生产各工序所排放的污染物种类较多（图 4-16），且不同工序排污量差距较大，其中烧结是排放 N_2O 等氮氧化物的主要工序。烧结烟气成分复杂、烟气量大、烟温低（表 4-9），烟气量、烟温和污染物浓度波动较大，波动与烧结机型、烧结机漏风率和生产负荷变化等相关，故脱硫脱硝设施应有较强的适应性。同时，随着烧结烟气排放标准的逐步严格，2012—2019 年，国家对烧结烟气 SO_2 和 NO_x 排放限值分别由 200mg/m^3 和 300mg/m^3 降至 35mg/m^3 和 50mg/m^3，脱硫脱硝设施亟须提标改造或新建。

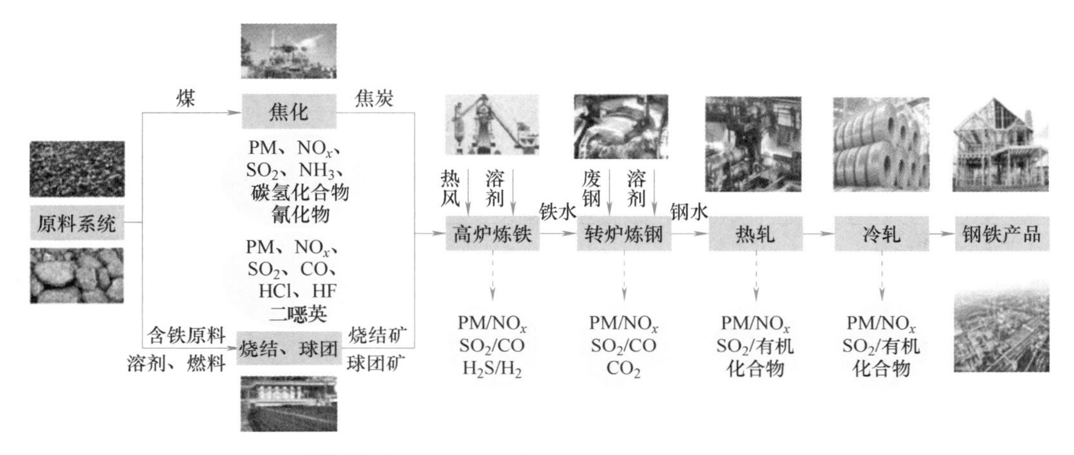

图 4-16　钢铁生产流程和钢铁行业排污节点

表 4-9　钢铁行业烧结烟气特点

烟气特点	具体描述
烟气量大	>40 万 m^3/h，流量变化幅度达到±30%
湿度大	水体积分数为 10%左右
烟气温度低	110~180℃
成分复杂	SO_2、NO_x、CO、VOCs、PM、Hg、二噁英
SO_2 浓度变大	一般为 500~5000mg/m^3
NO_x 浓度变大	一般为 200~500mg/m^3

钢铁行业中，除了烧结之外其他工序也会造成极为严重的环境问题。N_2O 等氮氧化物的产生来源包括以下几个过程：

1）炼铁过程：在高炉炼铁过程中，焦炭在无氧条件下与 CO_2 反应生成 CO，随后与铁矿石反应生成铁和一些副产品。在这个过程中，焦炭中的氮和铁矿石中的硫、钒等元素会发生反应，生成 N_2O。

2）炼钢过程：在炼钢过程中，N_2O 主要来源于废钢的加入和炉料中的氮。废钢在加热过程中，表面的氧化物与碳发生反应，生成 CO 和 NO_x。此外，炉料中的氮在高温下也会与氧气反应，生成 N_2O。

3）轧制过程：在轧制过程中，N_2O 的排放主要与加热炉的操作有关。炉内气氛的不均匀和温度波动会导致 NO_x 排放量的波动。

钢铁行业生产工艺包括以铁矿石为主要生产原料的长流程生产和以废钢和生铁为生产原料的短流程生产。其中，长流程生产过程包括烧结、球团、焦化、高炉炼铁等环节，还伴有直接还原铁工艺取代部分高炉炼铁产能；与长流程相比，短流程钢铁生产 NO_x 的产生环节较少，见表 4-10。

表 4-10　钢铁企业长流程生产和短流程生产 NO_x 产生环节对比

工艺名称	NO_x 产生环节		主要燃料
	长流程	短流程	
烧结	烧结机机头	—	混合煤气、焦粉
球团	竖炉、回转窑	—	混合煤气、焦粉
焦化	焦炉、管式炉	—	焦炉煤气
高炉	热风炉	—	高炉煤气
气基直接还原铁	热风炉	—	焦炉煤气、天然气
煤基直接还原铁	转底炉或回转窑 后燃烧室、隧道窑	—	混合煤气、煤
转炉炼钢连铸	钢水保温及烤包、连铸切割机	—	混合煤气、天然气或液化气
电炉炼钢连铸	钢水保温及烤包、连铸切割机	钢水保温及烤包、连铸切割机	混合煤气、天然气或液化气
轧钢	钢坯加热炉、热处理炉	钢坯加热炉、热处理炉	混合煤气、天然气
煤气发电	燃气锅炉	—	混合煤气
全厂供热锅炉	燃气锅炉	—	混合煤气
石灰窑	吸气梁	—	混合煤气

2. 排放特征

钢铁生产过程中 N_2O 的排放量与钢铁产量、生产工艺和设备水平等因素密切相关。据统计，全球钢铁行业的 N_2O 排放量约占全球人为排放总量的 1%~3%。N_2O 的排放强度是指单位钢铁产品产量中所产生的 N_2O 排放量。在不同生产环节和工艺中，N_2O 的排放强度差异较大。一般而言，烧结过程的排放强度较高，而炼铁、炼钢和轧钢过程的排放强度相对较低。钢铁生产过程中，N_2O 的排放量会受到生产负荷、设备运行状况、燃料类型和生产管理等因素的影响，产生一定的波动。此外，N_2O 排放还会受到生产过程中其他 NO_x 排放物（如 NO_2）的影响，导致排放特征复杂多变。总结起来，钢铁生产行业 N_2O 排放具有长周期排放和集中排放两种特征：

1）长周期排放：钢铁生产工艺复杂，涉及多个步骤，包括炼铁、炼钢、连铸等，整个过程都存在氧化亚氮的排放，因此，钢铁生产的 N_2O 排放是一个长周期的过程，且排放量易受生产负荷、设备运行状况等影响。

2）集中排放：钢铁厂大多都采用高炉和烧结机等设备进行生产，这些设备的氧化亚氮排放都比较集中，排放口也相对较少。因此，钢铁生产所产生的氮氧化物排放比较容易进行监测和控制。

4.5.2　控制技术

钢铁行业中，在矿山、运输、冶炼及洗涤等过程中的碳排放，都是极为严重的环境问题。从钢铁生产企业 NO_x 的产生量来看，实现烧结生产和剩余煤气发电两个环节的 NO_x 减排具有十分重要的意义。

1. 燃烧优化技术

燃烧优化技术是通过调整燃烧设备的设计和操作参数，以提高燃烧效率和降低 N_2O 等氮氧化物的排放。常见的燃烧优化措施包括：

1）预防法和燃烧后处理法。预防法主要通过改善燃料源或燃烧方式减少氮氧化物的生成，可以从源头控制污染物排放；燃烧后处理法通过脱除烟气中的氮氧化物达到治理效果。燃烧后处理法主要包括烟气多次循环法和空气分段式燃烧法。随着科学技术的不断发展，流化床燃烧技术以及氮氧化物生成量更少的燃烧器不断升级与优化，极大提高了燃烧效率，减少了氮氧化物的产生。燃烧后处理技术又称为烟气脱硝技术，包括干法脱销与湿法脱硝。干法脱硝主要包括分解法、固体吸附法及还原法，湿法脱硝利用溶液进行氮氧化物的捕捉。两种方法都可以显著减少烟气中 N_2O 等氮氧化物的浓度。

2）低氮氧燃烧技术。通过改变燃烧工艺及燃烧条件显著减少燃烧产物中氮氧化物的生产量。空气分级燃烧技术是当前应用最为成熟的一种燃烧技术，将燃烧所需要的空气分两级送入燃烧腔中，第一级燃烧区的燃料在缺氧的环境下燃烧，然后把空气以二次风的方式送入，使燃料在空气充足的条件下充分燃烧，这种分级燃烧技术可以明显减少废气中的氮氧化物含量，燃料分级燃烧技术可以将氮氧化物的排放量降低约50%，使燃料可以充分燃烧，又称为再燃烧技术。

3）低过量空气燃烧，又称为低氧燃烧。通过科学合理地计算空气与燃料的分配比，能够使燃料在最接近理论空气量的条件下进行燃烧，可以显著减少氮氧化物排放量。

4）烟气再循环技术。在空气预热之前会抽取一部分低温烟气直接送入炉膛或渗入二次与一次风中，烟气对氧气的稀释作用及烟气的吸热作用会降低炉内温度及燃烧速度，根据相关研究表明，烟气再循环比例达到一定数值时，可以将煤粉炉中的氮氧化物的排放量减少约25%。

5）富氧燃烧技术。富氧燃烧技术是一项高效节能的燃烧技术，在多个工业领域均有十分广泛的应用，极限为纯氧燃烧，通常指的是用比空气含氧浓度高的富氧空气进行燃烧，显著降低空气中氮气的含量，从而减少氮氧化物的排放量。

2. 高炉煤气净化技术

高炉煤气净化技术是指对高炉产生的煤气进行处理，去除其中的污染物，包括 N_2O 等氮氧化物。常见的高炉煤气净化技术包括：

1）干法除尘：采用干式除尘器，通过离心力和重力等作用，将煤气中的固体颗粒物去除。干法除尘技术相对简单，成本较低，可以有效去除煤气中的颗粒物，减少 N_2O 的生成。

2）湿法除尘：湿法除尘技术通过喷淋水或其他液体介质，将煤气中的颗粒物捕集并沉降。湿法除尘技术可以同时去除颗粒物和部分可溶解的气态污染物，如 SO_x 和 NO_x。

3）煤气脱硫：煤气脱硫技术是指将煤气中的硫化氢（H_2S）和二硫化碳（CS_2）等硫化物去除，以减少硫污染。硫污染物在高炉中会催化 NO_x 的生成，因此，脱硫可以间接减少 N_2O 的排放。

3. 过程优化技术

除了上述的控制技术，钢铁行业还可以通过过程优化来降低 N_2O 等氮氧化物的排放。常见的过程优化技术包括以下几种：

（1）原料优化

通过优化原料的选择和配比，可以减少燃烧过程中产生的 NO_x。例如，选择低氮含量的燃料和原料，可以降低 NO_x 的生成。对原料进行预处理，如洗涤、破碎、预热等，可以改变原料的物理和化学性质，减少 NO_x 的生成。

（2）炉况控制

通过控制炉内的温度、氧气浓度、燃烧剂的供应等参数，可以优化燃烧过程，从而降低 NO_x 的生成。

（3）废气回收利用

将钢铁生产过程中产生的废气进行回收利用，可以减少废气的排放量，间接减少 NO_x 的排放。

4.5.3 对策

1. 加快推进钢铁行业脱硝设施建设

钢铁行业 NO_x 排放量占比较高，脱硝设施覆盖率低，仅占 3.80%，脱硝工艺较为分散，种类繁多。2019 年 4 月，生态环境部等五部委联合印发了《关于推进实施钢铁行业超低排放的意见》，对钢铁行业超低排放进行了部署。以该文件的实施落地为契机，加快推进钢铁行业脱硝设施实施进展，尤其是加快对烧结机头脱硝设施的推进力度。针对钢铁脱硝工艺选择现状，以各地超低排放改造实施较早的企业为案例，以实测为基础开展各类脱硝工艺治理效果评估，包括治理效率稳定性、二次污染物生成情况评估等，综合评价各类脱硝工艺的适用性。根据评估结果，国家应对钢铁行业超低排放改造及其他脱硝设施安装过程中脱硝设施的选择提出指导建议，提供优选脱硝工艺推荐名单供各地和钢铁企业选择，以切实选择高效的脱硝设施，避免企业短时期内进行二次改造，影响治理效果，也造成经济浪费。

2. 加强节能技术推广与研发力度

据行业协会统计，我国钢铁行业能耗强度仍然有 15%~20%的下降潜力。钢铁行业能效水平的持续提升需要技术支撑，要将先进节能技术和高效节能装备的研发、示范与应用作为行业节能降碳的有力抓手，推动全行业持续开展节能降碳改造。

1）研发环节，加大钢铁行业节能降碳新技术的研发力度，引导高校和科研院所抓紧组织低碳冶金、钢铁渣显热利用、转炉全煤气回收等关键技术研发攻关。积极将钢铁行业节能降碳科技创新任务纳入中央预算内投资项目、重点研发计划重点专项项目等，加强财政资金支持力度。研究设立钢铁等高耗能行业节能降碳科技创新投资基金，研究制定对专项基金的税收优惠政策，鼓励金融机构支持钢铁行业节能降碳技术研发与示范工程建设。

2）推广应用环节，更新并完善现有的绿色低碳相关技术目录，定期向全社会发布，并通过行业协会等机构加大目录中节能降碳技术和案例的宣传力度，提高技术目录的社会影响力，提高钢铁企业获取节能降碳技术的便利性，切实为钢铁企业提供可靠翔实的技术来源，为钢铁企业节能降碳提供技术支撑。

3. 加快国内废钢资源循环利用

加强废钢回收渠道建设，统筹建立回收利用体系。完善社会消费品资源回收渠道，针对家电等消费类电子产品，加快落实生产者责任延伸制度，引导生产企业建立逆向物流回收体系；对于日用消费产品，依托生活垃圾分类制度，进一步规范废钢回收经营者的回收、分拣行为，加快构建废旧物资循环利用体系，推进垃圾分类回收与再生资源回收相互融合。结合废钢回收产业规模、废钢流通渠道、区位交通条件等因素，打造废钢资源加工配送中心，逐步完善废钢回收加工循环产业链条。完善废钢回收行业规范文件，加强行业管理，加快培育龙头企业，积极引导废钢回收行业向规范化、大型化发展。落实好资源综合利用企业所得税、增值税等政策，支持废钢产业发展。

进口方面，建议修订《再生钢铁原料》标准，兼顾环保性和目标导向，发挥标准“最大公约数”的作用，将夹杂物指标适当放宽，促进进口规模增加，充分发挥进口再生钢铁资源对我国钢铁行业节能降碳的作用。参考国际做法，加大进口税收优惠力度，研究实施进口再生钢铁原料的增值税优惠政策，减轻企业进口再生钢铁原料的税收负担，鼓励再生钢铁进口。

4. 引导钢铁企业分类转型

加强对钢铁产品未来需求的分析，做好钢铁行业转型的总体设计，研究制定阶段性调控目标和政策，引导钢铁企业分类转型。对设备老化、工艺水平落后、产品附加值低、竞争力弱、企业效益差等不具备节能改造条件的钢铁企业，通过财政补贴政策与行政手段相结合的方式，引导企业退出，为钢铁行业发展腾出空间。对于具备一定改造条件且具有转型意愿的钢铁企业，委托第三方机构为其开展全方位节能诊断，协助企业设计绿色低碳转型方案，帮助企业对接技术与资金等资源，为企业节能降碳提供外部助力。

为鼓励具备条件的钢铁企业实施极致能效工程、充分挖掘节能潜力，建议加大财政支持力度，对企业采用一级能效水平的重点用能产品或设备、实施节能降碳技术改造等继续给予财政补贴，持续提高能效水平。同时，总结前期设备更新改造贷款贴息政策的执行效果及经验，研究制定针对钢铁等高耗能行业节能降碳项目的贷款贴息政策，促进钢铁行业节能减碳项目落地，降低低碳转型的融资成本。

5. 加强环保治理能力建设

切实加强钢铁企业的环保治理能力建设，选取治理工艺路径时充分研究技术路线的可行性，同时选取有资质的环保设计与施工单位，杜绝滥竽充数、突击应付，确保工程质量稳定达标。认真落实税收、电价和水价、财政金融、环保限产等相关政策，对真改、实改、效果好且经评估监测稳定达到超低排放要求的企业给予更大支持力度，对评估监测中弄虚作假、超标违法排放的企业依法严格处罚，确保企业实施超低排放改造的公平性与公正性。研究设立超低排放改造政府引导性专项资金及相关保障政策，加大环保类投资税额减免力度，减免环境保护税，对钢铁企业实施超低排放改造加大资金支持力度。

4.6 有色冶炼行业氧化亚氮减排技术及对策

4.6.1 有色冶炼行业氧化亚氮的排放

1. 有色冶炼行业简介

有色冶炼行业是指以有色金属矿石为原料，通过冶炼、提炼和加工等工艺，生产出各种有色金属及其合金的工业部门。有色金属包括铜、铝、镍、锌、铅、锡、钨、钴、锰、钛等多种金属。有色冶炼行业的主要过程包括矿石选矿、冶炼、提炼和精炼等阶段。

然而，冶炼过程中产生的废水、废气和固体废弃物可能对环境造成污染，并且一些冶炼过程需要消耗大量能源。因此，减少污染、提高资源利用效率和推动可持续发展已成为该行业的重要目标。许多企业积极采取绿色冶炼技术和循环经济模式，以减少环境影响并改善可持续性。目前，有色冶炼行业的烟气污染治理主要以治理粉尘、SO_2 和 NO_x 为主，其中，对 NO_x 的治理刚刚起步，相关的标准和规范仍在不断更新和完善，治理技术也在借鉴其他行业的基础上不断探索和创新。

2010 年，《铅、锌工业污染物排放标准》（GB 25466—2010）和《铜、镍、钴工业污染物排放标准》（GB 25467—2010）发布实施，这是我国最早的有色冶炼行业污染物排放标准。标准中均未对 NO_x 排放浓度限值进行规定。2013 年，环境保护部对 GB 25467—2010 进行修改完善，制定了标准的修改单，增加了 NO_x 的排放限制。在 2014 年发布实施的《锡、锑、汞工业污染物排放标准》（GB 30770—2014）和 2015 年发布实施的《再生铜、铝、铅、锌工业污染物排放标准》（GB 31574—2015）中，都对 NO_x 排放浓度限制进行了规定。近些年，国家对有色冶炼行业 NO_x 的排放逐渐重视，有色冶炼行业排放烟气的治理要求越来越严格，我国有色冶炼行业主要污染物排放标准的 NO_x 排放限值见表 4-11。

表 4-11 有色冶炼行业 NO_x 排放标准 （单位：mg/m^3）

标准名称	排放限值	特别排放限值
《铜、镍、钴工业污染物排放标准》（GB 25467—2010）	—	100
《锡、锑、汞工业污染物排放标准》（GB 30770—2014）	200	100
《再生铜、铝、铅、锌工业污染物排放标准》（GB 31574—2015）	200	100

2. 排放特征

有色冶炼行业大气污染控制相对起步较晚，加上有色冶炼行业烟气条件多变、成分复杂，增加了烟气治理的难度。我国的有色金属冶炼烟气中 N_2O 等氮氧化物排放主要分为三种类型，分别为制酸尾气、工业炉窑烟气和贵金属车间废气。对于不同的工艺，NO_x 浓度的差异很大，可从几十毫克每立方米到几万毫克每立方米，需分别采用不同的方法来处理。

（1）制酸烟气

我国有色冶炼企业制酸尾气基本符合行业 NO_x 的排放标准要求，NO_x 的排放浓度一般在 200mg/m³ 以内。因此，冶炼制酸烟气中 NO_x 的排放并没有引起国内的广泛关注。选择性催化还原法（SCR 法）用于冶炼制酸烟气脱硝是将脱硝反应器放置于制酸一段转化前，使得烟气得到充分净化，也满足制酸反应的要求。国外 SCR 法已成功应用于冶炼制酸烟气中 NO_x 的去除。荷兰的 BudelZink 锌厂将 SCR 法应用于冶炼制酸烟气中去除 NO_x，效果良好。设计 NO_x 进入浓度为 200mg/m³，去除效率可达 95%。日本某冶炼厂制酸系统采用 SCR 装置进行改造，将 NO_x 进入浓度设计为 200mg/m³，去除效率可达 95%。采用冶炼制酸烟气的脱硝方法后，成品硫酸中的 NO_x 含量可满足工业硫酸标准要求。除制酸烟气脱硝外，也可以采用直接去除成品硫酸中 NO_x 的方法。

（2）工业炉窑烟气

各类有色炉窑烟气中 NO_x 的浓度一般在几十到上千毫克每立方米，烟气温度基本可以满足选择性非催化还原法（SNCR 法）的要求，在收尘过程中，烟气温度降到 120～300℃，但是烟气中含有的重金属氧化物烟尘会使 SCR 催化剂迅速失活。国内某铅锌冶炼企业设计了一套 SNCR 尿素法脱硝装置，用于处理铅冶炼底吹炉烟气中的 NO_x，经工业试验实践证明，在底吹炉直升烟道下部，以 80～120L/h 的喷淋量将质量分数为 10%～15%的尿素水溶液雾化喷入，制酸尾气 NO_x 浓度可以达到特别排放限值 100mg/m³ 以下的要求。

（3）贵金属车间废气

有色冶炼行业中，一般会使用大量硝酸用于稀贵金属的酸洗、酸溶、浸出，NO_x 会伴随加热过程中硝酸雾等物质的排放而排出，浓度在几千到几万毫克每立方米，且具有间歇性排放特征。目前，稀贵金属冶炼车间产生的 NO_x 普遍采用碱吸收方法处理，对 NO_x 的总体吸附效率较低，效果不明显。国内某矿冶集团将自主研发的干法吸附工艺替代韶关冶炼厂原有的碱吸收工艺，应用于贵金属车间 NO_x 的治理，NO_x 浓度从几万毫克每立方米下降到排放标准以下，效果良好。近年来，某矿冶集团对吸附剂原料选择上做了改进，进一步改善了 NO_x 的吸收效果，同时提高了吸附剂的机械强度。

4.6.2 控制技术

有色冶炼行业烟气污染控制起步相对较晚，加上有色冶炼行业烟气条件多变、成分复杂，增加了烟气治理的难度。根据前面的分析，有色冶炼行业是大气 N_2O 等氮氧化物排放的主要源头之一。为了减少 N_2O 的排放，避免其对环境和气候的影响，目前已采用多种控制技术对行业 N_2O 排放进行治理，这些技术主要包括燃烧优化技术、尾气处理技术及过程优化技术等。

1. 燃烧优化技术

燃烧优化技术是指通过调整燃烧设备的设计和操作参数，以提高燃烧效率和降低 NO_x 排放。常见的燃烧优化技术包括：

1）燃烧器改进：优化燃烧器设计，通过改变燃烧器的形状、燃烧室的结构和燃烧风暴的分布，以改善燃烧过程，减少 N_2O 的生成。

2）燃烧温度控制：控制燃烧过程中的燃烧温度，降低燃烧温度可以减少 N_2O 的生成。常见的控制方法包括降低燃烧器的燃烧温度、增加过量空气比、采用低氧燃烧等。

3）燃料改良：改良燃料特性，如降低燃料的硫含量、灰分含量和挥发分含量等，可以减少 N_2O 的生成。

2. 尾气处理技术

相对于燃烧优化技术，尾气处理技术属于末端治理技术，是指对冶炼过程中产生的尾气进行净化处理，以去除或转化其中的污染物，包括 N_2O。常见的尾气处理技术包括：

1）选择性催化还原（SCR）：SCR 是工业常用的脱硝技术，主要通过在尾气中注入还原剂（如氨水或尿素），在催化剂（如钒钛催化剂）催化条件下，将 N_2O 等 NO_x 转化为无温室效应的氮气和水。SCR 具有高效、可靠的特点，在有色冶炼行业中广泛应用。

2）选择性非催化还原（SNCR）：SNCR 是指通过在尾气中喷射还原剂（如氨水或尿素溶液），在高温条件下将 NO_x 还原为氮气和水。SNCR 相对于 SCR 更简单，但对温度和还原剂的投加量要求较高。

3）脱硝吸附剂：脱硝吸附剂是一种将 NO_x 吸附到表面上的材料，常用的吸附剂包括活性炭、氧化铝和硅胶等。通过在尾气中引入脱硝吸附剂，可以捕集和去除其中的 NO_x。

3. 过程优化技术

过程优化技术是指通过改进有色冶炼过程中的操作和流程，以减少 NO_x 的生成和排放。常见的过程优化技术包括：

1）氧气富余燃烧：通过提供过量的氧气，可以促使燃烧反应更充分，减少不完全燃烧和 NO_x 的生成。

2）循环冷却水：在冶炼过程中，使用循环冷却水对高温设备和烟气进行冷却，可以降低燃烧温度，减少 NO_x 的生成。

3）催化剂应用：在有色冶炼过程中，引入合适的催化剂，可以促使有害气体的催化转化，包括 NO_x 的还原和转化。

4）源头和末端联合治理：通过燃烧器改进、燃料选择、燃烧条件优化等源头治理技术与末端 SCR、SNCR 等尾气治理技术联合，协同控制 N_2O 的排放。

需要注意的是，不同的有色冶炼行业和工艺会有不同的 N_2O 控制技术应用。具体的技术选择和实施需根据具体的冶炼工艺、设备和排放要求进行评估和优化。此外，定期的监测和维护也是确保 N_2O 控制技术有效运行的重要环节。

4.6.3 对策

1. 管理层面的对策

1）建立环境管理体系：建立完善的环境管理体系，包括制定环境管理制度、建立环境监测系统和开展环境审核等，以确保 NO_x 排放符合相关法规和标准。

2）加强工艺管控：制定工艺参数控制标准，明确燃烧过程中关键参数的范围和要求，强化工艺管控，减少 NO_x 的生成和排放。

3）环境风险评估和应急预案：开展环境风险评估，识别潜在的 NO_x 排放风险，制定相应的应急预案，以应对突发环境事件。

2. 政策层面的对策

1）制定和实施严格的环境法规和标准：政府应加强对有色冶炼行业的监管，制定严格的环境法规和标准，包括限制 NO_x 排放的最大值和排放浓度等方面的要求。加大对不符合排放标准的企业的处罚力度，促使其采取必要的措施降低 NO_x 的排放。

2）经济激励措施：提供减税、补贴和奖励等经济激励措施，鼓励有色冶炼企业投资和采用 NO_x 减排技术和设备。

3）推动技术创新和研发：政府可以与科研机构和企业合作，推动有色冶炼行业的技术创新和研发，开发更加环保和高效的 NO_x 减排技术。

4）建立行业联盟和合作机制：建立有色冶炼行业的联盟和合作机制，促进信息共享、技术交流和合作研发，共同推动该行业的 NO_x 减排工作。

4.7 燃煤行业氧化亚氮减排技术及对策

目前，N_2O 排放源主要包括生态源、工业源和焚烧系统。除了本章提到的己二酸生产、硝酸生产等行业之外，N_2O 排放还来源于废弃物和废水处理、燃油机动车、燃煤发电厂、燃气轮机和商业设施的垃圾焚烧炉等，其中燃煤行业备受关注。

在焚烧系统中，N_2O 排放主要取决于燃料的氮含量、燃烧温度等因素，但目前还没有统一的监测方法和明确的排放限值。

4.7.1 燃煤行业氧化亚氮的排放

1. 生成机理

煤是世界上储量最为丰富的化石燃料。我国由于石油和天然气的储量相对较少，煤在国家能源结构中占一次能源的 70%左右。其中，总产量的 80%左右用于直接燃烧，造成了严重的环境问题。煤是复杂的大分子有机矿物质，其中，碳含量为 50%～90%，氢含量为 1%～5%，除此之外，还含有硫、氮、氧等原子及一定量的无机矿物质成分。煤在燃烧过程中产生氮氧化合物及粉尘等，给大气造成严重污染。这已经成为制约经济发展的一个重要因素。煤燃烧过程生成的氮氧化物主要以 NO 和 NO_2 形式存在，其中 NO 占 90%以上。后来发展起来的流化床燃煤炉，由于燃烧温度较低，还会产生一定量的 N_2O。

从生成机理上讲，一般认为 N_2O 的生成是均相反应和多相反应共同作用的结果，主要由焦炭中析出的 HCN 转化产生。在燃烧过程中，生成 N_2O 的均相反应主要有：

$$NCO+NO \longrightarrow N_2O+CO \tag{4-26}$$

$$NH+NO \longrightarrow N_2O+H \tag{4-27}$$

在实际燃烧体系中，式（4-26）更为重要。在高温燃烧过程中，如果存在燃料氮，则 N_2O 在早期火焰中形成，后期的高温条件下几乎没有 N_2O 的排放。对于燃料氮的反应，在层流火焰中加入燃料氮会导致 N_2O 作为中间体出现，只有低温火焰下才会有较高的排放。此外，在大的湍流火焰中加入燃料氮并不会比未加入时产生更多的 N_2O。1976 年首次有了对燃煤锅炉 N_2O 排放量进行测量的报道，但在随后的数年间只进行了少量研究。相比煤粉锅炉等其他类型的燃煤锅炉，循环流化床（Circulating Fluidized Bed，CFB）锅炉的低温燃烧特性使其更容易产生 N_2O。一般认为 CFB 中形成 N_2O 机制有两种：一种是燃料氮挥发为

HCN和NH_3，然后被氧化为N_2O；另一种是焦炭氮氧化生成NO，NO与焦炭氮反应生成N_2O。有学者更加详细解释了这两种反应机制，煤颗粒在被投入炉内后，在高温下快速发生脱挥发分过程，一部分含氮化合物随挥发分析出，称为挥发分氮，而残存在焦炭中的部分称为焦炭氮。挥发分氮在高温环境中的化学活性很高，与挥发分脱出过程中的自由基结合形成HCN、NH_3等小分子，并经NCO、NH等基团被氧化为N_2、NO、N_2O等，在此过程中N_2O的转化路径如图4-17所示。不同类型锅炉生成N_2O的阶段有所不同。例如，焦炭在CFB锅炉中，生成N_2O主要在燃烧的两个阶段发生：一是挥发分析出阶段，HCN与NH_3通过均相反应生成N_2O；二是燃烧阶段，氮经过复杂的均相和多相反应生成N_2O。煤粉锅炉的反应主要发生在主燃烧区和还原区，反应机理基本相似。

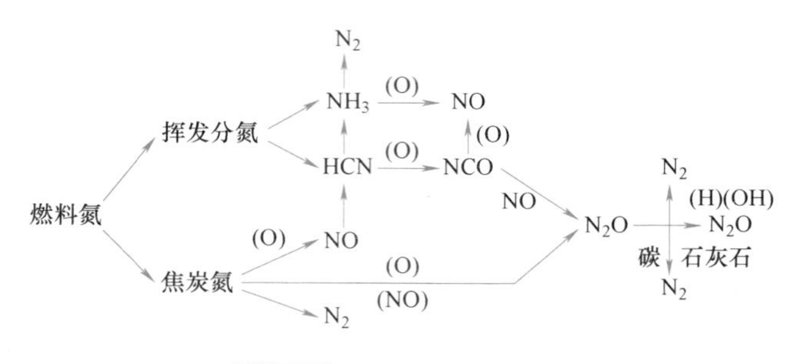

图4-17 N_2O的转化路径

2. 排放现状

有调查和研究表明，N_2O主要由燃煤发电厂、燃气轮机和商业设施的垃圾焚烧炉产生。近些年对于电厂锅炉煤燃烧产生污染物的关注主要聚焦于NO_x。总体而言，CFB锅炉的N_2O排放高于煤粉锅炉，而后者又高于燃油和燃气锅炉。有调查指出，在CFB燃烧中，N_2O的排放量大多为$5\times10^4\sim2\times10^5mg/m^3$，这比传统的煤粉锅炉高；而在天然气和燃油涡轮机中，N_2O排放量通常小于$2\times10^3mg/m^3$。大多数情况下，煤粉锅炉N_2O排放水平为$2\times10^4\sim3\times10^4mg/m^3$。不同类型锅炉$N_2O$排放质量浓度见表4-12，CFB锅炉及试验台不同工况及反应条件下N_2O排放质量浓度见表4-13。

表4-12 不同类型锅炉N_2O排放质量浓度

锅炉类型	N_2O排放质量浓度/（mg/m^3）
CFB锅炉	$5\times10^4\sim2\times10^5$
煤粉锅炉	$<2\times10^4$
天然气和燃油涡轮机	$<2\times10^3$

表4-13 CFB锅炉及试验台不同工况及反应条件下N_2O排放质量浓度

反应器	工况	N_2O排放质量浓度/（mg/m^3）
气流床反应器	800~850℃	$1.5\times10^5\sim1.8\times10^5$
1MWCFB试验台	887~931℃	101.7~165.0

（续）

反应器	工况	N_2O 排放质量浓度/（mg/m^3）
小型鼓泡流化床	950～1250℃	1.3×10^6～2.2×10^6
150MWCFB 锅炉	108MW、124MW、135MW	50～240
8MWCFB 试验台	780～900℃	100～393

在煤粉空气分级燃烧的污染物排放过程中，主燃烧区和还原区存在大量的 N_2O，且 N_2O 和 NO 的质量浓度水平基本相同。这两个区域的温度一般超过 1200℃，并且 N_2O 在这个温度下基本上可以分解。加入燃尽空气后，出口处 NO 的质量浓度明显升高，N_2O 的质量浓度下降。N_2O 和 NO 之间存在从一个质量浓度转移到另一个质量浓度的关系，即煤粉锅炉在减少 NO_x 的同时会带来 N_2O 排放的增加。

图 4-18 显示了现有燃煤和煤/氨联合燃烧火力发电厂不同条件下 NO 和 N_2O 的排放量。从图 4-18 中可以看出，煤/氨联合燃烧下，N_2O 会有所减少，但同时 NO 的排放量会明显增加（见"煤+0.3NH_3"）。

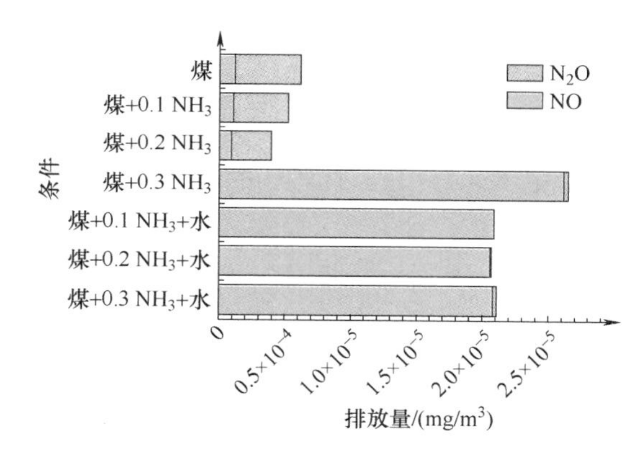

图 4-18 现有燃煤和煤/氨联合燃烧火力发电厂不同条件下 NO 和 N_2O 的排放量

随着社会环保意识的增强，对污染物排放要求越来越严格，我国各省份都有明确的 NO_x 排放标准。例如根据北京市地方标准 DB 11/139—2015，针对新建电厂规定，NO_x 排放质量浓度要小于 30mg/m^3。此外，随着对 N_2O 排放的重视，有的国家和地区已经开始制定 N_2O 排放标准和相关法规。早前欧洲议会和理事会第 1307/2013 号条例指出，到 2030 年将 N_2O 的排放量比 2013 年减少 42%。欧洲议会和理事会关于工业排放的第 2010/75/EU 号指令将排放量较严重的硝酸行业中 N_2O 的排放量限制在 2×10^4～$10^5mg/m^3$，相较于 2006 年之前的 2×10^4～$3\times10^5mg/m^3$ 有明显减少。

3. 影响燃煤烟气 N_2O 的因素

研究煤炭燃烧时 N_2O 形成机制是污染物治理的关键。在不同操作条件下，CFB 锅炉中石灰石进料速率和二次风与一次风的比例对 N_2O 排放无明显影响，炉膛温度是主要影响因素。N_2O 排放量受炉温、氧含量等运行方式及燃料特性等因素共同影响。以下主要从温度、氧含量（过量空气系数）、煤质等方面介绍其对燃煤 N_2O 生成的影响。

（1）温度

从反应机理上看，一方面，随着燃烧温度升高，关键中间体 NCO 逐渐转化为 NO，而不是 N_2O，主要进行分解反应［式（4-28）］，从而减少 N_2O 的生成。另一方面，由于温度升高降低了床内半焦和 CO 的含量，抑制了 NO 的异相还原反应［式（4-29）和式（4-30）］，进而减少 N_2O 的生成。

$$NCO+O \longrightarrow NO+CO \tag{4-28}$$

$$NO+char\text{-}C \longrightarrow NCO \tag{4-29}$$

$$NO+char\text{-}N \longrightarrow N_2O \tag{4-30}$$

在常规空气燃烧中，流化床温度对 NO 和 N_2O 排放的影响是相反的。随着温度的升高，N_2O 排放减少，N_2O 形成的温度窗口为 750~950℃。有学者通过试验证实这一结论，炉膛温度由 700℃上升到 900℃，N_2O 的生成量降到不足原来的 1/3，炉膛温度升高可以有效抑制 N_2O 的生成。当温度从 850℃升高到 930℃时，N_2O 排放量减半，从约 $10^5mg/m^3$ 减少到 $5×10^4mg/m^3$。温度对 NO 和 N_2O 排放的影响与常规条件下相同，随着温度的升高，N_2O 排放量减少。其原因主要是 NCO 等中间物种主要转化为 NO 而不是 N_2O。

（2）氧含量（过量空气系数）

氧含量对于 N_2O 生成的影响与温度影响机理相似，在高氧含量下，由于颗粒燃烧温度的提高，自由基［式（4-31）和式（4-32）］对 N_2O 的快速分解和 N_2O 的热分解［式（4-33）］会有所增强。同时，在高氧含量下，自由基对 NCO 的还原作用也会增强，NCO 更倾向于生成 NO 而不是 N_2O，从而减少 N_2O 的产生。

$$N_2O+H \longrightarrow N_2+OH \tag{4-31}$$

$$N_2O+OH \longrightarrow N_2+HO_2 \tag{4-32}$$

$$N_2O+M \longrightarrow N_2+O+M \tag{4-33}$$

通过模拟不同燃烧气氛发现，在 CO/O_2 可燃气氛中，NH_3 会转化为高比例的 NO 和一定量的 N_2O，而氧含量的增加可以促进 NH_3 氧化成 NO，进而减少 N_2O 的生成。因此提升氧含量，可以减少 N_2O 的生成，O_2 即使是少量存在，也会造成对 N_2O 的还原作用显著减弱。总的来说，随着氧含量的增加，燃料氮向 N_2O 的转化率降低。在去除温度效应的试验中，较高的过量空气系数通常会增加 N_2O 的排放。在较高温度下，过量空气系数对 N_2O 排放的影响较小。有学者认为，在 CFB 锅炉中将过量空气系数控制在 1.05~1.10 的水平是可取的。

（3）煤质

燃料煤对于 N_2O 生成的影响因素主要是自身品质和含水率两个方面。对比石油焦、烟煤和褐煤的燃料氮转化 N_2O 的排放量，床料碳含量对燃料氮转化率有影响但不排除其他因素的作用。有研究表明，低阶煤燃料氮燃烧产生更多的 NH_3，在流化床条件下不能有效地转化为 N_2O，这初步解释了低阶燃料所观察到的较低排放的现象。反之，低阶煤由于灰分组成和形态的不同，N_2O 的非均质还原程度更高，煤种碳氮含量的高低决定了焦炭和挥发分对 N_2O 形成的影响，在高碳含量煤的煤焦燃烧过程中，部分燃料氮会在煤焦表面转化为 N_2O 和 NO。试验表明，一些 N_2O 可能被煤焦吸附，然后被煤焦分解。总的来说，对于挥发分低、碳氮含量高的煤，焦炭氮燃烧对 N_2O 的生成起主要作用；而对于挥发性氮含量高、碳含量低的煤，挥发性氮燃烧对 N_2O 的生成起主要作用。

4.7.2 控制技术

1. 燃烧优化技术

早期国外有专家通过比较流化床锅炉各部分的 N_2O 排放量，指出最大的排放量来自燃烧室。N_2O 在煤粉分级燃烧中主要分为2级，煤粉火焰产生的 N_2O 排放量可占 NO_x 总量的很大一部分（高达25%）。然而，应用燃烧改性技术来控制NO排放并没有导致 N_2O 水平的显著提高。有学者使用详细的动力学模型进一步分析了 N_2O 的化学性质，并主要关注火焰中 N_2O 的形成和破坏反应。在这些反应中，发现消除 N_2O 的主要途径如下：

$$N_2O+H = N_2+OH \tag{4-34}$$

$$N_2O+H = NO+NH \tag{4-35}$$

通过CFB锅炉空气的分级给入对燃烧过程进行优化，将多余的空气加入旋风分离器，利用分离器进行烟气再燃技术。将空气部分从燃烧室底部添加，部分从分离器加入可以将 N_2O 的排放量减少到原来的1/4（$2.5\times10^4 mg/m^3$）。

2. 脱硝技术

烟气 NO_x 最常用的控制方法包括选择性非催化还原（SNCR）和选择性催化还原（SCR），这些技术已广泛应用于工业设施。CFB最常使用的技术是SNCR脱硝技术，因此，可以考虑利用SNCR方法协同脱除 N_2O。钠添加剂可能是减少SNCR中 N_2O 形成的一种有效手段。将多种钠化合物与尿素同时注入，可以促进对NO的去除，N_2O 排放也大幅减少。其他钠化合物（如 Na_2CO_3），也可以减少 N_2O 的排放。含有Na基的物质同样可以作为添加剂使用，将含Na的染料废水作为添加剂，应用于染料工业SNCR过程，可提高脱氮效率。因此，可以选择利用染料废物作为添加剂来减少 N_2O 的排放。反应温度对于SNCR反应中 N_2O 的减少存在较大影响。在SNCR过程中，反应温度在800℃左右时，N_2O 排放量较高。但当温度升高到900℃左右时，N_2O 排放量明显降低。对于不同炉型下脱硝技术的影响，针对煤/氨联合燃烧火力发电厂，采用尿素还原剂测定SNCR和SCR两种不同的脱硝方法的脱硝效率，结果表明，SNCR可以通过优化停留时间，进而影响 N_2O 的生成过程，而SCR过程基本不影响 N_2O 生成。

3. 燃料掺烧

生物质是高挥发分燃料，高挥发分造成 N_2O 质量浓度上升。将煤与生物质在CFB进行混燃，对于高氮含量煤，可采用煤和生物质共燃减少 N_2O 的排放。从反应机理上对生物质掺混可以减少 N_2O 的原因进行探究。生物质热解产生 NH_3 和HCN的反应同时进行，但HCN的形成比 NH_3 的形成要快得多且HCN可以与新生成的焦炭相互作用。生物质燃烧阶段主要分为挥发分和焦炭燃烧阶段，这两个阶段的NO和 N_2O 产率分配有很大不同，产率与燃料中的氮含量有关，氮含量越高，N_2O 产率越高。在CFB锅炉中将包括赤泥在内的多种材料与煤掺混燃烧，对比 N_2O 排放量的变化，发现试验所采用的材料，包括不同地区煤种、油页岩、煤矸石和赤泥，均可不同程度地加速 N_2O 的分解，但对NO的影响并不显著，赤泥的影响效果最明显。

4. 催化分解

催化分解是去除 N_2O 的一种有效方法，具有诸多优势，运行成本很低且工艺简单，而且其分解产物对环境没有二次污染，不产生 CO_2，是一种极具发展潜力的 N_2O 去除方式。催化剂对于 N_2O 分解作用的研究已取得一定进展。催化剂主要分为金属、金属氧化物和混合氧化物。对于金属催化剂，有学者根据金属元素活性排序，对活性最强的钌进行研究，发现钌颗粒的不稳定性和团聚会导致催化活性降低甚至失活，认为 H_2O 是影响钌催化效果的重要因素。对于金属氧化物催化剂而言，不同金属元素合成催化剂的作用存在差异。

4.7.3 对策

1）根据燃煤锅炉 N_2O 的生成机理，通过不同措施控制燃烧过程各阶段 N_2O 的生成量。

2）根据锅炉结构特点、煤质条件等选择合理的低氮燃烧技术，在保证锅炉安全、稳定运行的条件下降低 N_2O 的排放。

3）燃煤锅炉增设燃尽风是降低 N_2O 排放的主要措施，但是要注意不同负荷下燃尽风所占总风量的比例。

4）合理的低氮燃烧技术加上尾部 SCR 装置不仅可以满足排放法规的要求，还能减少催化剂的使用量，降低整个系统的投资，取得良好的经济效益。

思考题

1. N_2O 的主要排放来源有哪些？会造成什么危害？
2. 硝酸和己二酸生产行业中 N_2O 的控制技术有哪些？有什么优势？
3. 简述硝酸和己二酸生产行业中 N_2O 直接催化分解技术的研究进展与减排现状。
4. 简述己内酰胺生产环节中 N_2O 的产生过程。
5. 钢铁行业中 N_2O 的产生主要来自哪些工序？简述钢铁生产 N_2O 的排放特征。

第5章 氢氟碳化物（HFCs）减排技术

5.1 汽车空调制冷行业 HFC-134a 减排技术及对策

5.1.1 排放特征

汽车空调制冷剂主要使用的是以 HFC-134a（图 5-1）为代表的氢氟碳化物，其 GWP 值在 124~14800 之间，具有较高的 GWP，对 HFCs 应用的控制已经纳入国家减排战略体系中。本章将对 HFCs 相关行业现状进行分析，并提出可行的减排方法，为解决 HFCs 的排放问题提供参考。

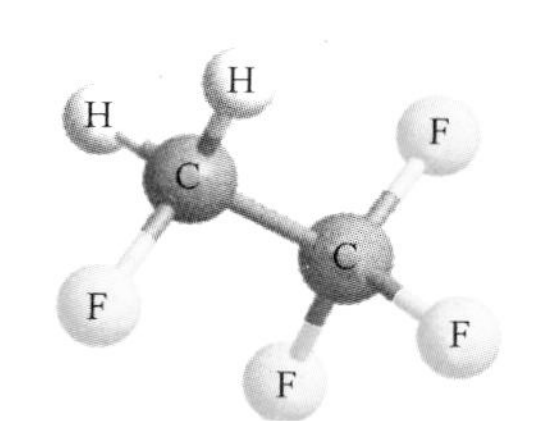

图 5-1 HFC-134a
（1,1,1,2-四氟乙烷）

随着行业技术的不断发展，氟碳化物作为主要的空调制冷剂已历经四次迭代。第一代制冷剂是氯氟烃类（Chlorofluorocarbons，CFCs）物质，20 世纪 20 年代诞生，被广泛应用于空调制冷行业。然而，该类物质对臭氧层具有较高的破坏程度。1987 年，在加拿大蒙特利尔 46 个国家签署《蒙特利尔议定书》并制定保护臭氧层具体行动方案，将 CFCs 列为受管制类氯氟碳化物，目前 CFCs 已被空调制冷行业所淘汰。第二代制冷剂为含氢氯氟烃类（Hydrochlorofluorocarbons，HCFCs）物质，与 CFCs 相比 HCFCs 对臭氧层的破坏程度较低，目前在欧美等发达国家已淘汰，在我国处于淘汰期。第三代制冷剂是氢氟烃类物质（Hydrofluorocarbons，HFCs），是 CFCs 和 HCFCs 制冷剂的长期替代品，但 HFCs 对气候的制暖效应较强，目前在欧美等发达国家处于淘汰初期。第四代制冷剂主要是指氢氟烯烃（Hydrofluoroolefins，HFOs）类物质，目前正在欧美市场大力推广。但由于 HFOs 制冷剂具有成本高、专利技术欠成熟等问题，尚未进入规模化应用。

汽车空调行业制冷剂的应用与发展与普通空调业一致。1994 年以来，为替代二氟二氯甲烷（CFC-12），1,1,1,2-四氟乙烷（HFC-134a）在汽车空调行业中被广泛应用，分子结构如图 5-1 所示。该制冷剂具有良好的冷却效果，成本较低，但其 GWP 较高，1kg R134a 制冷剂未经任何处理直接排放到大气中，其 GWP 相当于同时释放 1300kg 二氧化碳的温室效应。该产品碳足迹为 15897.73kgCO_2e。

伴随着我国汽车生产与消费的飞速发展，替代品氢氟碳化物（HFCs）的消费也在快速增长，当前 HFC-134a 是排放量最大、大气浓度最高的 HFCs 之一。如图 5-2 所示，从 1995 年到 2010 年我国汽车空调行业全生命周期的 HFC-134a 排放量从 30t 增加到 16700t。

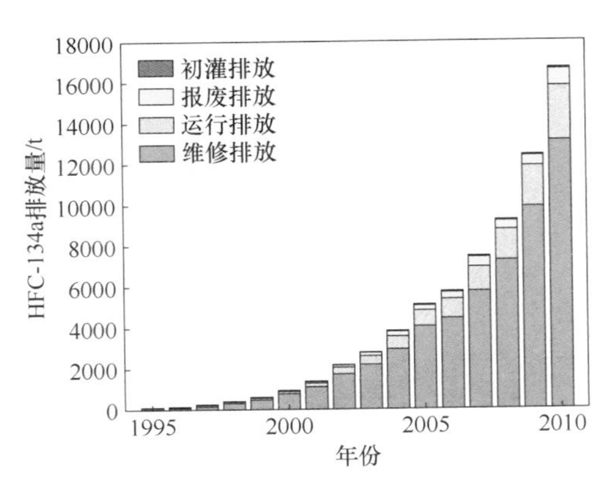

图 5-2　1995—2010 年汽车空调行业 HFC-134a 各个生命周期排放量

2016 年 10 月 15 日 HFCs 被列入《基加利修正案》的受控温室气体。2021 年 6 月 17 日，中国常驻联合国代表团向联合国秘书长交存了我国政府接受《基加利修正案》的接受书。该修正案于 2021 年 9 月 15 日对我国生效（暂不适用于中国香港特别行政区），对我国的 HFCs 消费量的控制要求见表 5-1。我国政府高度重视履约工作，扎实开展履约治理行动，取得积极成效，受到国际社会的广泛关注。为履行《基加利修正案》，我国将面临巨大的减排压力。因此分析和借鉴国际社会淘汰 HFC-134a 的相关技术与管理体制，并结合我国基本国情和分析实际排放特征提出替代技术和政策，对我国 HFC-134a 减排和积极响应国际社会加快淘汰 HFC-134a 的行动具有重要的意义。

表 5-1　《基加利修正案》对我国 HFCs 消费量的控制要求

时间	控制水平
2024—2028	冻结于基本水平
2029—2034	削减 10%
2035—2039	削减 30%
2040—2044	削减 50%
2045 年及以后	削减 80%

1. 汽车空调行业各车型排放特征

我国连续 15 年保持了全球第一水平，我国各类车型近年生产量见表 5-2，各类车型的保有量也在快速增加。2023 年，我国汽车全年产销分别实现 3016. 1 万辆和 3009. 4 万辆，同比增长 11. 6%和 12%，首次突破 3000 万辆。汽车空调是乘用车、客车、货车的必要设备，随着汽车产业的蓬勃发展，HFC-134a 消费与排放所导致的生态环境问题应引起重点关注。

表 5-2　我国各类车型近年生产量　（单位：万辆）

年份	2011	2012	2013	2014	2015	2016	2017
乘用车	1449	1552	1809	1992	2108	2442	2481
轿车	1014	1077	1210	1248	1163	1211	1194
MPV	51	49	132	197	213	249	205
SUV	160	200	303	417	624	915	1029
交叉型	224	227	164	130	108	67	53
商用车	393	375	403	380	342	370	421
客车	48	51	56	61	59	57	53
大型客车		8	8	8	9	9	9
中型客车		9	9	8	8	10	9
轻型客车		34	39	45	43	36	35
货车	345	324	347	320	283	315	368
重型货车		59	76	75	54	74	115
中型货车		29	29	25	20	23	23
轻型货车		183	189	166	155	155	174
微型货车		54	53	54	54	63	56
汽车总计	1842	1927	2212	2372	2450	2812	2902

注：数据来自《中国汽车工业年鉴》。

不同车型的 HFC-134a 排放量存在明显差异。根据相关文献，研究学者在《蒙特利尔议定书》情景下对汽车空调行业 HFC-134a 分车型排放量进行数据预测（图 5-3），结果表明客车空调 HFC-134a 排放量最大，在各类车型中占据主导地位。1995—2022 年，客车空调 HFC-134a 排放量排放占比不断增大，期间累计排放占比为 58%。2023 年后，排放比例逐渐稳定至 60% 左右。与客车排放占比变化趋势相反，汽车空调 HFC-134a 排放占比排第二，1995—2022 年呈现逐渐减小趋势，期间累计排放占比为 39%。2023 年后，轿车排放占比逐渐稳定并保持在 37% 左右。HFC-134a 排放占比最小的为货车空调，货车空调排放占比较为稳定，1995—2060 年保持在 3%。原因分析主要在于：

1）客车空调中制冷剂充注量最大，约为汽车空调和货车空调制冷剂充注量的 4 倍。一般情况下客车运营强度更高，空调系统制冷剂消耗更为剧烈，维护加注更为频繁。

2）货车车辆保有量小，且空调装配比例低，约占 30%。

3）初期汽车装配空调比例最高，但客车空调装配比例也在逐年提高，由 1995 年的

20%逐步提升至 75%，并维持在此水平。

2. 汽车空调全生命周期内 HFC-134a 排放特征

汽车空调全生命周期包括生产、运营、维护、报废四个主要阶段，可按照各环节 HFC-134a 排放量分析排放特征，从而制定减排策略，空调制冷剂排放环节及其排放因子如图 5-4 所示：

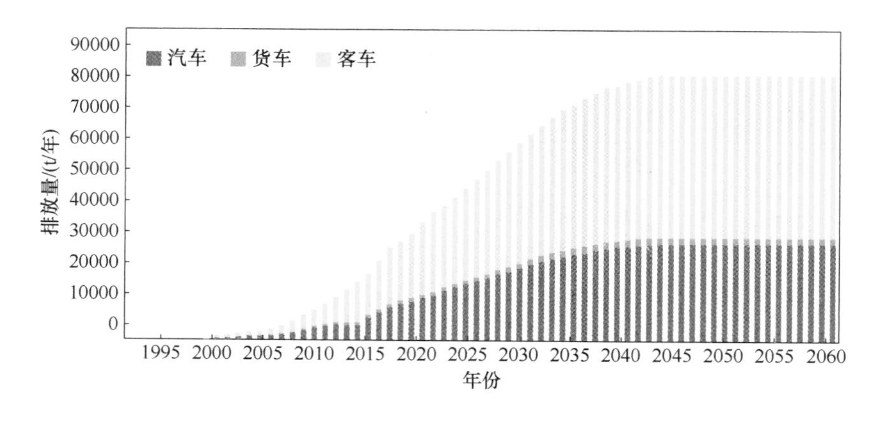

图 5-3　1995—2060 年汽车空调行业 HFC-134a 分车型排放量

图 5-3 彩图

1）生产 HFC-134a 和汽车空调安装时产生的初始排放。

2）汽车运行中使用汽车空调时产生的运行排放。

3）汽车空调在故障维修过程中产生的维修排放。

4）汽车报废时产生的处置排放。

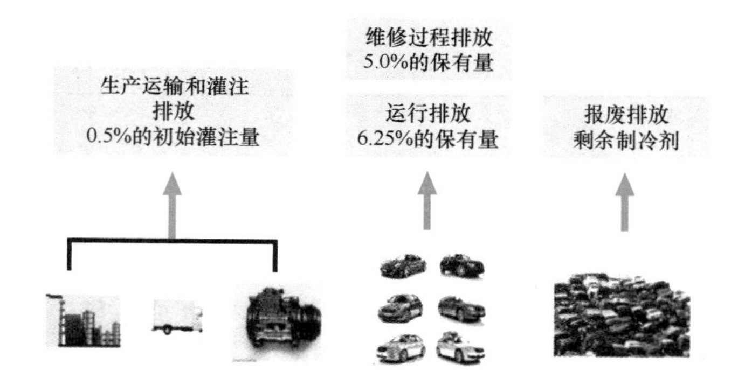

图 5-4　空调制冷剂排放环节及其排放因子

汽车空调全生命周期中，HFC-134a 主要在制冷剂装配、运行、维修、报废四个环节进行排放。按照占比比例，排放顺序由大到小分别为：报废环节、运行环节、维修环节、装配环节。图 5-5 为 1995—2060 年 MP 情景下制冷剂装配、运行、维修、报废四个环节 HFC-134a 排放趋势。

汽车空调全生命周期中，各环节 HFC-134a 排放量具有以下特征：

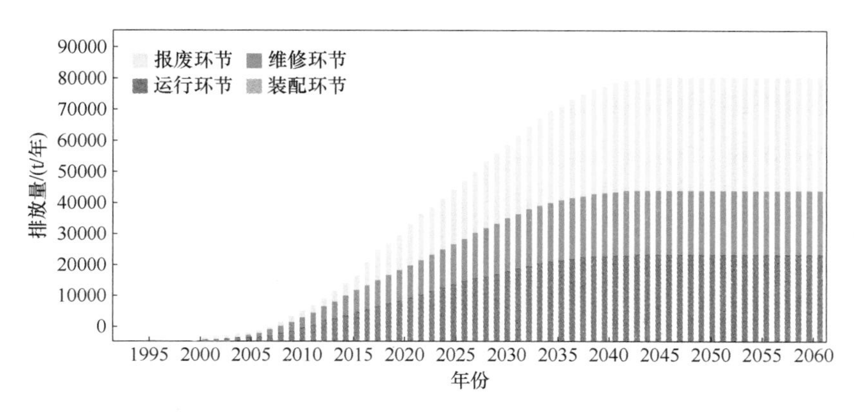

图 5-5　1995—2060 年 MP 情景下汽车空调全生命周期内 HFC-134a 排放量

图 5-5 彩图

1）装配环节由于逸散少，排放占比最小。

2）运行环节在初始时排放占比最高，但 1995—2044 年排放占比不断减小，期间运行环节累计排放占比为 36%，此后运行环节排放占比维持在 33%左右。

3）1995—2044 年维修环节排放占比同样不断减小，期间累计排放占比为 27%，此后维修环节排放占比维持在 24%左右。

4）1995—2044 年报废环节累计排放占比为 37%，2044 年后排放占比维持在 43%左右。

预测数据表明 2035 年我国汽车行业达到饱和，各车型车辆占比逐渐固定，车辆报废具有滞后性，2044 年之后在报废环节车型比例固定后，各环节排放占比均趋于稳定。

5.1.2　控制技术

由于汽车空调 HFC-134a 排放 GWP 较高，国际社会对其进行严格管控。因此，亟须寻求高效的削减控制策略实现 HFC-134a 减排化。目前可行策略主要包括以下两种：一是源头替代技术，从源头减少 HFC-134a 的生产和消费使用，转而使用绿色环保制冷剂，这是目前最为普遍的做法，但受限于专利、技术和设备等因素，成本较高；二是维修及末端回收循环再生技术，强化制冷产品维修及报废后的制冷剂回收，促进制冷剂净化再生和循环利用。

1. 源头替代技术

目前，欧美等发达国家已全面开展 HFO-134a 替代研究，表 5-3 中所描述的主要汽车空调新型制冷工质均为低 GWP 替代品，处于不同的实验与应用阶段。在众多替代制冷剂中，HFO-1234yf 是商业化应用中最为广泛的，已在欧美等国及日本、韩国、中国等国家进行商业化应用。CO_2 与 HFC-152a 作为汽车空调的制冷工质的研究分别始于 1990 年与 2002 年，虽然这两项替代技术研发长，已取得积极进展，但仍存在产品安全性低、效率不稳定、成本较高、能耗较大等问题，目前尚未形成规模化、商业化的应用产品，主要工质的大气寿命、消耗臭氧潜值（ODP）与 GWP 见表 5-4。

表 5-3　主要汽车空调制冷剂替代品

制冷剂	GWP	可燃性[①]	相对能效	制冷剂成本（元/kg）	市场状态	采用该技术的企业	已商业化地区
原有工质 HFO-134a	1430	1	基线	48		广泛使用	所有国家
HFO-1234yf	4	2L	相等	400	商业化	阿尔法·罗密欧，宝马，克莱斯勒，雪铁龙，通用，本田，现代，罗孚，起亚，路特斯，玛莎拉蒂，马自达，三菱，日产，标致，雷诺，特斯拉，丰田，斯巴鲁等	欧洲、日本、韩国、美国、中国等
HFC-152a	138	2	10%提高	13	试验性	菲亚特，通用，塔塔，沃尔沃	无
CO_2	1	1	在高温环境下更差	<7	试验中	无	无
AC6 混合物制冷剂（CO_2/HFCs/HFOs）	130		相等		测试中	捷豹，路虎，雷诺，日产，博世	无

① ASHRAE 34 标准：1—不可燃；2L—弱可燃；2—可燃。

表 5-4　主要工质的大气寿命、消耗臭氧潜值（ODP）与 GWP

制冷工质	分子式	ODP	GWP	降解是否产生三氟乙酸
CFC-12	CCl_2F_2	1	10900	产生
HFC-134a	CF_3CH_2F	0	1430	产生
HFC-152a	CH_3CHF_2	0	140	不产生
HFO-1234yf	$CF_3CF=CH_2$	0	4	产生
CO_2	CO_2	0	1	不产生

（1）HFO-1234yf

目前，应用最为广泛的替代剂为 HFO-1234yf（2，3，3，3-四氟丙烯），该制冷剂最先由 Honeywell 和 DuPont 公司联合开发，具有轻微可燃性，HFO-1234yf 的 ODP 指数为 0，GWP 指数仅为 4，与现有的 R134a 制冷剂物理性能最为相似。2006 年 5 月 17 日，欧盟颁布了关于机动车空调系统温室气体排放控制的指令（2006/40/EC），要求汽车生产商率先采用 HFO-1234yf 作为空调制冷剂。美国汽车商为响应燃料有效性标准和美国环境保护署的重要新替代品政策（SNAP）计划，汽车空调生产也开始采用 HFO-1234yf 进行替代。随后，日本开始生产并采用 HFO-1234yf 作为制冷剂的汽车空调。据报道，采用 HFO-1234yf 作为空调制冷剂的汽车品牌有奥迪、宝马、别克、雪佛兰、福特、通用、本田、现代、捷豹和路虎、凌志、林肯、丰田和大众等。图 5-6 是 HFO-1234yf 分子结构图。

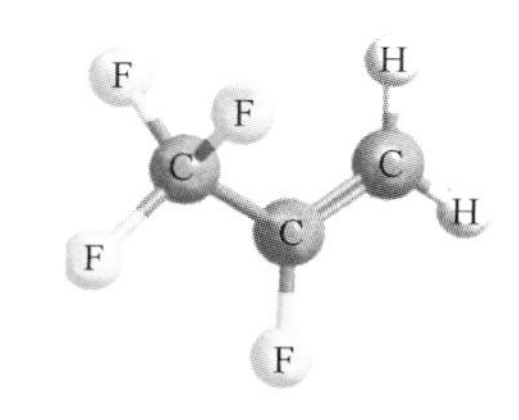

图 5-6　HFO-1234yf 分子结构图

由于 HFO-1234yf 使用广泛，其生态环境影响被重点关注。虽然它的 GWP 仅为 4，温室效应影响并不显著，且不破坏臭氧层，但是该制冷剂经大气降解可产生比 HFC-134a 多 5 倍的三氟乙酸。根据目前的估算和预测，如果采用 HFO-1234yf 完全替代 HFC-134a，环境中三氟乙酸的累积量将显著增加，这一现象值得高度关注。

基于 HFO-1234yf 的汽车空调技术工艺与现有的 HFC-134a 空调技术工艺较为接近。但是，HFO-1234yf 空调系统制造成本较高，其中包括制冷剂填充设备需要针对轻微可燃性气体增加的设备、升级的蒸发器、新的特制阀门和相对昂贵的制冷剂（HFO-1234yf）。因此，在汽车空调全生命周期过程中，空调维修成本将相对增加。对于装载填充量为 600g 的汽车空调，每辆汽车增加成本为 40～75 美元；对填充量为 1.2kg 的空调，每辆汽车的增加成本为 75～100 美元。HFO-1234yf 与 HFC-134a 能效接近，因而燃油成本相对持平。

（2）CO_2（R744）

20 世纪 90 年代，CO_2 开始应用于汽车空调制造。Lorentzen、Petterson 等人首先从理论上分析了将 CO_2 应用于汽车空调的可行性，并通过试验验证。CO_2 是非可燃高压制冷剂，CO_2 空调系统设计需满足国际通用的高压气体标准，以避免压缩机系统发生爆炸。CO_2 作为制冷剂，其自身成本较低，但由于高压要求导致涉及的零部件成本增加。同时，压缩机总质量增加也将增加汽车运行的额外能耗。目前缺乏商业化数据，无法确切评估每台汽车空调的增加成本数额。图 5-7 是 CO_2（R744）分子结构图。

（3）HFC-152a

HFC-152a（CH_3CHF_2,1,1-二氟乙烷）作为 HFC-134a 的候选替代制冷剂，其饱和蒸汽压曲线和制冷性能与 HFC-134a 接近，尚未发现与 HFC-134a、HFO-1234yf 和 AC6 类似的生成大量三氟乙酸的环境问题存在。研究学者通过恒焓实验室评价系统对 HFC-134a、HFC-152a 和 HFO-1234yf 进行对比分析，结果表明 HFC-152a 的制冷量和 COP 值比 HFC-134a 分别高 2% 和 9%，HFO-1234yf 的制冷量和 COP 值比 HFC-134a 分别低 4% 和 5%。因此，在汽车空调系统中，HFC-152a 单一制冷工质是 HFC-134a 制冷剂较为理想的替代品。

HFC-152a 作为制冷剂具有可节省燃油、制冷剂价格低、系统效率更高和可利用减速达到制冷的潜力。由于 HFC-152a 具有可燃性，需增加热交换器、冷却液泵和额外控制设备等零部件。在不考虑制冷剂的成本的情况下，每台汽车增加成本约为 30 美元。同时，HFC-152a 的 SAE（Society of Automotive Engineers）标准尚不完善，它作为汽车空调制冷剂的产品也没有市场化。图 5-8 是 HFC-152a 分子结构图。

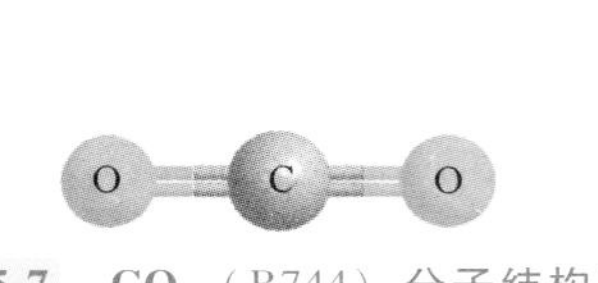

图 5-7　CO_2（R744）分子结构图

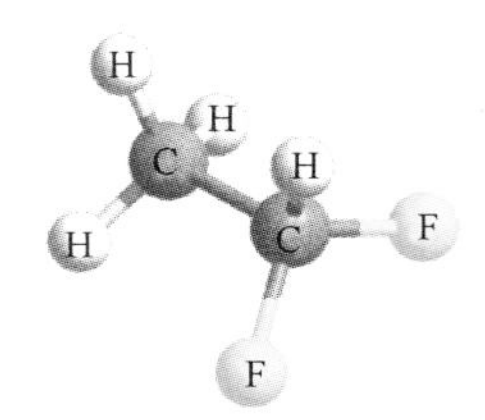

图 5-8　HFC-152a 分子结构图

（4）Mexichem AC6（混合工质）

AC6 是具有适度可燃性的混合制冷剂，包括 CO_2、HFC-134a 和 HFO-1234ze（6/9/85）。相比于 HFO-1234yf，具有更低的可燃性和更高的冷却能力。但是，由于 AC6 为混合物，存在制冷能力滑移的可能性。AC6 空调系统的生产成本与 HFO-1234yf 空调系统接近，其制冷剂成本相对 HFO-1234yf 便宜。但是，空调使用过程中制冷剂组分不可避免地发生变化，将会导致制冷能力或能源效率下降。因而，维修过程中若需更换制冷剂，则应重新配比进行替换，将带来额外成本。

2. 维修及末端回收循环再生技术

汽车维修与报废过程中，汽车维修企业通过购买氟表或制冷剂回收加注机来完成制冷剂回收与加注操作。根据相关文献报道，按照地理分布和报废汽车拆解处理能力，从北京、上海、天津、陕西和湖北等地选取 21 家具有资质认定的报废汽车回收拆解企业，通过问卷调查的方式，开展制冷剂回收调研。结果发现 21 家企业中仅 13 家企业实际开展制冷剂回收，占调研企业总数的 62%。回收的制冷剂类型以 HFC-134a 为主，制冷剂平均回收量为 0.27~25.74g/台。单台汽车制冷剂平均回收量在 20g 以上的企业仅 2 家，按照乘用车制冷剂加注量 0.6kg 计算，回收量仅占加注量的 0.05%~4.29%。制冷剂回收后主要有再生、销毁和暂存三种处理方式，占比分别为 28%、42% 和 30%。由于管理、技术和市场等原因，制冷剂回收还未引起足够关注，制冷剂的理论回收量和实际回收量之间存在较大差距，仍处于起步阶段。

为了实现 HFC-134a 维修及末端回收循环再生，应从政策出台、技术规范和深化回收管理三方面入手：

（1）政策出台

在政策方面，将制冷剂的回收管理纳入我国绿色低碳循环发展的顶层设计。我国 2019 年《绿色高效制冷行动方案》、2021 年《中国应对气候变化的政策与行动》、2021 年《“十四五”冷链物流发展规划》和 2023 年《制冷设备更新改造和回收利用实施指南》等均提出要积极推动制冷剂的回收、再利用和无害化处置，严格控制制冷剂泄漏排放。

（2）技术规范

在技术规范方面，明确机动车维修及报废过程中的作业标准。《报废机动车回收拆解企业技术规范》（GB 22128—2019）和《报废机动车拆解企业污染控制技术规范》（HJ 348—2022）规定报废汽车回收拆解企业在开展传统燃料报废汽车和报废电动汽车拆解作业前应抽排制冷剂，不同类型的制冷剂应分别回收，使用专门容器单独存放，并交由具有相应资质的单位利用和处置。《制冷空调设备和系统　减少卤代制冷剂排放规范》（GB/T 26205—2010）规定了固定安装的制冷、空调及热泵设备和系统在回收、销毁、维修和报废等处理过程中减少卤代制冷剂排放的方法和要求。

（3）深化回收管理

在深化回收管理方面，我国制冷剂回收管理法规政策体系已逐步建立。2010 年发布的《消耗臭氧层物质管理条例》规定制冷设备和制冷系统维修、报废时，应对消耗臭氧层物质进行回收、循环利用或者交由从事消耗臭氧层物质回收、再生利用、销毁等经营活动的单位进行无害化处置。从事含消耗臭氧层物质的制冷设备报废处理经营活动的单位，应当向所在地县级人民政府环境保护主管部门备案。

5.1.3 对策

以汽车空调制冷剂 HFC-134a 减排为目标，综合分析现有汽车空调制冷剂排放特征及发展状况，对汽车空调业 HFC-134a 减排实施对策建议如下：

1. 推动产学研合作，促进替代制冷剂研发与应用

以科技创新为抓手，以工程应用为导向，研发行业所需低 GWP 的绿色制冷剂，并向实际商业化应用进行推广，应以我国新能源汽车产业蓬勃发展为契机，加大对于替代制冷剂开发研究及应用的投入，争取实现技术领先优势。

2. 健全政策监管，强化制冷剂回收管理

目前车辆维护报废环节中存在监管的真空区，在汽车全生命周期过程中，约有 57.18% 的汽车未通过正规报废机构进行制冷剂回收，导致大量的制冷剂在报废过程中逸散至大气中，产生大量 HFC-134a 排放。因此，将车辆维修、报废过程中制冷剂的回收纳入相关企业资质考察，通过制度规范来促使车辆维修、报废过程中实现制冷剂回收，降低制冷剂所造成的生态环境危害。

3. 增强责任意识，保证车辆制冷剂全链条监管

开展拆解及维修企业从业人员专项培训，强化企业主体责任意识，提升从业人员的操作

水平和回收意识，减少无意识排放。围绕执法工作重点编制核查手册，提高执法能力和执法效率，加强制冷剂回收日常监管，加大制冷剂人为排放的惩罚力度。

4. 加强顶层设计，宏观调控制冷剂市场应用

面向国家温室气体排放控制战略，与汽车产业发展进行协同合作，对制冷剂产销量进行宏观调控，即源头控制制冷剂的产量，灵活调节新旧制冷剂使用占比，避免一刀切造成的经济损失，实现经济与环境保护协同发展。

5.2 房间空调制冷行业 HFC-410a 减排技术及对策

5.2.1 排放特征

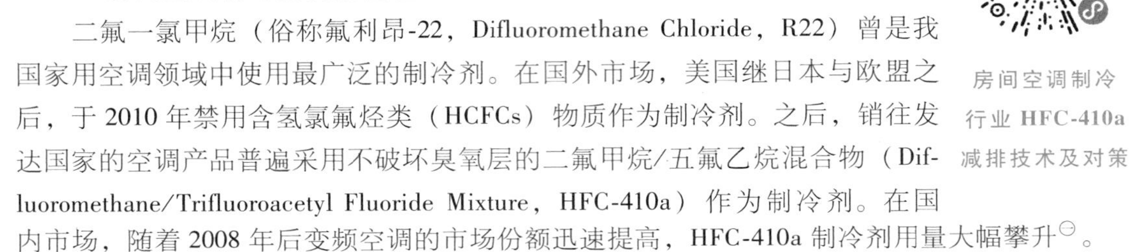

房间空调制冷行业 HFC-410a 减排技术及对策

1. 房间空调制冷剂发展过程

二氟一氯甲烷（俗称氟利昂-22，Difluoromethane Chloride，R22）曾是我国家用空调领域中使用最广泛的制冷剂。在国外市场，美国继日本与欧盟之后，于 2010 年禁用含氢氯氟烃类（HCFCs）物质作为制冷剂。之后，销往发达国家的空调产品普遍采用不破坏臭氧层的二氟甲烷/五氟乙烷混合物（Difluoromethane/Trifluoroacetyl Fluoride Mixture，HFC-410a）作为制冷剂。在国内市场，随着 2008 年后变频空调的市场份额迅速提高，HFC-410a 制冷剂用量大幅攀升㊀。

HFC-410a 是二氟甲烷（R32）和五氟乙烷（R125）按照 50∶50 的质量百分比组成的二元近共沸混合制冷剂，曾是美国和日本家用和商用空调系统中 R22 的主要替代制冷剂，ODP 为 0，GWP 高达 2100。按照目前全球节能减排要求，HFC-410a 面临被替代的风险。另外，在使用 HFC-410a 时要重新设计压缩机、热交换器和管路，且 HFC-410a 作为专利产品涉及知识产权保护，限制了 HFC-410a 在家用空调市场上的推广应用。

随着 HCFCs 制冷剂加速淘汰阶段性目标的逐步完成，《蒙特利尔议定书》受控物质管控重点正在转向氢氟烃类物质（HFCs）的削减。按照 2016 年 10 月国际社会在《蒙特利尔议定书》框架下达成的《基加利修正案》，美国、日本、欧盟等主要发达国家和地区应在 2019 年实现基线水平削减 10%（按 CO_2 当量计算，下同），2024 年削减 40%，到 2036 年实现削减 85%；中国等第一组发展中国家，自 2024 年开始冻结，2029 年削减 10%，最终 2045 年实现削减 80%。我国作为发展中国家，是全球最大的制冷空调设备生产和消费国，2021 年制冷剂年消费量超过 35 万 t，超过全球消费量的 50%，折合 CO_2 当量超过 5 亿 t。我国的制冷剂替代工作面临巨大的压力和挑战。

2. 房间空调碳排放计算

空调系统中由于制冷剂使用而产生的温室气体排放，应按下式计算：

$$C_r = \frac{m_r}{y_e} GWP_r / 1000$$

㊀ 摘自张明杰等人在《第十届全国电冰箱（柜）、空调器及压缩机学术交流大会论文集》中发表的《几种家用空调环保制冷剂比较与展望》，2011。

式中　C_r——建筑使用制冷剂产生的碳排放量（tCO_2e/年）；

r——制冷剂类型；

m_r——设备的制冷剂充注量（kg/台）；

y_e——设备使用寿命（年）；

GWP_r——制冷剂 r 的全球变暖潜能值。

需要注意的是：

1）建筑物碳排放计算采用的冷热源及相关用能设备的性能参数应与设计文件一致。

2）建筑冷热源的能耗计算应计入负载、输送过程和末端的冷热量损失等因素的影响。

3）输送系统的能耗计算应计入水泵与风机的效率、运行时长、实际工作状态点的负载率、变频等因素的影响。

4）房间空调温室气体碳排放因子数据。

3. 房间空调排放特征分析

房间空调排放特征主要体现在对气候环境的影响程度，主要采用生命周期气候性能指标（Life Cycle Climate Performance，LCCP）进行评价，该指标不仅涵盖了 GWP 和总当量变暖影响（Total Equivalent Warming Impact，TEWI）对气候环境的影响，还涉及了空调系统全生命周期对气候环境的影响。

LCCP 的概念包含两部分：直接排放量（Direct Emissions）和间接排放量（Indirect Emission）。

（1）直接排放量

直接排放量是与制冷剂本身直接相关的碳排放量，即设备全生命周期排放到大气中的制冷剂对气候的影响所对应的 CO_2 排放量。主要分为以下几类：①由于设备使用过程中，每年泄漏对应的排放量；②设备报销（寿命终时）制冷剂泄漏对应的排放量；③泄漏到大气的制冷剂产生的降解物对大气影响对应的排放量。

（2）间接排放量

间接排放量是指除与制冷剂直接相关以外的所有资源耗费对应的排放量，主要分为以下几类：①由于设备运转电能耗对应的排放量；②由于制造设备原材料对应的排放量、设备寿命终时回收处理原材料对应的排放量；③由于制造制冷剂对应的排放量、制冷剂回收处理对应的排放量。图 5-9 为 LCCP 直接排放与间接排放图解。

某 1.5HP 变频 35 空调系统信息见表 5-5，该 HFC-410a 空调系统对应的全年能源消耗率（Annual Performance Factor，APF）工况性能见表 5-6，以下关于 LCCP 的研究均以此能效为基准。

表 5-5　某 1.5HP 变频 35 空调系统信息

制冷剂种类	HFC-410a	年泄漏率	4.00%
充注量	1.02kg	寿命终时泄漏率	15.00%
GWP	1924	寿命	15a
空调质量	40kg	原材料形式	Virgin

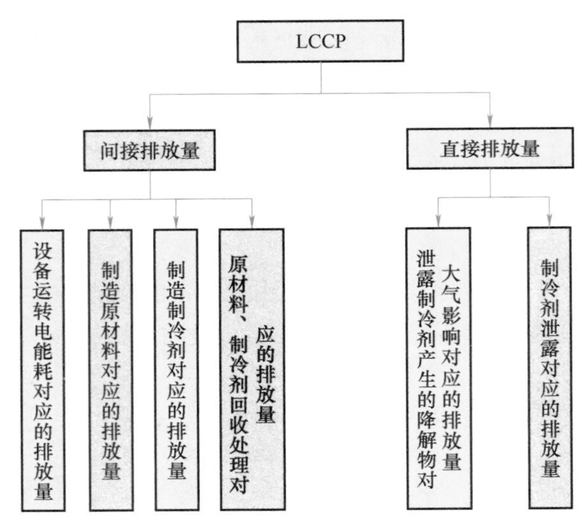

图 5-9 LCCP 直接排放与间接排放图解

表 5-6 某 HFC-410a 制冷剂 35 空调系统中国 APF（4.55）工况焓差试验数据 （单位：W）

COOL	额定制冷	3425.6	额定制冷功率	886.0
	中间制冷	1609.7	中间制冷功率	288.8
HEAT	额定制热	4772.4	额定制热功率	1298.2
	中间制热	2409.1	中间制热功率	453.0
	低温制热	4264.4	低温制热功率	1556.6

通过家用空调 LCCP 计算软件对 HFC-410a 制冷剂空调 LCCP 进行计算，计算结果见表 5-7。该数据表明空调电能耗对应排放量是整个 LCCP 的主要组成部分，因此同等能力下，提高空调能效可显著降低 LCCP，减少碳排放量；同时，由于 GWP 对应的 CO_2 排放量占比为 LCCP 的第二位，所以选择 GWP 较低的制冷剂也能够较为显著地降低 LCCP，减少碳排放量。

5.2.2 控制技术

对 HFC-410a 实现削减控制，主要采用技术分为两方面：一是替代技术，即用更加环保易实施的制冷剂替代 HFC-410a，目前技术较为成熟的替代方法有使用丙烷（Propane，R290）、R32、氟乙烷（Fluoroethane，R161）等冷却剂；二是回收销毁技术，即加强报废家用空调器中制冷剂的回收利用及副产物的销毁处理。从源头控制及末端治理，实现全流程 HFC-410a 减排化。

表 5-7 HFC-410a 空调对应的 LCCP

LCCP	CO_2 排放量	占总排放量的百分比
总排放量（kg CO_2e）	10085.18	—
总直接排放量（kg CO_2e）	1471.86	14.59%
由于每年泄漏对应的排放量（kg CO_2e）	1177.49	11.68%

（续）

LCCP	CO_2 排放量	占总排放量的百分比
由于寿命终时泄漏对应的排放量（kg CO_2e）	294.37	2.92%
总间接排放量（kg CO_2e）	8613.32	85.41%
空调电能耗对应排放量（kg CO_2e）	8451.45	83.80%
制造原材料对应的排放量（kg CO_2e）	142.16	1.41%
寿命终时回收可循环材料时对应的排放量（kg CO_2e）	2.25	0.02%
制造制冷剂对应的排放量（kg CO_2e）	17.46	0.17%

1. 替代技术

常用房间空调制冷剂中 R22、HFC-410a、R290、R32 以及 R161 在房间空调制冷剂使用中基础指标对比见表 5-8。

表 5-8 几种常用房间空调制冷剂使用中基础指标对比

工质	R22	HFC-410a	R290	R32	R161
化学式	$CHClF_2$	CH_2F_2/C_2HF_5	$CH_3CH_2CH_3$	CH_2F_2	CF_3CH_2F
沸点 NBP/℃	-38.1	-51.4	-42.1	-52	-37.1
大气寿命/年	12	4.9/29	0.041	4.9	0.21
ODP	0.05	0	0	0	0
GWP	1810	2100	~20	650	5
安全等级	A1	A1	A3	A2L	A3

（1）R290

R290 属于烃类（Hydrocarbon，HCs），GWP 低，无毒，理论制冷效率高，较为环保。但由于具有可燃性（A3），单台设备允许充注量小，应用场合受到限制。目前研究主要集中在减少系统充注量、提升安全性等方面。虽然 R290 具有可燃性，但它在接触空气时不会自发燃烧，R290 燃烧的必要先决条件是释放和混合正确比例（1%~10%），以及存在能量大于 2.5×10^{-4}kJ 的热源或温度高于 440℃。通过密封系统、充电最小化和适当通风，仅需预防措施可实现安全使用。许多团体和组织正在为使用易燃制冷剂制定新的安全标准。R290 家用空调在中国、印度和欧洲等国家和地区逐步应用。图 5-10a 为 R290 分子结构图。

（2）R32

R32 的 GWP 为 650，是 HFC-410a 的主要组分之一，具有系统能效高，无毒性，弱可燃性（A2L），成本可控的特点。R32 的排气温度高于 HFC-410a，应用技术研发重点为降低压缩机排气温度、研发高稳定性润滑油、实现电气安全控制、减少制冷剂充注量，国内相关企业已逐步掌握应用核心技术。R32 虽属于 HFCs 类制冷剂，但在房间空调制冷行业仍具有许多优点，如容积制冷量比较高，系统充注量大约为 R22 的 60%。考虑到能效的提升，采用 R32 作为替代技术将带来更高的温室气体减排效果。R32 制冷剂在全球中小型空调产品中已实现广泛应用。R32 单元机、小型多联机在日本和欧盟等国家和地区已经成为主流产品。

图 5-10b为 R32 分子结构图。

（3） R161

R161 作为一种绿色环保制冷剂，最为突出的优点包括 ODP 为 0，GWP 仅为 12。该制冷剂的物理特性如饱和蒸汽压、标准沸点、临界温度等参数与 R22 非常接近，具有系统充注量小、液体导热系数较高、良好的热力性能等优点，有一定的应用前景。图 5-10c 为 R161 分子结构图。

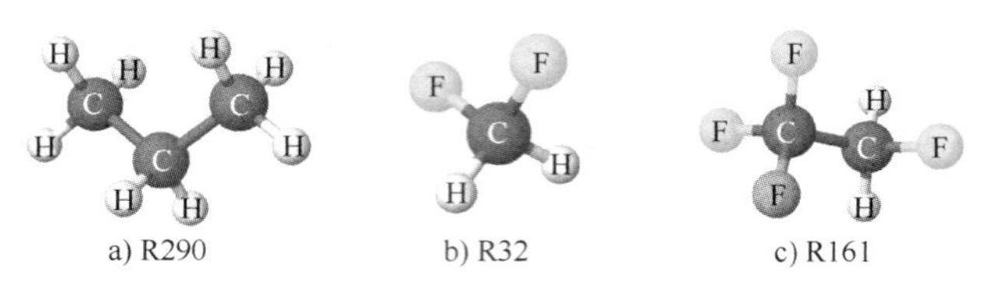

图 5-10　R290、R32、R161 的分子结构图

2. 回收销毁技术

（1） 制冷剂回收技术

我国制冷剂管理处于起步阶段，制冷剂回收量低，涉及制冷剂回收、再生、销毁量上报等的全面管控体系仍未起到实际成效，缺乏详细历年数据。2018 年，我国正规拆解 477.9 万台含氟废空调，329.4 万台含氟废冰箱，共回收 761.3t 制冷剂。我国的制冷剂处理量相比于日本、美国仍有很大差距，约为发达国家处理量的 1/10。

制冷剂回收的基本原理是通过建立回收端和被回收端两端的压差来实现制冷剂的转移。适用于房间空调制冷剂回收的方法可以分为冷却法、压缩冷凝法和液态推拉法，原理如图 5-11所示。

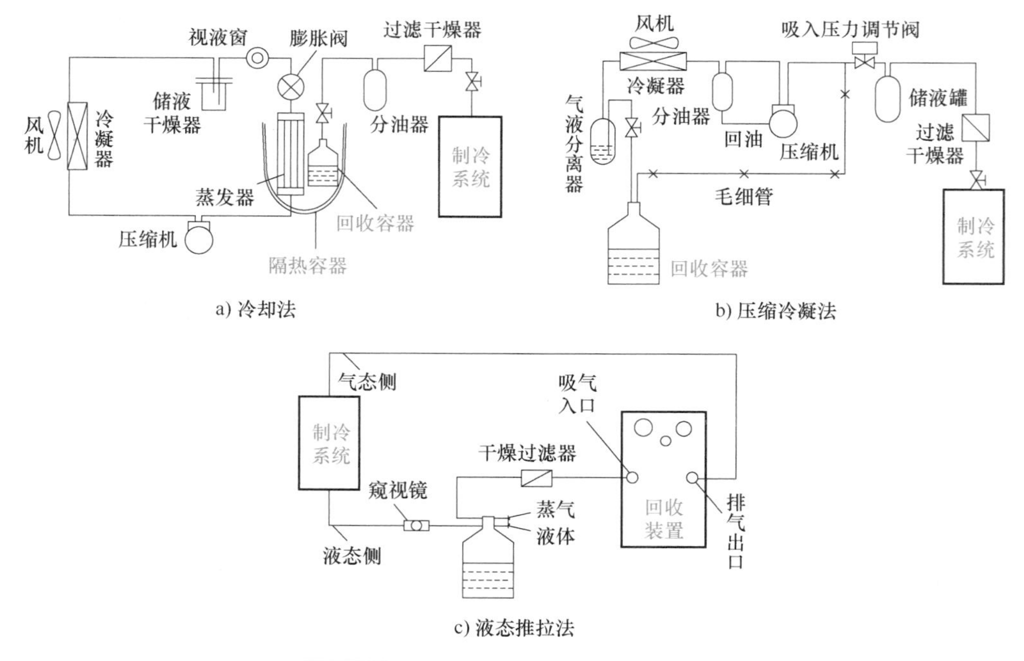

图 5-11　房间空调制冷剂回收方法原理

以上三种方法在制冷剂回收形态、回收纯度、速度等方面存在显著区别。冷却法、压缩冷凝法均以气态形式对制冷剂进行回收，优点为回收制冷剂纯度较高、制冷剂回收彻底，缺点是回收速度慢、时间长。除此之外，压缩冷凝法具有能耗低、回收速度快于冷却法的优点，是最为广泛应用的制冷剂回收方式。液态推拉法以液态形式对制冷剂进行回收，拥有最快的回收速度，因此适用于大中型制冷设备中的制冷剂回收。缺点是无法去除制冷剂回收前所含有的润滑油、水分等杂质，无法对制冷系统内的制冷剂进行全部回收，只能回收大部分液态制冷剂。

（2）制冷剂销毁技术

为实现对 R22 及 HFC-410a 制冷剂替代工作的节点要求，废弃制冷剂的处置技术应运而生。目前，制冷剂销毁方法主要包括焚化法、等离子法及其他方法三类，见表 5-9。

表 5-9　当前制冷剂销毁主要方法

焚化法	等离子法	其他方法
反应炉裂解法 回转窑焚烧法 水泥窑焚烧法 固定炉焚化法 垃圾焚烧法 多孔热反应堆焚化法	空气等离子法 氩等离子弧法 氮等离子弧法 微波等离子法 电感耦合射频等离子法	气相催化脱卤法 有机物热反应法 催化分解法 加 H_2 和 CO_2 化学反应法

由于焚化温度设定不同，焚化法被细分为反应炉裂解法、回转窑焚烧法、水泥窑焚烧法、固定炉焚化法等。在高温条件下，废弃制冷剂被分解或裂解，从而达到销毁的目的。等离子法通过使用高温等离子体火焰加热制冷剂使其分解，分解物通过化学反应降解为无污染、可利用的化学物质，从而达到销毁的目的。试验证明，以上现阶段使用的销毁方式可使制冷剂的去除效能值均达到 99.99%。

由于上述销毁方法会进行高温反应产生较高能耗，因此，气相催化脱卤法、有机物热反应法、催化降解法等非焚烧销毁方法受到广泛关注。但由于这类技术尚不完善，无法完全达到分解要求，或者仍然需要消耗大量的能量且工艺复杂，导致它们到目前为止还未列入联合国规划署的推荐方案。

5.2.3　对策

对于 HFC-410a 制冷剂处理对策，日本等国家已形成相对成熟的管理制度，同时对于可替代 HFC-410a 的制冷剂也有相应优劣，提出以下对策。

1. 成立制冷剂回收管理机构

国家层面统筹成立制冷剂回收管理机构，由部门直属。主要职能包括：一是对从事制冷剂回收的专业人员进行培训和认证；二是对制冷剂回收工厂进行资格认证；三是分别就制冷剂回收、再循环的设备及制冷剂再生技术研究制定相关标准；四是宣传制冷剂回收，编制人员培训教材。

2. 明确各利益方职责

可采用制冷剂全生命周期管理模式，其中各利益相关方职责如下：

1）制冷剂制造商：通过技术升级，减少制冷剂的生产、进口和消耗。

2）产品生产商：生产商/进口商必须使用同类产品中 GWP 最低的制冷剂进行生产/进口，应兼顾安全性、经济性和能源节约特性。

3）消费者：承担报废产品回收、运输、循环利用和销毁费用。在家电报废时委托已注册的制冷剂回收企业开展制冷剂回收，向报废家电收集者出具气体回收证书，并保存证书3年。

4）注册制冷剂回收企业：相关企业在当地政府注册，通过认证后遵守制冷剂回收相关标准，严格登记制冷剂回收数据。

5）制冷剂销毁/回收利用企业：政府批准后，按照相关标准销毁/回收企业交付制冷剂，对制冷剂销毁/回收收取一定费用。

6）家电收集者：未经允许不得收集没有制冷剂回收证书的报废家电。

3. 开展人员及机构认证

关于人员认证，制冷剂回收管理机构应制定培训教材，定期举办培训班，普及制冷剂回收技术，培训制冷剂回收工程师。通过培训的工程师需要在机构注册，获得注册证书。

关于回收机构认证，待认证的机构应至少有一名注册的制冷剂回收工程师，且拥有一套完整的制冷剂回收装置。回收机构有效期同样为3年，如不更新，将自动失去资格。

4. 制冷剂替代

前节所述，R290、R32、R161 作为 HFC-410a 替代品各有优劣，我国也已经出台《中国消耗臭氧层物质替代品推荐名录》，部分推荐名录见表 5-10。在我国实际替代制冷剂的选择中，R290 已经成为首选制冷剂，但由于其高度易燃性只适合充注 2 匹以内的空调（1 匹折合 800W 计算，挂式空调及部分柜式空调，不包含三相空调）。

表 5-10 《中国消耗臭氧层物质替代品推荐名录》（部分）

序号	用途类型	替代品名称	ODP	GWP	主要应用领域（产品）
1	制冷剂	丙烷（R290）	0	<1	房间空调器、家用热泵热水器、商业用独立式制冷系统、工业用制冷系统
2	制冷剂	二氟甲烷（R32）	0	650	单元式空调机、冷水（热泵）机组、工业或商业用热泵热水机
3	制冷剂	氟乙烷（R161）	0	12	房间空调器

5. 新型制冷剂的研究与探索

目前所述的可替代的制冷剂大多在十年前就已经从理论中提出，许多可应用到房间空调制冷中的新型制冷剂的应用还需长期探索，政府与企业、研究院校应加强交流合作，致力于研究更加适合的低 GWP、高安全性的新型制冷剂。

5.3 工商制冷行业氢氟碳化物减排技术及对策

5.3.1 排放特征

2016 年 10 月，《蒙特利尔议定书》缔约方在卢旺达首都达成《基加利修正案》，该修正案明确将 HFC-32、HFC-134a、HFC-125 等 18 种氢氟碳化物（HFCs）列入受控物质清单，包括中国在内的大部分发展中国家将在 2024 年冻结 HFCs 的生产和消费，并从 2029 年开始削减，当年削减 10%，预计 2045 年实现削减 80%的目标。据预测，《基加利修正案》成功实施将减少 88%的 HFCs 排放，可有效防止 21 世纪末全球升温 0.5℃。

工商制冷行业涵盖公共建筑空调、大中型物流冷库、小型装配式冷库、大型连锁超市及连锁便利店。其中，冷库通过制冷循环系统，利用制冷剂的物理变化吸收和释放热量，实现对冷库内部温度的控制。冷库也会采用绝热隔离材料隔离外界热量的传入，配备温度控制系统监测和调节内部温度，从而实现对食品、药品等产品的低温储存和保鲜。公共建筑空调及连锁超市、便利店冰箱基于热力学和物理学的原理，通过制冷循环系统中的一系列物理变化和热量的吸收与释放来实现对空气温度的调节。目前，国内冰雪场馆主要采用氨、CO_2 和低 GWP 的氢氟烯烃（HFOs）作为制冷剂，HFCs 使用量极低。近年来，酒店、饮品店等商用制冰机多使用 R290、异丁烷等环保制冷剂。

1. 公共建筑空调

以首都北京市为例，通过调查问卷和实地调研，2019 年北京市公共建筑空调 HFCs 使用总量为 31643kg，2020 年为 29561kg，2021 年为 38418. kg。其中，2021 年 HFC-134a 的占比为 67. 38%，HFC-410a 的占比为 32. 62%。

2. 大中型物流冷库

目前，我国冷库系统中最常用的制冷剂有 NH_3 和 R22，其中，80%的冷库以氨为制冷剂，20%的冷库（大部分是中、小型冷库）采用 R22 制冷剂。但近年来发生了多起氨泄漏事故，造成一些人“谈氨色变”，很多企业的冷库投标工程也放弃了氨，而转向选择 R22 作为制冷剂，但 R22 属于 HCFCs 系列，对臭氧层有破坏作用。

3. 小型装配式冷库

小型装配式冷库主要在快餐连锁店内使用，表现为厨房用冷库制冷系统，其主要使用的制冷剂为 R404A，是五氟乙烷、三氟乙烷、四氟乙烷混合制冷剂（44%R125，52%R143A，4%HFC-134a）。

4. 大型连锁超市

大型连锁超市内轻型商用制冷设备主要为自携式和远置式冷柜，通过实地考察结合网络咨询，获得 CEIC 北京大型连锁超市历年门店数量：2017 年 317 家，2018 年 499 家，2019 年 494 家，2021 年大型连锁超市门店数量约为 500 家。然而，目前从理论推算角度暂无法获得 2021 年关于大型连锁超市远置式冷柜 HFCs 使用量数据。经向北京市大型连锁超市远置式冷柜安装商咨询，获得 2021 年北京市大型连锁超市内远置式冷柜安装 HFCs 的使用量数据，结果见表 5-11。

表 5-11　2021 年北京市大型连锁超市远置式冷柜 HFCs 制冷剂使用量调查表（不完全统计数据）

HFC 制冷剂	R404A	R507	R134a
安装商 A 使用量/t	3.085	—	—
安装商 B 使用量/t	3.800	3.800	—
安装商 C 使用量/t	3.520	—	3.600
HFCs 总使用量/t	10.405	3.800	3.600

5. 连锁便利店

根据现场设备数据统计结合轻商设备厂家生产数据，一个便利店内平均有 2 台自携式冷柜和 3 台远置式冷柜。自携式冷柜大多数为储藏冰淇淋等冻品的低温柜，采用制冷剂为 R404A；远置式冷柜大多数为储藏酸奶、果蔬等的中温柜，采用制冷剂 HFC-134a。

公共建筑空调对应制冷剂的排放特征、控制技术和排放控制对策与上节相同。小型装配式冷库、大型连锁超市和连锁便利店主要采用 R404A 制冷剂，大中型物流冷库主要采用 R22、NH_3，而 R22 的 ODP 极高。制冷剂五氟乙烷、三氟乙烷混合制冷剂与 HFC-134a 的使用量并不多。同时，以产品全生命周期角度来看，对于工商制冷行业，由于其设备使用时间连续，长时间使用会导致损坏等情况发生，而维修过程中造成的泄漏补充量是另外需要考虑的点。以 2021 年北京市工商制冷 HFCs 生产及维修使用量进行参照对比，结果见表 5-12。

表 5-12　北京市 2021 年工商制冷 HFCs 生产及维修使用量

设备种类	使用类别	泄漏率	生产及维修 HFC 使用量/(t/年)				
			总量	HFC-410a	HFC-134a	R507	R404A
公共建筑空调	生产	3.52%	33.2	15.9	17.2	—	—
	维修		322.4	54.2	268.2	—	—
大中型物流冷库	生产	8%	231.8	—	—	139.1	92.7
	维修		106.7	—	—	64.0	42.7
小型装配式冷库	生产	8%	1.2	—	—	—	1.2
	维修		0.8	—	—	—	0.8
大型连锁超市	生产	2%～6%	17.8	—	3.6	3.8	10.4
	维修		3.1	—	2.6	—	0.5
连锁便利店	生产	2%～6%	1.3	—	1.3	—	—
	维修		2.0	—	1.8	—	0.2
生产和维修总使用量			720.3	70.1	294.7	206.9	148.5

由表 5-12 可知，在工商制冷行业中，维修消耗的制冷剂量有些会远远超出其设备本身的充注量。

5.3.2　控制技术

工商制冷行业中，对 HFCs 的控制可采用替代技术、降低维修消耗技术和回收销毁技术。替代技术主要体现在大中型物流冷库中，使用 CO_2、R507 代替 NH_3 与 R22。降低维修消耗技术为设备安装、日常维护及维修处理设备时的制冷剂消耗量。回收销毁技术是加强报废设备的处理措施。这样就完成了源头控制、维修保养过程、末端治理的全流程控制。

1. 替代技术

（1）CO_2

CO_2 制冷剂在 19 世纪 90 年代应用于冷链系统，但当时因技术不成熟，制冷能力较低，机械制造能力不足及缺乏安全意识等因素，其发展在 CFCs 制冷剂出现后变得缓慢。直至 1989 年，挪威的 Glorentzen 设计了跨临界二氧化碳循环系统，并大力推广，CO_2 制冷剂才重新成为研究热点。目前，CO_2 制冷技术在欧盟市场发展迅速，我国的企业和科研机构也在积极研究并应用于食品、物流等领域，系统运行稳定可靠。

（2）R507（混合工质）

R507 是一种无色气体，常温常压下为液化状态，储存于钢瓶内。作为不含氯的共沸混合制冷剂，其 ODP 为 0，不破坏臭氧层，环保清洁。R507 低毒、不燃且制冷效果优异，特别适用于中低温冷冻系统，常能比 R404A 达到更低的温度。它广泛应用于商用制冷设备、制冰设备以及交通运输等领域，是 R22 的优秀替代品，如超市冷冻冷藏柜、冷库、陈列展示柜、制冰设备、交通运输制冷设备等。

2. 降低维修消耗技术

工商制冷设备从生产到报废的过程中，维修带来的额外损耗不容忽视。这主要源于两方面：设备安装与日常保养中的疏忽遗漏及维修单位操作不规范。这两方面均可能导致设备损坏，增加额外的损耗。

（1）设备安装及保养方式

设备的事先安装过程对其日后的维护工作至关重要。为确保设备平稳运行，安装过程中必须严格遵守规章程序。任何工作人员的疏忽都可能影响设备的正常运行。例如，在安装压缩机时，若及时处理设备减振系统，可确保其稳定运行。然而，部分工作人员忽视安装工作，甚至不遵守安全准则，导致减振系统效果减弱。设备在异常振动下会影响其他零部件，长期如此，制冷设备必然发生故障。因此，工作人员必须严格遵守制度，防止设备出现问题。

日常工作中，工作人员通常会定期对设备进行保养，如添加润滑油、更换零部件或补充制冷剂。这些操作看似简单，但实际操作时需注重效率和质量。特别在补充制冷剂时，应严格控制添加量，确保符合标准。此外，设备应定期使用优质润滑油，以减少不必要的磨损。工作人员不仅要具备过硬的技术水平，还需确保高品质完成保养工作。通过技术和质量的双重保障，确保设备持续高效运行。

（2）设备维修方式

目前，工商制冷设备维修过程中，除维修人员操作不规范导致维修效果不佳和额外资源损耗外，还有一些高效的维修技术可用于提高维修效率和准确度，减少损耗，包括红外线热像仪诊断技术、振动分析技术、智能化维修系统、环保维修技术及真空焊接技术等，这些技术应用性强，可有效确保制冷设备良好运行。

1）红外线热像仪诊断技术。红外线热像仪的原理是基于物体表面温度的情况下，运用电磁波向周边发射能量，随能量值增大，其物体热力学温度的四次幂也随之增大，利用此种原理制造非接触式测量热像仪。通过检测制冷设备运行时的温度分布，该仪器能迅速准确地定位故障点，避免传统维修方式中的拆卸和试探性维修，显著提升维修效率。

2）振动分析技术。在制冷设备维修中，振动分析技术可有效检测压缩机、风扇、泵等关键部件的振动状况，从而判断其是否存在故障或运行不良。该技术通过采集、处理和分析设备振动信号，提取设备状态信息。振动传感器用于捕捉振动信号，而专业的振动分析软件或硬件设备则负责信号的处理与分析。该技术能实现设备的远程监控和预防性维护，及时发现潜在故障，防止设备损坏和生产中断。此外，振动分析技术还能提供全面、客观的设备评估，避免传统维修方式的主观性和盲目性，为设备的维修和改进提供有力数据支持。

3）智能化维修系统。工商制冷设备的内在参数是系统性能的直接体现，常作为特征参数进行故障分析。然而，某些故障仅凭内在参数难以准确识别。因此，结合内在间接特征参数、试验与理论分析，确定参数变化范围。此外，利用外在参数（如电机用电情况）进行系统检测，也是故障研究的有效方法。通过引入人工智能和大数据技术，构建制冷设备智能化维修系统。

4）环保维修技术。在传统的制冷设备维修过程中，废油、废气等污染物往往难以避免。然而，环保维修技术则致力于减少维修活动对环境的影响，通过采用环保材料和工艺，实现绿色维修的目标。这种技术不仅有助于保护生态环境，还能提升企业的环保形象，实现可持续发展。

5）真空焊接技术。真空焊接技术借助真空环境的低气压和无氧条件，优化焊接过程。在真空环境下，焊接过程中产生的气体和杂质得到有效排除，从而避免气孔、夹杂等焊接缺陷。对于制冷设备的管道和接头，采用真空焊接技术能实现高质量焊接，显著降低泄漏和故障风险。

3. 回收销毁技术

适用于工商制冷行业制冷剂回收的方法可以分为冷却法、压缩冷凝法、液态推拉法和复合回收法（图 5-12）。

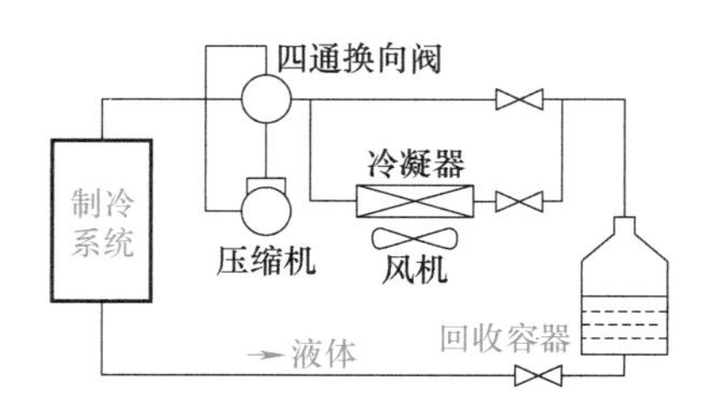

图 5-12　工商制冷设备制冷剂回收方法原理

冷却法、压缩冷凝法、液态推拉法在 5.2.2 节中已有讲述。复合回收法的优点是回收速度快、效率高，制冷剂回收彻底，适用于制冷剂充注量在 5kg 以上的大型制冷设备中的制冷剂回收；其缺点是现存回收设备中液态与气态回收模式的切换没有依据，由操作人员凭经验掌握，难以保证达到最佳的回收效率与回收率。

制冷剂销毁方法主要包括焚化法、等离子法及其他方法三类，已在 5.2.2 节讲述。

5.3.3　对策

1. 加大监管力度

政府、行业协会、企业和公众应共同加强对工商制冷行业的监管，确保行业健康发展和消费者权益。政府需完善法规标准，明确违规处罚，加大执法力度，打击违法行为。同时，建立全面监管体系，强化日常监管、质量检测和安全检查。制冷行业协会应推动行业自律，维护市场秩序。公众应提升对制冷产品的认知和安全意识。

2. 替代技术开发和应用

前节所述 CO_2 及 R507 在使用上都具有一定的优势，同时在部分国家和地区已经出现应用案例。但制冷剂的替代并非一蹴而就，还需要更多的新型制冷剂的研究与技术开发。新型制冷剂的应用不仅面临着技术上的问题，还受到市场成本、消费者认知、政策法规等多方面的制约。技术难题包括如何确保新型制冷剂的安全性和稳定性，以及如何降低其生产成本。解决方案包括研发更高效的制冷系统，优化生产工艺，以及提高消费者对新型制冷剂的认识和接受度。

3. 强化制冷空调设备维修技术培训

强化制冷空调设备维修技术培训对于保障设备稳定运行、提高维修效率以及降低故障率具有重要意义。建立完善的培训体系，制订详细的培训计划，确保培训内容的系统性和针对性。培训内容应包括制冷空调设备的基本原理、常见故障及排除方法、维修操作规范等方面。加强师资队伍建设，邀请具有丰富实践经验和教学经验的专家担任培训讲师，确保培训质量。同时，注重实践操作能力的培养，通过模拟维修场景、实际操作演练等方式，提高学员的动手能力和解决问题的能力。建立培训考核机制，对学员的学习成果进行评估和反馈，以便及时调整培训内容和方式，提高培训效果。

4. 强化制冷剂管理责任制

强化制冷剂管理责任制是确保制冷系统安全、高效运行的关键。需要明确各部门和人员的职责，建立完善的管理制度和操作规程，确保制冷剂的采购、储存、使用和处理等各个环节都得到严格控制。要设立专门的制冷剂管理部门，负责全面监督和协调制冷剂的管理工作。同时，加强对操作人员的培训，提高他们的安全意识和操作技能，确保他们能够正确、安全地使用制冷剂。此外，还要建立健全的监测和应急机制，及时发现和解决制冷剂泄漏等安全隐患，确保人员和环境的安全。

5.4 泡沫行业氢氟碳化物减排技术及对策

发泡材料通过发泡剂的作用，在不汽化的条件下产生气泡，形成多孔结构，降低密度和硬度，增强隔声和隔热性能。如塑料、橡胶、树脂等发泡材料，在家电、建材、餐饮、包装、能源等多个行业得到广泛应用。

发泡剂是指能在材料中形成泡孔结构，即制造泡沫材料而添加的一类助剂，能在特定的条件下产生大量气体，形成含有连续或不连续的气孔（即开孔或闭孔），使材料形成气固相结合的多孔结构，常用的发泡剂分为以下几种：

（1）二氧化碳发泡剂

二氧化碳发泡剂主要分以下两种：一种是异氰酸酯和水反应生成二氧化碳（水发泡）作为发泡剂；另一种是液体二氧化碳。前者主要用于对绝热性要求不高的供热管道保温、包装泡沫塑料和农用泡沫塑料等领域；液体二氧化碳发泡优缺点与水发泡相同，目前主要用于聚氨酯软泡。

（2）氢氯氟烃（HCFCs）发泡剂

氢氯氟烃（HCFCs）发泡剂分子中含有氢，化学特性不稳定，比较容易分解。初期使用较为广泛的是 CFC-11，但受到《蒙特利尔公约》的限制，CFC-11 逐步淘汰。可对 CFC-11 进行替代的产品中，HCFC-14LB 商业化最为成熟，它与多元醇和异氰酸酯的相溶性好，在不增加设备的条件下可以直接用 HCFC-14LB 代替 CFC-11，在达到同样密度和相近的物理特性泡沫体时用量要少于 CFC-11。但 HCFC-141B 原料价格较高，对某些 ABS 和高抗冲击性聚苯乙烯具有溶解性，且其导热系数比 CFC-11 高，因此需要得到的泡沫体密度较高，才可以达到隔热效果。

（3）烃类发泡剂

烃类发泡剂用于聚氨酯发泡剂的烃类化合物主要是环戊烷，特别是环戊烷的硬泡体系具有导热系数较低和抗老化性能、ODP 为 0 等优点，常被用于冰箱、冷库和建筑的隔热保温等领域，已经成为我国聚氨酯硬泡 CFC-11 替代品的首选。

（4）氢化氟烷烃（HFC）发泡剂

HFC 类化合物 ODP 为 0，在软质 PU 泡沫生产中是 CFC-11 理想的替代产品，早期的 HFC 类发泡剂主要是 HFC-134a 和 HFC-152a，这两种发泡剂具有低分子量和低沸点，达到相同密度和相近物理特性泡沫体时，用量比 CFC-11 少，并且性能比较稳定，但是它们的导热系数比较高，且在一般多元醇中的溶解度较低，加工含有 HFC-134a 和 HFC-152a 的组合聚醚相对比较困难，另外需要发泡设备才可满足加工要求。

5.4.1 排放特征

在泡沫行业中，HFC-134a 属于使用较少的发泡剂，泡沫行业自 2016 年开始使用 HFC-134a 作为发泡剂，是目前最晚使用 HFC-134a 的行业，其库存和排放量在所有 HFC-134a 排放行业中最小。泡沫行业属于延迟排放，排放发生在加工、服役和废物处置三个过程：

1）加工过程：发泡剂生产过程的排放，以泄漏排放为主。

2）服役过程：发泡剂使用过程的排放。

3）废物处置过程：泡沫产品在使用寿命结束时发生的化学物质剩余损耗排放。

泡沫产品的 HFC-134a 排放与其废物处置方式密切相关，排放可能发生在产品使用寿命结束后的十几年间。在其全生命周期中，存在活跃和不活跃两个库存阶段。HFC-134a 发泡剂的寿命长达 15 年，到 2020 年还未开始废物处置排放，仅存在活跃库存。至 2020 年库存量已达 7kt，占总库存量的比例逐年攀升，从 2016 年的不足 1%增长至 2020 年的 2%。

此外，泡沫行业的 HFC-134a 排放量也在逐年增加，从 2016 年不足 0.01kt，逐年上升到 2020 年 0.1kt，2016 到 2020 年累积排放量 0.4kt，占总排放量的比例最小，为 0.1%。但截至 2020 年，泡沫行业还没有达到寿命年限，因此废物处置阶段的排放为 0，加工、服役阶段的累积排放分别为 0.3kt 和 0.08kt。图 5-13 展示了 2016—2020 年泡沫行业 HFC-134a 排放量。

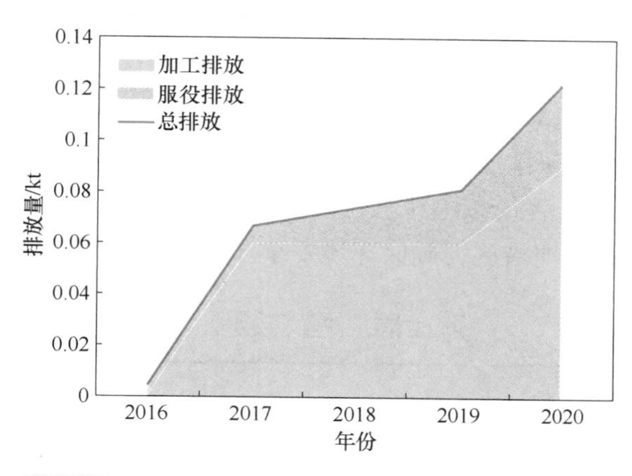

图 5-13　2016—2020 年泡沫行业 HFC-134a 排放量

5.4.2　控制技术

虽然 HFC-134a 在泡沫行业的应用占比不大，但行业仍在持续研发更环保的发泡剂以控制其排放。为减少泡沫行业产生的 HFC-134a 排放，可考虑采用更为绿色环保的第四代发泡剂进行替代。第四代发泡剂在综合能耗、环保、安全及成本等方面具有显著优势，目前已有气态的四氟丙烯和液态的三氟丙烯两种较为成熟的环保发泡剂可供选择：

1. 气态的四氟丙烯（HFO-1234ze）

气体发泡剂（GBA）的主要成分是四氟丙烯，这种新型高性能发泡剂兼具氟原子和烯烃结构。由于分子中的双键，GBA 与第三代氢氟烃发泡剂（HFC）截然不同。GBA 具有更短的大气寿命、超低 GWP、不易燃、非挥发性有机物且环保特性优良，适用于替代 HFC-134a、HFC-152a、HCFC-142b、HCFC-22 等发泡剂，广泛用于挤塑聚苯乙烯泡沫板、聚异氰脲酸酯泡沫塑料、聚氨酯泡沫塑料（单组分和双组分）及起泡剂等领域。

在《蒙特利尔公约》应对全球变暖的监管推动下，GBA 正逐步替代 HFC-134a，尤其在双组聚氨酯泡沫和气雾剂行业中获得广泛认可。GBA 在挤出热塑性泡沫行业表现出优异的化学和物理性能，不仅能有效替代 HFC-134a，且性能还优于 HFC-152a、二甲醚及异丁烷（R-600a）。

2. 液态的三氟丙烯（HFO-1233zd）

液体发泡剂（LBA）的主要成分是三氟丙烯是一种液体卤代烯烃，也是氢氟烯烃（HFO）泡沫发泡剂，用作聚合物泡沫的发泡剂。三氟丙烯的 GWP 极低，仅为 1，是聚氨酯发泡行业的新一代发泡剂，满足工艺与环保的双重需求。LBA 高效节能、不燃、无挥发性有机物、安全环保。它广泛应用于家用电器、建筑保温、冷链运输和工业保温等领域的聚氨酯隔热材料发泡，是理想的 HFC-134a 发泡剂替代品。

5.4.3　对策

1. 加速环保发泡产品的替代与开发

泡沫行业使用 HFC-134a 作为发泡剂的占比有限，且国家已出台政策限制其应用。因此，替代 HFC-134a 发泡剂具有充分的可行性。同时，应积极推进第四代发泡剂的研发，突破专利壁垒，降低环保发泡剂的成本。

2. 对不活跃库的 HFC-134a 泡沫产品进行处理

泡沫行业中的 HFC-134a 排放具有滞后性特点。因此，在减少活跃库产生的 HFC-134a 排放的同时，必须加强对不活跃库的排放监控。在存量 HFC-134a 泡沫产品使用寿命结束后，应采取有效的回收和处理措施，确保环境安全。

思考题

1. 请简述氢氟碳化物在工业生产中的应用。
2. 氢氟碳化物对气候变暖有什么影响？
3. 在日常生活中，如何有效减少氢氟碳化物的使用？
4. 减排氢氟碳化物面临哪些机遇和挑战？
5. 氢氟碳化物替代品的发展趋势是什么？

第6章 全氟化碳（PFCs）减排技术

6.1 氟化工生产行业全氟化碳减排技术及对策

6.1.1 排放特征

氟化工是指以含氟材料为主要产品的化工产业。氟化工产品以萤石（主要成分 CaF_2）和氢氟酸为基础，主要包括含氟制冷剂、含氟高分子材料和含氟精细化学品。随着科技的进步和战略性新兴产业的高速发展，氟材料已经成为发展新材料、新能源、电子信息、新医药等战略新兴产业和提升传统产业所需配套的原材料。图 6-1 为氟化工产业链示意图。据统计，2022 年氟化工有机产品产量约为 228.54 万 t，占氟化工总产量规模的 65.88%；氟化工无机产品产量约为 118.33 万 t，占比 34.12%。

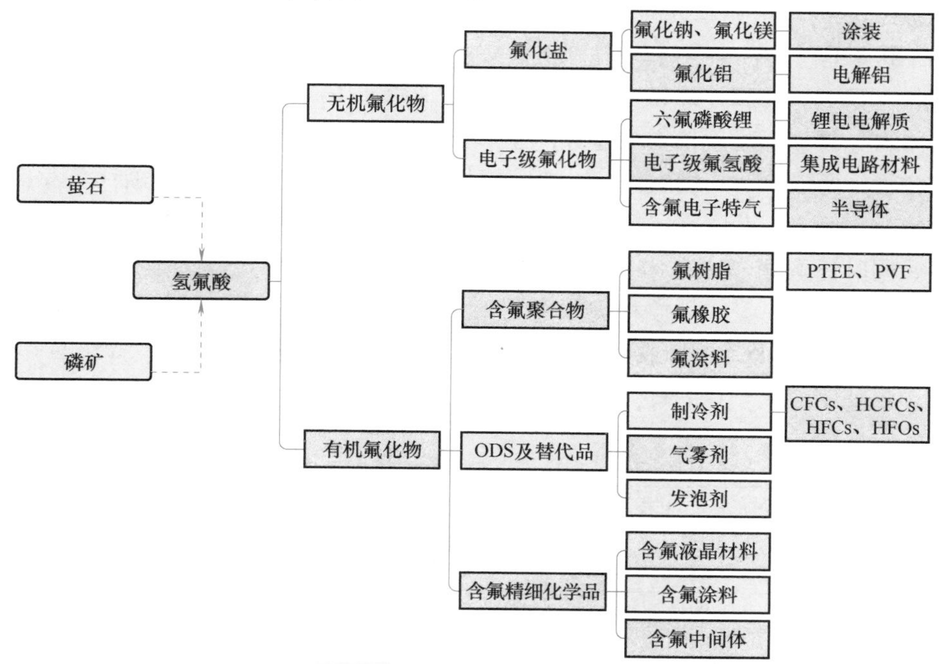

图 6-1　氟化工产业链示意图

氟化工产品产量巨大，不可避免会产生大量全氟化碳（PFCs）。氟化工工序的复杂性及氟化工产品的多样性也导致 PFCs 的种类繁多，包括 PFC-14（CF_4）、PFC-116（C_2F_6）、PFC-218（C_3F_8）、PFC-318（C_4F_8）、PFC-31-10（C_4F_{10}）和 PFC-51-14（C_6F_{14}）等。行业生产中 PFCs 的排放往往是多种 PFCs 的混合物。

一方面，PFCs 作为生产原料在氟化工行业中未被完全利用而排放到大气中，另一方面也会作为氟化工行业的副产物而被排放。例如，在含氟材料的生产制造过程中，PFCs 等多种含氟温室气体不仅可能作为生产的副产物被排放到大气中，也可能在产品精炼提纯、封装和分销的阶段逃逸排放。

PFCs 的排放量可以用排放因子进行计算，排放因子是指量化每单位活动水平的温室气体排放量或清除量的系数。排放因子通常基于抽样测量或统计分析获得，表示在给定操作条件下某一活动水平的代表性排放率或清除率。根据《氟化工企业温室气体排放核算方法与报告指南》，对于 PFCs 的总排放量可以通过排放因子法计算：

$$E_{\mathrm{PFCs},j_{生产}} = P_{\mathrm{PFCs},j} \times \mathrm{EF}_{\mathrm{PFCs},j_{生产}} \tag{6-1}$$

式中 $E_{\mathrm{PFCs},j_{生产}}$——某种 PFCs 的生产过程中的副产物及逃逸排放量（t）；

j——PFCs 的种类编号；

$P_{\mathrm{PFCs},j}$——j 种 PFCs 的产量（t）；

$\mathrm{EF}_{\mathrm{PFCs},j_{生产}}$——PFCs 生产过程的副产物及逃逸排放综合排放因子，根据《2006 IPCC 指南》建议采用 $\mathrm{EF}_{\mathrm{PFCs},j_{生产}}=0.5\%$。

例如，某氟化工企业以生产四氟化碳为主，其年产量可达 50t，在生产过程中，产品精炼提纯、封装和分销阶段会有 CF_4 逃逸排放，请根据排放因子法计算该化工厂 CF_4 的逃逸排放总量。

已知该企业 CF_4 的年产量为 50t，CF_4 生产过程中的副产物及逃逸排放综合排放因子为 0.5%，根据排放因子法计算可得：该企业每年生产四氟化碳产生的副产物及逃逸排放量为 50t×0.5%=0.25t。

根据相关研究，2012—2018 年全球氟化工行业每年 CF_4 和 C_2F_6 的大致排放量如图 6-2 所示。其中 CF_4 排放量呈逐年增加趋势，近年来 C_2F_6 排放量也有增长趋势。由于氟化工企业具有多样性，所以 PFCs 的排放量也有所差异。马腾飞首次在山东省、浙江省和江苏省的三个典型氟化工生产企业园区（园区 A~C）采用实测法获得了含氟气体的排放总量及 PFCs 的排放量，同时还选用了广东省一个没有氟化工企业、仅使用含氟气体的园区（园区 D）作为对照，具体排放总量和排放种类分别见表 6-1 和表 6-2。由此可见，由于氟化工生产行业工艺原料等不同，PFCs 的排放量和排放种类也存在差异，且氟化工生产行业的 PFCs 排放量明显高于仅使用含氟气体的行业。

表 6-1 典型氟化工产业园区的含氟气体的排放总量及 PFCs 的排放量

园区	含氟气体/(t/年)	PFCs/(t/年)	HFCs/(t/年)	PFCs 占比
园区 A	6215	905	5309	15%
园区 B	2821	1230	1581	43.6%
园区 C	7904	786	7097	9.9%
园区 D	54	25	29	46%

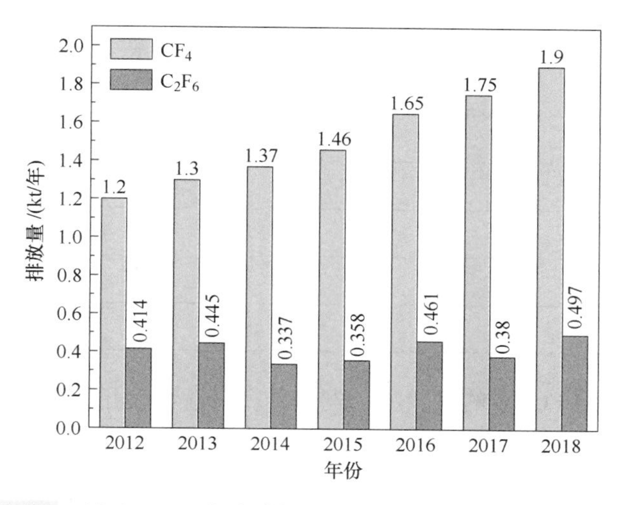

图 6-2 2012—2018 年全球氟化工行业 CF_4 和 C_2F_6 的排放量

表 6-2 四个园区 PFCs 排放种类

园区	PFC-14	PFC-116	PFC-218	PFC-318	PFC-31-10	PFC-51-14
园区 A	有	有	有	无	有	有
园区 B	有	有	无	有	有	无
园区 C	有	有	有	有	有	有
园区 D	无	有	有	有	有	无

6.1.2 控制技术

氟化工生产行业 PFCs 控制技术

当前，氟化工生产行业中 PFCs 排放的控制技术主要分为源头控制、过程控制和末端控制三大类。

1. 源头控制

只有开发出性能优异、对环境危害小的替代产品，才能从源头上解决含氟温室气体排放问题。

目前利用替代品减少 PFCs 排放的方法大致可以分为三类。

第一类是用低 GWP 的 PFCs 气体替代另一种高 GWP 的 PFCs。也就是用温室效应危害相对较小的 PFCs 来替代温室效应危害大的 PFCs，如利用 C_3F_8 替代 CF_4，利用 C_4F_8 替代 C_2F_6。

第二类是使用大气环境存在寿命短的物质替代大气环境存在寿命长的 PFCs。由于大多数的氟化醚在大气中的寿命仅为 1~5 年，科学家们尝试用氟化醚来替代 PFCs 作为部分制冷剂、发泡剂和清洁溶剂的原料，从而减缓大气中 PFCs 的积累。部分全氟化碳的可用替代品见表 6-3。

表 6-3 部分全氟化碳的可用替代品

替代产品	GWP	大气寿命	被替代气体
一氟甲烷（CH_3F）	92	2.4 年	PFC-14
六氟丁二烯（C_4F_6）	290	1.9 天	PFC-14、PFC-116、PFC-318
八氟环戊烯（C_5F_8）	2	31 天	PFC-14、PFC-116
三氟化氯（ClF_3）	0	0	PFC-14、PFC-116
氟气（F_2）	0	0	PFC-116
碳酰氟（CF_2O）	1	0	PFC-116

第三类是使用产生 PFCs 少的替代品。例如，在工业中使用 NF_3 替代全氟烃作为反应器清洗剂，不仅清洗效果得到提升，而且 NF_3 完全分解的温度较低，无害化处理成本也低于其他清洗气体。在 CVD 清洗过程中还可以利用 NF_3 和 C_3F_8 来替代 C_2F_6，由于 C_3F_8 的利用率高于 C_2F_6，因此在尾气中剩余的 PFCs 较少。

对于替代品的开发，往往需要大量的资金投入，并且经过长期反复的试验，经过大量的工艺验证之后才可以得到应用。替代品在后续的使用过程中，仍会可能产生 PFCs。

2. 过程控制

在做好源头控制，尽量避免或减少 PFCs 排放的同时，还要注重生产过程中的控制，通过优化改进氟化工行业的生产工艺和仪器设备等，进一步减少 PFCs 的排放。

（1）优化生产设备

减排的“第一性原则”是完全避免 PFCs 气体的使用，或避免使用易产生 PFCs 副产物的原料，但是目前尚无法实现。因此，在无法避免使用或产生 PFCs 的现阶段，PFCs 很有可能会在产品生产过程中的各个阶段发生泄漏，并且随着设备使用年限的增加，系统设备老化的加剧，PFCs 的泄漏可能会越来越严重。面对这些问题，氟化工生产行业要提高设备的设计水平，降低设备运行过程中的泄漏率。例如，在保证设备正常运行且不降低 PFCs 利用率的前提下，可以采用降低压力的方式，减少漏气；研究新材料和新技术，增强装置密闭性；通过更新设备和定期检修维护等方式减少 PFCs 的泄漏；安装监测报警设备，保证在泄漏的第一时间进行检修等。

（2）优化生产过程

氟化工生产企业可以通过改进生产工艺等方式，减少 PFCs 过度使用，提高 PFCs 气体的利用效率，从而减少 PFCs 的排放。此外还可以通过加装移动式烟气收集系统，结合相关检测设备，及时发现生产异常状况，调整工艺参数，减少 PFCs 的泄漏或产生。

沈阳铝镁设计研究院有限公司研发了一种体积小、构造简单、移动便捷、集气效果好、满足环保需要且改造简单、投资较低的移动式残极烟气收集系统，在含氟材料的转运过程中使用该烟气收集系统，可以有效降低氟化物的无组织排放。

（3）开发新型绿色氟化工工艺技术

目前在氟化工生产行业升级生产设备，优化生产过程各个环节，能够有效减少 PFCs 的排放。但依然要继续新型绿色氟化工工艺技术的研发，以期完全消除或继续减少 PFCs 气体的排放。

总的来说，氟化工行业可以通过设备升级（引进新设备、翻新旧设备）及使用更有效的操作和维护技术减少 PFCs 的排放，为人类环保事业做出贡献。

3. 末端控制

末端控制技术就是将已泄漏或产生的 PFCs 通过一系列手段进行富集回收，或令其分解。现阶段氟化工生产行业还不能完全避免 PFCs 的泄漏或产生，因此末端控制是实现 PFCs 气体减排的有效手段之一。目前末端控制技术主要包括深冷分离、吸附分离、膜分离等回收循环再利用技术，以及热力燃烧、热催化分解、等离子体分解、等离子体与催化剂协同降解等。

（1）深冷分离

深冷分离又称为低温精馏，是 1902 年由林德教授发明的气体液体化技术。深冷分离技术通过对混合气体进行压缩、膨胀、降温，利用液化后各组分沸点差异进行气体分离纯化，回收目标产品。当某种 PFCs 与其他气体组分的沸点温度差异较大时，该技术可有效对其进行分离与纯化。

刘伟等人利用 SF_6 气体与 CF_4 气体液化温度的不同，除去 CF_4 气体中夹杂的 SF_6 气体，得到较高纯度的 CF_4 气体。图 6-3 是 SF_6 和 CF_4 深冷分离技术流程图。

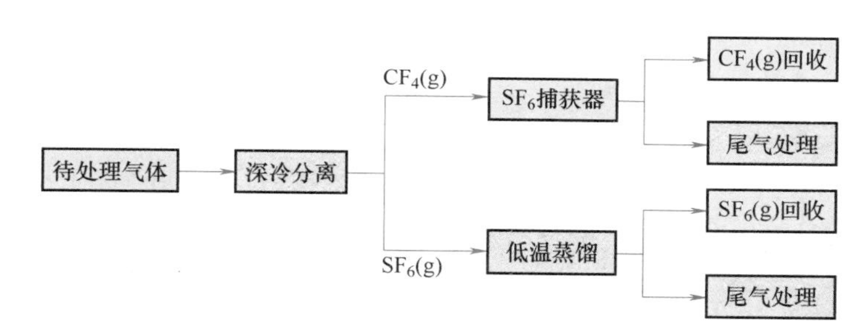

图 6-3　SF_6 和 CF_4 深冷分离技术流程图

深冷分离技术需要设备具有密封性强、高抗压及低导热等特点，且所用设备体积普遍偏大，能耗较高。深冷分离技术对于 PFCs 的分离效果与气体组分种类和形状紧密相关。例如，对于半导体行业尾气中 CF_4 进行深冷分离回收时，由于工业烟气组分复杂，含有 SF_6、C_2F_6、CF_4、HF 等多种组分，精准分离与 CF_4 沸点相近的气体组分时面临重大挑战。

（2）吸附分离

吸附分离是目前常用的分离回收 CF_4 的技术手段之一，其原理是基于吸附物与吸附剂之间的非特异性范德华力差异来实现分离。吸附分离技术发展的关键在于吸附剂的性能。目前应用于 CF_4 捕集分离的吸附剂材料多种多样。其中，活性氧化铝、活性炭和金属-有机框架材料（MOFs）等材料是 CF_4 分离吸附剂的典型代表。为了提高这些材料的分离效率，一般需要采用各种手段进一步对吸附剂进行改进和处理，以增强 CF_4 的吸附能力和吸附选择性。

Peng 等人通过前驱体聚苯胺（PANI）的碳化和 K_2CO_3 活化热化学工艺制备了一种多孔碳，发现 CF_4 的吸附主要依赖于直径小于 0.9nm 的窄微孔。该多孔碳具有较高的 CF_4 吸附能力、优异的 CF_4/N_2 选择性和良好的可回收性，在实际 CF_4 捕集应用中具有巨大的潜力。

目前所开发的吸附材料中，活性炭、沸石、活性氧化铝稳定性高且价格低廉；MOFs 作为新兴材料对 CF_4 具有良好的吸附性能。然而实际工业含 CF_4 的尾气通常为酸性，且含有大量细颗粒物，对材料的耐酸腐蚀性与抗毒化提出了更高的要求。

（3）膜分离

膜分离技术是根据气体在膜中的扩散和吸附系数上的差异实现组分分离，分离效果主要受膜的材料特性的影响。膜气体分离无相变过程，不需要消耗大量的能量，是工业烟气排放物中含氟气体分离的备选方案。膜分离技术要求膜对目标分离气体具有较高的选择性和渗透性。

Lee 等人利用由商品聚砜中空纤维膜组成的中试膜装置对显示器制造工厂产生烟气中的 CF_4 进行了气体分离试验，实现了 CF_4 的 4 倍富集，回收率达到 50%以上，但由于气体选择性不高，因此难以纯化。

气体膜分离技术能够实现常温条件下使气体分离，能量消耗较少，但分离膜的制备工艺比较复杂，很难实现大规模应用。目前膜分离技术对于 CF_4 的选择性仍然不高，很难满足工业回收利用的气体纯度要求。进一步研发高选择性膜并降低膜的制备成本是实现该技术成功应用的关键。

（4）热力燃烧

热力燃烧是最早应用于分解 PFCs 的方法，是指向反应炉内添入燃料和空气，并达到加热至高温，利用其中产生的自由基破坏 C—F 键并重组，形成小分子的气体，如 CO_2、HF、COF_2 等。相比起直接升温以达到热分解，很多研究都采用先预热低氧浓度的空气，再进行燃烧。

燃烧工艺对于除 CF_4 外的 PFCs 气体的分解去除率可以达到 90%以上，但是对于 CF_4 的去除效果却不明显，因为 CF_4 的空间结构和 CH_4 的分子结构相似，C—F 键的键能远大于其他组分的结构键能，C—F 键的断裂也需要更高的温度。

李星㊀等人采用高温空气燃烧（HTAC）技术，利用烟气热量加热助燃空气至 800℃以上，当温度达到 1100℃时，分解效率可以达到 60.72%，停留时间加长，反应更充分，更有利于提高 CF_4 的分解效率。该方法还降低了 CO_2 和 NO 的排放，可应用于大型冶金炉等。

此外，采用热力燃烧法处理 PFCs 气体还存在许多其他问题，例如，燃烧过程会产生固体物质，这些物质会黏附在燃烧炉内壁上，使燃烧炉的传热性能下降，导致能量的利用率大幅度下降。燃烧是目前最成熟的技术，但由于工艺温度下不足以使 PFCs 分解，因此很难实现完全分解。

（5）热催化分解

热催化分解是将催化剂放入反应器中加热，从而降低反应温度，提升 CF_4 的分解效率。热催化分解 CF_4 可根据有无水蒸气的参与分为两类。一种是有水热催化分解法，是在有水蒸气的条件下进行的，常用的催化剂种类有金属磷酸盐、介孔催化剂、铝基催化剂，在催化剂的作用下把 CF_4 分解为 CO_2 和 HF。反应式为 $CF_4+2H_2O \rightarrow CO_2+4HF$，由于反应产物中的 HF

㊀ 摘自李星等人在《2008 年全国博士生学术论坛能源与环境领域论文集》中发表的《电子工艺有害气体 CF_4 高温分解特性实验研究》，2008。

具有强腐蚀性，所以对催化剂及反应装置设备有更高的耐腐蚀要求。另一种是无水热催化分解法，是在无水蒸气的条件下进行 CF_4 与金属氧化物之间的气-固催化反应 $x\mathrm{CF}_4+2MO_x \longrightarrow x\mathrm{CO}_2+2\mathrm{MF}_{2x}$（$M$ 表示金属元素），从而将 CF_4 中的氟元素矿化。热催化分解处理 PFCs 的研究实例见表 6-4。

催化剂失活是热催化分解法中最大的难题。物理作用或者化学反应可导致催化剂失活。催化剂失活的原因主要是路易斯酸性位点的减少或者是比表面积的减小，最终会使 CF_4 降解效率变低。众多学者发现，可以通过在催化剂中掺杂其他的材料，例如，在催化剂中加入吸附剂，使催化剂的抗中毒能力增强。提升催化剂的使用寿命可以有效降低工艺成本，为大规模工业应用打下坚实基础。

表 6-4 热催化分解处理 PFCs 的研究实例

分类	催化剂	制备方法	气氛条件	效率
有水热催化分解法	Ce-$AlPO_4$ 催化剂	沉淀法	CF_4：0.51% 空速：419mL/(g·h) 温度：700℃	100%
	铁掺杂 MCM-41 介孔分子筛	共沉淀	CF_4：80ppm 空速：210h^{-1} 温度：800℃	81%
	Ce-Al_2O_3	浸渍法	CF_4：0.7% 空速：2000h^{-1} 温度：650℃	63%
无水热催化分解法	发光沸石+氧化钙混合	研磨法	CF_4：2% 空速：900mL/(g·h) 温度：650℃	91%

（6）等离子体分解

20 世纪 90 年代，等离子体开始用于 PFCs 的分解。在等离子体处理 CF_4 的过程中，首先发生的是皮秒级别的电子雪崩，产生高能电子，随后在纳秒级别发生碰撞，引发 C—F 键的分解，生成 CF_x，并产生自由基等活性离子，再发生微秒级别的链式反应，最后发生分子间热化学反应，生成的最终产物主要为 CO_2 和 F_2。等离子体法通常采用微波、介质阻挡等手段进行激发，等离子体处理 PFCs 的研究实例见表 6-5。

表 6-5 等离子体处理 PFCs 的研究实例

处理方法	条件	效率
微波等离子体（MWP）	CF_4：0.4% 流量：20L/min 功率：2000W	100%
表面波等离子体	CF_4：33% O_2：67% 功率：600W	99.89%

（续）

处理方法	条件	效率
介质阻挡放电（DBD）等离子体	C_2F_6：2500ppm 流量：1000L/min 电压：8kV 频率：30kHz	64.85%

（7）等离子体与催化剂协同降解

等离子体与催化剂协同降解 PFCs 是当前的热门研究方向：一方面，可利用等离子体打断 C—F 键，破坏 CF_4 稳定结构，降低能耗，实现低温分解；另一方面，利用催化剂协同效应，进一步提高分解效率。等离子体与催化剂协同降解 PFCs 的研究实例见表 6-6。

表 6-6　等离子体与催化剂协同降解 PFCs 的研究实例

处理技术	条件	效率
微波等离子体+Ag/Al_2O_3	CF_4：0.2%；O_2：0.1%；流量：2.2L/min；电压：400W	95.8%
介质阻挡放电（DBD）等离子体+γ-Al_2O_3	CF_4：300ppm；流量：100mL/min；电压：12-23kV；频率：18.5kHz	100%
介质阻挡放电（DBD）等离子体+$CuO/ZnO/Al_2O_3$	C_2F_6：300ppm；Ar：40%；流量：0.6slpm（标准升每分钟）；电压：15kV；频率：240Hz	94.5%

PFCs 低能耗消解技术在我国处于工业示范阶段，尚未得到推广应用。国外已有企业（摩托罗拉公司、PTL 公司等）运用燃烧法和等离子法消解 PFCs 物质，其中，热力燃烧在技术应用阶段因处理效率不高或会重新产生有毒气体，而没有被广泛应用；感应耦合等离子技术已实现工业应用，适合处理较高浓度的 PFCs 尾气；法国液化气体、美国杜邦和日本昭和等企业都开发了用于将 PFCs 气体分离和提纯的技术。各种处理技术的优缺点见表 6-7。

表 6-7　PFCs 各种减排技术的优缺点

减排技术	缺点	优点
深冷分离	CF_4 沸点相近气体难分离，对设备抗压性、导热性、密封性要求较高，设备体积大，能耗高	工艺流程简单，适用于高浓度 PFCs 的回收，二次污染较小
吸附分离	吸附剂易被腐蚀、毒化，设备占地面积大，气体选择性较差	工艺流程简单，吸附材料来源广，适用于高浓度 PFCs 的回收，二次污染较小
膜分离	制备工艺复杂，膜成本高，膜分离技术对于 CF_4 的选择性仍然不高，难实现大规模应用	工艺流程简单，能耗低，反应条件温和，后期运行成本较低
热力燃烧	设备要求较高，条件苛刻，能耗高，易产生二次污染，且燃烧过程容易引发爆炸事故	技术相对成熟，运行程序简单，处理废气量大且去除率较高
热催化分解	反应设备要求较高，某些组分会引起催化剂失活	催化剂降低了 PFCs 分解温度，缩短了分解时间，提高了处理效率，适用范围较广，适用于不同浓度 PFCs 的处理

（续）

减排技术	缺点	优点
等离子体分解	设备要求较高，能耗较大，适用范围有限	能量利用率高，净化效率高，设备占地小，运行费用低，二次污染少
等离子体与催化剂协同降解	设备要求较高，能耗较大	兼具等离子体与热催化分解两者的优点，去除效率进一步提升

6.1.3　减排对策

完善 PFCs 排放的监测、核算、核查、末端治理等方面的政策法律体系，制定专门针对 PFCs 减排的标准体系，建立以环保部门主导、行业协会配合、企业为责任主体的自愿减排 PFCs 的合作机制，强化 PFCs 排放管理，规范 PFCs 监督体系。

通过清洁发展机制（CDM），发展中国家减排的碳当量可以出售给发达国家，发达国家通过提供技术、资金，协助发展中国家减排，从而获得减排的份额。

企业应增强自愿减排意识、改进生产设备、完善工艺及过程控制技术、注重原料质控、加强生产操作与机械维护，积极寻找合适的替代品，开发新型绿色氟化工生产工艺，研究可用于工业化的 PFCs 减排技术。

6.2　电解铝行业全氟化碳减排技术及对策

6.2.1　排放特征

我国是全球电解铝第一大生产国，产量连续十余年位居世界第一。2022 年我国电解铝产量为 4021 万 t，占全球产量的 59%，占十种常见有色金属总量的 59.4%，如图 6-4a 所示。电解铝生产属于高耗能、高污染、高碳排放行业，电解铝生产过程会因消耗大量电力而产生大量隐形碳排放，同时也因碳素阳极的大量消耗生成 CO_2 产生直接碳排放。我国电解铝行业年用电量超 5000 亿 kW · h，占全社会用电总量超过 6%，折算碳排放量超 4 亿 t/年，占全国碳排放总量的 5%以上。此外，铝电解过程还会排放大量含氟污染物，包括温室效应显著的全氟化碳（PFCs），我国 2022 年部分省（自治区）电解铝产量及氟化物排放量见表 6-8。

表 6-8　我国 2022 年部分省（自治区）电解铝产量及氟化物排放量

省（自治区）	电解铝产量/万 t	氟化物排放量/t
山东	1259.6	3177.7
河南	364.8	920.3
新疆	767.5	1936.3
内蒙古	564.8	1424.9
云南	178	449.1

（续）

省（自治区）	电解铝产量/万 t	氟化物排放量/t
山西	116.5	293.9
广西	212	534.8
青海	292.3	734.4
陕西	93	234.6
贵州	162.5	410.0

铝电解过程排放的全氟化碳（PFCs）以 CF_4 为主，还有少量 C_2F_6。CF_4 是大气中浓度最高也是结构最简单的 PFCs。根据联合国政府间气候变化专门委员会（IPCC）评估报告，PFCs 的 100 年全球变暖潜能值（GWP100）是 CO_2 的 6500~9200 倍，在大气中的寿命期高达 10000~50000 年。

欧盟新发布的碳边界调整机制（Carbon Border Adjustment Mechanism，CBAM）法案中已将 CF_4 列为需要核算碳税的温室气体。根据 IPCC 调查，电解铝工业已成为全球最主要的 PFCs 排放源。由于对 PFCs 缺乏有效的处理手段，大气中 CF_4 浓度呈逐年上升趋势，可见电解铝行业面临较大的温室气体减排压力。全球电解铝行业全氟化碳排放量如图 6-4b 所示，其中我国全国及部分省份电解铝行业氟化物排放浓度阈值及全氟化碳排放限额见表 6-9 及表 6-10。

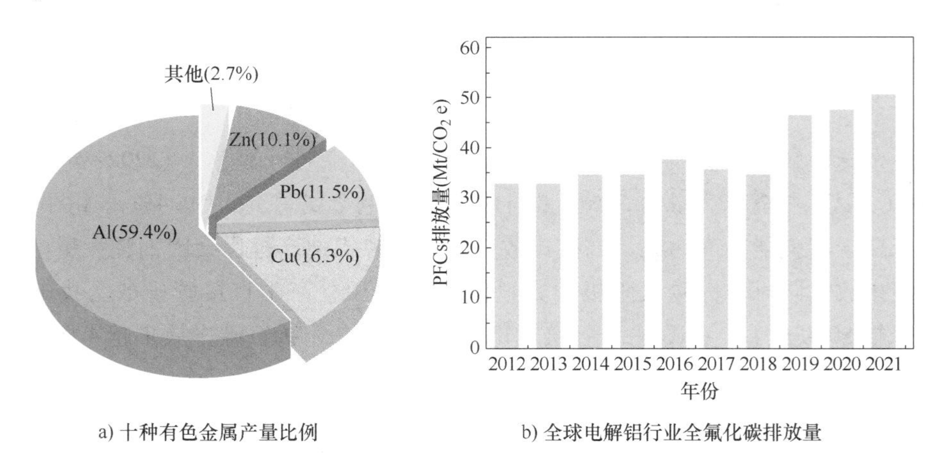

a) 十种有色金属产量比例　　b) 全球电解铝行业全氟化碳排放量

图 6-4　十种有色金属产量比例及全球电解铝行业全氟化碳排放量

表 6-9　国家及地方电解铝行业氟化物排放浓度阈值

全国及部分省份	排放浓度阈值/(mg/m^3)	年份
全国	4.0	2010
河南	3.0	2020
北京	3.0	2013

（续）

全国及部分省份	排放浓度阈值/(mg/m^3)	年份
山东	3.0	2019
江苏	3.0	2021
北京	3.0	2017

表 6-10 电解铝行业全氟化碳排放限额

指标		限定级	新建准入级	目标级
电解铝生产全氟化碳排放单耗	CF_4	0.270	0.180	0.090
	CF_6	0.027	0.018	0.009

电解铝行业目前主要采用 Hall-Heroult 熔盐电解法生产金属铝，该技术路线以熔融冰晶石为溶剂，以熔融态氧化铝为溶质，以碳素为阳极，以液态铝为阴极，阴极和阳极上发生电化学反应实现氧化铝的还原。阴极产物是熔融态的铝液，阳极产物是 CO_2 和 CO 气体，碳素阳极在电解过程中不断被消耗。电解铝生产过程产生 PFCs 主要源于铝电解过程阳极效应和非阳极效应。

1. 阳极效应

当熔盐电解质中阳极电流密度较大时，碳素阳极附近氧离子浓度降低，氟离子浓度升高，当碳素阳极电位升高到氟离子放电电位时，则有氟析出且与碳素阳极作用生成氟碳化物，氟碳化物在高温时会发生分解反应产生细微的炭粒，这些炭粒会附着在阳极表面阻止电解质与阳极接触，使电解质阳极上形成导电不良的气膜，导致阳极过电压增大，随即电解析出大量 CF_4 和少量 C_2F_6，此时即铝电解槽发生阳极效应。CF_4 和 C_2F_6 在碳素阳极上的电化学反应式（即阳极 C 和来自冰晶石电解液中的氟结合）及析出电位表示如下：

$$Na_3AlF_6+\frac{3}{4}C = Al+\frac{3}{4}CF_4+3NaF \quad E^0=2.42V \tag{6-2}$$

$$Na_3AlF_6+C = Al+\frac{1}{2}C_2F_6+3NaF \quad E^0=2.68V \tag{6-3}$$

此外，当电解质中 Al_2O_3 质量分数低于 2%时，阳极 C 易与冰晶石中的氟反应导致阳极效应也较明显。但即使电解质中 Al_2O_3 质量分数高于 2%，若电解槽中某一位置阳极电流密度（A/cm^2）超出了一定范围，阳极效应仍可能发生[⊖]。阳极效应同时伴随 CF_4 和 C_2F_6 的产生，直到阳极效应熄灭为止。阳极效应期间，析出的气体组成为 CF_4（5%～20%）、C_2F_6（约 1%）、CO_2（10%～20%）和 CO（60%～70%）。

阳极效应过程中，影响 PFCs 排放量及排放速度的主要因素如下：

1）阳极效应持续时间和阳极效应系数。阳极效应开始时 PFCs 排放量最大，而其他时间 PFCs 排放量较低。阳极效应结束后，PFCs 排放又恢复到大气浓度水平。已有研究表明，

⊖ 摘自美国环境保护署、国际铝业协会发布的报告《原铝生产过程中四氟化碳（CF_4）和六氟化二碳（C_2F_6）排放测量草案》，2008。

吨铝 PFCs 排放量与阳极效应时间及频率成正比。因此，减小阳极效应持续时间和频率对 PFCs 的减排非常有效。

2）过电压。阳极效应的过电压与 PFCs 排放量呈正相关，阳极效应过电压越大，PFCs 排放速度越大，排放量越大。此外电解槽电压也会影响铝电解过程中 PFCs 的排放，铝电解槽的电压升高会导致 PFCs 产生，其产生速度由电解槽电流强度、槽电压和其他未知因素共同决定，且 PFCs 排放速度随阳极效应时间的推移而降低。

3）电流。因电解铝反应速率与电流成正比，因此阳极效应期间，电流越大，PFCs 排放速度越大。

4）电解槽内氟化物含量。产生 PFCs 的主要因素是阳极氟化物的电解氧化，因此电解槽氟化物含量也可能会影响 PFCs 的排放速度。

5）电解槽类型。不同电解槽的吨铝 PFCs 排放量差异较大，电解过程预焙槽烟气中 CF_4 及 C_2F_6 的产生量低于自焙槽。综上所述，根据 PFCs 产生机理和排放特征，降低阳极效应频率和持续时间是减少 PFCs 排放的首要方法。

2. 非阳极效应

除在阳极效应过程大量产生，相当比例的 PFCs 也在非阳极效应状态下被检测到。铝电解过程中非阳极效应 PFCs 的主要排放物为 CF_4，未发现 C_2F_6。非阳极效应排放的 PFCs 浓度较低，但持续时间很长，能够长时间连续产生。不同电解槽非阳极效应 PFCs 排放差别较大，占 PFCs 排放总量的 1%～83%，非阳极效应 PFCs 的排放为减少铝电解过程 PFCs 总排放量提出了新的挑战。

电解槽内氧化铝浓度偏低是导致非阳极效应 PFCs 产生的重要原因之一。研究发现，氧化铝浓度与 PFCs 排放量之间呈二次方关系。当氧化铝浓度低于 2.78%时，非阳极效应较明显。2020 年国际铝业协会（IAI）最新发布的 PFCs 测量指南提出，需分别测量高电压和低电压下 PFCs 的排放。然而，非阳极效应期间槽电阻和工作电压都比较平稳，可见电压并没有显著影响非阳极效应 PFCs 的产生。此外，非阳极效应 PFCs 排放不是在所有的电解槽都产生，运行不稳定的电解槽更易发生非阳极效应，其中电解温度、氧化铝浓度、物料比等因素都会影响非阳极效应 PFCs 排放，人为干扰的出铝和换阳极操作也能导致非阳极效应 PFCs 产生。

铝电解过程 PFCs 排放强度与铝工业吨铝排放水平密切相关。根据全球铝工业生命周期清单报告（LCI）（第四版），尽管吨铝碳排放水平近年呈现下降趋势，但因原铝产量持续增长，全球铝工业温室气体排放总量较大。据 IAI 统计，生产吨铝产生的温室气体水平仍较高。PFCs 的 CO_2 当量排放可根据式（6-4）计算。铝电解过程：1.5～2.5tCO_2e/tAl，全球平均值 1.9t；其中 PFCs 排放强度 0.03t～18.9tCO_2e/tAl，全球平均值约为 1.04tCO_2e/tAl。据 LCI 最新数据，2021 年全球铝生产时 PFCs 排放强度为 0.8tCO_2e/tAl。可见铝电解过程碳排放强度大，其中 PFCs 贡献也比较大。因此，IAI 要求到 2020 年铝电解过程 PFCs 排放量降至 0.35tCO_2e/tAl。然而我国多家电解铝企业铝生产过程 PFCs 排放量最高达 2.74t CO_2e/tAl，最低为 0.21tCO_2e/tAl，中值为 0.69tCO_2e/tAl，排放强度较大，PFCs 减排压力大。

$$\text{PFCs 的 } CO_2 \text{ 当量排放} = \frac{6500R_{CF_4} + 9200R_{C_2F_6}}{1000} \tag{6-4}$$

式中

6500——CF_4 的 GWP；

R_{CF_4}——吨铝 CF_4 的排放率；

9200——C_2F_6 的 GWP；

$R_{C_2F_6}$——吨铝 C_2F_6 的排放率。

近年来，国际上对铝工业 PFCs 气体的排放日益关注。随着近年来铝电解槽技术的快速发展，高污染、高阳极效应系数的自焙槽快速减少，目前全球铝电解过程主要以预焙槽为主，因此近年来铝电解过程产生 PFCs 的 CO_2 当量较明显下降。加拿大铝业开发了 ALPSYS 智能控制系统，该系统通过缩短控制周期减少电解槽内氧化铝浓度的变化，显著减少了 PFCs 排放，PFCs 排放低至 0.35tCO_2e/tAl。美国铝业通过控制电解槽电压、阳极升降、电解槽熔盐液面高度和铝液稳定性等措施，可将 PFCs 排放量降低至 0.5tCO_2e/tAl 以下。我国伊川铝厂通过采用人工熄灭阳极效应显著降低了的 PFCs 的排放，吨铝 PFCs 排放降至 0.26tCO_2e/tAl，为铝电解过程降低 PFCs 排放提供了良好的思路和启示。

综上，影响铝电解过程中 PFCs 排放量的主要是阳极效应和非阳极效应。因此通过控制铝电解过程的阳极效应和非阳极效应以减少 PFCs 排放是当前大幅削减铝工业温室气体排放的重要途径。

6.2.2 控制技术

全氟化碳（PFCs）是一种结构和化学性质高度稳定的化合物，被称为“不朽气体”。铝电解过程 PFCs 的产生不仅大量消耗了碳素阳极和含氟原料，增加了企业生产成本，还导致了大量增温潜势突出的温室气体的排放，严重制约了铝工业的低碳绿色发展。因此，控制电解铝行业 PFCs 温室气体的排放非常必要，也较为紧迫。

PFCs 结构稳定，常规的处理方法或技术难以高效地处理 PFCs。随着全球铝行业对 PFCs 排放的日益关注，PFCs 控制技术快速发展。当前国内外削减电解铝行业 PFCs 的技术主要分为非阳极效应减排和阳极效应减排，此外 PFCs 销毁技术也在快速发展。当前针对 PFCs 的减排主要包括源头控制、过程控制和末端控制。

1. 源头控制

原材料质量直接影响铝电解过程副反应的发生，而 PFCs 的产生也是铝电解过程的副反应，它不仅增加了原材料的消耗，影响了产品质量，还导致有害副产物的生成。因此，从源头控制原材料的质量可抑制阳极效应和非阳极效应的发生，进而降低 PFCs 的产生。

（1）控制电解原料质量

我国氧化铝矿物伴生成分复杂，氧化铝中常含有钙、锂、镁等化合物的杂质，而冰晶石熔盐生产过程也会夹带少量的杂质组分。随着电解时间的延长，电解槽中会不断沉积碱金属和碱土金属盐，进而影响电解液电位，导致 PFCs 的生成。因此，针对不同原料要及时做好产品质量检测，严格控制原材料的品质，必要时可对原材料进行预处理纯化，尽可能减少杂质组分在电解槽中累积，进而降低电解过程中 PFCs 的产生与排放。

（2）提高碳素阳极质量

碳素阳极因参与铝电解过程而被逐渐消耗，碳素阳极也会参与生成 PFCs 的副反应，当碳素阳极品质不佳时易发生阳极效应。碳素阳极表面选择性氧化和化学氧化会引起阳极的过量消耗，导致阳极开裂、降级、失效等现象发生，进而影响电解槽电流分布，引发阳极效应。通过抗氧化剂和抗氧化涂层技术可显著提升阳极品质，此外控制阳极中杂质组分含量可有效避免杂质在电解槽内的累积和副反应的发生，可有效保障铝电解过程的稳定进行。因此提高碳素阳极品质可有效保障铝电解过程槽电流和电压的稳定性，抑制阳极效应和非阳极效应的发生，进而减少 PFCs 的产生与排放。

2. 过程控制

PFCs 主要在铝电解槽熔盐电解质中氧化铝浓度较低或阳极电流密度较大时大量产生，此时碳素阳极附近氧离子浓度降低，氟离子浓度升高，这为碳素阳极和氟离子反应提供了便利。当碳素阳极电位升高至氟离子放电电位时全氟化碳快速生成。因此通过控制铝电解过程，抑制 PFCs 的生成是控制其排放的有效手段。

（1）优化下料系统

当前我国电解铝行业生产过程主要采用点式下料的预焙槽技术，国内下料系统因原料易粘连堵料导致系统故障率较高，进一步导致电解槽内氧化铝浓度变化引发阳极效应。因此铝电解精准智能下料技术能显著提高下料系统控制的准确性，进而降低因下料口堵料导致熔盐中氧化铝浓度的变化，避免了因氧化铝浓度波动引发的阳极效应，有效保障了电解槽工作的稳定性，能有效减少阳极效应引发的 PFCs 排放。

（2）优化铝电解槽控制系统

目前我国铝电解槽的槽型种类较多，使用氧化铝原料和熔盐电解质体系也具有明显的差异，造成铝电解原料性质匹配性不佳、工艺控制不精准、系统设置有偏差等现象，易导致熔盐电解质中氧化铝浓度变化引发阳极效应，导致 PFCs 的生成和排放。通过厘清铝电解过程 PFCs 的产排特征，并依据 PFCs 的排放特征设计精准操控系统，调整电解槽工艺参数和系统设置方式精准控制电解槽内的氧化铝浓度和槽电压，优化电解槽内氧化铝浓度分布，减少阳极效应发生的频率，进而减少 PFCs 的排放。

（3）优化大型电解槽系统

大容量电解槽因其控制的工作区域面大，电解槽内氧化铝浓度分布和熔盐电解质温度分布的均匀性控制难度较高，这导致大型电解槽因局部氧化铝浓度和电解质温度不均更易发生局部阳极效应，如果不能及时发现局部阳极效应并迅速进行处理，会进一步导致全槽阳极效应的发生，进而导致 PFCs 迅速大量产生。此外，在铝电解过程中，当电流通过电解槽时，会在环绕电流流动方向产生磁场，该磁场性质和强度会对铝电解过程电流密度分布和铝金属析出速率产生影响，并进一步影响电解槽内的热流动和液态金属的对流行为，进而引发阳极效应。因此强化电解槽内原料分布及温度场分布的均一性和稳定电解槽电流密度及液态熔盐体系可有效降低铝电解过程的阳极效应。磁场补偿技术、新型稳流保温技术、带阻流的阴极技术等是当前有效的电解槽系统优化策略，而阳极开槽可有利于阳极气体逸出，减少阳极气泡在超大尺寸阳极底面的聚集引发系统的不稳定，进而显著降低铝电解过程的阳极效应，可有效减少 PFCs 的生成和排放。

（4）阳极效应熄灭技术

降低铝电解过程阳极效应的持续时间和发生频率可显著减少 PFCs 的排放，而在电解槽控制系统内增加阳极效应自动熄灭模块来缩短效应时间可有效控制阳极效应。沈阳铝镁设计研究院有限公司开发了“全息”操作及控制技术，该技术通过设置热平衡控制模型，自动熄灭阳极效应，通过减少阳极效应的持续时间和频率来降低 PFCs 的生成。中铝郑州有色金属研究院有限公司成功开了“无效应低电压铝电解技术”，该技术通过精准控制氧化铝浓度，避免电解槽内局部氧化铝浓度低于目标值，消除连续的局部闪烁效应，以减少 PFCs 的排放。该技术自推广应用以来，每年减排 PFCs 约为 611 万 tCO_2e，吨铝温室气体减排率约为 49%。

3. 末端控制

PFCs 结构稳定，化学键断裂难度大，目前尚未见到关于 PFCs 在生物体内降解的研究报道，常规的高级氧化技术也难以破坏其化学键，更不能将其有效降解，因此 PFCs 降解处理难度较大。目前 PFCs 末端控制技术主要包括末端销毁技术和 PFCs 富集回收技术。

（1）末端销毁技术

PFCs 化学键稳定，目前主要依赖高温或高能电子破坏其化学键实现降解。PFCs 末端销毁技术主要包括直接焚烧销毁技术、高温催化焚毁技术和等离子销毁技术。直接焚烧销毁技术利用 1200℃以上的高温将 PFCs 降解，将低极性的 PFCs 转化成低分子量和亲水性的极性化合物。但该过程能耗高，不适合处理低浓度 PFCs 废气；高温催化焚毁技术利用催化剂的作用，在 600℃以上的高温条件下将 PFCs 降解，但催化剂易氟中毒和易高温烧结失活，该技术运行费用高。等离子体销毁技术运行费用稍低，但一次投入费用高，PFCs 降解过程易发生副反应导致其降解不彻底，存在二次污染问题。目前直接焚烧销毁技术是最成熟且稳定的技术，也是最常用的 PFCs 末端处理技术。

（2）PFCs 富集回收技术

部分铝电解企业因生产的实际情况导致大量 PFCs 生成和排放。对此可通过建设集气系统对无组织排放的 PFCs 进行收集，收集后通过吸附、吸收、压缩富集等技术进一步对 PFCs 进行捕集回收，回收后的高浓度 PFCs 可直接高温焚烧销毁或资源化利用，避免大量 PFCs 直接排入大气。

此外，中国有色金属学会通过出台电解铝行业全氟化碳排放标准和完善 PFCs 管理监督体系有效减少了电解铝行业全氟化碳的排放总量。但我国电解铝产能规模较大，PFCs 减排仍然任重道远。因此电解铝行业 PFCs 温室气体减排已成为有色金属行业的绿色低碳发展方向之一。国际上部分国家铝电解过程 PFCs 减排措施与效果见表 6-11。

表 6-11 国际上部分国家铝电解过程 PFCs 减排措施与效果

国家	减排措施	PFCs 总减排率	PFCs 减排率
澳大利亚	设备改造和工艺优化	78%	19%
巴西	优化过程控制、改进氧化铝下料	31%	17%

（续）

国家	减排措施	PFCs 总减排率	PFCs 减排率
加拿大	优化计算机控制程序，降低阳极效应系数和时间	49%	13%
法国	改进下料装置，降低阳极效应系数和时间	73%	17%
德国	实现自动化控制，提高管理水平，培训操作人员	43%	8%
挪威	提高控制水平，改进下料系统	34%	13%
英国	改进槽控系统，减少阳极效应	69%	18%

6.2.3 控制对策

因 PFCs 结构和化学性质的高稳定性，通过末端治理的方式处理 PFCs 成本较高，难度也较大，不适合大规模工业应用。因此电解铝行业 PFCs 减排的重点在于 PFCs 的产生。当前我国电解铝行业基本采用了中间点式下料的先进预焙槽技术，但并未取得国际先进的 PFCs 排放指标，吨铝 PFCs 排放中值是国外同类技术的 2 倍以上。我国电解铝行业面临能源消费总量及强度“双控”考核和“双碳”目标倒逼的严峻形势，电解铝行业 PFCs 减排压力较大。基于铝电解过程中 PFCs 产生原理、阳极效应特点、非阳极效应特点等，从铝电解过程着手，通过持续的技术创新，不断完善监督体系，结合 PFCs 源头控制和过程控制技术，大幅削减 PFCs 的产生是电解铝行业实现绿色低碳发展的重要途径。

1. 技术革新

铝电解过程中全氟化碳的生成主要源于阳极效应，因此，控制铝电解过程的阳极效应是实现 PFCs 大幅减排最有效的途径，主要通过减少阳极效应次数和缩短阳极效应时间来减少 PFCs 的产生，当前抑制阳极效应的途径主要有以下五个方面：

（1）电解槽控制系统优化

当前国内主流的电解槽系统控制技术主要有智能模糊控制系统、铝电解槽全息操作与控制技术、铝电解槽三度寻优控制技术。通过优化设计电解槽控制系统可以更精准地控制电解熔盐中氧化铝的浓度，使槽内氧化铝浓度分布均匀，从而减少阳极效应的发生，控制阳极效应发生的频率，降低生产过程中 PFCs 的生成与排放。此外，开发铝电解智能打壳下料管控系统可有效避免下料卡堵问题，进而抑制铝电解过程阳极效应的发生。尽管当前槽控系统技术快速发展，但当前铝电解槽控制系统仍有较大的进步空间。

（2）工艺技术优化

优化调整铝电解工艺技术参数，调整电解质成分，提高氧化铝的溶解能力，控制电解质的均匀性，提升工作电压的稳定性等，可以有效保障电解槽内温度场和流场的稳定性，进而显著降低阳极效应发生的时间和频率，可大幅降低铝电解过程中 PFCs 的排放。

（3）大型槽优化设计

面对大型电解槽内温度场和物料流场稳定控制难题，可优化槽体设计，使槽内氧化铝浓度和电解质温度分布均匀。通过优化磁场分布和补偿稳定电解过程的电流密度，提高磁流体的稳定性，可有效控制氧化效应。

（4）原料质量控制

控制氧化铝的物理性能会显著影响氧化铝在冰晶石熔盐电解质中的溶解性能，进而影响槽控技术对氧化铝浓度的控制效果。控制碳素阳极的指标参数可有效抑制铝电解过程副反应的发生，进而抑制阳极效应的发生。因此研发高等级的原材料制备技术，提升原材料品质对降低 PFCs 排放具有较大意义。

（5）新型惰性电极与电解工艺的研发

开发惰性阳极替代铝电解所用的预焙碳阳极不仅可大幅降低铝电解的生产成本，显著降低 CO_2 的排放，而且在铝电解过程中生成 O_2，可彻底消除 PFCs 的产生与排放。研发氯化铝电解技术，通过采用石墨阴极和石墨阳极，实现电解 Cl_2 和 CO_2 的循环，可彻底消除 PFCs 的排放。

2. 末端治理

PFCs 排放末端治理是实现向大气环境减排的有效手段，包括 PFCs 气体的去除、富集、回收等技术，只是目前开展的 PFCs 的吸附脱除技术还多处于实验室研究或工程验证阶段。富集和回收铝电解 PFCs 排放的可以用于蚀刻机台和碳纳米管制备，但由于铝电解过程阳极效应的随机性，富集回收 PFCs 有一定的局限性，且需配合前处理系统，经济性较低，尚不具备很强的应用性。但从长期来看，源头控制和过程控制虽然能有效减少 PFCs 的排放，但无法从根本上解决 PFCs 的排放问题。因此结合源头控制、过程控制、末端治理的全过程控制技术是实现铝工业 PFCs 深度减排的必要途径。因此 PFCs 的直接销毁、富集回收、资源化利用是实现末端削减 PFCs 的有效途径，而围绕 PFCs 的低成本直接销毁、富集回收、资源化利用技术亟待深入研究。相关技术的开发与推广需要社会各行各业的共同努力，全流程的工艺优化与综合治理需要有可靠的生产数据作为支撑。所以还需要电解铝行业应该尽快建立良好的监测、评估体系提供精确的排放数据记录，为企业和政府了解排放情况、制定减排措施提供帮助。

无论是通过物理处理技术对 CF_4 进行分离、循环、回收，还是通过化学处理技术将 CF_4 分解为易处理、更清洁的产物都是实现 CF_4 处理的有效途径。深冷分离、吸附分离、膜分离等物理处理技术适用于高浓度 CF_4 的回收，以获得更高的经济效益。热力燃烧、热催化分解、等离子体分解、等离子体与催化剂协同降解等化学处理技术则更适用于较低浓度的 CF_4 的处理。其中，DBD 等离子体耦合催化技术和电化学催化分解技术，可在低温、常压条件下实现 CF_4 的高效分解。尽管目前各项处理技术在实验室条件下均取得了可观的性能，但未能经过实际烟气工况的验证。未来仍需要在以下方面取得突破：

（1）发展低温等离子体耦合催化剂分解技术

铝电解过程中产生的 CF_4 烟气排放温度一般为 100～140℃，在冬季甚至可低至 80℃。若采用热力焚烧和热催化分解进行处理，则需要将烟气加热至反应所需的温度，这极大地增加了处理 CF_4 的能耗，经济上根本不可行。因此，研发低温、高效、低能耗的 PFCs 处理技术是电解铝行业 CF_4 治理的迫切需求。通过 DBD 等离子体发生器产生的等离子体耦合催化剂分解技术，已阶段性突破低温降解的瓶颈，有望率先成为电解铝行业 CF_4 末端治理的可行方案。

（2）开发长效稳定的 CF_4 催化分解催化剂

CF_4 催化分解产物之一为酸腐蚀性的 HF，常规的金属氧化催化剂已被 HF 腐蚀导致催化剂快速中毒失活。因此，开发结构稳定、低温高活性、长寿命的催化剂是 CF_4 催化分解技术能否应用的关键。因此急需开发 CF_4 高效催化分解反应的廉价催化剂，并原位消除 HF 产物，减少 HF 对催化剂的破坏，这对 CF_4 进行持续稳定低能耗降解的意义重大。

3. 完善监督管理体系

我国目前在 PFCs 排放的监测、核算、核查、末端治理等方面还缺乏完备的政策法律体系，尚未制定专门针对 PFCs 减排的标准体系。当前电解铝行业对 PFCs 减排主要立足于降低企业的生产成本，阳极效应和非阳极效应产生大量 PFCs，增加了生产电耗，提高了原料消耗，增加了系统故障频率，因此，当前企业很大程度上减排 PFCs 是基于提升企业生产水平的角度出发，而很少真正立足于降低温室气体排放进行技术革新。随着“双碳”目标的持续推进，以 PFCs 为代表的高温室效应潜势的非二氧化碳类温室气体的排放将越来越受重视，而电解铝行业作为 PFCs 排放的大户必将成为关注的焦点。因此，完善 PFCs 排放相关标准体系，建立以环保部门主导、行业协会配合、企业为责任主体的自愿减排 PFCs 的合作机制，规范 PFCs 监督体系，强化 PFCs 排放管理，促进 PFCs 减排技术研发，是电解铝行业实现低碳发展的必由之路，也是 PFCs 减排重要途径，更是践行和深化“双碳”目标的重要抓手，对大幅降低电解铝行业 PFCs 排放具有重大的现实和实际意义。

近年来，我国电解铝行业已在 PFCs 减排方面取得一定进展，但大部分 PFCs 减排是建立在电解槽稳定生产间歇现场测试和核算的结果，相关技术实施也是以提升电解槽工作效率、提高铝电解稳定性、降低生产能耗为目标。大部分电解铝企业仍缺乏 PFCs 现场数据记录，没有详尽可靠的 PFCs 排放统计。按照当前我国电解铝企业温室气体核算方法，采用指南缺省值计算，全国各电解铝企业电解槽 PFCs 的排放量均值为 $0.25tCO_2e/tAl$，起不到激励企业检测的作用。因此我国电解铝行业应该尽快建立良好的监测、评估体系，提供精确的排放数据记录，为企业和政府了解排放情况、制定减排措施提供帮助。电解铝行业应加强对 PFCs 减排技术的开发与研究，通过电解槽优化设计、槽控系统升级、工艺技术优化、大宗原料把控、设备运行维护等措施降低铝电解过程中 PFCs 的排放。开展 PFCs 减排工作，对促进我国铝行业绿色高质量发展及铝工业“双碳”目标的实现具有重要战略意义。

我国关于新型污染物的管理制度起步较晚，相关研究也不够深入，与发达国家相比，在管理制度体系方面还存在很多问题。从长远来看，加强原铝行业 PFCs 的污染物治理迫在眉睫，应将 PFCs 治理纳入生态环境风险管理体系，建立风险评估机制，将 PFCs 等新型污染物的风险管理贯穿于整个生态环境管理体系中，逐步实现新型污染物管理的科学化、系统化和精准化。为此，我国应针对新型污染物管理的热点问题，以国际公约管控的重点领域为基准，以 PFCs 为突破口，围绕管理制度完善、法律法规建设、标准制定、技术规范明确、基础研究加强、能力建设提升等环节，夯实管理模式，加强电解铝行业 PFCs 减排治理体系和治理能力建设。

6.3　其他行业全氟化碳减排技术及对策

全氟化碳（PFCs）是人工合成产生的卤代烃，只包含碳和氟原子，具有极端稳定性、不可燃性、低毒性、不消耗臭氧、较高的 GWP 特点。由于消耗臭氧层物质（ODS）会导致平流层臭氧损害，《蒙特利尔议定书》控制其生产和排放。全氟化碳（PFCs）不含溴原子或氯原子，对平流层臭氧没有威胁，作为消耗臭氧层物质（ODS）的替代物质在过去的几十年中，其排放量大大增加。同时，它们也是非常强的温室气体，作为控制排放的人造长寿命温室气体都已经被列入《京都议定书》。PFCs 因其具有低毒、化学性质稳定等特点被广泛应用于工业生产。PFCs 的排放量相对小，占温室气体排放总量的比例不高，且在大气中的浓度相对很低，但是由于 PFCs 在大气中不易分解，对全球变暖的潜在影响却相当高。因此，PFCs 排放减量普遍受到各国政府及环保组织的重视。

PFCs 主要包括 CF_4、C_2F_6、C_3F_8、C-C_4F_8、C_4F_{10}、C_6F_{14}、C_7F_{16}、C_8F_{18} 等。根据 IPCC 的评估报告[㊀]，PFCs 相对于 CO_2 的 100 年的全球变暖潜能值（GWP100）是 CO_2 的 6500~9200 倍。PFCs 气体应用和排放所造成的温室效应与环境污染问题已备受全球关注。减少 PFCs 气体排放量，已成为控制温室气体排放的重要内容之一，也是全球的社会责任。我国的温室气体减排压力越来越大，国家已经确定了到 2030 年碳达峰目标，以应对全球气候变化，并将节能减排列入“十四五”国民经济与社会发展规划中。

6.3.1　PFCs 的应用领域及污染来源

全氟化碳（PFCs）特性如图 6-5 所示。其被广泛应用于电子产品的半导体制造部门、医疗、电器绝缘、碳同位素分离工质、日用品，作为制冷剂（主要是与氢氟碳化物和氯氟烃的混合物）。而且因其具有良好的表面活性和很高的化学稳定性，并具有疏油、疏水特性，被广泛应用于纺织、造纸、包装、农药、地毯、皮革、地板打磨、电镀、灭火泡沫等领域。

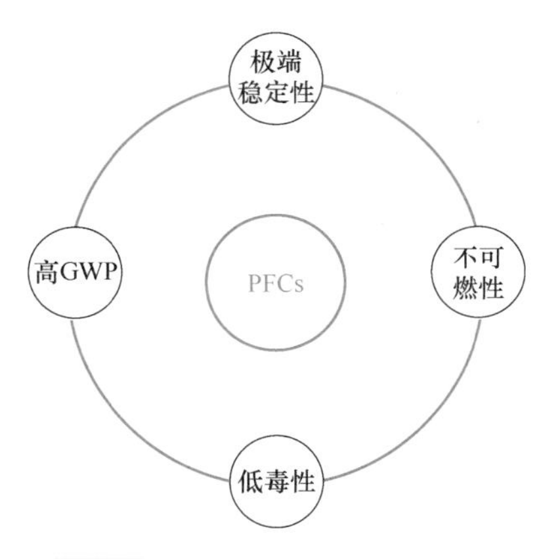

图 6-5　全氟化碳（PFCs）特性

根据《中华人民共和国气候变化第三次两年更新报告》中统计，2018 年我国共计排放 PFCs 0.32 万 t，其中，CF_4 为 0.29 万 t，C_2F_6 为 0.03 万 t，排放来源皆是工业生产过程，据统计，C_2F_6 全部来源于金属制品生产，CF_4 90%来源于金属制品生产，剩余 10%来源于卤代烃和六氟化硫（SF_6）消费。值得一提的是，自 2010 年开始统计国家温室气体清单中的 PFCs 排放数据以后，PFCs 的排放量呈逐年上升趋势，自 2010 年的 0.10 万 t 到 2018 年已经达到 0.32 万 t。因此 PFCs 的减排必须引起重视。

㊀ 摘自 IPCC 发布的报告《气候变化 2007 自然科学基础》，2007。

本章前面部分已经介绍过氟化工生产行业和电解铝行业 PFCs 的减排技术及对策，下面主要介绍其他行业的 PFCs 减排技术及对策。

6.3.2 半导体制造业减少 PFCs 排放

信息产业仍将是未来重点发展的行业之一。作为信息产业基础的半导体行业是先导性支柱产业。作为半导体产品的分立器件、集成电路与光电组件的未来需求将会有迅猛的发展，尤其是集成电路生产处于高速成长期，在行业内的占比较大。基于半导体产品需求的不断提升，该行业在本身的发展过程中，其工艺日趋成熟，还逐步通过工艺改进、化学品替代等方式努力减少生产过程及末端的污染物排放量。但在半导体生产过程中仍使用了大量、种类繁多的各种有机物和无机物，其中许多属于有毒、有害物质，其生产过程中的资源、能源消耗和排放量仍较大，外排物对环境的危害也较大。因此，随着该行业的快速发展，对环境的负面影响及污染贡献越来越受到世界各国和社会的广泛关注。半导体行业作为高新产业，往往被人误解为是低耗能、低排放的清洁产业，但事实上，如不加以控制，将会产生较大的环境污染。据行业调查，半导体制造业的蚀刻和化学气相沉淀等工序产生的 CF_4、C_2F_6、C_3F_8 是该行业最大的 PFCs 排放源。而 PFCs 是增温潜势非常强的温室气体，可不断地累积于大气中。英特尔和台积电是著名的半导体企业，据两家企业的可持续报告统计，2020 年两家企业的碳排放量年排放量约为 300 万 t 和 900 万 t。其中，PFCs 的排放量也不容忽视。因此，半导体制造业的 PFCs 减排已成为该行业温室气体减排的重点，也是半导体企业的社会责任。我国作为半导体产品的主要生产基地，PFCs 的减排压力越来越大。

1. 半导体行业产生 PFCs 的产生环节

PFCs 被广泛应用于半导体制造上刻蚀工序、化学气相沉淀及清洗制程腔室。其中，蚀刻现在已是该行业生产工艺中 PFCs 排放的主要环节。半导体产业 PFCs 使用和排放较多的是 CF_4、C_2F_6 和 C_3F_8。其中，CF_4 是目前用量最大的等离子蚀刻气体。蚀刻反应过程不能实现 CF_4 的全部转化，剩余未转化的 CF_4 由处理室外排，化学蒸气沉积和清洗等过程中也有部分 PFCs 排出。

2. 半导体生产工艺改进

原有晶圆生产企业通过优化使用程序和安装终端检测设备可减少 10%~56%的 PFCs 排放。CVD 过程的远距电浆清洗技术可减排 15%~99%（NF_3）和 35%（C_3F_8）。替代清洁化学品可减少 10%~90%的温室气体排放。末端综合处理技术的应用可减少 90%~99%的温室气体排放。3M、TEL、Novellus 等公司推出 NF_3 制程化合物新方法减少蚀刻清洗过程中 PFCs 的使用和排放，可使电浆使用效率由 85%提升至 99%，可减少 30%~70%的 PFCs 排放。迄今为止，半导体产业新的制造科技还不能完全不使用 PFCs，因此在新科技开发时要将减少所需 PFCs 的单位用量，尽量使 PFCs 的使用效率最大化，努力减少 PFCs 副产物的生成及经济有效等方面作为重点考虑。

6.3.3 TFT-LCD 行业减少 PFCs 排放

PFCs 排放减量一直是全球高科技产业所关注的议题。近年来，由于 TFT-LCD 面板产业快速发展，PFCs 的使用量及排放量也日益增加；TFT-LCD 产业中的部分制程可以 NF_3 替代，改用NF_3具有较高的减量效益，可达到温室气体减量的目的。我国LCD显示屏行业发展起步于20世纪90年代，在此之前我国的LCD显示屏技术落后于全球。经过20多年的发展，我国已然成为全球最有竞争力的国家。当前LCD显示屏行业中TFT-LCD属于主要且市场份额最大的产品。受益于液晶电视、平板计算机和智能手机的需求增长，TFT-LCD面板市场前景广阔，带动TFT型液晶材料的大量需求。2022年我国TFT-LCD产量约为1.57亿m^2，需求量为1.72亿m^2，大产量的同时，带来的是PFCs不可忽视的排放量。通过测量核算，企业层面上，2019—2021年TFT-LCD面板生产碳排放量逐年增加，在2021年已达到1660.14kg CO_2e，这与产品年出货面积呈正相关；全国层面上，2019年TFT-LCD面板产品碳排放量达到了8808.68kg CO_2e，2020年碳排放量有所下降，2021年随着市场需求的激增，碳排放量又增长至8899.85kg CO_2e。

1. 产生PFCs的环节

在TFT-LCD的制造过程中的阵列工序需要用PFCs作为干法刻蚀的等离子气体和气相沉积（CVD）工序中的清洗气体，使用的主要有CF_4、C_2F_6等。

2. 改进TFT-LCD生产工艺

TFT-LCD行业在削减PFCs方面所采用的策略首先是优化生产工艺过程，然后才是采用替代工艺和淘汰工艺。根据制造商提供的资料表明，工艺优化和进行化学替代获得的PFCs削减量也会随着生产工艺的不同而变化。一般来说，可以使PFCs的排放量（以MMTCE为标准）降低30%~70%。其中，对CVD室的清洗工艺中使用的PFCs约占PFCs总消耗量的70%。如改用NF_3作为CVD室的清洗剂，因为NF_3与C_2F_6相比，NF_3的分解温度较低，为了适应NF_3的使用性能，需要专门设计新的设备。因此，等离子的使用效率可从85%提高到99%。如果以MMTCE作为标准单位换算，在一个采用等离子刻蚀的最佳化清洗工艺中，一般可以使PFCs的排放量降低20%~50%。此外，在TFT-LCD生产过程中，为减少PFCs流量及降低PFCs浓度，采用低压操作和提高RF（无线电频率）能量等措施，将有助于削减PFCs的排放量。

6.3.4 其他行业的PFCs排放特征

除了半导体制造业，还有一些其他行业也产生PFCs的排放。在一些污水处理厂的液化提取系统中，PFCs作为输运剂和增溶剂，充当污泥在输送过程中的主要角色。这使得污水处理厂成为一个潜在的PFCs排放来源。在氯碱行业的氯碱电解过程中，需要使用含PFCs的离子膜，这可能导致PFCs的损失和释放，成为显著的排放源。在航天和国防工业中，某些火箭推进剂所含的PFCs被发现对温室效应具有潜在影响。火箭发射活动中的PFCs排放在行业范围内可能是一个重要的温室气体排放源。

6.3.5 减少和控制PFCs排放的技术及对策

1. 对生产中外排的PFCs进行末端治理

PFCs排放的末端治理技术是目前一种实现向大气减排的有效手段。目前通常使用三种方案：催化分解、燃烧、等离子体。三种减排方案对比见表6-12。

表 6-12　催化分解、燃烧、等离子体处理 PFCs 方案对比

处理方法	PFCs 处理效率	处理投入	运行费用	NO_x 排放	维护要求
催化分解	CF_4>95%；其余多数 PFCs>99%	中	高	少	催化剂易中毒，需更换
燃烧	CF_4>95%；其余多数 PFCs>99%	中	低	中	最稳健和成熟的技术
等离子体	CF_4>95%；其余多数 PFCs>99%	高	中	多	接近燃烧法

三种方案的 PFCs 去除效率相当，催化分解是 PFCs 气体在高温下通过化学催化剂使其分解，需大量热能，催化剂表面会受到在工艺过程中形成的二氧化硅的污染及其他毒害的影响，需及时更换催化剂，并且该法日常运行费用较高。等离子体法将 PFCs 气体、水、等离子体在反应区中经过高效微波耦合然后被除去。在等离子体系统中燃烧室的设计和等离子体控制至关重要。此处理方案产生的 NO_x 最多，且设备投入和维护成本较高。对能源丰富的地区，用等离子体法处理 PFCs 也是一个可行的方案。三种方案的功效相当，但等离子体法的成本较高。在减排性能和操作成本上，燃烧法有很明显的优势。催化分解的操作成本最高，但是和等离子体法相比提供了更大的减排性能。另外，催化分解所产生的 NO_x 最少，而等离子体产生的 NO_x 最多。从耐用程度和维护要求来看，燃烧技术依然是最优的减排措施，综合来看，燃烧减排是适用于大多数环境的优选技术。燃烧法不需要外部燃料，不过，如果某地区的能量提供充足稳定，且驱动燃烧器的成本比化石燃料更低，则等离子体法也是可行的方案。用燃料燃烧系统可实现 PFCs 和 NO_x 外排量至最低。在燃烧法中，燃料和空气混合物进入燃烧室并在柱状多孔陶瓷垫上燃烧，并可处理蚀刻工艺中产生的大量四氟化硅固体。燃烧法减排治理投入小、运行费用低、减排副产物相对危害小、实用性最强，是最具综合效益的 PFCs 减排方案。捕捉、回收 PFCs 可视为末端处理的又一种方法，可用于蚀刻机台和制程腔室清洁末端，目的是将气体纯化再利用或作为治理方案的前处理浓缩步骤。对 C_2F_6、CF_4 的回收效果较好，但由于捕捉、回收 PFCs 的种类的局限性，回收需配合前处理系统及经济性不明显，目前尚不具备广泛的应用性。但从长远看，PFCs 气体的回收、净化及再利用不仅在节能减排、保护环境等方面具有明显的环境和社会效益，从资源利用的角度看，还蕴藏着降低经营成本和提高经济效益的潜力。另外，采用金属氧化物吸附、等离子体处理和金属氧化物吸附相结合、燃烧+洗涤、触媒反应+洗涤、电力加热+洗涤、电浆+洗涤、集中电浆等方法处理 PFCs 不断在研究、实践中。另外，变压吸附、低温蒸馏、膜分离等 PFCs 回收和循环利用技术也进一步得到研究。

2. 减少生产过程中 PFCs 的排放

在生产过程中由于不完善的生产工艺和管理水平的欠缺，导致部分企业在生产过程中向大气排放的 PFCs 气体量仍较大。应对生产工艺进行突破和创新，特别是在合成反应、粗品净化及产品精制工艺的改进方面有所突破，并使 PFCs 的生产过程实现节能降耗，进而实现安全生产。同时政府层面应制定 PFCs 生产企业特征污染物排放标准，并督促和鼓励生产企业实现 PFCs 的回收，减少生产源头的 PFCs 排放。

3. 针对各行业PFCs产品进行替代

PFCs气体的替代技术对减排PFCs具有积极意义。至今为止，世界各国对PFCs气体的替代物已经进行了长时间的研究，目前研究还在进一步深入。环保部门、气候专家及IBM公司等均开展了相关替代气体的攻关研究，迄今已取得一定的进展，并逐步走向应用领域。从环保的角度分析，需要考虑对臭氧层的保护，防止次生污染。为此，许多研究者在研究PFCs替代物时将不包含Cl元素或Br元素作为控制条件。NF_3是目前制造工厂内所使用的最有效率的替代化学品。因此，普遍使用COF_2、C_4F_8O、NF_3、C_3F_8、cC_4F_8替代C_2F_6，使用cC_4F_8和C_4F_6替代CHF_3和CF_4等。除NF_3外，寻找其他替代气体的研究还在不断深入和进展。使用低GWP气体替代PFCs是全球应对气候变化的必然选择，各国都在积极实践中，但在未找到完全可以替代PFCs前，使用相对较低GWP混合气体是一个行之有效的办法。目前不同行业对PFCs的替代产品分析见表6-13。

表6-13 不同行业替代PFCs产品分析

用途及行业	替代选择
家用纺织品、消费服装、专业服装（含PPE）、技术纺织品、家用织物处理剂、汽车发动机舱用纺织品（防止噪声和振动）	① 家用纺织品：树状大分子、混合物（有机硅/碳氢化合物）、碳氢化合物、聚氨酯、硅酮 ② 某些医用纺织品：聚氨酯 ③ 其他应用暂无较好的替代品
食品接触材料和包装、炊具、工业食品和饲料生产、工业和专业烘焙用品中的不粘涂料、纸板包装、塑料包装	① 炊具涂层："陶瓷"涂层、阳极氧化铝和不锈钢 ② 工业食品、饲料生产、烘焙用品中的不粘涂料：暂无适合的替代品 ③ 塑料包装：氮化硼、聚乙烯蜡等 ④ 清洁剂（用于玻璃、金属、陶瓷、地毯等）：有机硅化合物
含氟气体：空调和热泵、发泡剂、溶剂、推进剂、灭火剂、电气绝缘气体设备、植入式医疗器械（不包括网片、伤口治疗产品和导管）、计量剂量吸入器涂层（MDI）、清洗和传热工程流体、灭菌气体、诊断检测	① 空调和热泵：碳氢化合物 ② 发泡剂：氢氟烯烃（HFOs） ③ 其他应用暂无较好的替代产品
润滑油、电子设备、液压油	暂没有可接受的非PFCs替代方案被批准用于航空部门和航空航天领域
电子和半导体	① 电子器件：密封应用中使用EPDM和硅酮替代 ② 电线绝缘：PEEK、PC、EPDM ③ 浸没式冷却的传热流体：使用氰基（—CN）代替$—CF_3$ ④ 半导体领域：暂未有适合的替代产品
光伏及锂电池	① 光伏电池背板材料：可使用聚对苯二甲酸乙二醇酯（PET）、乙烯和醋酸乙烯酯共聚物（EVA）替代 ② 质子交换膜（PEM）燃料电池：碳氢化合物膜、聚醚膜被认为是正在进行研发中确定的相关替代品 ③ PEM燃料电池的强化材料：用无氟化合物如聚苯并咪唑（PBI）型材料取代聚四氟乙烯 ④ PEM燃料电池中使用的密封材料：使用PEEK替代

4. 完善PFCs管理监督体系，制定排放标准

目前，我国对PFCs气体的生产、使用、回收、净化和排放还缺乏完备的政策、规范、标准。随着国家加强节能减排工作政策的实施和保护环境要求的提高，PFCs气体的回收处理、循环利用工作将进入一个新的阶段。《中国应对气候变化国家方案》中已明确要积极寻求控制全氟化碳（PFCs）等温室气体排放所需的资金和技术援助，提高排放控制水平，以减少各种温室气体的排放。应鼓励排污单位主动开展如ISO 14064等标准中要求的企业温室气体排放量核查量化工作，摸清自身碳排放指标，针对排污环节合理减排，提高企业自身管理水平，减少温室气体排放，为CDM项目和市场的开发提供支持，增强排放权交易信用。国内外许多企业如沃尔玛、阿迪达斯、IBM、苹果、富士康、中兴通讯等已着手ISO 1406GHG排放盘查、减排验证工作，并将此要求逐步延伸至其主要供应商。但我国目前尚未形成专门针对PFCs气体减排的管理标准，也未形成从制造到使用终端的处置PFCs的完整管理体系。PFCs气体减排也仅集中在大型电解铝和部分半导体生产企业，未建立起推动全国各产业自愿减排PFCs的体制和组织。而建立以环保部门主导的各产业自愿减排PFCs的合作机制已是当务之急。建立广泛的自愿减排机制可由为相关行业提供减量化的资讯与技术，引导和推动相关行业与环保部门签署积极的减排合作协议，与行业协会一起制定减排导则，持续协助各行业实现减排目标等要素组成。通过该机制可达到全面调查了解我国PFCs生产、回收、排放现状，加强PFCs排放监测工作，促进PFCs回收再利用，强化PFCs使用管理，完善PFCs使用与排放的监督体系。同时，加强对替代物品的研究和应用。另外，由于我国在温室气体管理标准化方面的工作滞后，如何在标准化领域为我国各级政府在温室气体管理问题方面提供技术支撑，有待重点突破。

5. 开展清洁发展机制（CDM），实现对PFCs气体的减排

清洁发展机制（CDM）是《京都议定书》规定的三种碳交易机制之一，对发达国家而言，CDM提供了一种灵活的履约机制；而对于发展中国家，通过CDM项目可以为企业引进环保项目所需要的资金和先进技术，企业在实施减排项目时能得到国外资金的补偿，使企业减排工作更为主动，企业管理和发展的水平也由此得到提高，促进本国节能减排。在PFCs气体的回收处理、降低减排温室气体排放量、实现资源再利用的同时，有效利用国际碳排放贸易市场中的CDM机制，实施国际合作，获取国外发达国家的技术和资金的支持，可为进一步减少PFCs的排放提供条件。我国制定的《清洁发展机制项目运行管理暂行办法》规定了项目申报和许可程序，而且PFCs的CDM方法学已基本建立。我国企业正在越来越多地加入这一市场，但PFCs减排的CDM项目仍然很少。随着《京都议定书》第一承诺期的结束，CDM项目逐渐在我国退出，从某种程度上加快了国内建立碳市场的脚步。CCER机制及国内CCER碳市场的建立，在很大程度上借鉴了CDM机制和方法学。

思考题

1. 全氟化碳（PFCs）有哪些危害？
2. 简述电解铝行业PFCs的成因。
3. 碱金属及槽电压如何影响铝电解过程中PFCs的排放？
4. 简述电解铝工业PFCs的减排途径。
5. 简述减少和控制其他行业PFCs排放的对策。

第7章 六氟化硫（SF_6）减排技术

7.1 六氟化硫的生产与使用

近年来，随着社会经济的发展，六氟化硫（SF_6）的使用量飞速上涨。据统计，2008年全球SF_6的排放量约（7.3±0.6）Gg，2018年全球SF_6排放量升至（9.04±0.35）Gg，10年间排放增长率为24%。在非二氧化碳类温室气体排放中，SF_6排放量相对较小但是增长迅速。据估算，2010年我国SF_6排放量约5200万t/CO_2e，在现有政策下，2030年我国SF_6排放量达到1.16亿tCO_2e/年。

SF_6生产与使用行业减排技术

SF_6作为一种人为合成的氟化物，排放源仅为人类活动。其主要消费端排放源包括：①电力行业；②电子/半导体制造行业；③冶金铸造（如镁铝生产）行业等。

7.1.1 SF_6的生产

国外生产SF_6厂家主要包括索尔维集团、关东电化工业株式会社等，由于国外公司进入行业的时间较早，具备领先的生产技术和相对较大的客户资源优势。雅克科技子公司是全球SF_6特种气体行业龙头，现具备SF_6产能约7000t。近年来，随着国内厂商加大了对SF_6气体的生产研发投入，凭借国内原材料及人工费用等价格优势，成本控制已经领先，国内厂商的市场份额稳步上升。

工业上SF_6通常是由电解产生的氟在中高温下与硫反应来制备。大致生产过程是通过电解槽电解无水氟化氢制取F_2，与加入反应釜的单质硫反应，再通过热解塔在350℃裂解毒性较大的副产物S_2F_{10}，并通过水洗和碱洗除去HF、F_2等杂质后，通过低压吸附去除水分、高压吸附去除酸性气体，在-30℃蒸馏去除空气和低沸点气体，逸出的SF_6通过尾气捕集器（-60℃）进行捕集后充装。

7.1.2 SF_6的使用

1. 电力行业

根据大气观测和EPA统计分析预测，全球SF_6的排放量在未来一段时间内仍呈增加趋势，且电气设备是 SF_6 的最大消费和使用装置，对全球的 SF_6 排放有重大贡献。1990—2000 年，由于 SF_6 的成本大幅上升，不少电力公司实施改进的管理实践，以减少对 SF_6 的使用。如图 7-1 显示，1990—2000 年，全球电力系统 SF_6 排放量下降了约 31%，从 $47MtCO_2e$ 下降到 $32MtCO_2e$。但从 2000 年起，随着社会对电力需求的增加以及设备报废量的增加，导致 SF_6 排放量持续增加。预计到 2030 年，电力系统运行产生的 SF_6 排放量约 $77MtCO_2e$。目前不同地区平均排放率从小于 1% 到大于 10% 不等。

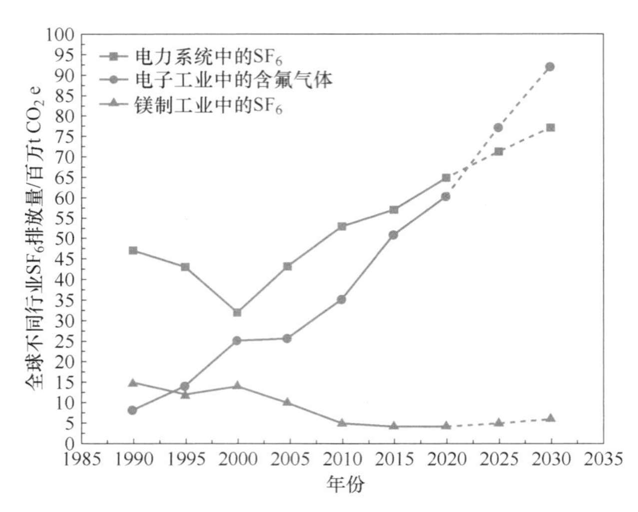

图 7-1　全球 SF_6 排放情况（1990—2020 年）及预测量趋势

在电力传输和配电所使用的设备中，SF_6 用于电气绝缘和电流断开，以管理发电站和客户负载中心之间承载的高压。其排放可出现在设备生命周期的每个阶段，包括制造、安装、使用、维修和最后处置。在某些情况下，老化的设备可能会发生重大泄漏。目前电力行业 SF_6 使用量大约占全球总 SF_6 气体的 80%。SF_6 气体主要用于四种类型的电气设备作为绝缘和/或灭弧：SF_6 负荷开关设备，SF_6 绝缘输电管线，SF_6 变压器及 SF_6 绝缘变电站。在我国电力行业中 SF_6 气体的最大用途发生在高压断路器中，电力设备中使用的 SF_6 大多数用于煤气绝缘开关设备和变电站（GIS）及煤气电路断路器（GCB）中，还有一些 SF_6 用于高压煤气绝缘线路（GIL）、户外煤气绝缘仪器变压器和其他设备。除了提供绝缘外，SF_6 用于淬火通电断路器打开时形成的电弧。上述应用可分为两类容器。第一类是“密封压力系统”或“永封式设备”，其定义是在使用寿命期间不需要用气体做任何充填（加料）的设备，通常每个功能单元包含不足 5 千克气体的设备。配电设备通常属于此类。第二类是“密闭压力系统”，其定义是需要在其寿命期内用气体充填（加料）的设备。这类设备通常每个功能单元包含 5 千克到数百千克。传输设备通常属于此类。两类设备的寿命均超过 30～40 年。在亚洲，大量 SF_6 用于煤气绝缘电力变压器（GIT）。

由于某些人为或客观原因会造成 SF_6 气体泄漏。通常由以下原因造成 SF_6 电气设备气体泄漏缺陷：

1）密封不严。密封面螺钉松动；密封圈老化；密封垫、严密圈不平整或者弹性不够；

尘埃落入密封面阀。

2）焊缝渗漏。焊接缝隙，没有控制好电流大小，将焊缝烧透，出现微漏；由于材质不同造成焊接处局部压力大产生焊缝裂痕，引起泄漏。

3）瓷套管破损。在运输及安装过程中因外力作用使瓷套管破损；胶垫老化；胶合不良。

4）阀体上有砂孔，未压紧密封位置，未拧紧放气螺钉。

5）产品质量不良。

SF_6 气体泄漏会使断电器内压下降、外压上升，这种压力差会使外部的水分向内部逐渐渗透，使设备的绝缘水平下降，影响设备的正常运行；同时水分的升高会使金属元件腐蚀生锈，或者是在绝缘件的表面形成一层水膜，使得绝缘面失效；当 SF_6 的泄漏达到一定程度时，断路器会自行合闸闭锁，系统的安全运行将无法保证。

虽然 SF_6 是一种无毒惰性气体，但是 SF_6 是一种窒息剂，在高浓度下会引起人呼吸困难、喘息、皮肤和黏膜变蓝、全身痉挛。若高压电气设备中的 SF_6 气体与设备中的金属材料、水分及电弧等长时间接触，会引发 SF_6 气体的改变，从而形成有毒气体和物质。若 SF_6 气体和这些有毒物质因渗漏等原因长期存在于高压电气设备的运行环境中，会给设备运行、维护和检修员的人身安全带来不利影响，引发许多人体疾病，甚至对生命安全造成威胁。

2. 电子/半导体行业

1990—2020 年，全球电子产品制造业含氟温室气体排放量增加了 640%。由于对电子产品的需求的快速增长，从 2020 年到 2030 年，含氟温室气体排放量预计将增长 53%。据估计，2030 年电子行业中 SF_6 的排放量（全球）预计约占含氟温室气体总排放量的 58%，居各种含氟气体首位。根据生产不同类型的电子设备中使用 SF_6 的具体方式或工艺流程、加工设备、是否采用减排技术措施等，排放量会有所差异。

高纯 SF_6 近年在我国电子行业中需求量快速增加，主要应用领域为半导体蚀刻（因选择性不强主要用于预蚀刻）、清洗和芯片测试及使晶元变薄的工序，用来蚀刻硅的表面并去除半导体材料上的有机或无机膜状物；在光纤制造过程中作为单膜光纤隔离层掺杂剂；在生产大型液晶面板及薄膜光伏产品时，SF_6 常用作等离子体增强化学气相沉积（PECVD）流程腔室的清洗。SF_6 的价格相比 NF_3 要低很多，因而在电子工业中大量用作清洗剂。

3. 冶金铸造行业

根据中国有色金属工业协会的统计数据，自 2015 年以来，我国的原镁消费量连续多年保持世界第一。2015 年我国原镁消费量为 36.5 万 t，2021 年我国原镁消费量为 44.2 万 t，同比增长 21%，2020 年消费量达到最高点为 51 万 t。我国同样是世界上最大的镁产品出口国，根据海关总署发布的统计数据，2021 年我国各类镁产品累计出口量达 47.8 万 t，同比增长 21%。

我国原镁生产主要使用皮江法，此法不涉及 SF_6。原镁熔融制造镁合金时采用 SF_6 作为保护气体，以防止金属的氧化，也可用于铝及其合金熔融物的脱气和纯化。事实上，镁合金中用量最大的是 AZ91 镁铝合金。我国消费的原镁中 27% 用于镁铝合金，33% 用于各类铸件、型材，即理论上 60% 的原镁加工品在工序中需要使用 SF_6。

7.2 六氟化硫排放核算

7.2.1 生产端六氟化硫排放核算

IPCC 对生产过程的排放所推荐的计算方法是通过决策树来选择方法，重点在与这些化学物质生产有关的更加复杂的数据收集工作上。本书采用 IPCC 推荐的方法，即缺省排放因子法，用于估算 SF_6 生产过程的排放。

$$E_{SF_6} = EF_{缺省SF_6} \times P_{SF_6} \tag{7-1}$$

式中 E_{SF_6}——SF_6 生产相关的排放（kg）；

$EF_{缺省SF_6}$——缺省排放因子（kg/kg）；

P_{SF_6}——SF_6 的总产量（kg）。

根据德国的经验，IPCC 报告中建议对于最终使用主要是不需要高度提纯的 SF_6 气体，采用的缺省排放因子为 SF_6 总产量的 0.2%。根据日本的经验，如果主要用途是需要高度提纯的 SF_6 气体（例如半导体生产），则缺省值应是 8%，因为在回气缸中处理残留气体期间会出现处理损耗。因我国生产的 SF_6 主要用于电气设备中作为绝缘气，因此采用的缺省排放因子为 0.2%。

7.2.2 消费端六氟化硫排放核算

1. 电力设备生产过程六氟化硫排放核算

电力设备生产过程的六氟化硫排放包括电力设备生产环节和安装环节的六氟化硫排放，暂不包括电力设备使用环节和报废环节的六氟化硫排放。

电力设备生产过程的六氟化硫排放计算公式如下：

$$E_{SF_6} = AD \times EF \tag{7-2}$$

式中 E_{SF_6}——电力设备生产过程中的 SF_6 排放量；

AD——电力设备生产过程中的 SF_6 使用量；

EF——电力设备生产过程的 SF_6 平均排放因子。若无本地实测的排放因子，可使用排放因子的推荐值 8.6 估算电力设备生产过程中的 SF_6 的排放量。

IPCC 报告中提供的方法——缺省因子法是估算电气设备的 SF_6 排放最简便的方法。在此方法中，酌情将缺省地区排放因子乘以设备制造商的合适的 SF_6 消耗量和/或进口的各种设备的铭牌 SF_6 能力。其中，“设备安装排放”在以下情况下可以忽略：①预期安装排放不会发生（即对于密闭压力设备）；②安装排放纳入制造或使用中排放的排放因子。

总排放 = 制造排放 + 设备安装排放 + 设备使用排放 + 设备处置排放

其中：

制造排放 = 制造排放因子 × 设备制造商的 SF_6 消耗总量

设备安装排放 = 安装排放因子 × 现场充填的新设备的铭牌总能力（或新装设备的 SF_6 消耗总量）

设备使用排放 = 使用排放因子（包括因泄漏、维修和维护及故障产生的排放）× 已安装设备的铭牌总能力（即已填充的 SF_6 总量）

设备处置排放 = 退役设备的铭牌总能力×退役剩余 SF_6 的填充比例（设备结束时设备中剩余的原始充填料）

设备铭牌容量可通过下式获得：

$$退役铭牌容量 = 新铭牌容量/[(1+g)L] \quad (7\text{-}3)$$

式中　L——设备寿命；

g——设备增长率。

根据 2004 年的全球调查，1970—2000 年出售给设备制造商的 SF_6 平均年增长率大约为 9%。在缺少特定国家信息时，可以使用缺省因子 9% 计算。

IPCC 建议的优良做法是从表 7-1 所列国家和地区中选择缺省排放因子。因为日本和欧洲提供了大多数电气设备的全球需求，所以设备设计可能类似于日本或欧洲。除了美国的因子外，地区缺省排放因子是 1995 年归档的因子，即实施任何特殊工业减排措施之前的因子。

表 7-1　IPCC 报告中推荐的缺省排放因子

国家和地区	制造商的 SF_6 消耗比例	容量的每年比例（包括泄漏、主要故障和维护损耗，安装的所有设备铭牌）	设备	
			寿命（年）	退役时剩余的填充比例
欧洲	0.07	0.002	>35	0.93
日本	0.29	0.007	未报告	0.95
含 SF_6 的密闭压力电气设备（HV 开关设备）：缺省排放因子				
欧洲	0.085	0.026	>35	0.95
日本	0.29	0.007	未报告	0.95
美国（1999 年）	无	0.14	>35	已纳入使用
含 SF_6 的煤气绝缘变压器：缺省排放因子				
日本	0.29	0.007	未报告	0.95
日本①	0.29①	0.007①	30①	0.95①

① 日本研究采用值为基于电力公司联盟和日本电气制造商协会报告的数据，本书采用日本的排放因子。

这些组织在报告平均排放因子时没有区分设备类型，因此这些因子旨在应用于所有设备类型，包括密封压力系统、密闭压力系统和煤气绝缘变压器。安装排放纳入制造、使用的排放因子。

2. 半导体生产过程六氟化硫排放核算

半导体生产过程采用多种含氟气体。含氟气体主要用于半导体制造业的晶圆制作过程中。半导体制造的温室气体清单排放包括蚀刻与清洗环节的四氟化碳、三氟甲烷（CHF_3 或 HFC-23）、六氟乙烷和六氟化硫的排放量。

半导体生产过程的 SF_6 排放计算公式如下：

$$E_{SF_6} = AD_{SF_6} \times EF_{SF_6} \quad (7\text{-}4)$$

式中　E_{SF_6}——半导体生产过程的 SF_6 排放量；

AD_{SF_6}——半导体生产过程的 SF_6 使用量；

EF_{SF_6}——半导体生产过程的 SF_6 平均排放系数。若无本地实测值，SF_6 平均排放系数的推荐值为 19.51%。

SF_6 主要应用于电子产品半导体和 TFT-FPD 的生产，针对不同类别的电子产品有不同的排放因子。对于任何类别的电子产品，SF_6 的排放量可以用这些因子乘以基质过程的年使用能力（C_u，一个比例数值）及年生产设计能力（C_d，单位为 Gm^2）来确定，乘积（$C_u \cdot C_d$）是电子产品生产期间消耗基质数量的估算值，结果用 kg 来表示。将 IPCC 报告中的计算公式简化得到电子工业生产过程 SF_6 排放计算的公式：

$$FC_{SF_6} = EF_i \times C_u \times C_d \tag{7-5}$$

式中 FC_{SF_6}——电子工业生产中 SF_6 的排放量（kg）；

EF_i——SF_6 的缺省排放因子，表示产品类别每平方米基质表面积的年排放质量（kg/m^2），见表 7-2；

C_u——企业年生产能力使用比例；

C_d——年生产设计能力。

表 7-2 电子工业生产 SF_6 的缺省排放因子

电子工业部门	缺省排放因子（EF）（处理的每单位基质面积的质量）
半导体	$0.2kg/m^2$
TFT-FPD	$4.0g/m^2$

或假定所有销售给电子工业的 SF_6 气体在当年都排放到大气中，则：

$$E_{SF_6} = C_{SF_6} \tag{7-6}$$

式中 E_{SF_6}——电子工业生产中 SF_6 排放量（t）；

C_{SF_6}——电子工业生产中 SF_6 的消耗量（t）。

3. 冶金行业六氟化硫排放核算

IPCC 报告中的方法——缺省因子法，是基于国家内镁浇铸或加工的总量。缺省因子法的基本假定是：镁保护气体中的 SF_6 是惰性气体，因此镁工业中使用的几乎所有 SF_6 都将被排放。在 SF_6 用于氧化过程保护时，缺省因子法使用单个值作为缺省排放计算的基础，但是不同浇注操作和操作员之间的 SF_6 消耗量会有很大差异。当不了解镁加工类型或浇铸操作（回收利用、钢坯浇铸或压铸等）时，可采用缺省因子法。

$$E_{SF_6} = EF_{SF_6} \times MG_c \times 10^{-3} \tag{7-7}$$

式中 E_{SF_6}——镁浇铸中的 SF_6 排放量（t）；

EF_{SF_6}——镁浇铸中 SF_6 排放的缺省排放因子（$kgSF_6/t$ 镁）；

MG_c——镁浇铸或加工的总量（t）。

本书采用的缺省因子为在推荐的压铸条件下，生产或熔化每吨镁，假定 SF_6 消耗率大约为 1kg，或假定所有销售给镁工业的 SF_6 气体在当年都排放到大气中，即

$$E_{SF_6} = C_{SF_6} \tag{7-8}$$

式中 E_{SF_6}——冶金铸造业 SF_6 排放量（t）；

C_{SF_6}——镁冶炼厂和铸造厂中 SF_6 的消耗量（t）。

镁生产过程 SF_6 排放来源于原镁生产中的粗镁精炼环节，以及镁或镁合金加工过程中的熔炼和铸造环节。

镁生产过程产生 SF_6 的计算公式如下：

$$E_{SF_6} = \sum_i AD_i \times EF_i \tag{7-9}$$

式中 E_{SF_6}——镁生产过程中 SF_6 排放量；

i——镁生成的两个环节，分别是原镁生产环节和镁加工环节；

AD_i——上述两个环节的镁产量；

EF_i——上述两个环节的 SF_6 排放因子（kgSF_6/t 镁）。

若无本地实测的排放因子，可使用推荐值用于镁生产过程中的含氟气体排放估算，原镁生产过程的排放因子推荐值为0.490，镁加工过程的推荐值为0.114。

7.3 六氟化硫减排技术

从20世纪末开始，随着环保问题逐年加重，在工业上也出现了大量 SF_6 减排的相关成果。由于全球范围内电力工业是 SF_6 气体的主要应用领域，其他如半导体加工和镁金属加工等行业的 SF_6 保护气用量较少且工艺体系较为成熟，因此本书主要聚焦于电力工业中的几种 SF_6 减排手段的分析。对于 SF_6 废气的减排措施，主要有：①使待排放的 SF_6 废气经过无害化处理后回收或转化为其他工业原料；②实现无排放和直接从根源上减少 SF_6的使用量、排放量。

围绕着以上两种减排思路，可产生三种 SF_6 废气的减排手段：①源头控制；②回收净化；③转化降解。

7.3.1 源头控制

源头控制是指在根源上降低 SF_6 气体的使用量和排放量，达到减排目的。目前采用的技术是 SF_6 气体替代技术，SF_6 环保绝缘替代气体主要分为三类：①传统绝缘气体，O_2、N_2、CO_2、干燥空气；②SF_6 混合气体，SF_6/CO_2、SF_6/N_2、SF_6/CF_4 等混合体系；③氟碳类气体，氢氟碳化物（HFCs）、全氟化碳（PFCs）、全氟化腈（Perfluoronitriles，PFNs）、全氟化酮（Perfluoroketones，PFKs）等。

由此将技术分为：①SF_6 混合气体替代技术；②SF_6 气体完全替代技术。

1. SF_6 混合气体替代技术

这种技术的实质是将 SF_6 与其他气体，如 N_2、CO_2、全氟化碳类气体等混合形成二元或三元混合气体，这种两种或多种气体的合理配合可能会同时满足多种性能的需求。此举可以减少电力系统 SF_6 的使用量。传统绝缘气体主要在环保性、液化温度、运行安全性三方面具有绝对优势，但其绝缘性能仅为 SF_6 的0.29~0.38倍，因此不能单独使用，而是作为外加气体常常与 SF_6 或 SF_6 替代气体混合使用；这样既能够减少 SF_6 气体的用量，也能够解决 SF_6 沸点较高的问题，从而在高寒地区推广使用。SF_6/N_2 GIL 系统最早于1994年开始开发，并在法国和德国开发并测试了几种 SF_6/N_2 GIL 设计，用于应对传统架空输电线的路权审批越发困难的问题。2001 年 1 月，世界首个 SF_6/N_2 绝缘气体 GIL 在瑞士日内瓦机场附近示范运行，同时也是首个商业场地组装运行的 GIL。国家电网公司研制了 1100kV SF_6/N_2 特高压 GIL 样机，并通过了带电测试。但是在几乎所有 SF6 混合气体绝缘设备中，为了保证混合气体的绝缘性能达标，SF_6 的体积分数仍在 30%以上，不能从根本上替代 SF_6 的使用。

2. SF_6 气体完全替代技术

为了从根本上解决 SF_6 减排难题，SF_6 气体完全替代技术采用新型环保绝缘介质，已成为电气与化学交叉领域的研究重点。新型绝缘介质应符合环保无毒、电气性能优异等基本要求。部分氟碳类气体，如 CF_4、C_2F_6、C_3F_8、CF_3I 和 C-C_4F_8 等，GWP 相对较低，绝缘耐力高，最有可能替代 SF_6 用于高压电力设备中，尤其是 20% CF_4/N_2 混合气体具备在极寒地区替代 SF_6 的可能，但是因其环保性不突出（C_2F_6 和 C_3F_8 仍具有较高的 GWP，分别为 12200、8830）、液化温度高、生物毒性强（CF_3I）等不足之处，未能得到广泛应用。绝缘强度是评价新型绝缘介质的最关键指标，全氟戊酮（$C_5F_{10}O$）、全氟己酮（$C_6F_{12}O$）和全氟异丁腈（C_4F_7N）等，因其绝缘强度高、液化温度低且环保性突出，近年来得到了国内外学者关注，同时它们与传统绝缘气体的混合研究具有完全替代 SF_6 的可能性，是今后研究的重点。目前而言，国内相关研究仍处于较初级阶段，且由于技术原因，替代技术可能仅会在新制造和安装的设备中首先考虑，因此，暂时还不能实现工程上对 SF_6 的大规模或全面替代。

实现 SF_6 减量与替代是其必然趋势。随着 SF_6 替代技术的研发，可以预测到全球各国陆续限制并淘汰相关设备，最终实现电力系统的 SF_6 完全替代。按照这个方向，实现电力设备“净零”目标指日可待。但是就现阶段这两种替代技术而言，还需要注意与思考以下方面：

1）SF_6 混合气体尤其是 SF_6/N_2 混合体系基本可以满足绝缘性能，也已成功实现现场应用，但所需的 SF_6 比例仍然不低，无法完全限制 SF_6 的使用和排放，难以满足低 GWP 的要求。

2）SF_6 混合气体，如 SF_6/N_2 混合体系绝缘性能能满足使用要求，但因对其灭弧能力的研究有所欠缺，应用范围受到限制，因此探究替代气体的灭弧性能同样是未来研究的重点。

3）SF_6 替代气体研究属于跨学科交叉领域研究，不仅要考虑其电气特性（绝缘性能与灭弧性能）和环保特性（低 GWP），还需要考虑它的生物安全性、沸点、稳定性等理化特性。

4）考虑 SF_6 混合气体替代技术依然摆脱不了 SF_6 的使用，以及单一替代气体的局限性，未来新型替代气体或更多采用非 SF_6 多元混合气体的方式。

5）针对电力系统组成的复杂性，每部分温度范围不尽相同以及受其他因素影响，特定的 SF_6 替代品将更具有应用的现实意义。

针对已经泄漏的或有泄漏风险的 SF_6 气体，有必要对其进行实时的泄漏检测。SF_6 气体检测技术主要有四种，分别是在位监测技术、原位监测技术、廓线监测技术、在线监测技术等技术。

（1）在位监测技术

在位监测技术是基于目标检测算法的边缘端在位监测系统，包括智能在位检测模块和管理平台等。在位监测技术有如下几种：

1）气相色谱法-电子捕获法（GC-ECD）：气相色谱仪中的样品在汽化室汽化后被惰性气体（即载气）带入色谱柱内，柱内含有液体或固体固定相，样品中各组分都倾向于在流动相和固定相之间形成分配或吸附平衡。随着载气的流动，样品组分在运动中进行反复多次的分配或吸附/解吸，在载气中分配浓度大的组分先流出色谱柱，而在固定相中分配浓度大的组分后流出。组分流出色谱柱后进入电子捕获检测器被测定，电子捕获检测技术常采用放射性同位素^{63}Ni 作为检测器的离子发射体，且配有载气（Ar）。当载气通过放射源时，放射源产生 β 射线的高能电子使载气电离形成正离子与慢速电子，向极性相反的电极定向迁移形成基流。SF_6 气体的负电性决定了它能捕获载气电离形成的慢速电子，从而形成负离子。待检 SF_6 气体负离子与载气正离子复合成为中性化合物，而使原有的基流减少，基流的减少量与被测气体的浓度呈一定数量的比例关系，变化的基流可转为浓度指示信号输出，从而达到检测气体浓度的要求。该方法对 SF_6 检测下限值极低，可达 ppt（10^{-12}）级别，且技术性能稳定、精度高、分辨率高、响应和恢复速度快，但存在实际操作较复杂，装置带有放射源和高压载气瓶，价格昂贵，而且线性范围小的问题。目前该方法测量 SF_6 的检测下限为 100ppt~10ppb，定量精密度 RSD<20%。

Lee J 等人开发了一个自动分析系统用于监测大气中的 SF_6，他们在首尔大学试验站使用气相色谱与电子捕获探测器和包装分离柱对大气 SF_6 浓度进行监测。最终系统实现了每隔 30min 获取数据的自动化，显示出极宽的变异性，范围从 4.6pptv 到 1.1×10^3pptv（体积分数）。Lee J 等人使用带有微电子捕获检测器的预浓缩器-气相色谱仪（GC-μECD）来测量 SF_6 气体。在环境水平上，提高了灵敏度并改进了信噪比。最低检测限（LOD）为 0.008pmol/mol，短期精确度为 0.05%，与其他测量方法相比，分析精度更好。

2）红外成像检测技术：SF_6 气体对波长为 10.6μm 的红外线具有明显的特征吸收，红外成像利用了 SF_6 气体的红外吸收特性和红外辐射描述温度的技术原理。红外成像检测技术包括主动和被动成像。被动红外成像方法不需要反射背景和辐射源，检测距离更长。与背景区域相比，气体泄漏区域在辐射、温度和气体流动性方面存在一些差异。采用特殊设计的热成像系统实现了特定气体的非接触式动态直观成像。因此，基于被动红外成像的气体泄漏检测具有重要的研究意义。随着红外成像技术的发展，研究人员对红外成像检测方法进行了大量研究，主要涉及图像降噪、增强和目标检测技术。通过提高红外图像的质量和提取红外图像特征，可以从红外图像中获取更多信息。

傅里叶红外光谱法（FTIR）通过测量干涉图及对干涉图进行傅里叶变化的方法来测定红外光谱，主要由迈克尔逊干涉仪和计算机组成，是干涉型红外光谱仪的典型代表。这是一种宽波段光谱测量方法。它具有分辨能力高，测量组分多，光通量大，可同时测量 CO、CO_2、CH_4、N_2O 等优点，已广泛应用于大气环境检测。FTIR 主要监测位于近红外 4000~11000cm^{-1}波段，光谱分辨率可高达 0.0095cm^{-1}，精度高且能够连续测量，但高分辨的地基 FTIR 的设备体积相对较大，建设成本较高。

3）石英增强光声光谱（QEPAS）技术：光声检测痕量气体的一种新方法是使用石英音叉（QTF）作为声学换能器。这种方法具有创新性，称为石英增强光声光谱（QEPAS），具有非常高的质量因数（Q>10000）。

与 PAS 相比，QEPAS 关键的创新点是利用压电特性，通过低成本石英音叉将分析物吸收的调制激光束诱导的声波转换为电信号。基于 QEPAS 的传感器结合了 PAS 的两个主要特性，即激发波长独立性和检测灵敏度，这与入射激光功率成正比，而且已被研究证明可以使用覆盖紫外线、可见光、近红外、中红外和太赫兹光谱区域范围内的各种激光源检测多种痕量气体。

4）基于量子级联激光器的光谱检测技术：激光吸收光谱（LAS）技术已被证明是检测和定量中红外光谱区域中分子痕量气体的极其有效的工具，并且随着高性能量子级联激光器（QCL）的出现，已经取得了显著的改进。

QCL 是单极激光器，它的发射波长可以通过波段结构的设计来调谐（图 7-2）。它可以在 3~24μm 较宽范围的中红外波长段下工作，并克服了传统中红外激光源的一些主要缺点，即缺乏连续波长可调性及气体激光器的大尺寸和质量，铅盐二极管激光器的大尺寸和冷却要求，非线性光源的复杂性和低功耗等。连续波 QCL 器件能够进行热电冷却、室温操作，具有无跳模调谐的单模发射和固有的窄发射线宽，市售范围为 4~12μm。光声光谱（PAS）与这些激光源相结合，具有高灵敏度［十亿分之一（ppb）检测限］、紧凑设置、动态范围大、响应快速和光学对准简单的优点。

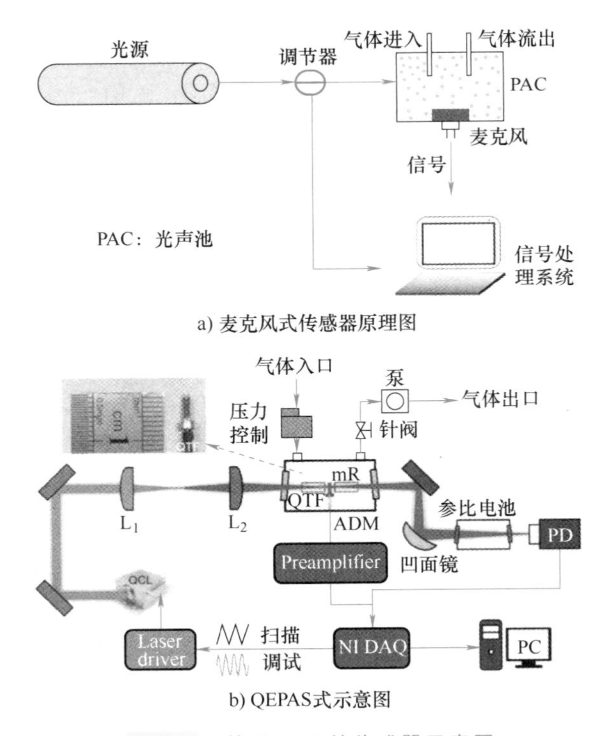

图 7-2 基于 PAS 的传感器示意图

（2）原位监测技术

原位监测技术一般是对原位测试对象采用安装传感器、采集器、通信器的方式进行自动化、电子化、数字化、联网化的连续、动态、实时更新数据的原位监测和检测。目前用于气体监测的传感器主要是半导体传感器、光学传感器、电化学传感器、催化燃烧传感器、表面声波传感器。SF_6光学传感器主要利用SF_6气体在10.6μm波段对红外辐射具有很强的吸收作用这一特性达到检测的目的，是主要的SF_6监测传感器。光声光谱学（PAS）因其动态范围大、选择性好、灵敏度高等优点，在气体检测领域被广泛应用。

近年来，纳米技术和记忆体传感器受到了广泛的关注。微型传感器具有成本低、能耗低、性能高和在紧凑的系统中易于使用的优点。Umesh S等人提出了一种微机电系统（MEMS）气体传感器（基于物理变化）来检测SF_6气体的存在。使用碳纳米管和石墨烯-碳纳米管混合作为传感膜，利用表面声波（SAW）结构检测SF_6气体，该传感器的分辨率能够达到ppt级别，可在室温下工作且有更好的回收时间。

（3）廓线监测技术

廓线监测技术基于光谱学原理的气体检测技术，具有非接触、响应快、灵敏度高、监测范围大等优点。针对当前SF_6气体点源、面源、区域、全球等尺度下的监测需求，需综合利用多种形式的光谱学测量手段，采用地基超光谱探测技术、无人机载遥测技术、差分吸收激光雷达探测技术、卫星遥感反演技术实现对其空间分布、排放特征和趋势的监测。廓线监测技术对温室气体的光谱学检测是利用分子在中红外波段的基频吸收特性，搭载大气痕量气体差分吸收光谱仪、温室气体监测仪、高光谱成像仪、傅里叶红外光谱仪、基于量子级联激光器的光谱检测器等高光谱传感器，通过扫描获取温室气体红外波段的特征吸收光谱，经过一系列的处理过程，能够实现温室气体多组分高灵敏时空分辨观测。

1）地基超光谱探测技术：地基遥感自下而上地利用地基仪器实时采集直射太阳光，利用温室气体在红外光谱区域具有特征吸收线，对采集的太阳光谱进行反演，从而获得自地表到大气层顶的温室气体垂直柱浓度。地基遥感监测结果能够为温室气体时空分布、变化特征、区域排放等研究提供可靠的观测数据。

目前，全球碳柱总量观测网（TCCON）是由国际科学家发起，聚焦大气温室气体的基地观测，TCCON基于FTS观测平台，探测多种大气温室气体的气体柱浓度。该网络将太阳作为光源记录中红外和近红外光谱范围的大气谱，并建立了严格的数据采集与反演标准，可用于研究全球的碳循环，也可为卫星的校准提供标准数据库。TCCON在全球已有20多个站点。

2）无人机载遥测技术：大气温室气体监测，大多是以高塔采样的形式，获取高空中温室气体的浓度，以满足反演评估温室气体排放量的需要。无人机具有灵活机动、覆盖范围大等诸多优势，能够弥补定点监测站的不足。利用无人机航拍技术，全方位勘探点位周边环境，不仅有效解决地面实勘过程中由于地形地势及采样高度造成的视野盲区问题，还实现了实勘全角度的可视化，体现了应用无人机技术在点位实勘工作中的高效性和科学性。

3）差分吸收激光雷达探测技术：探测激光雷达是温室气体进行远程探测的一个重要手段。差分吸收激光雷达光源发出两束频率相近的探测光，一个在被探测组分气体吸收峰位置，一个在吸收谷位置。通过测量这两束不同频率光的后向散射光子数，可获得该频率激光在大气空间中往返距离的衰减量，比较两个频率激光衰减量可间接推算出该气体的组分浓度。差分吸收激光雷达方法能够减弱大气中其他杂质及装置中光学仪器对激光吸收的影响，以此来提高检测精度。

4）卫星遥感反演技术：2019 年第 49 届 IPCC 全会明确了利用大气观测通过“自上而下”通量计算对排放清单进行支撑和验证，卫星观测自上而下利用红外和热红外波段探测反射到卫星探测器的能量，定量反演。利用卫星遥感数据监测人为温室气体的排放，可为国家排放清单进行验证补充，对卫星观测是一项重要的挑战和任务，需要高精度与高时空分辨率的卫星观测数据，多个卫星遥感技术强国的卫星团队都在积极备战。目前国内外已发射多颗温室气体探测卫星，主要包括日本 2009 年发射的 GOSAT、美国 2014 年发射的 OCO-2、我国 2017 年发射的 Tan Sat 和 2018 年发射的高分 GF-5 等。相比于 CO_2、CH_4 等温室气体的广泛研究，N_2O、SF_6 等的观测资料较少，无法定量描述其时空分布及气候反馈效应等。

（4）在线监测技术

在线监测技术有电化学技术、离子迁移率谱法（IMS）、基于高斯混合模型的监测运算方法等。

电化学技术的原理是，当被检测的气体接触到 200℃左右高温的催化剂的表面时，与之发生相应的化学反应，从而产生电信号的改变，以此来发现被监测的气体。此技术的特点是成本低、寿命长、结构简单、重复性良好、准确性高、低功耗和分辨率高、不易被其他气体污染；但监测温度范围有限、与其他气体的交叉灵敏度大。

离子迁移率谱法是一种根据环境压力下离子迁移率差异对物体进行分离和测量的监测方法，具有响应快、灵敏度高、成本低、操作简单等优点。之前的一些研究中，IMS 被用于监测气体绝缘开关柜中 SF_6 的纯度和质量。在漂移管中填充样品气体，通过由杂质形成的各种离子引起的 IMS 峰位移来感知气体的质量。

为解决由于 SF_6 气体泄漏量较小而使非红外接触检测算法精度较低这一问题，Lu Q 等人提出了一种基于高斯混合模型的电力设备 SF_6 气体泄漏在线监测方法。如图 7-3 所示，使用改进的动态时域滤波器来抑制图像中的随机噪声作为预处理，结合图像增强和移动前景检测，实现对移动目标的自动检测。最终在室内 0.06mL/min 和 5m 距离的条件下，检测和定位出 SF_6 的泄漏区域。该算法克服了红外成像的背景干扰，且运行效率满足实时性要求。

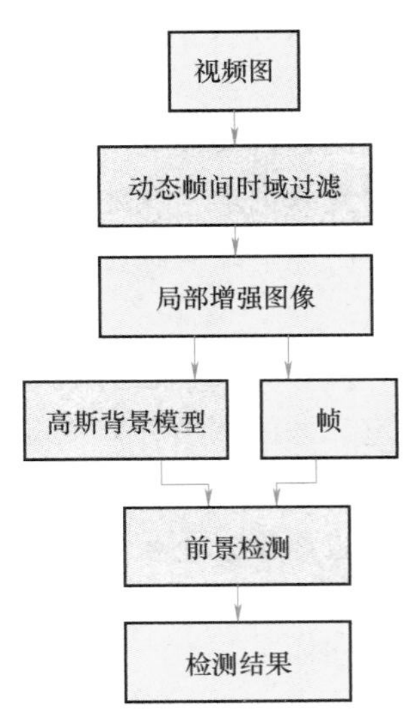

图 7-3　整体算法检测流程

2002 年，太平洋天然气和电气公司（PG&E）实现了将 1998 年 SF_6 的基线排放量减少一半的目标，其经验可以帮助其他公用事业公司通过具有成本效益的解决方案来减少 SF_6 的损失，从而实现其环境和运营目标。

PG&E 在减少 SF_6 排放方面的成功主要源于企业的支持。PG&E 的高级管理人员在启动和维持减少 SF_6 排放的进展方面发挥了关键作用：

1）合适的人员组合：为了达到减排目标，PG&E 成立了一个输变电和环境事务部组成的团队。环境事务部和电力传输部门的员工合作制定了 SF_6 处理政策，而传输部门则对现场员工进行了培训，并实施了新制定的 SF_6 政策和程序。

2）SF_6 处理程序：在加入合作伙伴关系之前，该公司有一个企业环境政策，但新的 SF_6 特定处理程序被创建，以解决诸如从钢瓶转移 SF_6 气体、从断路器中疏散 SF_6 及泄漏检测程序等问题。

3）控制 SF_6 采购：PG&E 选择了一家提供全方位服务的供应商来取代多家 SF_6 供应商，实现跟踪所有 SF_6 交易和编制准确的 SF_6 库存的目标。

4）改进的泄漏检测和缓解措施：PG&E 的泄漏检测策略包括跟踪记录在断路器上的"封顶"事件。当发现断路器泄漏时，公司首先尝试用肥皂和水溶液喷洒断路器或使用手持式卤素气体探测器来查找泄漏。如果未能找到泄漏，或者如果设备必须保持通电，则使用激光摄像机。

7.3.2　回收净化

SF_6 废气净化回收手段主要聚焦在气体净化工艺，分为自动回收装置和吸附剂的制备，前者能够在 SF_6 废气组分分离后进行提取，其关键是利用 SF_6 废气各个气体组分的沸点不同将 SF_6 分离出来，而后者能够借助具有选择性作用能力的气体吸附剂将 SF_6 杂质成分有针对性地吸收。

回收技术主要有低温蒸馏、液化、低温冷冻、六氟化硫水合物、吸附分离和膜分离。

1. 低温蒸馏

低温蒸馏是一个将气体混合物冷却以诱导具有较高沸点的组分发生相变的过程。通过低温蒸馏回收 SF_6 通常在预处理过程后进行，使用钠石灰或分子筛去除水分或酸性杂质，如 HF。已知低温蒸馏能够在 0.4MPa、-30℃的操作下回收 99%的 SF_6，该工艺在必须使用高纯度 SF_6 的半导体行业中非常有用。但是只有当原料中的 SF_6 含量相当高时，该过程在经济上才是可行的。

2. 液化

液化过程也可用于从气体混合物中回收 SF_6。这个过程是基于原料气中更易冷凝的成分（SF_6）的液化。如果需要后续运输，该过程通常是有用的，因为液相中单个气缸中储存的 SF_6 大约是气相中的 SF_6 量的 4 倍。在环境条件下，将体积分数为 10%的 SF_6 在 SF_6/N_2 混合物中液化至少需要 20MPa，大于纯 SF_6 液化所需的 2MPa。如果目标 SF_6 纯度不小于 99.9%时，即使在-45℃和 10MPa 条件下，从原料中回收出 90%以上的 SF_6 在热力学上也不可行。

3. 低温冷冻

低温冷冻也被认为是一种通过将液体 SF_6 冷冻（-196℃）成固体来回收 SF_6 的合适技术。该工艺氮气作为制冷剂，可获得大于 99.9%的高纯度 SF_6。有研究证明，该技术大规模应用，能够从输电设备获得的原料气中净化 5.4t SF_6。然而，由于 SF_6 需要从气相中凝固，其能量消耗通常比低温蒸馏和液化时要高得多。

4. 六氟化硫水合物

利用六氟化硫水合物，一个 SF_6 分子被包裹在一个由水分子通过氢键结合在一起的晶格中时，就可以形成六氟化硫水合物。一般而言，该工艺的主要优点之一是使用相对温和的操作条件（2℃或以下，0.3MPa 以上），而不需要任何预过滤器来去除水溶性杂质。然而，由于六氟化硫水合物形成的动力学缓慢，该技术的工业规模应用仍然具有挑战性。

5. 吸附分离和膜分离

吸附分离和膜分离在能源效率方面具有优势，因为 SF_6 和 N_2 可以在没有相变的情况下分离成液体或固体。吸附分离利用 SF_6 和 N_2 分子极化率的差异，导致与吸附材料的亲和力差异进行分离。吸附分离被认为是一种节能的替代方法。膜分离是利用溶液-扩散机制控制的渗透速率的差异，对 SF_6 和 N_2 进行分离。一般来说，由于 N_2 的动力学直径较小，预计其扩散速度比 SF_6 快，而具有较高极化率的 SF_6 比 N_2 具有更高的溶解度。

目前工业上常用的吸附剂有：

1）分子筛：具有介孔结构，吸附性优良，多为水合硅酸盐或沸石。

2）活性炭：具有非极性表面，吸附容量较大，化学性质优良，且通过加热解吸后能够反复多次使用。

3）硅胶：是一种多孔的硅酸聚合物，同时也具有亲水性。

4）活性氧化铝：具有无定形的多孔结构，孔径从 2~5nm 不等，有较强的吸附能力。

除此之外，针对 SF_6 废气提纯净化的工艺，近些年国内外不少学者得出了更多的研究成果，分子吸附剂和膜处理方面在 SF_6 废气的回收净化中有较好的应用前景。此外，包括有机分子笼、金属有机框架（Metal-organic Frameworks，MOFs）和碳纳米管（Carbon Nanotubes，CNTs）等在内的合成材料被逐渐开发出来，为 SF_6 废气吸附净化处理提供了许多参考方案。例如，Chuah C Y 等人利用金属离子（或金粒子团簇）与有机配体之间形成的配位键来构筑微孔网络，由于其具有较大的比表面积和可调的理化性质，认为该结构与 SF_6 分子能够具有良好的亲和性，研究表明 MOF-74 和 HKUST-1 等材料的配位协同开放金属位点对 SF_6 表现出良好的吸附性能和 SF_6/N_2 选择性，在 SF_6 捕获和回收方面具有巨大前景。

回收一方面是要求 SF_6 气体在绝缘设备的调试及检修等操作过程中避免流失进入大气环境中，造成环境污染；另一方面则是减少 SF_6 气体的排放，对于开关设备的试验和现场维修过程中所使用过的 SF_6 气体或者没有达到退役条件的 SF_6，增加其循环利用次数，从而提高 SF_6 回收循环利用效率。这也是目前电力行业 SF_6 减排的思路之一，在 SF_6 没有被新型环保气体完全取代之前，研究、促进 SF_6 的清洁回收与重新利用，减少 SF_6 气体向大气直接外排，是整个电力行业以及社会共同关注的焦点。

SF_6 应用于电力系统，在高压电场作用及设备故障放电等多种因素的影响下，会产生 SF_2、SF_4、S_2F_{10}、SOF_2、SO_2F_2、HF、SO_2 等多种有毒有害的分解产物，处理并净化 SF_6 气体杂质组分（包括气体中水分、酸度、矿物油及固体颗粒物），达到《工业六氟化硫》（GB/T 12022—2014）新气回收标准，是电力行业 SF_6 气体安全环保应用的关键问题。净化的首要前提是回收，在现阶段还没有新型绝缘气体能够完全替代 SF_6 气体的背景下，回收的第一选择是净化，这也是支撑 SF_6 气体再利用的条件。目前国内已建立省（市）级 SF_6 处理中心，某些地方也初步实现了现场 SF_6 气体的回收及净化处理。比如，国网河北省电力有限公司电力科学研究院自 2022 年以来，利用建立的气体回收处理中心，累计净化河北南部电网变电站设备检修、退役的 SF_6 废气 5.7t，实现净化后气体回充再利用 4.52t，等效减排 CO_2 11.39 万 t，环境与社会效益明显。

目前 SF_6 净化技术有深冷提纯法（液化法）、膜分离法、吸附提纯法和精馏提纯法。其主要优缺点见表 7-3。

表 7-3　SF_6 净化技术优缺点

方法	优点	缺点
深冷提纯法（液化法）	方法简单	效率低，对分解产物分离效果差
膜分离法	常温进行、无相态变化、无化学变化、选择性好、适应性强、能耗低	膜易堵塞，维护费用高，操作复杂
吸附提纯法	吸附剂种类多，可进行选择性吸附	吸附饱和无明显现象，更换频率不易确定；仅适用于低浓度 SF_6
精馏提纯法	利用相对挥发度的不同，可较容易将 SF_6 与其他组分分离	操作条件要求高

目前，我国在 SF_6 气体回收、再利用装置的研发和应用上已经取得了成功，可以实现集中回收处理和分散回收处理两种技术装置。河南日立信推出的 RF 系列回收再利用系统的固化提纯的专利技术和可移动式的“小工厂”，现场回收灵活方便，可以随时解决现场气体回收交货回充的应急处理要求，获得多项专利，并通过了中国电机工程学会的技术鉴定。截至 2007 年年底，日立信公司已经回收处理 SF_6 气体 20 多 t，在西安高压试验所乃至全国共回收 SF_6 气体 150 多 t。目前已与西安高压电器研究所达成了长期 SF_6 回收合作协议，为重庆、上海、北京、陕西、河南、河北、云南、宁夏、辽宁、湖南、广东等省市提供了回收净化服务，预计近期内服务网络将覆盖全国，可随时提供 SF_6 气体回收服务。

以 LW6-500 型 SF_6 断路器为例，1 台 LW6-500 型 SF_6 断路器需要 600kg SF_6 气体，按 2009 年含量为 99.9%的 SF_6 气体出厂价 150 元/kg 计算全部更换新气体，需花费约 8 万元。但是，如果对 SF_6 气体进行再生处理，费用仅为 2 万元。

另外，目前有许多企业自行开始实施六氟化硫气体管理条例，例如，按照贵州电网公司要求编制的《贵州电网六氟化硫气体技术监督管理规定》，以实现公司内充入六氟化硫电气设备中六氟化硫气体的零排放，回收气体循环利用率达到 95%以上的目标。

SF_6 回收净化技术的研究与推广，对改善国内电力行业 SF_6 的污染与再利用问题及打造对绿色环保电网的建设有重大意义。再者购买 SF_6 新气成本较高，通常是净化回收 SF_6 废气的 2 倍，因此回收再利用会为电力行业带来巨大的经济效益。但是以下问题也值得思考与关注。

1）随着相关政策的发布，企业采取直接外排的现象逐渐减少，国内陆续建立省（市）

级 SF_6 处理中心，分散回收、集中处理、统一检验也已逐渐走向正规程序；但偏远地区需 SF_6 废气累积到一定量后再统一送至处理中心，会带来比较现实的困难：①储气罐容量与数量有限，存放空间受限；②运输困难；③气体存放管理正规性等。

2）回收净化后的 SF_6 气体，用于回充利用前需要合理储存及管理，避免其再次受到污染而无法使用，造成气体的浪费。

3）净化提纯的关键是去除 SF_6 废气中的杂质组分，获得高纯度的 SF_6，随着 SF_6 混合气体替代技术的广泛应用，混合气体中的 N_2、空气也需要净化。就目前看来，SF_6/N_2 等混合气体的分离回收技术方面还有存在弊端，SF_6 依然有可能排入大气中，因此，该技术安全、可靠地进入实际应用阶段还需一个较长的过程。

7.3.3 转化降解

SF_6 废气降解与转化思路的提出，为电力工业处理 SF_6 废气提供了更多的解决方案。运用降解与转化的技术思路，通过高温、光解、放电、催化法，将 SF_6 废气转化为完全无毒无害的气体或固体产物，最终可实现 SF_6 废气的无害化降解。降解对象针对的是电气设备那些经过回收净化无法达到回充条件或用至寿命终了，已经退役的 SF_6 废气。SF_6 的主要降解途径有光催化降解、热催化降解、等离子体降解等技术。

1. 光催化降解技术

光催化降解能够去除众多难降解污染物，但根据现有研究，直接光降解和光氧化的方法不适用于 SF_6 减排。而利用苯乙烯、异戊二烯等感光物质，与 SF_6 在日光或紫外线的作用下进行反应，产生可与 SF_6 反应的还原性自由基，可以达到降解 SF_6 的目的。光催化降解 SF_6 的技术目前未达到工业化应用的程度，目前在实验室中有了一定的研究成果。

与热催化降解不同，光催化降解的条件较为温和，易于控制，依靠光照在催化剂表面后所激发出的活性粒子来使得 SF_6 发生解离，而气体解离产生的分解组分还能够在催化剂表面进一步反应，具有良好的产物选择性和节能的优势；但光催化降解 SF_6 普遍效率低下，所需要的反应时间过长，这也是该技术无法在工业中大规模应用的主要原因。因此，在现有研究基础上开拓创新、提高降解效率，或进一步研究更多的光还原过程，探寻并发展新型 SF_6 光化学降解方法，是国内外学者接下来的研究重点。

2. 热催化降解技术

热催化降解技术最早由国际大电网组织提出，用于气体绝缘电气设备退役后处理其中的 SF_6 废气。该技术的操作流程是：将待降解的 SF_6 废气通入 1100℃ 以上的反应炉中，在高温作用下 SF_6 逐步解离并与水蒸气等活性气体反应产生 SO_3、SO_2、HF 等气体，最终与 $CaCO_3$ 反应生成无毒无害的 $CaSO_4$ 和 CaF_2 而被固定。除了电力工业，半导体加工等领域也直接应用热催化降解技术来处理保护气，随后更加高效的热催化降解技术在学术界和工业界被提出。

传统热催化降解反应需要很高的温度和能量消耗，进而导致巨大的经济成本，不能满足工业应用的需求，不过可以加入合适的催化剂，降低降解 SF_6 废气所需的温度。目前主要采用的催化剂有金属磷酸盐、金属氧化物、负载型金属催化剂。加入催化剂后能够有效降解 SF_6。

目前，热催化降解技术已经作为较为成熟的 SF_6 废气降解技术，被部分应用到工业生产中，但它也存在不容忽视的缺点：①降解过程中需要施加很高的反应温度，导致能耗较高；②所加入的催化剂虽能够降低降解温度，但同时也降低了 SF_6 的处理效率；③存在催化剂与降解产物相互作用的情况，可能会发生不希望出现的反应使原催化剂催化效果减弱。综上，此降解技术仍有研究和发展的空间。

3. 等离子体降解技术

等离子体（Plasma）被认为是物质的第四种状态。在等离子体中，原子或分子中的电子被剥离，形成带正电荷的离子和带负电荷的自由电子，从而使整个物质呈现出电中性的状态。产生等离子体的手段多种多样，其中包含气体放电法、光电离法、射线辐照法、高温加热法、冲击波法等。对于不同的等离子体，根据其内部温度可以分为热等离子体（Thermal Plasma，TP）和低温等离子体（Non-thermal Plasma，NTP）。

（1）低温等离子体降解技术

等离子体技术目前已有广泛的应用，尤其是低温等离子体技术在化学化工领域应用价值巨大，这是因为高能量的电子能够使反应物分子和电子电离激活为活性离子，促进反应，同时反应还是在较低温度下进行的。

相比较热等离子体，低温等离子体中的分子或原子电离率较低，电子的温度远高于离子的温度，而低温等离子体的温度可以与室温相当，同时也是非热力学平衡的等离子体。低温等离子体中存在着大量的活性粒子，与通常化学反应体系相比，更易诱发反应，且凭借安全性高、功耗低、反应可控性强等优势应用于生物防治、临床治疗、环境治理、流动控制、材料处理等方面。

在 SF_6 废气的降解处理中，低温等离子体包含的自由基、自由电子、离子能够与 SF_6 废气中的气体组分相互作用，发生高效的解离反应。而根据产生手段的不同，又可以将低温等离子体分为微波放电等离子体、射频放电等离子体、电子束放电等离子体、介质阻挡放电（Dielectric Barrier Discharge，DBD）等离子体。根据目前研究显示，射频放电等离子体技术降解 SF_6 废气的效率较高，但同其他技术相比试验要求更高，试验研究气体初始浓度也较低。微波放电等离子体降解 SF_6 废气，具有处理量大、初始浓度高的优点，但也有装置结构复杂、危险性高、能耗高等明显缺点。介质阻挡放电等离子体因其装置结构简单、放电密度大等特点，被广泛运用于工业废气的处理中，尤其是近年来将其应用于 SF_6 废气降解成为热门研究。

1）微波放电等离子体由微波放电（无电极放电）产生，微波源产生的微波（波长 1mm~1m）经过导波管和微波窗进入放电室，当放电室中的磁场使得电子的回旋频率和微波频率相匹配时，电子运动便加速到较高的速率水平，从而形成等离子体。微波放电等离子体与其他类型等离子体反应活性较强；而且微波放电等离子体放电不需要使用金属电极，便能够产生密度大于 $10^{10}cm^{-3}$的等离子体。微波放电等离子体能够有效地将高频微波能量转化为作用在气体分子上的放电能量。根据相关研究，可以总结出结论：微波放电等离子体法降

解 SF_6 废气所需的等离子体能耗较高（功率一般在 2~6kW），在 SF_6 浓度较高的情况下也能够达成较为理想的降解效率，但是微波放电等离子体降解装置安全性较低，结构较为复杂。

2）射频放电等离子体是由射频源产生射频电压（频率一般为 13.56MHz），在气体放电区域产生的，主要分为射频电容耦合等离子体和射频电感耦合等离子体。该手段所能处理的 SF_6 浓度较低，面对电力工业中大量且高浓度的 SF_6 废气，使用该手段所进行的稀释处理必然会导致处理成本的上升和处理效率的下降；同时射频等离子体反应容器中所需的气压条件相对真空（多在 1%大气压环境下），提高了对设备运行条件的要求。

3）电子束放电等离子体本质上是由激光脉冲设备产生的高能电子激光束进入气室，其中，待反应的气体分子在吸收高能电子能量后发生强烈的电离和激发，从而形成等离子体。目前，电子束放电等离子体法与前两种手段相比，在降解 SF_6 废气方面的相关研究和实际应用较少，这是由于该降解手段需要使用大功率的高能电子束发生器，除了运行功率较高和建设成本较高之外，还存在高能粒子辐射伤害操作人员的安全隐患；因此，目前为止将该技术应用在电力工业 SF_6 废气降解上仍相当困难。

4）介质阻挡放电能够在常温常压下产生低温等离子体，因其具有设备结构简单、易于操作等特点，被应用在材料表面改性、杀菌消毒、工业生产等领域。DBD 的放电装置根据电极结构被分为平行板电极结构和同轴圆柱电极结构，在频率为 50Hz~10MHz 的交变电压作用下，正半周期内随着电极两端电压的升高会发生气隙击穿，而在此过程中气隙中的填充介质持续充电从而产生反方向的电势，对原气隙击穿产生阻挡作用，当所加电压来到下半周期时发生下一次击穿和阻挡作用，以此循环往复。在该过程中，频繁且均匀的击穿放电会在气隙中产生许多自由电子和其他带电粒子，形成等离子体。DBD 低温等离子体法在 SF_6 废气降解上，展现出放电可控性强、能量效率高、降解率高、装置结构简单等优势，因此很具有工业应用潜力。但是与微波放电等离子体法和电子束放电等离子体法相比，DBD 放电降解法只能够处理较少量的 SF_6 废气，目前为止该技术仍具有很大的发展空间。

四种降解 SF_6 的低温等离子技术的比较见表 7-4。

表 7-4　四种降解 SF_6 的低温等离子技术的比较

技术	优缺点	外加气体	降解率	分解组分
微波放电	降解效率高、处理量大，但能耗相对较高、危险性较高、装置较为复杂	N_2/H_2O	99.99%	SO_2、SOF_2、SO_2F_2、NO、NO_2、N_2O
		N_2/压缩空气	99.4%	SiF_4、SO_2F_2、SO_2、CO_2
射频放电	处理效果好、较为节能，但处理量小、装置运行条件较苛刻	O_2	99.87%	SiF_4、SO_2、F_2
电子束放电	处理量大、效率高，但存在辐射危害、能耗高、装置复杂	H_2	99.4%	HF、S_2F_{10}等其他氟化物或含硫产物
介质阻挡放电	降解效率高、装置结构简单、能量效率高，但处理量小	H_2O (g)	90%	SiF_4、SF_4、SOF_2、SOF_4、SO_2F_2
		O_2	91%	SOF_2、SO_2F_2、SO_2、SiF_4、OF_2

基本上运用所有低温等离子体技术降解 SF_6 都会产生 SO_2、SOF_2、SO_2F_2 等具有酸性的有毒有害产物，是该技术存在的一大问题，但许多毒性副产物理化性质较为相似，这也是解决此问题重要的突破点。所有 SF_6 分解产物中，S_2F_{10}和 SF_4 均为 SF_6 分解的初级产物，在等离子体放电的过程中能够继续解离或转化。HF、SO_2、SOF_2、SOF_4、SiF_4 等化学性质相似的产物处理起来较为容易，可以采用碱液或吸附剂来实现尾气吸收，但是 SO_2F_2 化学性质较为稳定，即使在强碱液中也只是缓慢被吸收，影响尾气处理的速率和处理效果。因此，可以在放电降解前混入活性气体（例如 H_2 或 H_2S），抑制 SO_2F_2 等难以处理的组分产生，但加入 H_2 或 H_2S 增加了大量处理成本和安全隐患，而 H_2S 气体还会使 SF_6 降解能效降低。综上，低温等离子体法降解 SF_6 的产物调控仍是阻碍其大规模工业应用的一大难题。

（2）热等离子体降解技术

热等离子体降解技术与低温等离子体降解技术相比，拥有较高的处理速率、可观的降解率和应用于电力工业的潜力，但是由于其能耗较高，且产物选择性较差，所以仍具有一定的发展空间。

7.4　六氟化硫减排对策

7.4.1　国家及行业政策分析

六氟化硫是联合国气候委员会认定的六种温室气体之一，其 GWP 是二氧化碳的 23900 倍，即排放 1t 六氟化硫，相当于排放 23900t 二氧化碳。六氟化硫的减排对我国实现减排目标至关重要。

我国自 2012 年起就陆续出台了相关政策措施，对六氟化硫气体的使用和回收进行管制。国家标准化管理委员会已发布相关标准，将六氟化硫设备的检修与退役过程产生的六氟化硫排放纳入我国电网企业的温室气体核算和报告范围；国家发展和改革委员会应对气候变化司 2015 年发布的《国家重点推广的低碳技术实施指南（第一册）》中第一个提到的就是“电力开关设备六氟化硫气体替代技术”；《国家电网公司重点推广新技术目录（2017 年版）》的推广应用类技术中，配电与用电的第二项就是环保气体绝缘金属封闭开关设备，其推广应用目标是，2019—2021 年，在新建和改造项目中环保气体绝缘金属封闭开关设备的应用量不低于新增总量的 90%，大中城市负荷核心区和设备运行环境严苛地区，可适当提高应用比例。

在国家政策的引导和鼓励下，国家电网持续推进新型环保绝缘气体电气设备的研制和试点推广。设立公司研究课题，强化基础理论研究和关键核心技术攻关，开展环保型开关设备、GIL、126kV 无氟 GIS 等关键技术研究，加快新型环保绝缘气体电气设备研制，鼓励科研成果应用转化，推动产业升级、技术迭代。积极探索减少电气设备中六氟化硫气体使用量的技术方案，开展了中压无六氟化硫电气设备、高压混合气体电力设备的研究，并进行了相关产品的试点应用。2018 年至今，已完成国家电网河北、山东电力等单位 10 座变电站110~

220kV 混合气体母线、隔离及接地开关试点应用。研发了六氟化硫气体回收处理和循环再利用成套技术与装备，建成 26 家省级六氟化硫气体回收处理中心。截至 2020 年年底，国家电网六氟化硫气体回收率超过 96.5%，累计回收六氟化硫气体 732.3t，相当于减排二氧化碳 1750.2 万 t。

国家电网将继续推进无六氟化硫设备、混合气体 GIS 设备的推广应用，力争 2028 年前实现六氟化硫气体总量“零”增长。在中压领域，大力推广应用无六氟化硫电气设备，推动 10~66kV 电力设备采用真空开断，加大氮气、干燥空气作为绝缘介质的电气设备应用力度。在高压领域，进一步扩大混合气体 GIS 设备（除断路器）试点应用。

尽管我国政府部门和国家电网公司采取了相关措施和手段管控六氟化硫的排放，但是在六氟化硫的生产、使用、回收过程中随着技术能力限制、设备故障原因、人为因素等原因，仍不可避免地会有大量六氟化硫气体排放。只有通过替代技术，完全杜绝六氟化硫的使用，才能彻底解决六氟化硫气体的排放，从而实现减排目标。

7.4.2 控制对策建议

在全球气候变暖及极端气候频发的大背景下，温室气体 SF_6 减排受到国内外关注，本书结合国内相关政策的出台，提出如下建议：

1）进一步提升温室气体 SF_6 的关注度与减排研究工作，利用全国低碳日、联合国气候变化大会等重要节点与渠道，通过宣传活动，提升全民低碳意识。我国作为《联合国气候变化框架公约》的缔约国，于 2012 年和 2018 年两次提交气候变化国家信息通报，较 2004 年初次提交相比，温室气体清单由 CO_2、CH_4 及 N_2O 增加到《京都议定书》规定的 6 种，这其中就包括 SF_6。

2）进一步制定针对电力行业的 SF_6 气体减排具体目标及强化责任考核。在国内，温室气体总体减排目标发挥引领和指导作用，现阶段应该在 CO_2 减排工作取得的成就和经验基础上，综合考虑各省（区、市）发展阶段、战略定位、生态环保等因素，确定 SF_6 排放控制目标，以此来形成行业领域内的减排意识与责任感，以促进更加积极、全面的 SF_6 减排行动。要加强对各级政府与企业控制 SF_6 排放目标完成情况的评估、考核，建立责任追究制度；各有关部门也应建立年度控制 SF_6 排放工作任务完成情况的跟踪评估机制。

3）提供足够的资金支持，广泛开展合作，加快 SF_6 气体减排技术实际应用进程。为了实现 SF_6 气体的减量排放与完全替代，政府应鼓励引导企业、高校、科研院所建立 SF_6 减排技术研发、示范应用和产业化联动机制，给予足够的资金支持，加快其早日应用于电力行业，服务于现场的进程，为解决 SF_6 引起的全球气候变暖提供中国方案。

4）建立完善的 SF_6 全生命周期管理方法。通过电力行业政策、协议和标准操作程序建立 SF_6 全生命周期管理方法。该方法有助于跟踪 SF_6 的库存和成本，检测和修复泄漏，并适当处理、回收和循环利用 SF_6 废气；也可以不断完善，随时纳入 SF_6 减排其他优秀方案；同时建议 SF_6 全生命周期管理方法必须包括每年对员工进行培训，以便其了解 SF_6 对环境和健康的影响及其减排相关知识。

思 考 题

1. 简要概括 SF_6 在生产和使用阶段的主要来源有哪些？
2. 电力行业中 SF_6 减排控制的主要思路是什么？
3. 简述 SF_6 废气的三种减排手段。
4. SF_6 的环保绝缘替代气体主要分为哪几类？
5. 介绍 SF_6 的回收净化技术，并简述其优缺点。

第8章 非二氧化碳类温室气体减排实施的对策与展望

目前，CO_2 排放导致的全球气候问题仍居高位。非二氧化碳类温室气体具有较高的全球GWP，对影响全球气候变化存在不确定性，其减排对助力碳达峰、碳中和起到至关重要的作用。"十四五"以来，我国对非二氧化碳类温室气体的管控力度持续加大，出台针对不同行业、不同非二氧化碳类温室气体的减排政策，提出主要目标和任务，从能源、农业、废弃物等主要排放源入手，积极开展非二氧化碳类温室气体控制行动，逐渐完善非二氧化碳类温室气体排放体系。但与其他发达国家相比，我国对非二氧化碳类温室气体的管控仍然相对滞后，对落实自主贡献目标仍存在一定差距。

本章利用方法学对不同非二氧化碳类温室气体的控制技术进行筛选分类，介绍不同行业对非二氧化碳类温室气体减排的关注进展及评估方法，通过真实案例分析不同非二氧化碳类温室气体的排放量与适用技术及根据各种不同情景预测未来非二氧化碳类温室气体的排放量，并提出相应的对策与展望。

8.1 我国非二氧化碳类温室气体管控现状

根据2019年我国向"联合国气候变化框架公约"（UNFCCC）秘书处提交的气候变化第二次两年更新报告，2014年，我国非二氧化碳类温室气体排放量（不包括LULUCF排放）约20.26亿 tCO_2e，比2005年上升了24%，其中甲烷增长了11.5%，氧化亚氮增长了22%，含氟气体增长132.8%。从非二氧化碳类温室气体排放领域来源看，排放量占比最高的领域是农业领域，占当年非二氧化碳类温室气体排放总量的41%；增长速度最快的领域为工业领域，年均增长率达到10.5%，其次为废弃物处理领域，年均增长率为5.3%。从非二氧化碳类温室气体排放的气体种类看，2005—2014年，我国非二氧化碳类温室气体排放中甲烷排放占比从62%下降到56%，含氟气体排放占比有所上升，增长约6个百分点，而氧化亚氮占比基本保持稳定。农业领域和能源领域是非二氧化碳类温室气体最主要的排放源，两个领域非二氧化碳类温室气体排放量占我国非二氧化碳类温室气体排放总量的70%以上。工业领域非二氧化碳类温室气体排放增长速度最快，其中，氧化亚氮和含氟气体排放量增长显著，2014年，硝酸、己二酸生产产生的氧化亚氮排放量为0.96亿 tCO_2e，比2005年增长了192%；金属冶炼、卤代烃和六氟化硫生产及消费产生的含氟气体排放量合计约

2.91 亿 tCO_2e，比 2005 年增长了 133%。

随着我国 2030 年前碳达峰、2060 年前碳中和目标的提出，控制 CO_2 排放的目标和路径已经逐渐清晰，推动非二氧化碳类温室气体排放将进一步助力我国加快控制温室气体排放，促进巴黎协定中全球 2℃的温控目标。自 2007 年我国率先在发展中国家中发布《中国应对气候变化国家方案》以来，国家在非二氧化碳类温室气体管控方面的政策越来越完善，在 2014 年印发的《国家应对气候变化规划（2014—2020 年）》中更是明确提出了控制非二氧化碳类温室气体排放的具体政策措施。我国多项政策指出要采取多种措施控制非二氧化碳类温室气体排放，稳步推进能源活动产生的 CH_4、N_2O、HFCs、PFCs 和 SF_6 等气体治理工作。同时，把水泥、钢铁、己二酸、硝酸、化肥、石灰、电石、制冷剂生产等工业生产过程列为新的重点，积极推广示范原料替代、生产工艺改善和设备使用改进等温室气体排放控制技术。另外，农业、废弃物处理等领域的非二氧化碳类温室气体管控也作为实现“双碳”目标的重要组成部分，提升到国家战略层面。借助人工智能、物联网、大数据等高科技手段分批次、分阶段将不同类型非二氧化碳类温室气体排放纳入量化管控范围，研究探索 CH_4、N_2O 等与其他污染物协同开展调查、监测和评估的新机制，开展多领域减污降碳协同效应分析。自 2022 年以来，江西、山东、广东等地陆续出台“十四五”应对气候变化规划，广东提出将 CH_4 等纳入碳市场覆盖范围，而国家层面的“十四五”应对气候变化规划也有望加快出台。

8.2　不同领域非二氧化碳类温室气体关注进展及评估方法

非二氧化碳类温室气体排放主要来源于能源、农业、工业和废弃物处理等四大领域，各个领域产生非二氧化碳类温室气体排放的机理具有各自的典型行业或产业特征。

8.2.1　能源领域进展及评估

1. 能源领域对非二氧化碳类温室气体的关注进展

能源领域产生的非二氧化碳类温室气体主要是煤炭和油气开采过程中从地层或开采设备中释放或泄漏的甲烷。

（1）煤炭领域

一是淘汰落后产能，从源头控制煤炭开采过程中甲烷排放。2010 年，国务院发布《国务院关于进一步加强淘汰落后产能工作的通知》，加快淘汰煤炭、电力等重点行业落后产能；2016 年国务院发布《关于煤炭行业化解过剩产能实现脱困发展的意见》，提出利用 3~5 年时间退出产能 5 亿 t 左右，减量重组 5 亿 t 左右，从源头端控制落后产能煤炭开采过程中甲烷排放。二是促进煤层气（煤矿瓦斯）抽采利用，减少直接向大气中排放甲烷。2011 年、2012 年国家发展和改革委员会先后发布《煤层气（煤矿瓦斯）开发利用“十二五”规划》和《煤炭工业发展“十二五”规划》，推动国内加快煤层气（煤矿瓦斯）开发利用，促进节能减排。2013 年国务院办公厅和国家能源局分别印发《关于进一步加快煤层气（煤矿瓦斯）抽采利用的意见》和《煤层气产业政策》，通过加大财政资金支持力度，强化税费政策扶持等加快煤层气开发利用，提高煤层气（煤矿瓦斯）利用率，促进煤炭开采领域节能减排。2014 年国家能源局等发布《关于促进煤炭安全绿色开发和清洁高效利用的意见》，提出到 2020 年我国煤层气（煤矿瓦斯）产量达 400 亿 m^3，其中：地面开发 200 亿 m^3，基本全部利用；井下抽采 200 亿 m^3，利用率在 60%以上。2015 年国家能源局制定《煤炭清洁高效利用行动计划（2015—2020 年）》，提出到 2020 年煤矿瓦斯抽采利用率达到 60%。2016 年，财政部发布《关于“十三五”期间煤层气（瓦斯）开发利用补贴标准的通知》，补贴标准由 0.2 元/m^3 调高到 0.3 元/m^3。

（2）油气领域

目前对甲烷排放的控制主要是鼓励行业企业开展放空气回收利用行动，对于油气开采、储运等重点排放部门的分散放空管点源及无组织泄漏排放源的关注度目前仍比较小。2012 年，国家发展和改革委员会印发了《天然气发展“十二五”规划》，提出要大力推广油田伴生气和气田试采气回收技术、天然气开采节能技术等，从政策层面引导油气开采行业加强开采活动的甲烷放空回收利用；2013 年，国家发展和改革委员会修订了《产业结构调整指导目录（2011 年本）》。将“放空天然气回收利用与装置制造”及“石油储运设施挥发油气回收技术开发与应用”等列为石油天然气产业鼓励类，促进提升甲烷回收利用能力，为油气生产减少甲烷放空奠定基础。我国主要的油气生产商和供应商在国家相关政策的引导及国际油气领域应对气候变化相关倡议下，开展了系列甲烷控排行动。中国石油天然气集团参与制定《OGCI—2040 年低排放路线图》，尝试开展对公司所辖石油及天然气产业链的甲烷排放情况的统计盘查及甲烷回收利用行动，中国石油化工集团 2018 年 4 月发布绿色企业行动计划，在甲烷回收与减排方面要求油气企业加强油田伴生气、试油试气、原油集输系统的甲烷的回收利用。

2. 能源领域对非二氧化碳类温室气体的核算评估

（1）煤炭领域

当前煤炭领域核算 CH_4 排放的方法主要分为环境 CH_4 浓度测量值（自上而下）法和单个来源的排放估计数（自下而上）法。国外核算煤矿 CH_4 排放量的方法主要有三种：第一种是气体排放程度（DGE）方法，对地下煤矿的 CH_4 排放量进行测算；第二种是统计方法，使用地质数据集、测量的轴瓦斯排放和采空区气体通气孔（GGV）生产值，以具体的数值测算煤矿 CH_4 气体排放量；第三种是模型分析方法，通过地质分析和建模及瓦斯控制系统的数值，对煤层的 CH_4 含量进行测算。这三种方法主要针对煤矿开采过程中的 CH_4 排放进行核算。目前的研究尚未将《2006 IPCC 指南（2019 修订版）》中最新增补的内容考虑在内，对甲烷捕集的核算方法有待改进。在《2006 IPCC 指南（2019 修订版）》中，核算范围最新增补了煤炭地质勘探环节的温室气体排放，煤炭生产过程中逃逸排放源及排放因子也得到补充。

目前，以 CH_4 近零排放为目标，探索井工煤矿全生命周期内各阶段 CH_4 捕集核算方法，构建了井工煤矿全生命周期 CH_4 捕集核算模型。依据生命周期理论，将井工煤矿全生命周期划分为四个阶段：地质勘探阶段、煤炭开采阶段、矿后活动阶段及煤矿废弃阶段。全生命周期下的 CH_4 捕集核算模型如图 8-1 所示。因此，基于全生命周期视角，结合《2006 IPCC 指南（2019 修订版）》以及《温室气体排放核算与报告要求　第 11 部分：煤炭生产企业》

（GB/T 32151.11—2018）设计了井工煤矿全生命周期 CH_4 捕集核算方法。

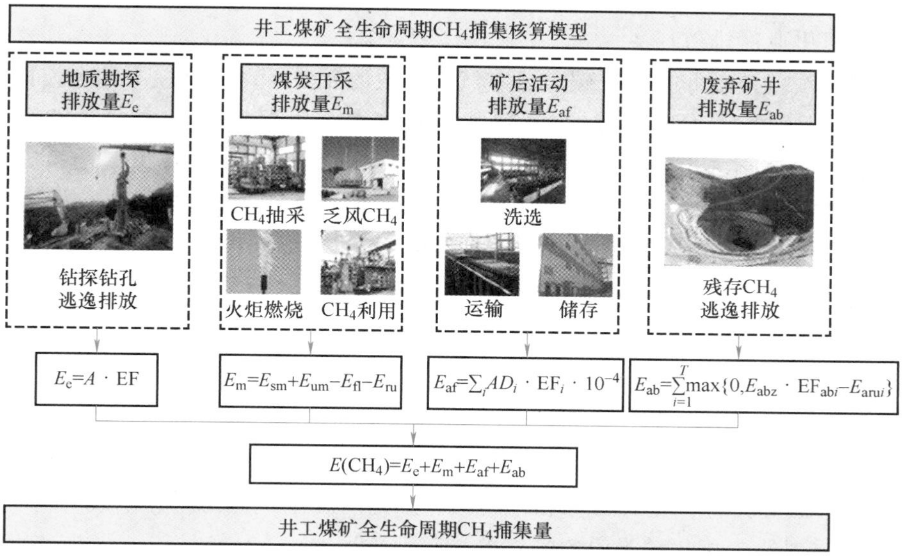

井工煤矿全生命周期 CH_4 捕集核算模型

地质勘探排放量 E_e：钻探钻孔逃逸排放

煤炭开采排放量 E_m：CH_4 抽采、乏风 CH_4、火炬燃烧、CH_4 利用

矿后活动排放量 E_{af}：洗选、运输、储存

废弃矿井排放量 E_{ab}：残存 CH_4 逃逸排放

$E_e=A\cdot EF$

$E_m=E_{sm}+E_{um}-E_{fl}-E_{ru}$

$E_{af}=\sum_i AD_i\cdot EF_i\cdot 10^{-4}$

$E_{ab}=\sum_{i=1}^{T}\max\{0,E_{abz}\cdot EF_{abi}-E_{arui}\}$

$E(CH_4)=E_e+E_m+E_{af}+E_{ab}$

井工煤矿全生命周期 CH_4 捕集量

图 8-1　全生命周期下的 CH_4 捕集核算模型

（2）油气领域

2014 年国家发展和改革委员会发布了《中国石油天然气生产企业温室气体排放核算方法与报告指南（试行）》，针对石油与天然气生产、处理、输运等过程的甲烷排放核算方法进行了定义，其中油气系统逃逸甲烷排放因子缺省值采用《中国温室气体清单研究 2005》中的相关数值。在我国 2016 年 12 月提交的气候变化第一次两年更新报告中，针对石油和天然气甲烷逃逸排放采用了第一层次、第三层次方法结合，利用 IPCC 缺省排放因子与本国特定排放因子进行了核算。

根据《2006 IPCC 指南（2019 修订版）》的内容，油气系统中的甲烷逃逸排放包括整个系统中的设备泄漏、工艺排空和火炬燃烧三个部分。《2006 IPCC 指南》提供了三个层级的方法核算石油和天然气系统产生的甲烷逃逸排放，考虑到数据的可获得性，使用最为广泛的是第一层级方法，甲烷排放计算公式如下：

$$E_i=\sum_{ik}P_{ik}\times EF_{ik} \tag{8-1}$$

式中　E——甲烷逃逸总排放量；

P——原油和天然气系统各环节的活动水平数据；

EF——甲烷排放因子；

i——石油或天然气系统；

k——石油和天然气系统的活动类别。

8.2.2　农业领域进展及评估

1. 农业领域对非二氧化碳类温室气体控制的进展

农业领域产生的非二氧化碳类温室气体的排放包括畜禽饲养过程中由于反刍动物胃肠道

发酵产生的甲烷排放、畜禽粪便管理过程产生的甲烷和氧化亚氮排放、水稻种植过程中由于水田厌氧环境产生的甲烷排放，以及农用地土壤中的氮素在微生物的作用下通过硝化和反硝化作用产生的氧化亚氮排放。

目前，农业领域控制非二氧化碳类温室气体排放的相关行动包括以下两个方面：

1）一是控制化肥使用量并推广测土配方施肥技术。从2005年起，农业部（现农业农村部）每年在全国范围内组织开展测土配方施肥技术普及行动，累计投入中央财政资金近90亿元，组织实施测土配方施肥补贴项目，采取整县、整乡、整村推进方式，促进测土配方施肥技术普及。2015年，农业部颁布了《到2020年化肥使用量零增长行动方案》，提出从2015年到2019年逐步将化肥使用量年增长率控制在1%以内，力争到2020年主要农作物化肥使用量实现零增长的目标。

2）二是加强畜禽废弃物管理和资源化利用。2017年，国务院办公厅发布了《关于加快推进畜禽养殖废弃物资源化利用的意见》，提出了坚持源头减量、过程控制、末端利用的治理路径，及全国畜禽粪污综合利用率达到75%以上，规模养殖场粪污处理设施装备配套率达到95%以上等治理目标，相关目标和行动具有一定的温室气体协同控制效应。

2. 农业领域对非二氧化碳类温室气体的核算评估

农业源非二氧化碳类温室气体主要包括四部分：一是农用地N_2O排放；二是稻田CH_4排放；三是动物胃肠道发酵CH_4排放；四是动物粪便管理CH_4和N_2O排放。由于区域间农业结构和发展阶段存在差异，不同区域农业源非二氧化碳类温室气体排放类型与来源差异很大。农业源非二氧化碳类温室气体评估方法主要包括生命周期评估（LCA）方法、Meta分析方法、脱氮分解模型（DNDC）、可计算一般均衡模型（CGE）、IPCC排放系数法等。其中，IPCC排放系数法对于不同区域具有较强的适应性，联合国粮农组织（FAO）、世界银行（WB）、世界资源研究所（WRI）、全球大气研究排放数据库（EDGAR）等机构和数据库均选用此方法编制农业源非二氧化碳类温室气体排放清单。

采用IPCC排放系数法核算各省（市、区）农业源非二氧化碳类温室气体排放量，排放因子参考《2006 IPCC指南（2019修订版）》和《省级温室气体清单编制指南（试行）》中公布的数据，公式如下：

$$E = \sum E_i = \sum \mathrm{EF}_i \times a_i x \tag{8-2}$$

式中　E——农业源非二氧化碳类温室气体排放总量（以CO_2e计）；

E_i——各来源农业源非二氧化碳类温室气体排放量；

EF_i、a_i——各来源农业源非二氧化碳类温室气体排放因子和活动量；

x——N_2O和CH_4的GWP100换算因子。

《2006 IPCC指南（2019修订版）》指出，100年时间尺度上，对于CH_4，$x=27.9$；对于N_2O，$x=273$。采用自然断点法对各省（市、区）农业源非二氧化碳类温室气体排放量进行分级。

（1）农用地N_2O排放核算方法

包括直接排放与间接排放两部分。其中，直接排放主要来源于含氮化肥、秸秆还田产生的排放，公式如下：

$$N_2O_{直接}=(N_{化肥}+N_{秸秆})\times EF_{直接} \tag{8-3}$$

上式中，$N_2O_{直接}$、$N_{化肥}$、$N_{秸秆}$和 $EF_{直接}$分别表示农用地的整个排放量，化肥中氮输入量、秸秆还田氮输入量和直接排放因子；其中，$EF_{直接}$根据所在区域不同而不同，可依据表 8-1 得到各区域的农用地 N_2O 直接排放因子参考值及范围，$N_{秸秆}$计算公式如下：

$$N_{秸秆}=\sum_{i=1}^{n}\left[\beta_j K_j\left(\frac{M_j}{L_j}-M_j\right)+\alpha_j K_j\frac{M_j}{L_j}\right] \tag{8-4}$$

式中　$N_{秸秆}$——秸秆还田氮；

j——第 j 类农作物；

M_j——作物籽粒产量；

L_j——作物的经济系数；

β_j——作物的秸秆还田率；

K_j——作物的秸秆含氮率；

α_j——作物的根冠比。

具体参数使用《省级温室气体清单编制指南（试行）》中公布的推荐值。

表 8-1　农用地 N_2O 直接排放因子　　（单位：kgN_2O-N/kgN）

区域	$EF_{直接}$	范围
内蒙古、新疆、甘肃、青海、西藏、陕西、山西、宁夏	0.0056	0.0015～0.0085
黑龙江、吉林、辽宁	0.0114	0.0021～0.0258
北京、天津、河北、河南、山东	0.0057	0.0014～0.0081
浙江、上海、江苏、安徽、江西、湖南、湖北、四川、重庆	0.0109	0.0026～0.022
广东、广西、海南、福建	0.0178	0.0046～0.0228
云南、贵州	0.0106	0.0025～0.0218

农用地 N_2O 间接排放来自施肥土壤和畜禽粪便氮氧化物和氨挥发经过大气氮沉降引起的 N_2O 排放（N_2O 沉降）及土壤氮淋溶或径流损失进入水体而引起的 N_2O 排放（N_2O 淋溶）。其中，大气氮沉降引起的 N_2O 排放计算公式如下：

$$N_2O_{沉降}=(N_{畜禽}\times 20\%+N_{输入}\times 10\%)\times 0.01 \tag{8-5}$$

式中　$N_{畜禽}$——畜禽粪便的氮输入量；

$N_{输入}$——农用地氮输入量。

根据《省级温室气体清单编制指南（试行）》，$N_{畜禽}$和 $N_{输入}$的挥发率推荐值分别为 20%和 10%，排放因子为 0.01。淋溶、径流引起的 N_2O 排放计算公式如下：

$$N_2O_{淋溶}=N_{输入}\times 20\%\times 0.0075 \tag{8-6}$$

式中，氮淋溶和径流损失的氮量占农用地氮输入量的 20%来估算；淋溶径流引起的 N_2O 排放因子为 0.0075。

（2）稻田 CH_4 排放核算方法

稻田甲烷产生主要来源于淹水厌氧发酵，CH_4 产生核算计算公式如下：

$$E_{CH_4}=\sum EF_k \cdot AD_k \tag{8-7}$$

式中　E_{CH_4}——稻田 CH_4 排放总量；

EF_k——第 k 类稻田 CH_4 排放因子（表 8-2），采用《省级温室气体清单编制指南（试行）》推荐的默认值；

AD_k——该类型的水稻播种面积；

k——稻田类型，分别是指单季水稻、双季早稻和晚稻。

表 8-2　稻田甲烷排放因子　（单位：kg/hm^2）

地区	单季水稻	双季早稻	双季晚稻
华北	234.0	—	—
东北	168.0	—	—
华东	215.5	211.4	224.0
华中、华南	236.7	241.0	273.2
西南	156.2	156.2	171.7
西北	231.2	—	—

（3）动物胃肠道发酵 CH_4 排放核算方法

动物胃肠道发酵 CH_4排放源包括奶牛、非奶牛、水牛、山羊、绵羊、猪、马、驴、骡和骆驼，计算公式如下：

$$E_{CH_4,enteric,i}=EF_{CH_4,enteric,i}\times AP_i\times 10^{-7} \tag{8-8}$$

式中　$E_{CH_4,enteric,i}$——第 i 种动物胃肠道发酵 CH_4 排放量；

$EF_{CH_4,enteric,i}$——第 i 种动物胃肠道发酵 CH_4 排放因子（表 8-3），采用《省级温室气体清单编制指南（试行）》推荐的默认值；

AP_i——第 i 种动物的数量。

表 8-3　动物胃肠道发酵 CH_4 排放因子　［单位：kg/（头·年）］

饲养方式	奶牛	非奶牛	水牛	绵羊	山羊	猪	马	驴/骡	骆驼
规模化饲养	88.1	52.9	70.5	8.2	8.9	1	18	10	46
农户散养	89.3	67.9	87.7	8.7	9.4				
放牧饲养	99.3	85.3	—	7.5	6.7				

（4）动物粪便管理温室气体排放核算方法

动物粪便管理排放包括 CH_4 和 N_2O 排放两部分。其中，CH_4排放是指在畜禽粪便施入土壤之前动物粪便储存和处理所产生的 CH_4，N_2O 排放是指施入土壤前储存及处理所产生的 N_2O，排放源包括奶牛、非奶牛、水牛、山羊、绵羊、猪、马、驴、骡和骆驼，计算公式如下：

$$E_{m,i}=\sum_{i=1} EF_{m,i}\times AP_i\times 10^{-7} \tag{8-9}$$

式中　$E_{m,i}$——动物粪便管理温室气体排放量，$m=1$，2 分别代表动物粪便管理 CH_4 和 N_2O；

$EF_{m,i}$——第 i 类动物粪便管理第 m 类温室气体排放因子，具体见表 8-4。

表 8-4　动物粪便管理温室气体排放因子　　［单位：kg/(头·年)］

动物类型	华北		东北		华东		华中、华南		西南		西北	
	CH_4	N_2O	CH_4	N_2O	CH_4	N_2O	CH_4	N_2O	CH_4	N_2O	CH_4	N_2O
奶牛	7.46	1.846	2.23	1.096	9.33	2.065	8.45	1.71	6.51	1.884	5.93	1.447
非奶牛	2.82	0.794	1.02	0.913	3.31	0.846	4.72	0.805	3.21	0.691	1.86	0.545
水牛	—	—	—	—	5.55	0.875	8.24	0.86	1.53	1.197	—	—
绵羊	0.15	0.093	0.15	0.057	0.26	0.113	0.34	0.106	0.48	0.064	0.28	0.074
山羊	0.17	0.093	0.16	0.057	0.28	0.113	0.31	0.106	0.53	0.064	0.32	0.074
猪	3.12	0.227	1.12	0.266	5.08	0.175	5.85	0.157	4.18	0.159	1.38	0.195
家禽	0.01	0.007	0.01	0.007	0.02	0.007	0.02	0.007	0.02	0.007	0.01	0.007
马	1.09	0.33	1.09	0.33	1.64	0.33	1.64	0.33	1.64	0.33	1.09	0.33
驴/骡	0.6	0.188	0.6	0.188	0.9	0.188	0.9	0.188	0.9	0.188	0.6	0.188
骆驼	1.28	0.33	1.28	0.33	1.92	0.33	1.92	0.33	1.92	0.33	1.28	0.33

8.2.3　工业领域进展及评估

1. 工业领域对非二氧化碳类温室气体的关注进展

工业领域产生的非二氧化碳类温室气体排放主要包括硝酸、己二酸生产过程中产生的 N_2O 排放、电解铝、电力设备制造和运行、半导体生产和二氟一氯甲烷（HCFC-22）生产等工业生产过程的全氟化碳（PFCs）、氢氟碳化物（HFCs）和六氟化硫（SF_6）等含氟气体排放。

工业生产过程的非二氧化碳类温室气体排放控制行动主要包括三个方面：

1）一是淘汰部分行业落后及过剩产能。2011 年国家发展和改革委员会发布的《产业结构调整指导目录（2011 年本）》将落后的常压法及综合法硝酸工艺列入限制类目录，促使其自然淘汰。2013 年 10 月，国务院发布《国务院关于化解产能严重过剩矛盾的指导意见》，提出化解电解铝等行业产能严重过剩矛盾，2015 年年底前淘汰 16 万 A 以下预焙槽，对吨铝液电解交流电耗大于 13700kW · h 及 2015 年年底后达不到规范条件的产能，用电价格在标准价格基础上上浮 10%。2015 年，国家发展和改革委员会、工业和信息化部联合发布《关于印发对钢铁、电解铝、船舶行业违规项目清理意见的通知》，对电解铝行业违规项目予以整顿。2018 年 6 月，国务院发布《打赢蓝天保卫战三年行动计划》，提出京津冀及其周边地区、长三角地区、汾渭平原等重点区域严禁新增钢铁、焦化、电解铝、铸造、水泥和平板玻璃等产能。

2）二是发布排放限制标准或技术规范控制末端排放。环境保护部组织制定了 GB 26131—2010《硝酸工业污染物排放标准》，规定了硝酸工业尾气中氮氧化物的排放限值。2012 年 6 月，国家发布了 GB/T 28537—2012《高压开关设备和控制设备中六氟化硫（SF_6）的使用和处理》，规定了高压开关设备、控制设备安装中交接期间的六氟化硫处理、正常使用寿命期间六氟化硫的处理、维护期间的六氟化硫回收等相关要求。

3）三是实施财政补贴销毁处置特定温室气体排放。我国《强化应对气候变化行动—中国国家自主贡献》中提出了“逐渐减少二氟一氯甲烷受控用途的生产和使用，到2020年在基准线水平（2010年产量）上产量减少35%、2025年减少67.5%，三氟甲烷排放到2020年得到有效控制”的量化减排目标。为了有效实现上述减排承诺，自2014年起相关主管部门积极组织开展控制氢氟碳化物的重点行动，每个年度下发《关于组织开展氢氟碳化物处置相关工作的通知》，并安排中央预算内投资和财政补贴支持开展HFC-23的销毁处置工作。

2. 工业领域对非二氧化碳类温室气体的核算评估

工业领域通用的温室气体计算方法有排放因子法、输入输出平衡法、直接测量法，其中排放因子法应用最广。

（1）电解铝行业非二氧化碳类温室气体排放核算

依照国家发展和改革委员会发布的《中国电解铝生产企业温室气体排放核算方法与报告指南（试行）》[简称《铝指南（试行）》]，对电解铝企业温室气体排放展开讨论。《铝指南（试行）》提出的电解铝企业温室气体排放总量 E 计算公式：

$$E = E_{燃烧} + E_{原材料} + E_{过程} + E_{电和热} \tag{8-10}$$

而仅讨论电解铝这道工序时，不存在 $E_{燃烧}$，即可忽略不计，可得

$$E = E_{原材料} + E_{过程} + E_{电和热} \tag{8-11}$$

式中 $E_{原材料}$——能源作为原材料用途的温室气体排放量（tCO_2e）；

$E_{过程}$——工业生产过程温室气体排放量（tCO_2e）；

$E_{电和热}$——企业净购入的电力和热力消费的温室气体排放量（tCO_2e）。

这里仅讨论非二氧化碳类温室气体的排放，即 $E_{过程}$ 中阳极效应产生的PFCs的排放量 E_{PFCs}。其计算公式如下：

$$E_{PFCs} = (6500 \times EF_{CF_4} + 9200 \times EF_{C_2H_6}) \times \frac{P}{1000} \tag{8-12}$$

式中 E_{PFCs}——核算和报告年度内的阳极效应全氟化碳排放量（tCO_2e）；

6500——CF_4 的GWP；

EF_{CF_4}——阳极效应的 CF_4 排放因子（kg/t）；

9200——C_2F_6 的GWP；

$EF_{C_2H_6}$——阳极效应的 C_2F_6 排放因子（kg/t）；

P——活动水平，即核算和报告年度内的铝产量（t）。

其中，《铝指南（试行）》中提供的排放因子推荐数值 EF_{CF_4} 为0.034kg/t，$EF_{C_2H_6}$ 为0.0034kg/t。《铝指南（试行）》中提供的阳极效应排放因子计算方法为国际通用的斜率法，经验公式如下：

$$EF_{CF_4} = 0.143 \times AEM \tag{8-13}$$

$$EF_{C_2H_6} = 0.1 \times EF_{CF_4} \tag{8-14}$$

式中 AEM——平均每天每槽阳极效应持续时间，是企业自动化生产控制系统的实时监测数据；

0. 1——C_2F_6 与 CF_4 的质量比；

0. 143——斜率系数。

（2）集成电路制造业 PFCs 排放量核算方法

集成电路制造业在集成电路制造过程中会使用到 CF_4、C_2F_6、C_3F_8、C_4F_8、C_4F_6、C_5F_8、CHF_3、CH_2F_2、NF_3 和 SF_6 等多种 PFCs。目前已有多个国家政府和国际组织发布了针对集成电路制造业 PFCs 排放量的计算方法，主要有政府间气候变化专门委员会（IPCC）发布的《2006 IPCC 指南》、世界可持续发展工商理事会（WBCSD）与世界资源研究所（WRI）联合开发的《温室气体议定书》、美国环境保护署（EPA）发布的《电子工业温室气体报告》及我国国家发展和改革委员会办公厅 2015 年发布的《电子设备制造企业温室气体排放核算方法与报告指南（试行）》，对以上几种不同方法进行对比分析，结果列于表 8-5。

表 8-5　集成电路制造业 PFCs 排放量计算方法的对比分析

计算方法	原始数据要求	计算复杂程度	准确度
IPCC 的《2006 IPCC 指南》——缺省法	低	简单	低
IPCC 的《2006 IPCC 指南》——特定过程气体参数法	一般	较复杂	较高
IPCC 的《2006 IPCC 指南》——特定过程类型参数法	较高	复杂	较高
IPCC 的《2006 IPCC 指南》——特定过程参数法	极高	复杂	高
WBC SD 和 WRI 的《温室气体议定书》	一般	较简单	较高
EPA 的《电子工业温室气体报告》	高	复杂	较高
我国的《电子设备制造企业温室气体排放核算方法与报告指南（试行）》	一般	较复杂	较高

8. 2. 4　废弃物处理领域进展及评估

1. 废弃物处理对非二氧化碳类温室气体的关注进展

废弃物处理领域产生的非二氧化碳类温室气体排放主要包括城市生活垃圾填埋处理产生的 CH_4 排放、焚烧和堆肥生物处理产生的 CH_4 和 N_2O 排放，以及生活污水和工业废水处理产生的 CH_4 和 N_2O 排放。

废弃物处理领域控制行动主要从以下两方面开展：一是实行废弃物源头减量化、资源化。2017 年，国务院同意并转发了国家发展和改革委员会、住房和城乡建设部《生活垃圾分类制度实施方案》，要求在 2020 年年底前，部分重点城市的城区范围内先行实施生活垃圾强制分类，按照减量化、资源化、无害化的原则，实施生活垃圾分类回收利用率达到 35% 以上。二是改进和提升废弃物处理工艺和规模。具体行动包括通过清洁发展机制推动垃圾填埋气收集利用技术发展；通过《水污染防治行动计划》，要求全国所有县城和重点镇具备污水收集处理能力，县城、城市污水处理率分别达到 85%、95%左右；推广废水和污泥厌氧消化工艺，促进沼气回收利用等技术发展。

2. 废弃物处理领域对非二氧化碳类温室气体的核算评估

(1) 城市生活垃圾填埋气甲烷产量评估

IPCC 缺省法是最早由 Bingemer 和 Crutzen 于 1987 年提出，IPCC 在其出版的《1995 年 IPCC 国家温室气体清单指南》里将其确定为缺省方法学，后来在《1996 年 IPCC 国家温室气体清单指南（修订本）》中对该缺省方法加以修改，给出了不同国家的 DOC 取值及增加了 CH_4 氧化因子。

IPCC 缺省方法是基于物质守恒定律最简单的填埋气产量预测方法，该模型没有考虑时间参数，而是假设垃圾填埋产气潜能在被填埋的那一年里全部释放出来。IPCC 缺省方法适宜于计算一个国家的填埋气产量，如果每年填埋垃圾量及垃圾组成稳定不变时，该模型能够提供一个较为合理的理论预测值。计算公式如下：

$$Q=[(MSW_T \times MSW_F \times L_0)-R]\times(1-OX)=\left[\left(MSW_T \times MSW_F \times MCF \times DOC \times DOC_F \times F \times \frac{16}{12}\right)-R\right]\times(1-OX) \tag{8-15}$$

式中 Q——甲烷产生量（t）；

MSW_T——城市生活垃圾产量（t）；

MSW_F——填埋垃圾占生活垃圾产量的百分比（%）；

L_0——甲烷产生潜力（$GgCH_4/Gg$），$L_0 = MCF \times DOC \times DOC_F \times F \times \frac{16}{12}$；

MCF——甲烷修正因子，取 1.0（设定所有填埋场管理良好）；

DOC——垃圾中可降解的有机碳含量（%），IPCC 对我国的推荐值为 9.0%；

DOC_F——垃圾中可降解有机碳的分解百分率（%），IPCC 推荐值为 77.0%；

F——填埋气中甲烷含量（值约为 0.5）；

R——甲烷回收量（Gg/年）；

OX——氧化因子；

16/12——碳转化为甲烷的系数。

(2) 城镇生活污水处理无氧降解甲烷产量评估

一般通过 IPCC 方法指南，确定废水中可降解有机材料的数量。用于测量废水有机成分的常见参数有生化需氧量（BOD）和化学需氧量（COD）。同样条件下，COD 浓度或 BOD 浓度较高的废水产生的 CH_4 通常会多于 COD 浓度或 BOD 浓度较低的废水产生的 CH_4。

污水处理厂处理过程中产生甲烷的计算公式如下：

$$CH_{4\ Emissions} = \sum_i (TOW_i \cdot EF_i) - R \tag{8-16}$$

式中 $CH_{4\ Emissions}$——计算年份污水 CH_4 排放总量（kg CH_4/年）；

TOW——计算年份污水有机物含量（kg BOD/年）；

EF——排放因子（kg CH_4/kg BOD）；

i——污水处理厂/自然水体；

R——计算年份回收的 CH_4 量（kg CH_4/年）。

其中 EF 的计算公式如下：

$$EF = B_0 \cdot MCF \tag{8-17}$$

式中　B_0——最大 CH_4 产生能力，缺省值可取 0.6kg CH_4/kg COD 或 0.25kg CH_4/kg COD；

MCF——CH_4 修正因子，表 8-6 为政府间气候变化专门委员会（IPCC）为了帮助各国计算可以对比的国家温室气体排放清单，组织专家编写的《2006 IPCC 指南》中对于污水处理产生的 CH_4 计算时，如果没有国家特定的排放因子参数时推荐使用的缺省值。

表 8-6　IPCC 推荐的生活污水的 MCF 缺省值

处理和排放途径/系统类型	备注	MCF	范围
集中好氧处理厂	已处理的系统必须管理完善，一些甲烷会从沉积池和料带排出	0	0~0.1
集中好氧处理厂	管理不完善，过载	0.3	0.2~0.4
污泥的厌氧沼气池	此处未考虑 CH_4 回收	0.8	0.8~1.0
厌氧反应罐装置	此处未考虑 CH_4 回收	0.8	0.8~1.0
浅厌氧池	深度不足 2m，采用专家判断	0.2	0~0.3
深厌氧池	深度超过 2m	0.8	0.8~1.0
化粪系统	一半的 BOD 沉降到厌氧池	0.5	0.5

8.3　我国非二氧化碳类温室气体减排技术总结

8.3.1　CH_4 减排技术

国内目前使用较前沿的 CH_4 减排技术根据产生领域及场所不同主要分为 CH_4 回收和利用技术、微生物 CH_4 去除技术、稻田 CH_4 减排技术及针对重点反刍动物的零 CH_4 排放养殖技术等。

CH_4 回收和利用技术主要应用于井工开采中的煤矿瓦斯，根据瓦斯甲烷浓度的高低形成了梯级利用体系。因此根据甲烷不同浓度范围划分，适用的具体技术情况总结于表 8-7。

表 8-7　煤矿瓦斯浓度分级与利用技术

瓦斯分级	CH_4 体积分数（%）	利用途径	利用率（%）	技术成熟度
高浓度瓦斯	30~80	瓦斯发电、化工原料、提浓制 CNG/LNG	≥60	技术成熟；工业应用
低浓度瓦斯	5~30	瓦斯发电+余热利用、提纯制民用燃气	20~30	技术成熟；工业应用
特低浓度瓦斯	0.75~5.00	稀释+蓄热氧化+供热/发电、催化贫燃燃气轮机发电	≤2	技术较成熟
乏风瓦斯	≤0.75	蓄热氧化/助燃空气	≤2	技术较成熟

对于减少油气开采行业造成的甲烷排放，目前所采取的技术手段主要针对几个“超级排放源”环节而开展，如完井、井底排液、气动设备、压缩机等。“低排放完井技术”和

“绿色完井技术”是对完井环节中的甲烷进行回收利用；排液环节依靠安装柱塞举升系统进行减排；应用闪蒸气回收装备和大罐抽气技术对操作过程中的甲烷进行减排；泄漏检测与修复（LDAR）管理和火炬回收技术也被广泛应用于油气行业中的甲烷减排，其中，泄漏检测与修复是成本最低且最直接的措施，也是发达国家在处理油气甲烷的侧重点。此外，利用卫星检测和空中检测技术排查超级排放源并加以修复也有巨大的创新应用空间。

农业上的 CH_4 减排技术主要包括稻田 CH_4 减排技术和反刍动物胃肠道 CH_4 减排技术。稻田 CH_4 排放受很多因素与条件的影响，如土壤性质、水分状态、施肥、水稻生长、气候环境、耕作方式及灌溉模式。稻田甲烷减排技术采用高产低碳品种、旱耕湿整、增密控水栽培、施用减排肥料等，在保障水稻丰产稳产的同时，抑制稻田甲烷的产生，加快甲烷氧化，降低甲烷排放，具有显著的经济、社会和生态效益。反刍动物胃肠道 CH_4 减排技术主要是通过调控日粮营养结构、优化饲料品种、改善粗饲料营养品质、合理使用饲料添加剂及添加氢池和甲烷抑制剂等为主要手段，从而降低反刍动物胃肠道 CH_4 排放。

微生物 CH_4 去除技术主要应用于垃圾填埋场，是从填埋源头减少甲烷排放量的一类技术。主要包括抑制产甲烷菌、准好氧或好氧填埋和改良垃圾填埋覆土层以促进 CH_4 氧化细菌生长以提高甲烷氧化能力等生物减排技术。此外，甲烷可以作为垃圾填埋的副产品，经收集处理后可以作为能源使用，在减少甲烷排放量的同时也带来了经济效益。垃圾填埋气可用于供热或并网发电和作为管道气、动力燃料、化工原料等，从而实现 CH_4 的资源化利用。

2023 年出台的《甲烷排放控制行动方案》将技术和创新驱动甲烷控排放在关键位置，并将甲烷控排相关技术纳入国家重点推广的低碳技术目录。值得注意的是，《甲烷排放控制行动方案》明确了各不同领域下一步工作中首要推广的控排技术路线，见表 8-8。

表 8-8 《甲烷排放控制行动方案》各不同领域推广技术路线

领域	推广技术路线
能源	（煤矿/田）伴生气与放空气回收利用 油田泄漏检测与修复技术
农业-粪便管理	粪污密闭处理，气体收集利用或处理 规模化沼气/生物天然气工程
动物-胃肠道发酵	选育高产低排放畜禽品种、低蛋白日粮、全株青贮技术 合理使用基于植物提取物、益生菌等饲料添加剂和多功能营养舔砖 实施精准饲喂、探索高产低排放技术
水稻种植	稻田水分管理、稻田节水灌溉技术 有机肥腐熟还田 选育推广高产、优产、节水抗旱水稻品种 示范好氧耕作技术
废弃物管理	污泥厌氧消化生产沼气
污染物协同控制	油气开采领域使用烃蒸气回收利用、作业密闭化改造、安全氧化燃烧等一体化技术 畜禽养殖粪污固液分离、分质处理、深施还田 高浓度有机工业废水高效产甲烷技术与高效处理技术

CH_4 作为除 CO_2 以外排放源最广、排放量最大的温室气体，其自身是优质的清洁燃料和工业原料，如能大规模加以利用，不仅缓解控制温室气体的排放，助力应对气候变化；还能增加能源供给、推动我国绿色高质量发展。

8.3.2　N_2O 减排技术

农田土壤是我国 N_2O 的最大排放源，通过农田管理措施可调控 N_2O 排放速率和排放量，其中合理施氮是关键因素。所谓的合理施肥主要包括正确的施肥量、肥料品种、施肥时期和施肥方法，这四大方面在国际上被称为“4R”理念或技术。针对目前国内农业生态环境保护形势，我国积极推广化肥减量增效技术，例如测土配方施肥技术、新型肥料应用技术、氮肥深施技术、叶面施肥技术等，主要目的是在基于作物稳产前提下实现农业节本增效降氮，减少农业面源污染，协同 N_2O 减排。其中测土配方施肥技术对我国农业温室气体减排和节支增收的效果显著，该技术是以土壤养分化验结果和肥料田间试验为基础，根据种植农作物需肥规律、土壤供肥性能和肥料效应，在合理施用有机肥的基础上，提出氮、磷、钾等肥料的施用数量、施用时期和施用方法，而实现养分吸收和元素配比的平衡，提高作物对肥料的利用率。此外，配合采用合理有效的耕作和灌溉模式、使用生物炭等新材料改善土壤环境等也是控制 N_2O 排放的有效途径。

根据工况的适用温度不同，控制化学工业 N_2O 排放较为成熟的减排技术主要划分为三种：热分解（TD）、选择性催化还原（SCR）及直接催化分解（DCD）。N_2O 热分解是利用 N_2O 在 800℃以上的高温条件下分解成 N_2 和 O_2；SCR 在低温工况下处理低浓度 NO_x 领域已经得到广泛应用，它一般利用催化剂和还原剂（NH_3、H_2 或 CO）与脱除 NO_x 结合达到共同控制 N_2O 和 NO_x 的目的。直接催化分解技术是目前最成熟、应用最广泛的技术。与 SCR 相比，该技术无须消耗额外的还原剂，避免了氨气泄漏，仅在催化剂的作用下将 N_2O 分解为 N_2 和 O_2。表 8-9 总结了不同 N_2O 减排技术的适用工况和优缺点。

表 8-9　工业 N_2O 减排技术对比

处理技术	适用工况	技术优点	技术缺点	减排效果
热分解	高温（>800℃），高浓度 N_2O	产生高温蒸气再利用，回收少量硝酸	产生 CO_2，造成二次污染；反应温度高；耐高温设备；运行成本和维护费用高	83%
选择性催化还原	低温（200~500℃），低浓度 N_2O	适用温度低，与 NO_x 协同去除	消耗还原性气体，有氨逃逸的风险；增加操作成本	90%~98%
直接催化分解	中高温（>450℃）	脱除效率高，设备和操作简单，能耗低	催化剂更换年限为 2 年左右，增加运行成本	95%~99%

目前，污水处理方面可考虑采用气提、膜接触器等液气分离工艺对溶解性 N_2O 进行捕集，气提因其结构简单、操作方便、分离效率较高而被认为更适合于处理出水中 N_2O 的脱

气。也可采用在传统的人工湿地处理技术上加上尾气增氧提高 N_2O 减排效能。另外，在水处理脱氮工艺的基础上降低 N_2O 的排放量，应聚焦常规硝化/反硝化（AOB+HND）与 AOB 短程硝化及其同步反硝化。为此，污水处理过程中应尽量避免低 DO、NO_2^- 积累和碳源不足等现象。运行实践中，可通过以下三种措施控制 N_2O 排放：好氧池 DO 应控制在 2mg/L 左右；如果不涉及生物除磷，污泥停留时间（SRT）尽可能要延长至≥20d；进水碳源不足时应及时补充外加碳源。

8.3.3 含氟气体减排技术

根据 2014 年我国含氟温室气体排放数据显示，HFCs 的排放量约占含氟气体总量的 74%，由此可见，寻求有效的 HFCs 减排技术是解决含氟温室气体排放的重中之重。实现 HFCs 的减排主要包括以下三种技术：一是高温焚烧处置，这是目前国内企业处理 HFC-23 的主流方法，包括热氧分解和等离子体消解等技术，燃烧后通过回收酸性气体以进行中和；二是资源化转化技术，主要是通过一系列化学反应将 HFCs 类物质转化为具有高附加值、环境友好的六氟丙烯（HFP）、四氟乙烯（TFE）、偏氟乙烯（VDF）含氟单体和碘氟烃（CF_3I）等，也可以直接利用 HFCs 作为三氟甲基化试剂，从而实现氟资源的有效利用；三是绿色替代技术，汽车空调行业的 HFC-134a 淘汰可采用 HFO-1234yf、HFC-152a 和 CO_2 等替代技术，房间空调器和工商制冷行业等自 2013 年起逐步淘汰 HCFC-22，并采用相对低 GWP 的制冷剂甚至 GWP 接近零的 HFC-410A、HC-290（或 R-290）替代，HFC-410A 用 HFC-125 和 HFC-32 混合配制而成。但由于部分替代品存在可燃性或毒性带来的安全性问题和替代技术可获得性问题，目前在我国 HFCs 类仍被广泛用于替代 HCFCs，这也加大了我国控制 HFCs 的难度。第五届中国制冷空调行业信息大会，首次提出 R22 等 HCFCs 制冷剂的减量延续技术，并提出单位制冷量制冷剂充注量（充注比）的指标。另外，传统的含氟电子气体大多为氢氟烃（HCFCs）和全氟烷烃（PFCs），目前使用最多的 CF_4、C_2F_6、c-C_4F_8、NF_3 等在《京都议定书》中被认定为对大气温室效应具有促进作用的温室气体，国内很多氟化工企业已经开始开发零 ODP 和低 GWP 的绿色环保型含氟电子气体。我国需要综合考虑国内技术发展程度和实际的市场需求等多方面的因素，加强对含氟气体的管理控制。

我国 PFCs 排放主要来自于铝冶炼，尽管其排放量在我国非二氧化碳类温室气体排放总量中贡献不大，但预计到 2030 年，PFCs 排放量将翻番。目前，有三种技术减少铝电解过程中 PFCs 排放，分别是自动熄灭阳极效应技术、无效应铝电解工艺技术及氧化铝精确下料技术。如果将无效应铝电解工艺技术及自动熄灭阳极效应技术应用到 50% 的铝生产线，氧化铝精准下料技术应用于所有铝生产线，则到 2030 年，我国电解铝行业 PFCs 排放量将下降至 1000 万 tCO_2e，减排潜力达 1300 万 tCO_2e/年。此外，SF_6 排放主要来自于电力传输、平板显示器制造及镁冶炼过程。SF_6 在电力传输和配电设备中用于绝缘和灭弧，在电子行业中用于半导体和平板显示器制造，在镁冶炼行业中用作高温下防止镁氧化的保护气。对于 SF_6 的减排，电力行业主要有三种控制措施：一是改进设备设计，减少 SF_6 用量和泄漏；二是采用 SF_6 与 N_2 的混合气或是纯 N_2 代替纯 SF_6；三是对 SF_6 进行回收利用。

8.4 案例情景分析

8.4.1 情景分析

1. 基于不同情景下的排放预测分析

2014年我国非二氧化碳类温室气体排放为20亿tCO_2e，其中CH_4占57%，N_2O占31%，含氟气体占12%。表8-10为不同情景下非二氧化碳类温室气体排放量。非二氧化碳类温室气体排放占总温室气体排放量的16%，并且当前仍呈增长趋势。

煤炭开采过程瓦斯排放，约占CH_4总排放量的40%，2015年约5.4亿tCO_2e。未来随煤炭开采量下降及加强煤矿瓦斯的利用，煤炭开采过程的CH_4排放会呈下降趋势。农业部门动物胃肠道发酵和水稻种植的CH_4排放2015年约4.7亿tCO_2e，未来将呈持续上升趋势，2050年后将超过煤炭开采的排放量成为最主要的CH_4排放增长来源。油气逸散和废弃物填埋也是促使未来CH_4排放增长的主要因素。未来通过控制、减少煤炭和油气生产过程中CH_4排放，推广回收利用和末端处理分解技术，改良水稻种植方式和牲畜饲养方式及饲料转换，改进废弃物管理和处置方式，在强化政策情景和2℃情景下，CH_4排放量可在2030年达峰（约12亿tCO_2e），2050年甲烷排放有望下降到8亿tCO_2e左右，比峰值排放量有较大下降。但由于CH_4深度减排的边际成本呈非线性陡峭上升趋势，实现近零排放仍有较大困难。

N_2O排放主要来自氮肥施用、动物粪便管理和施用、己二酸加工生产过程物质燃烧等。通过加强农业肥料管理，控制和减少化肥施用，改进农田耕作方式，加强己二酸生产过程中源头控制和末端治理，2020年N_2O排放量峰值水平约6.5亿tCO_2e，2050年有显著下降。

含氟气体排放主要来自制冷剂、发泡剂、灭火剂和化工原料的生产过程，涉及多个工业领域。通过对家用空调、商用空调、汽车空调等领域制冷剂的替代，以及生产过程加强对HFC-23的副产品减量、焚烧处理和资源化利用，可使含氟气体排放到2030年达到峰值，峰值排放量控制在7.3亿tCO_2e，到2050年可下降到5亿tCO_2e以下。2℃情景下可比政策情景减排44%，1.5℃情景下可减排60%。在强化政策情景和2℃情景下，挖掘各种非二氧化碳类温室气体减排潜力，在成本可接受的情况下，非二氧化碳类温室气体可在2030年前或2025年左右达到峰值，基本可与CO_2排放同步达峰，峰值排放量在两种情景下可分别控制在28亿tCO_2e和25亿tCO_2e内。由于非二氧化碳类温室气体减排初期成本较低，有较多成本有效的减排技术和潜力，当前发达国家的自主减排目标大约有1/3依靠非二氧化碳类温室气体减排实现。我国要加强非二氧化碳类温室气体减排对策和行动，逐步将其纳入国家NDC目标。但由于非二氧化碳类温室气体实现深度减排非常困难，其边际成本也呈陡峭上升趋势，因此到2030年后，随CO_2的大幅快速减排，非二氧化碳类温室气体排放占总温室气体排放的比例将会上升，对2℃目标下到2050年实现深度脱碳成为重要的难减排领域和部门，因此需要超前部署，研发非二氧化碳类减排的突破性技术和对策，推进国家长期低碳排放发展战略的全面实施。

表 8-10　不同情景下非二氧化碳类温室气体排放量　（单位：亿 tCO_2e）

情景	2020 年	2030 年	2040 年	2050 年
政策情景	24.42	29.73	31.31	31.70
强化政策情景	24.42	27.81	26.33	23.67
2℃情景	24.42	24.87	21.53	17.61
1.5℃情景	24.42	19.44	15.87	12.71

2. “十四五”我国非二氧化碳类温室气体排放在政策情景下的预测

“十四五”时期是一个关键的时间节点，它将直接决定 2030 年前是否能完成碳达峰。基于各领域现有的政策情景并综合各领域发展形势对“十三五”期末与“十四五”期末的非二氧化碳类温室气体排放量进行了预估和预测，如图 8-2 所示。

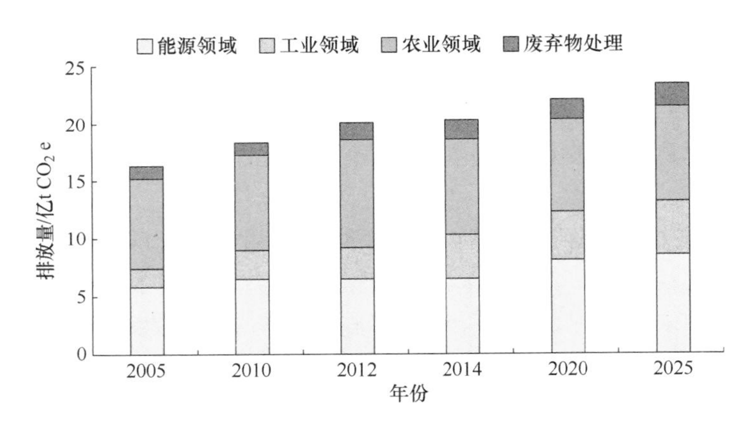

图 8-2　我国非二氧化碳类温室气体排放形势预判

2020 年我国非二氧化碳类温室气体排放总量约为 22.2 亿 tCO_2e，比 2014 年上升约 9.6%，而到 2025 年，我国非二氧化碳类温室气体总量预计将达到 23.6 亿 tCO_2e，预计“十四五”期间，我国非二氧化碳类温室气体排放量年均增速约为 1.2%。

3. 不同情景下减排潜力分析

基于 EPS 模型，通过基准情景、强化政策情景及深度减排情景对非二氧化碳类温室气体的排放趋势及减排潜力进行分析，在强化政策情景下（加强和延续十四五政策），我国非二氧化碳类温室气体将在 2029 年左右达峰，峰值为 28.85 亿 tCO_2e。在深度减排情景下（基于国内外实践下所有可以的减排行动），我国非二氧化碳类温室气体在 2022 年左右就能达峰，但到 2050 年仍约有 15.6 亿 tCO_2e 的排放，其中 CH_4、N_2O 和含氟温室气体排放分别为 7.3 亿 tCO_2e、3.3 亿 tCO_2e 和 5 亿 tCO_2e，具体大致趋势如图 8-3 所示。以 2019 年为基准，在强化政策情景和深度减排情景下对甲烷、氧化亚氮、含氟温室气体的排放趋势及减排率进行预测，其对比见表 8-11。

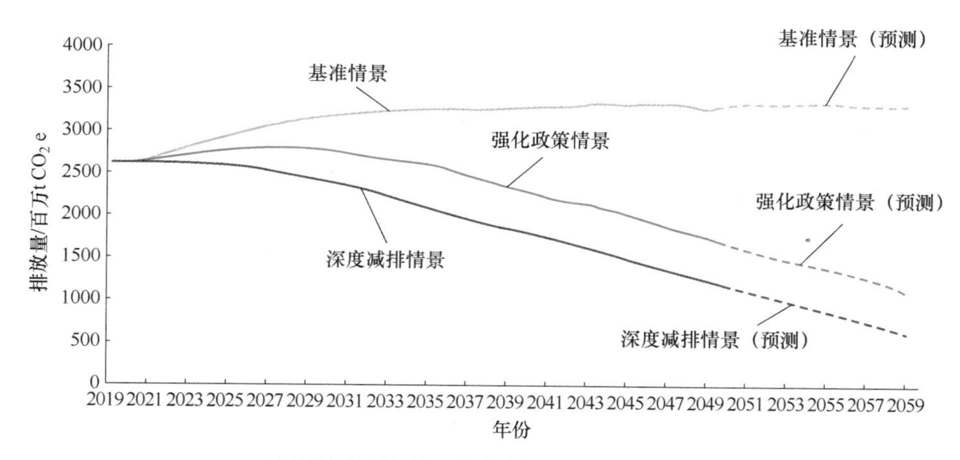

a) 不同减排情景下非二氧化碳类温室气体排放量

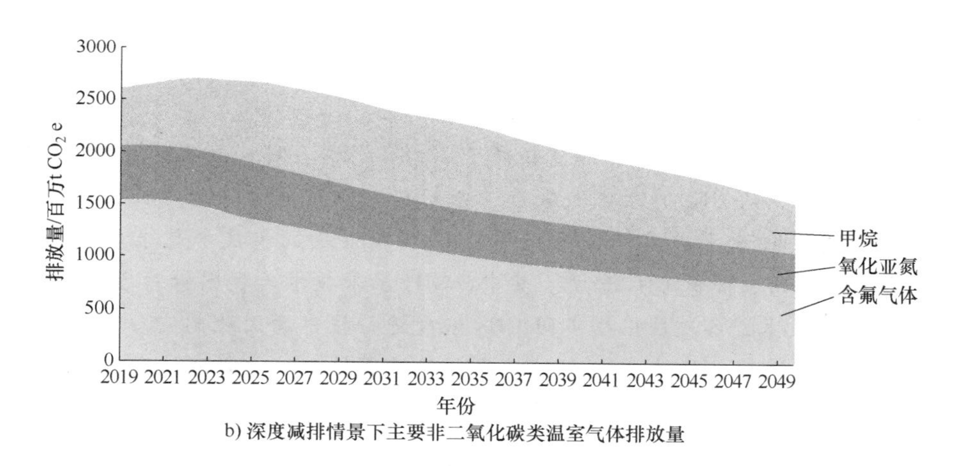

b) 深度减排情景下主要非二氧化碳类温室气体排放量

图 8-3　不同减排情景下非二氧化碳类温室气体排放量及在深度减排情景下三种主要非二氧化碳类温室气体排放量

表 8-11　两种情景下分气体减排变化对比

气体类别	强化政策情景 2050 年对比 2019 年	深度减排情景 2050 年对比 2019 年
甲烷	排放下降 36%	排放下降 55%
氧化亚氮	排放在 2030 年左右达峰，到 2050 年排放比 2019 年下降 22%	排放在 2022 年左右达峰，到 2050 年排放比 2019 年下降 36%
含氟温室气体	排放在 2035 年左右达峰，到 2050 年排放比 2019 年上升 32%	排放在 2030 年左右达峰，到 2050 年排放比 2019 年下降 19%

8.4.2 案例分析

案例 1：我国煤炭甲烷排放变化评估

煤矿 CH_4 是在煤炭生产、储存运输过程中伴随排放的一种有害气体。不同地区煤炭 CH_4 含量均不同，随着我国煤炭行业的西移，矿区 CH_4 排放也发生了较大变化。因此，本案例以能代表我国煤炭生产情况的 14 个大型煤炭基地的 106 个矿区为研究对象，测算各矿区煤炭 CH_4 的排放系数，分析 CH_4 排放变化特征，并提出了针对降低 CH_4 排放的技术措施应用。

首先，该案例通过 IPCC 排放因子法测算各矿区 CH_4 排放系数，从低到高划分为 E1～E5 五个等级，其中低排放系数矿区多分布在陕西基地、神东基地、蒙东基地-内蒙古区域、鲁西基地、晋北基地、晋中基地、新疆基地、黄陇基地、宁东基地；高排放系数的矿区大多分布在蒙东基地—东北区域、冀中基地、晋东基地、两淮基地、河南基地、云贵基地。进一步利用各地区得到的 CH_4 排放系数核算 2014 年和 2019 年的煤矿 CH_4 排放系数，分别为 $8.9616m^3/t$ 与 $7.8939m^3/t$，最后，对 2014 年与 2019 年的煤矿 CH_4 排放量进行评估，得到的排放量结果分别为 346.81 亿 m^3（$\approx 580.91MtCO_2e$）、303.92 亿 m^3（$509.60MtCO_2e$），但在煤炭开采整个过程产生的 CH_4 进行利用后，得到的实际 CH_4 排放量分别为 301.81 亿 m^3（$505.54MtCO_2e$）、238.92 亿 m^3（$400.19MtCO_2e$）。

总之，2019 年比 2014 年 CH_4 排放量降低了 20.8%，这表明我国煤炭格局发生变化。其原因有两方面：其一，从 CH_4 产生源头来看，低 CH_4 含量的矿区产能占比上升从而抵消了部分矿区产生的高 CH_4 含量；其二，近几年的 CH_4 减排政策和技术越来越成熟，产出的 CH_4 部分得到有效利用，降低 CH_4 含量。其中，CH_4 抽采技术是我国针对各大矿区最可靠、最有效的 CH_4 管控技术，各矿区根据不同 CH_4 浓度进行技术的因地制宜。对于浓度较高的煤矿，国内普遍采取煤矿 CH_4 发电工程；对于含量较低的甲烷，普遍应用混掺技术、乏风氧化等梯级利用技术。因此，煤炭瓦斯 CH_4 得到有效控制。

案例 2：北京规模化奶牛养殖企业温室气体排放量评估

案例调取了北京 8 家规模化奶牛养殖企业的生产数据，从温室气体产生源头与估算范围，根据 IPCC 提出的第二层级方法，计算出每个月份不同类别奶牛的胃肠道和粪便温室气体排放量，随后计算奶牛场胃肠道和粪便温室气体排放量，同时也对奶牛场各环节能源消耗的温室气体进行计算，得到总的温室气体排放量，除以全年的标准奶产量，求出单位标准奶的温室气体排放量。首先确定了奶牛养殖企业温室气体的估算范围，主要为奶牛胃肠道发酵 CH_4 排放源、奶牛粪便管理 CH_4 和 N_2O 排放及养殖过程中能源消耗温室气体排放。对胃肠道发酵 CH_4 排放进行计算时，关键的计算参数是 CH_4 转化因子 Ym 和总能 GE。其中，GE = 干物质采食量×每千克干物质日粮总能的转化因子，Ym 的取值和饲喂牛的日粮组成有关，这能体现不同饲料效率的减排效益。粪便管理方式直接决定了粪便温室气体的排放，因此调研了各企业采用的粪便管理方式及使用比例，利用不同粪便管理方式中 CH_4 转化因子和 N_2O 排放因子及氮挥发和淋溶参数计算在粪便处理过程中温室气体的排放量。牛奶生产过程中，需要用到电力、汽油、柴油和煤炭等能源。通过各能源的 CO_2 排放因子计算在牛奶生产环节中温室气体的排放量。

总结出 8 家奶牛养殖企业温室气体总体排放量。其中，最低总排放量为 2335.70kg CO_2e/年，最高为 19668.76kg CO_2e/年；胃肠道、粪便和能源消耗排放量各占总平均排放量的 77.65%、11.11%、11.24%；CH_4、N_2O 和 CO_2 排放量各占 80.15%、8.61%、11.24%。CH_4 排放量对总体温室气体排放量贡献最大，其中胃肠道发酵是 CH_4 的主排放源。N_2O 占比较小，这与北京市粪便处理技术水平较高有关。因此，基于其较高水平的粪便处理技术，北京市奶牛养殖企业应继续使用该粪便处理技术，同时，要着重在牛的饲养和节能方面采取措施，更进一步减少温室气体排放；对于北京市碳排放管理水平较低及其他地区的奶牛场，应首先关注减少粪便产生的温室气体量，提高粪便处理技术，其次可以通过改善饲料质量，例如推广秸秆青贮、日粮合理搭配等来降低奶牛胃肠道发酵的排放量及在节能方面减少温室气体排放。

案例 3：青岛小涧西生活垃圾填埋场 CH_4 排放及回收利用

案例采用 IPCC-FOD 和 LandGEM 两种估算模型，估算了青岛小涧西生活垃圾填埋场运行和封场后 CH_4 的产生和排放。两种模型估算的 CH_4 生成量累计分别为 458Gg 和 531.0Gg。此外，对垃圾填埋场关闭后的发电潜力进行了评价，通过 CH_4 产生量、热值、发电机组燃气效率计算其产能潜势，两种模型估算的累计等效电力产生量分别为 214550 万 kW · h 和 8230 万 kW · h，垃圾填埋场产生的 CH_4 进行回收发电，则可至少满足人口规模为 10 万的城镇 30 年的居民生活用电量。但目前填埋场填埋气发电装机容量远远低于理论需要装机量。增加装机容量，选用生物功能覆盖土等措施可有效提高填埋场 CH_4 能源利用效率，降低 CH_4 排放量。这一案例为垃圾填埋管理者制定减少 CH_4 排放、提高垃圾填埋气收集利用效率的措施提供参考。

案例 4：西藏日喀则市垃圾填埋场 CH_4 产量预测及资源化利用

选取西藏日喀则市垃圾填埋场作为研究对象，其具有地广人稀、乡镇间距甚远的特点，致使其生活垃圾主要以填埋方式进行处理。该案例使用 IPCC 模型——填埋气产生量估算模型，用于计算某一垃圾统计量最终产生的 CH_4 总量。经核算后，日喀则市垃圾填埋场自封场后填埋气产生量逐年减少，近 10 年产气量约 2252.86 万 m^3，平均产气量为 225.286 万 m^3/年。对填埋气中 CH_4 的能源效益评估，得出填埋气经焚烧后可减少 CO_2 排放量约 4844t（以 CO_2 当量计），但由于该地区填埋场整体产气量较少，发电机组的负荷较低，因此，日喀则市垃圾填埋场不适宜进行填埋气发电。结合其 CH_4 评估结果和环保理念，建议采用火炬焚烧的方式进行处理。

8.5　对策与建议

非二氧化碳类温室气体的管控和减排刻不容缓，关系到“2030 年实现碳达峰，2060 年实现碳中和”这一重要目标与承诺，结合国内外非二氧化碳类温室气体减排的技术措施与路径，我国非二氧化碳类温室气体减排工作还需进一步加强。目前，对于非二氧化碳类温室气体控制的基本思路和路径主要体现在政策、技术与国际合作三个方面。

1. 加强统筹协调，推进非二氧化碳类温室气体的系统治理

强化顶层设计，综合考虑非二氧化碳类温室气体减排的安全、环境、经济和气候效益，统筹制定能源、工业、农业、废弃物处置等领域相关排放控制战略。加快建立健全非二氧化碳类温室气体监测、报告与核查（MRV）技术标准体系，依托现有工作基础和试点经验，尽快推动全面开展重点行业非二氧化碳类温室气体排放摸底工作。结合最新的研究成果，制定更加科学、合理的非二氧化碳类温室气体排放监测、报告与核查，建立符合我国特点的非二氧化碳类温室气体排放估算模型，尽早形成我国自己的非二氧化碳类温室气体排放权威数据库和技术标准体系。在国家政策上，不仅要明确非二氧化碳类温室气体控排行动方案，也要具体提出整体的非二氧化碳类温室气体减排方案与目标。完善财税激励政策，扩大绿色投融资支持范围，加强对企业自愿开展非二氧化碳类温室气体减排的引导。

2. 强化监测和减排技术支撑，形成符合我国国情的技术体系

构建天空地一体化监测技术体系，加大监测技术攻关力度，夯实排放数据基础；加强对非二氧化碳类温室气体排放数据的评估和监管，提升数据的科学性和时效性。结合我国能源结构和发展需求，完善非二氧化碳类温室气体减排技术体系，加强煤炭和油气领域的 CH_4 捕集与利用、含氟气体替代等技术部署，为深度减排做好储备；完善非二氧化碳类温室气体排放的源头治理、过程控制、末端处置、综合利用技术体系，提升技术水平，降低技术成本，在条件较好的地区建立减排科技示范工程，形成良好的实践案例。

3. 加强国际合作，助力全球应对气候变化取得新成效

加强非二氧化碳类温室气体监测技术、标准和数据的国际共享，推动中美、中欧及金砖国家非二氧化碳类温室气体减排科技交流，与“一带一路”沿线国家共同开展减排技术装备研发与推广应用，通过南南合作等途径分享我国经验与良好做法。支持国内高校和科研院所积极参加非二氧化碳类温室气体减排的国际合作，鼓励油气企业等深度参与甲烷减排等国际组织，拓宽双边和多边合作领域，加大应对气候变化国际科技合作力度，提升全球气候变化治理的影响力。

基于现有的政策基础和技术手段，对标到每一种温室气体相应的对策与管控措施，以下列举了几种非二氧化碳类温室气体的具体的管控对策。

1. 甲烷：应收必收、能收尽收

针对油气 CH_4 泄漏方面，建立 CH_4 排放监测标准，健全 CH_4 排放核算和统计机制，构建 CH_4 排放数字化监控体系，推动分步实施、分类管控，鼓励 CH_4 资源回收综合利用。在油气勘探开发环节，以大型油气企业为重点，实施控制 CH_4 行动。推动新上气田物探开发项目采气、集输、处理、外输等采用全密闭生产工艺，新建项目执行无常规火炬排放要求，科学、安全、合理规划生产流程。逐步取消常规气井火炬装置。控制火炬排放，减少新井测试放喷过程中火炬燃烧，实施单井采气站全过程密闭集输，取消单井处理设备和放空流程，推动天然气采输井站常规火炬熄灭，采用火炬自动点火控制系统手段提高火炬气燃烧效率，通过装置稳定运行、操作优化、漏点消除、增加回收设施等措施提高火炬气回收能力。控制

勘探开发过程气体放空，推广绿色完井和活塞气举系统、放空气 LNG 回收工艺和伴生气增压回收、边远井试采气回收技术，杜绝冷放空，提高伴生气回收水平。有序实施整体密闭流程改造，开展地面工程集输系统密闭改造，逐步取消开放式气田水池。实现 CH_4 泄漏的实时监控和预警，试点推广光纤预警系统及次声波泄漏监测系统等泄漏监测技术。针对压缩机放空阀、排液过程、脱水装置、气动装置、管道维护和维修等重点排放源，开展 CH_4 泄漏检测与修复，推广不放空检维修工艺。协同控制挥发性有机物排放，推动低成本协同控制技术研发，探索合同 CH_4 管理制度。在油气输售环节，推广输气管道 CH_4 泄漏光纤预警和次声监测，加强油气管网和储气设施巡查和管护，减少施工过程中天然气放散量。

煤矿瓦斯利用方面，优化煤炭产业结构，推动中小型煤矿有序退出。提高煤矿瓦斯回收利用水平，推广煤矿瓦斯发电模式，实施低浓度瓦斯示范工程，推动老旧机组更换升级，切实减少煤矿瓦斯自然排放。推动瓦斯气体预处理，延长瓦斯发电机组、瓦斯输送管道及设备使用寿命，提升瓦斯发电机组运行效率。

沼气开发利用方面，以沼气工程为纽带，发展现代种养循环农业。培育专业化生物质能源供应服务企业，有序建设大中型养殖场沼气工程和新村集中供气工程，开展农村生物天然气、沼改厕试点建设，盘活沼气池闲置资源，加强沼气设施后期管护。研究建立规模化养殖场废弃物强制性资源化处理制度和激励机制，建立健全规模化沼气和生物天然气工程项目用地、用电、税收、产品并网等优惠政策，加快推进农村能源发电上网。推动白酒等大型食品饮料企业污水处理厂沼气发电，实现可燃性有机污染物的综合利用。

2. 氧化亚氮：工业减排、化肥减量

制造业方面，改进己二酸、硝酸和含氢氯氟烃行业生产工艺，推广工业生产过程 N_2O 减排技术。

种植业方面，直面重化肥、轻有机肥，重大量元素肥料、轻中微量元素肥料，重氮肥、轻磷钾肥“三重三轻”问题，走减肥增效、高产高效的可持续发展之路。推广秸秆还田技术，注重沼肥、畜禽粪便合理利用，恢复发展冬闲田绿肥种植，推广“果-沼-畜”“有机肥+水肥一体化”等有机肥替代化肥模式，实施配方施肥，深化果菜茶有机肥替代化肥，推广新型肥料。

废弃物方面，通过推动垃圾源头减量和垃圾分类的覆盖，提高垃圾资源化利用效率来降低垃圾填埋和焚烧总量，进而降低由垃圾处理产生的温室气体。

3. 氢氟碳化物：激励销毁、推行替代

健全氢氟碳化物监测和数据核查机制，动态掌握生产端和消费端排放“家底”和变化趋势。协同推进消耗臭氧层物质管理，完善控制氢氟碳化物排放财政补贴、减排交易等激励机制。研发和推广气候友好型制冷技术，加大替代技术和替代品的研发投入，支持实施氢氟碳化物削减示范工程，降低 HFC-23 副产率，提高 HFC-23 的回收利用水平。

4. 六氟化硫：分散回收、集中利用

加强六氟化硫排放调查和基础研究，完善和细化六氟化硫管控配套政策，建立六氟化硫排放报告、披露机制，鼓励使用六氟化硫混合气和回收六氟化硫。在生产端，建立六氟化硫生产企业清单并实施动态管理，建立六氟化硫排放监测和统计核算体系，结合常态化清单编制开展动态监控，实施六氟化硫总量管控。加强绿色技术创新，研发和推广电力设备六氟化硫绿色替代技术。在消费端，以大型能源企业为重点，发挥国企示范带动作用，建立健全发电、电网企业六氟化硫全过程管控制度，提高六氟化硫气体循环再利用水平。推动电网企业六氟化硫气体新气实行统一采购、按需配送，按照“分散回收、集中处理、统一检测、循环利用”原则，将六氟化硫纳入生产运维检修管理，合理配置六氟化硫气体回收、回充专用设备。按照集约高效、规模效益原则，引入相关成熟技术装备，依托六氟化硫生产企业或电网公司布局建设四川省和“三江”六氟化硫气体回收处理中心，探索在甘孜、阿坝等偏远地区建设六氟化硫回收处理方舱。

5. 全氟化碳、三氟化氮：加强监测、技术替代

将控制全氟化碳、三氟化氮排放与集成电路、平板显示器、光伏发电等产业政策结合起来，研发和推广气候友好型替代技术。建立统计核算机制，提高泄漏检测能力。

8.6 展望

近年来，除 CO_2 以外，CH_4、N_2O、HFCs、PFCs、SF_6 和 NF_3 等温室气体获得越来越多的关注。我国积极响应国家政策，向着更为环保和经济可持续的发展模式转变，在此过程中，我国逐步将注意力转向对非二氧化碳类温室气体控制，不断摸索非二氧化碳类温室气体控制这一条艰难道路。一路走来，非二氧化碳类温室气体减排获得更多的政策支持。2021年，《中华人民共和国国民经济和社会发展第十四个五年规划和2035年远景目标纲要》《中共中央国务院关于完整准确全面贯彻新发展理念做好碳达峰碳中和工作的意见》等先后出台，提出要加强 CH_4 等非二氧化碳类温室气体管控。2021年，我国正式接受《基加利修正案》，进一步加强对含氟气体的管控；中国和美国发布《中美关于在21世纪20年代强化气候行动的格拉斯哥联合宣言》，两国将加大行动控制和减少 CH_4 排放列为必要事项，并制定了一系列行动措施。这一系列政策都体现了我国坚决管控非二氧化碳类温室气体排放的决心。在不同领域、不同工况条件，我国诞生了一批具有自主知识产权的非二氧化碳类温室气体减排技术，且经过联合国环境规划署和气候与清洁空气联盟测算，依靠现有技术，全球 CH_4 至2030年可减排45%。基于此，现有的技术基础能够与人工智能等热门新技术结合，驱动减排技术的发展升级，带来全面的数字革命。我国非二氧化碳类温室气体减排技术有望在排放核算、检测监测、减排关键技术、发展路径和评估等方面取得突破。

与 CO_2 相同，非二氧化碳类温室气体减排时间紧、任务重，我国仍处于经济社会发展的上升期，碳排放总强度仍处于较高水平，迫切的减排需求将拉动减排技术迅速发展升级。未来30年，我国在管控 CO_2 排放的同时，将加大对非二氧化碳类温室气体的监管与控制，不仅体现在政策上，如健全非二氧化碳类温室气体监测、报告、核查（MRV）技术标准体系，确切落实非二氧化碳类温室气体年减排量；还体现在强化监测和减排技术与加强国际合作上，实现非二氧化碳类温室气体从源头-过程-处理处置体系的完善，提升技术有效性及研发因地制宜的新技术，建立优秀示范工程，推动各国非二氧化碳类温室气体减排技术的交流与合作、拓宽双边和多边合作领域。

虽然非二氧化碳类温室气体的排放控制面临种种困难与挑战，但随着“碳达峰、碳中和”、“1+N”政策体系的总体部署，我国非二氧化碳类温室气体问题在政策层面提升到了一个新的高度，非二氧化碳类温室气体的控制也迎来了前所未有的机遇。当下时期，需要有计划、有步骤、有效率地进行非二氧化碳类温室气体减排，从全局性的战略高度和长远出发，以控制 CO_2 排放总量（包括 CO_2 与非二氧化碳类温室气体）为抓手，明确政策预期，与减排行动相匹配，统一认识和行动，共同助力我国 2060 年“碳中和”目标的圆满完成。

思考题

1. 煤炭领域中核算甲烷排放的方法主要有哪些？
2. 农业领域中非二氧化碳类温室气体主要包括哪几部分？
3. 工业领域中产生的非二氧化碳类温室气体排放主要包括哪些？
4. 废弃物处理领域非二氧化碳类温室气体控制行动主要从哪几方面开展？
5. 请介绍《甲烷排放控制行动方案》中各领域推广技术路线。

参考文献

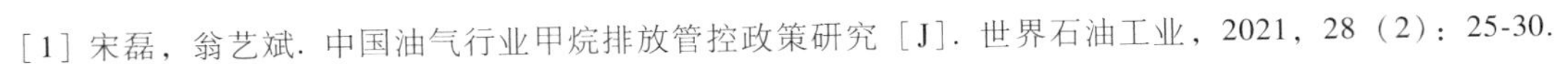

[1] 宋磊，翁艺斌. 中国油气行业甲烷排放管控政策研究［J］. 世界石油工业，2021，28（2）：25-30.

[2] 汪维，高霁，秦虎，等. 甲烷的温室效应及排放、控制［J］. 城市燃气，2020（4）：4-9.

[3] ALVAREZ R A，ZAVALA-ARAIZA D，LYON D R，et al. Assessment of methane emissions from the U. S. oil and gas supply chain［J］. Science，2018，361（6396）：186-188.

[4] 张博，李蕙竹，仲冰，等. 中国甲烷控排面临的形势、问题与对策［J］. 中国矿业，2022，31（2）：1-10.

[5] 曾楠，刘桂环，张洁清，等. 基于自然的解决方案的农业甲烷减排路径及对策研究［J］. 环境保护，2022，50（7）：54-58.

[6] 张学智，王继岩，张藤丽，等. 中国农业系统甲烷排放量评估及低碳措施［J］. 环境科学与技术，2021，44（3）：200-208.

[7] 高越，冉泽. 中国农业甲烷减排首提探索低碳补偿政策［J］. 世界环境，2022（3）：19-21.

[8] 王倩. 欧盟含氟温室气体管控政策及对我国相关进出口管理的启示［J］. 化工环保，2020，40（6）：650-656.

[9] 郑有飞，周渭，尹继福，等. 填埋场甲烷排放因素分析及甲烷减排研究进展［J］. 南京信息工程大学学报（自然科学版），2013，5（4）：296-304.

[10] 王琛，孙治国，付友先，等. 填埋场产甲烷影响因素及减排技术研究进展［J］. 山东化工，2022，51（16）：104-106；110.

[11] 李香梅. 氧化亚氮减排技术的选择［J］. 中氮肥，2010（6）：28-30.

[12] 刘发波，马笑，张芬，等. 硝化抑制剂对我国蔬菜生产产量、氮肥利用率和氧化亚氮减排效应的影响：Meta 分析［J］. 环境科学，2022，43（11）：5140-5148.

[13] 金何玉，张明超，陈光蕾，等. 硝化抑制剂对糯玉米产量和氮肥利用率的影响［J］. 华北农学报，2020，35（5）：171-177.

[14] 董红敏，李玉娥，陶秀萍，等. 中国农业源温室气体排放与减排技术对策［J］. 农业工程学报，2008，24（10）：269-273.

[15] 刘文博. 不同城市污水处理工艺中非二氧化碳温室气体的产生与释放［D］. 西安：西安建筑科技大学，2013.

[16] 裘湛，赵刚，黄翔峰. 污水处理厂 N_2O 的释放特征和减排途径研究［J］. 环境科学与管理，2016，41（4）：74-77.

[17] 何品晶，陈淼，张后虎，等. 垃圾填埋场渗滤液灌溉及覆土土质对填埋场氧化亚氮释放的影响［J］. 应用生态学报，2008，19（7）：1591-1596.

[18] 蔡传钰，李波，吕豪豪，等. 垃圾填埋场氧化亚氮排放控制研究进展［J］. 应用生态学报，2012，23

(5): 1415-1422.
[19] 刘援, 孙丹妮, 张建君, 等. 中国履行《蒙特利尔议定书(基加利修正案)》减排三氟甲烷的对策分析 [J]. 气候变化研究进展, 2018, 14 (4): 423-428.
[20] 张朝晖, 陈敬良, 高钰, 等.《蒙特利尔议定书》基加利修正案对制冷空调行业的影响分析 [J]. 制冷与空调, 2017, 17 (1): 1-7; 15.
[21] 刘侃, 崔永丽, 郑文茹. 中国三氟甲烷处置运行补贴政策效果评估 [J]. 气候变化研究进展, 2020, 16 (1): 99-104.
[22] 姜含宇, 张兆阳, 别鹏举, 等. 发达国家 HFCs 管控政策法规及对中国的启示 [J]. 气候变化研究进展, 2017, 13 (2): 165-171.
[23] 杨斌彬, 何丽燕, 梁家榞, 等. 非二氧化碳温室气体管控政策与减排技术研究综述 [J]. 广东化工, 2023, 50 (3): 116-119.
[24] 贾国伟, 杨念, 吴轩浩. 我国非二氧化碳温室气体管控面临的形势及建议 [J]. 环境影响评价, 2023, 45 (3): 1-7; 16.
[25] 马凯, 饶良懿. 我国土壤盐碱化问题研究脉络和热点分析 [J]. 中国农业大学学报, 2023, 28 (11): 90-102.
[26] 赵娜. 低浓度煤层气提纯技术与应用的研究进展 [J]. 广东化工, 2016, 43 (20): 133-135.
[27] 胡爱彬. 用 DIS 探究甲烷与氯气反应情况 [J]. 化学教育, 2009, 30 (6): 53-54.
[28] 杨礼荣, 竹涛, 高庆先. 我国典型行业非二氧化碳类温室气体减排技术及对策 [M]. 北京: 中国环境出版社, 2014.
[29] 徐冰君. 甲烷气相选择氧化反应硼基催化剂的研究 [J]. 物理化学学报, 2023, 39 (1): 7-8.
[30] NA R H, DONG H M, TAO X P, et al. Effects of diet composition on in vitro digestibility and methane emissions of Cows [J]. Journal of Agro-Environment Science, 2010, 29 (10): 1576-1581.
[31] 马二登, 纪洋, 马静, 等. 耕种方式对稻田甲烷排放的影响 [J]. 生态与农村环境学报, 2010, 26 (6): 513-518.
[32] 张相锋, 肖学智, 何毅, 等. 垃圾填埋场的甲烷释放及其减排 [J]. 中国沼气, 2006 (1): 3-5; 14.
[33] 栾军伟, 崔丽娟, 宋洪涛, 等. 国外湿地生态系统碳循环研究进展 [J]. 湿地科学, 2012, 10 (2): 235-242.
[34] 宋长春. 湿地生态系统甲烷排放研究进展 [J]. 生态环境, 2004 (1): 69-73.
[35] 国家统计局. 中华人民共和国 2021 年国民经济和社会发展统计公报 [J]. 中国统计, 2022 (3): 9-26.
[36] KORDELLA S, CIOTOLI G, DIMAS X, et al. Increased methane emission from natural gas seepage at Katakolo harbour (Western Greece) [J]. Applied Geochemistry, 2020, 116: 104578.
[37] ETIOPE G. Climate science: methane uncovered [J]. Nature Geoscience, 2012, 5 (6): 373-374.
[38] ETIOPE G, BACIU C L, SCHOELL M. Extreme methane deuterium, nitrogen and helium enrichment in natural gas from the Homorod seep (Romania) [J]. Chemical Geology, 2011, 280 (1-2): 89-96.
[39] 乔琛智. 恶臭污染物在线监测与数据分析系统设计 [D]. 天津: 天津工业大学, 2018.
[40] 于洋. 基于移动终端的气体检测系统设计 [D]. 大连: 大连理工大学, 2018.
[41] 沈靖程. 基于机械超材料的高灵敏度柔性应变传感器的研究 [D]. 南京: 东南大学, 2021.
[42] 陈永占. 新型全量程甲烷检测仪的研究与设计 [D]. 武汉: 武汉理工大学, 2008.
[43] 崔颖慧. 大斗沟煤矿井下甲烷浓度监测系统设计研究 [J]. 山东煤炭科技, 2023, 41 (3): 195-198.
[44] 郑凯元. 腔增强红外气体检测技术与应用 [D]. 长春: 吉林大学, 2021.

[45] LAN L J, GHASEMIFARD H, YUAN Y, et al. Assessment of urban CO_2 measurement and source attribution in munich based on TDLAS-WMS and trajectory analysis [J]. Atmosphere, 2020, 11 (1): 58.

[46] 景悦杨，王珊珊，张新星，等. 添加单宁酸和原花青素对油菜氮素利用率和氧化亚氮排放的影响 [J]. 河北农业大学学报，2024，47 (1)：49-57.

[47] 梁苗，方双喜，刘立新，等. 2001~2018 年瓦里全球本底站氧化亚氮浓度变化特征 [J]. 中国科学（地球科学），2024，54 (1)：97-109.

[48] 夏星辉，陈欣，张思波，等. 河流氧化亚氮的产生和消耗途径及影响因素分析 [J]. 环境科学学报，2023，43 (12)：206-217.

[49] 吕江艳，龙鹏宇，罗维钢，等. 甘蔗节水高产和蔗田氧化亚氮减排的滴灌施肥模式 [J]. 节水灌溉，2023 (12)：1-8.

[50] 祝延立，赵新颖，关法春，等. 东北粮食产区农田氧化亚氮减排技术与措施 [J]. 农业科技通讯，2023 (12)：153-156.

[51] 杨忍，许正波，李斗果. 固定污染源废气中氧化亚氮测定方法研究 [J]. 四川化工，2023，26 (6)：20-22；26.

[52] 湛昊晨，李淑铭，殷阁媛，等. 高压氨氧化中 N_2O 的实验与动力学研究 [J]. 燃烧科学与技术，2023，29 (6)：635-643.

[53] 陈露，欧光南，何碧烟. 九龙江口水体中 N_2O 的产生、释放和输出 [J]. 海洋环境科学，2023，42 (6)：841-852.

[54] 艾鑫，宋永吉，李翠清，等. FeCo/Hβ 分子筛催化 N_2O 低温分解的性能研究 [J]. 现代化工，2024，44 (1)：140-146.

[55] 王清华，熊海峰，邓朝仁，等. 生物炭对间歇曝气湿地 N_2O 排放途径的影响 [J]. 西南大学学报（自然科学版），2023，45 (11)：166-175.

[56] 常鹏，孙志铎，杨素霞，等. 车用国六柴油机氧化亚氮（N_2O）排放特性研究 [J]. 专用汽车，2023 (11)：81-83.

[57] 丰睿，李震华，周荣，等. 2021 年中国农业源氧化亚氮排放及减排的经济成本和社会收益研究 [J]. 环境科学学报，2024，44 (1)：424-437.

[58] 宋毅，张璐，韩天富，等. 长期施肥下红壤玉米关键生育期氧化亚氮排放差异及其影响因素 [J]. 植物营养与肥料学报，2023，29 (10)：1794-1804.

[59] 许庆民，顾晓梦，王云英，等. 模拟氮沉降显著提高青藏高原高寒草地氧化亚氮排放速率 [J]. 草地学报，2023，31 (12)：3785-3792.

[60] 杨栋森，李婉赢，陈江耀，等. 基于臭氧和氧化亚氮光通量计量法的紫外辐射测定方法的建立及其在气态硫酸检测中的应用 [EB/OL]. (2023-10-11) [2024-6-30]. https://kns.cnki.net/kns8s/defaultresult/index? crossids = YSTT4HG0%2CLSTPFY1C%2CJUP3MUPD%2CMPMFIG1A%2CWQ0UVIAA%2CBLZOG7CK%2CPWFIRAGL%2CEMRPGLPA%2CNLBO1Z6R%2CNN3FJMUV&korder = SU&kw = A%20Novel%20MEMS%20sensor%20for%20online%20health%20monitoring%20of%20gas%20insulated%20switchgear%20systems.

[61] 邓米林，叶桂萍，胥超，等. 林分类型和氮添加对亚热带森林土壤氧化亚氮排放的影响 [J]. 水土保持学报，2023，37 (6)：262-267.

[62] 郑欣昱，尚曼霞，苗苗，等. 燃煤锅炉氧化亚氮排放现状与研究分析 [J]. 热力发电，2023，52 (9)：21-28.

[63] 刘一戈，杨安琪，陈舒欣，等. 微塑料对土壤 N_2O 排放及氮素转化的影响研究进展 [J]. 环境科学，

2024，45（5）：3059-3068.

[64] 张欣悦，肖启涛，谢晖，等. 高强度农业种植区不同景观池塘氧化亚氮排放特征［J］. 环境科学，2024，45（4）：2385-2393.

[65] 翁佳玉，徐润泽，杨洁，等. 污水处理系统氧化亚氮削减与资源化利用的研究现状与展望［J］. 应用化工，2023，52（9）：2637-2642.

[66] 韩玉，李霞，郑忠陆，等. 三亚河水体中甲烷和氧化亚氮的分布、释放及影响因素研究［J］. 中国环境监测，2023，39（2）：117-124.

[67] 沈徐，刘玉峰，胡锦明，等. 饲粮中添加芥菜籽提取物对肉牛氮代谢、尿液含氮化合物成分及尿液氧化亚氮排放的影响［J］. 动物营养学报，2023，35（5）：3052-3060.

[68] 辛春明，何明珠，李承义，等. 荒漠土壤氧化亚氮排放及其驱动因素研究进展［J］. 中国沙漠，2023，43（2）：184-194.

[69] 白凤月，王振宇，申富强，等. 非道路柴油机氧化亚氮排放特性试验研究［J］. 内燃机与动力装置，2023，40（2）：8-12；41.

[70] 孙玮，李一平，朱立琴，等. 进水氮素组成对表面流人工湿地脱氮及 N_2O 排放的影响［J］. 中国环境科学，2023，43（8）：4013-4023.

[71] 肖未，吴庆峰，李伏生. 滴灌水氮管理对玉米种植土壤无机氮含量和氧化亚氮排放的影响［J］. 华南农业大学学报，2023，44（3）：410-419.

[72] 邵云，崔啟春，何欢，等. 氧化亚氮/氧吸入舒适化技术在老年高血压患者心电监护拔牙中的应用［J］. 上海口腔医学，2023，32（1）：97-100.

[73] 韩星，于海洋，郑宁国，等. 茶园氧化亚氮排放研究进展［J］. 应用生态学报，2023，34（3）：805-814.

[74] 薛鹏飞，宋冰，赵英. 长期禁牧对内蒙古典型草原冻融期 N_2O 排放的影响［J］. 草业科学，2023，40（1）：46-57.

[75] 王东旭，伍佩珂，梁兰梅，等. 污水生物处理过程氧化亚氮的形成机理及减量策略研究进展［J］. 应用与环境生物学报，2023，29（2）：281-288.

[76] KIM J, THOMPSON R L, PARK H, et al. Emissions of tetrafluoromethane（CF_4）and hexafluoroethane（C_2F_6）from East Asia：2008 to 2019［J］. Journal of Geophysical Research Atmospheres，2021，126（16）：1-26.

[77] ARNOLD T, MANNING A J, KIM J, et al. Inverse modelling of CF_4 and NF_3 emissions in East Asia［J］. Atmospheric Chemistry and Physics，2018，18（18）：13305-13320.

[78] MÜHLE J, GANESAN A L, MILLER B R, et al. Perfluorocarbons in the global atmosphere：tetrafluoromethane，hexafluoroethane，and octafluoro propane［J］. Atmospheric Chemistry and Physics，2010，10（11）：5145-5164.

[79] 陈敬良，史琳，李红旗，等. 由制冷剂替代谈起［J］. 制冷与空调，2017，17（9）：1-5.

[80] 张枫，白俊文，张丽娜，等. 2018 年我国制冷空调行业市场分析［J］. 制冷与空调，2019，19（7）：1-5.

[81] 杨萍，郭冰，纪振宇. 商用制冷设备在用制冷剂现状及未来趋势［J］. 冷藏技术，2014（4）：33-36.

[82] 苏磊杰，周凤. 我国机房空调技术专利发展概况［J］. 河南科技，2017（12）：57-59.

[83] 刘硕山. 北京货运中心铁路冷链运输发展对策探讨［J］. 铁道货运，2020，38（8）：33-37.

[84] 孟达斌，孙明，张永胜. 铁路冷链运输发展对策探讨［J］. 铁道运输与经济，2020，42（6）：44-47；53.

[85] 殷锦捷，许明，韩海杰. 聚氨酯泡沫材料发泡剂研究进展 [J]. 山东化工，2018，47（19）：60-61；63.

[86] YIN X K，DONG L，WU HP，et al. Highly sensitive SO_2 photoacoustic sensor for SF_6 decomposition detection using a compact mW-level diode-pumped solid-state laser emitting at 303nm [J]. Optics Express，2017，25（26）：32581-32590.

[87] 周艺环，叶日新，董明，等. 基于电化学传感器的 SF_6 分解气体检测技术研究 [J]. 仪器仪表学报，2016，37（9）：2133-2139.

[88] TANG J，YANG D，ZENG F P，et al. Correlation characteristics between gas pressure and SF_6 decomposition under negative DC partial discharge [J]. IET Generation Transmission & Distribution，2018，12（5）：1240-1246.

[89] 汲胜昌，高璐，钟理鹏，等. 涉及绝缘材料的悬浮电位缺陷下的 SF_6 分解特性 [J]. 高电压技术，2018，44（1）：201-209.

[90] 王义平，蔡雪峰，黄成吉. 红外成像法在 GIS 设备 SF_6 气体检漏的应用 [J]. 机电工程技术，2015，44（4）：68-71.

[91] 邵辉，李西才，戴广龙，等. SF_6 示踪气体连续稳定定量释放技术在煤矿漏风检测中的应用 [J]. 淮南矿业学院学报，1990，10（2）：33-38.

[92] 蔡声镇，吴允平，郑志远，等. 高压变电站室内分布式 SF_6 监测系统的研制 [J]. 仪器仪表学报，2006，27（9）：1033-1037.

[93] 林敏，杨景刚，贾勇勇，等. 电气设备 SF_6 气体检漏技术研究与应用 [J]. 江苏电机工程，2014，33（4）：27-29；33.

[94] 姜宝林，孙吉权，许亮，等. 紫外线电离型 SF_6 气体检漏仪 [J]. 现代仪器，2005，11（4）：56-58.

[95] 凌荣耀，欧林林，俞立. 便携式灭弧气体检漏仪的设计及实现 [J]. 电子测量与仪器学报，2013，27（6）：572-576.

[96] 谭胜兰. 室内 SF_6 设备气体泄漏监测系统应用与分析 [J]. 四川电力技术，2006（5）：50-51；60.

[97] 何方，吕成军. 高压开关配电室 SF_6 环境监测系统的设计 [J]. 仪表技术与传感器，2007（3）：35-38.

[98] 高树国，郑爱全，耿江海，等. 应用激光成像技术检测 SF_6 电气设备气体泄漏 [J]. 高压电器，2010，46（3）：103-105.

[99] 潘卫东，张佳薇，戴景民，等. 可调谐半导体激光吸收光谱技术检测痕量乙烯气体的系统研制 [J]. 光谱学与光谱分析，2012，32（10）：2875-2878.

[100] 杨辉. 基于差分检测技术的 SF_6 光学传感器研究 [D]. 郑州：郑州大学，2013.

[101] 肖登明，焦俊韬，YAN J D. 环保型绝缘气体的灭弧能力分析 [J]. 高电压技术，2016，42（6）：1681-1687.

[102] ZHANG X X，XIAO S，HAN Y F，et al. Experimental studies on power frequency breakdown voltage of CF_3I/N_2 mixed gas under different electric fields [J]. Applied Physics Letters，2016，108（9）：092901.

[103] 韦毓良. 论煤炭运输之甲烷爆炸 [J]. 水上消防，2020（1）：11-13.

[104] JIANG Y，QIAN H Y，HUANG S，et al. Acclimation of methane emissions from rice paddy fields to straw Addition [J]. Science Advances，2019，5（1）：9038.

[105] CHEN D，CHEN A，HU X Y，et al. Substantial methane emissions from abandoned coal mines in China [J]. Environmental Research，2022，214（2）：113944.

[106] MILLER S M，MICHALAK A M，DETMERS R G，et al. China's coal mine methane regulations have not curbed growing emissions [J]. Nature Communications，2019，10（1）：303.

[107] KHOLOD N, EVANS M, PILCHER R C, et al. Global methane emissions from coal mining to continue growing even with declining coal production [J]. Journal of Cleaner Production, 2020, 256: 120489.

[108] FELDMAN D R, COLLINS W D, BIRAUD S C, et al. Observationally derived rise in methane surface forcing mediated by water vapour trends [J]. Nature Geoscience, 2018, 11 (4): 238-243.

[109] 刘文革，徐鑫，韩甲业，等. 碳中和目标下煤矿甲烷减排趋势模型及关键技术 [J]. 煤炭学报，2022，47 (1)：470-479.

[110] 赵铁桥. 煤矿瓦斯及其防治 [M]. 北京：化学工业出版社，2011.

[111] 余峰，李思宇，邱园园，等. 稻田甲烷排放的微生物学机理及节水栽培对甲烷排放的影响 [J]. 中国水稻科学，2022，36 (1)：1-12.

[112] 马翠梅，戴尔阜，刘乙辰，等. 中国煤炭开采和矿后活动甲烷逃逸排放研究 [J]. 资源科学，2020，42 (2)：311-322.

[113] 郑爽，王佑安，王震宇. 中国煤矿甲烷向大气排放量 [J]. 煤矿安全，2005，36 (2)：29-33.

[114] 乐群，张国君，王铮. 中国各省甲烷排放量初步估算及空间分布 [J]. 地理研究，2012，31 (9)：1559-1570.

[115] 康涵书，秦凯，鹿凡，等. 基于高分五号卫星的山西省煤炭行业甲烷点源排放特征研究 [J]. 煤炭学报，2024，49 (9)：3960-3968.

[116] 刘虹，赵美琳，赵康，等. 山西省煤矿甲烷排放量与利用量精细测算 [J]. 天然气工业，2022，42 (6)：179-185.

[117] 刘强，滕飞，张林垚. 基于动态矿井数据库的中国煤炭甲烷排放清单改进及回算研究 [J]. 气候变化研究进展，2023，19 (6)：704-713.

[118] 余晨，唐旭，张宝生. 页岩气开发利用过程中甲烷排放的研究 [J]. 资源与产业，2014，16 (6)：78-84.

[119] 刘曰武，高大鹏，李奇，等. 页岩气开采中的若干力学前沿问题 [J]. 力学进展，2019，49：1-236.

[120] 徐博，冯连勇，王建良，等. 美国页岩气开发甲烷排放控制措施及对我国的启示 [J]. 生态经济，2016，32 (2)：106-110；121.

[121] LAMB B K, EDBURG S L, FERRARA T W, et al. Direct measurements show decreasing methane emissions from natural gas local distribution systems in the United States [J]. Environmental Science & Technology, 2015, 49 (8): 5161-5169.

[122] 仲冰，张博，唐旭，等. 碳中和目标下我国天然气行业甲烷排放控制及相关科学问题 [J]. 中国矿业，2021，30 (4)：1-9.

[123] ALLEN D T, SULLIVAN D W, ZAVALA-ARAIZA D, et al. Methane emissions from process equipment at natural gas production sites in the United States: liquid unloadings [J]. Environmental Science & Technology, 2015, 49 (1): 641-648.

[124] 李燕坡，王吉鹏，曹彦恒，等. 离心式压缩机密封技术的应用综述 [J]. 风机技术，2011 (6)：58-62.

[125] 刘均荣，姚军. 油气系统甲烷排放源及减排技术 [J]. 油气田地面工程，2008 (7)：55-56.

[126] 王颖凡，徐先港，董建锴，等. 美国油气行业甲烷减排立法及技术 [J]. 煤气与热力，2020，40 (11)：35-41；43.

[127] 辜新业，汪青松，潘国辉，等. 油井套管气回收利用技术与装置研究 [J]. 中国设备工程，2021 (S1)：223-225.

[128] 杨啸，刘丽，解淑艳，等. 我国甲烷减排路径及监测体系建设研究 [J]. 环境保护科学，2021，47

（2）：51-55；70.

[129] SUN S，MA L W，LI Z. Methane emission and influencing factors of China's oil and natural gas sector in 2020—2060：a source level analysis [J]. Science of the Total Environment，2023，905：167116.

[130] JIANG K，ASHWORTH P，ZHANG S Y，et al. China's carbon capture，utilization and storage（CCUS）policy：a critical review [J]. Renewable and Sustainable Energy Reviews，2020，119：109601.

[131] 田磊，刘小丽，杨光，等. 美国页岩气开发环境风险控制措施及其启示 [J]. 天然气工业，2013，33（5）：115-119.

[132] 田春秀，冯相昭. 重视环境和气候风险推进页岩气产业绿色低碳发展 [J]. 环境与可持续发展，2013，38（2）：12-14.

[133] 李琴，孙齐，王建良，等. 天然气行业甲烷排放及其减排应对现状：基于文献调研的分析 [J]. 中国矿业，2023，32（1）：23-32；51.

[134] 曾波，钟荣珍，谭支良. 畜牧业中的甲烷排放及其减排调控技术 [J]. 中国生态农业学报，2009，17（4）：811-816.

[135] 马君军，郑琛，杨华明，等. 反刍动物甲烷产生的机制、影响因素及预测模型构建的研究进展 [J]. 饲料研究，2017（16）：11-17.

[136] 薛明，翁艺斌，刘光全，等. 石油与天然气生产过程甲烷逃逸排放检测与核算研究现状及建议 [J]. 气候变化研究进展，2019，15（2）：187-195.

[137] 胡婉玲，黄玛兰，王红玲. 低碳背景下畜牧业甲烷排放现状与减排策略研究 [J]. 华中农业大学学报，2022，41（3）：115-123.

[138] 刘舒乐，严薇，高庆先，等. 双视角下中国畜牧业甲烷排放的温室效应 [J]. 环境科学，2023，44（12）：6692-6699.

[139] 纪丽丽，祁根兄，王维乐，等. 减少畜牧业甲烷排放策略研究进展 [J]. 饲料研究，2021，44（8）：139-142.

[140] 秦晓波，王金明，王斌，等. 稻田甲烷排放现状、减排技术和低碳生产战略路径 [J]. 气候变化研究进展，2023，19（5）：541-558.

[141] 张广斌，马静，徐华，等. 稻田甲烷产生途径研究进展 [J]. 土壤，2011，43（1）：6-11.

[142] 颜晓元，蔡祖聪. 水稻土中 CH_4 氧化的研究 [J]. 应用生态学报，1997（6）：589-594.

[143] 谢小立，王卫东，谭云峰，等. 亚热带丘岗区稻田甲烷排放特征及减排技术的研究 [J]. 农业现代化研究，1994（4）：235-241.

[144] 徐雨昌，王增远，李震，等. 不同水稻品种对稻田甲烷排放量的影响 [J]. 植物营养与肥料学报，1999，5（1）：93-96.

[145] 马静，徐华，蔡祖聪. 施肥对稻田甲烷排放的影响 [J]. 土壤，2010，42（2）：153-163.

[146] 李晶，王明星，陈德章. 水稻田甲烷的减排方法研究及评价 [J]. 大气科学，1998（3）：99-107.

[147] 汤宏，吴金水，张杨珠，等. 水分管理和秸秆还田对稻田甲烷排放及固碳的影响研究进展 [J]. 中国农学通报，2012，28（32）：264-270.

[148] 王斌，蔡岸冬，宋春燕，等. 稻田甲烷减排：技术、挑战与策略 [J]. 中国农业资源与区划，2023，44（10）：10-19.

[149] 唐志伟，张俊，邓艾兴，等. 我国稻田甲烷排放的时空特征与减排途径 [J]. 中国生态农业学报，2022，30（4）：582-591.

[150] 邸超，李海波. 稻田碳减排措施研究进展 [J]. 现代农业科技，2023（14）：17-20.

[151] 刘欣，王强盛，许国春，等. 稻鸭共作农作系统的生态效应与技术模式 [J]. 中国农学通报，2015，

31（29）：90-96.

[152] 王蕴霏. 稻田耕作制度对 CH_4 气体排放影响的研究进展［J］. 中国农学通报，2015，31（29）：141-147.

[153] 任万辉，许黎，王振会，等. 中国稻田甲烷产生和排放研究Ⅱ. 模式研究和减排措施［J］. 气象，2004，30（7）：3-7.

[154] 邵美红，孙加焱，阮关海. 稻田温室气体排放与减排研究综述［J］. 浙江农业学报，2011，23（1）：181-187.

[155] 戴金平. 镇江地区控制稻田甲烷排放技术的推广［J］. 农业环境与发展，2013，30（2）：63-65；79.

[156] 聂发辉，周永希，张后虎，等. 垃圾填埋场甲烷释放及氧化技术研究进展［J］. 环境工程技术学报，2016，6（2）：163-169.

[157] 蔡博峰. 中国垃圾填埋场 2012 年甲烷排放特征研究［J］. 环境工程，2016，34（2）：1-4.

[158] 赵由才，赵天涛，韩丹，等. 生活垃圾卫生填埋场甲烷减排与控制技术研究［J］. 环境污染与防治，2009，31（12）：48-52.

[159] 岳波，林晔，黄泽春，等. 垃圾填埋场的甲烷减排及覆盖层甲烷氧化研究进展［J］. 生态环境学报，2010，19（8）：2010-2016.

[160] 王红民，孙炎军. 垃圾填埋气的资源化利用［J］. 当代化工，2015，44（1）：110-113.

[161] 陈卫洪，漆雁斌. 农业生产中氧化亚氮排放源的影响因素分析［J］. 四川农业大学学报，2011，29（2）：280-285.

[162] 谢良玉，杨书运，张彩林，等. 安徽省农业源温室气体排放特征研究［J］. 中国农学通报，2020，36（35）：88-91.

[163] 陈云，孟轶，翁文安，等. 硝化抑制剂双氰胺施用对水稻产量和温室气体排放的影响［J］. 中国稻米，2024，30（1）：26-29；35.

[164] 何莉莉，黄佳佳，王梦洁，等. 生物炭配施硝化抑制剂降低稻田土壤 NH_3 和 N_2O 排放的微生物机制［J］. 植物营养与肥料学报，2023，29（11）：2030-2041.

[165] 陈标华，田梦，徐瑞年. 化工生产中温室气体 N_2O 排放与工业化减排技术［J］. 环境工程，2023，41（10）：82-90.

[166] 康寿东. 己二酸生产工艺中氮氧化物尾气处理分析［J］. 化工管理，2023（5）：143-145.

[167] 金保国，徐志锋，高扬. 己二酸生产工艺中氮氧化物尾气处理探讨［J］. 河南化工，2018，35（6）：46-47.

[168] 鲁长海. N_2O 催化分解技术在处理己二酸尾气中的应用［J］. 河北化工，2009，32（9）：20-21.

[169] 于泳，王亚涛. 己二酸尾气中 N_2O 处理技术进展［J］. 工业催化，2016，24（7）：17-20.

[170] 赵忠凯. 环己烷法己二酸生产尾气 N_2O 苯酚法处理探讨［J］. 天津化工，2008（4）：52-54.

[171] 张昌会，姚鑫. 己二酸工业生产尾气温室气体治理路径分析与发展趋势［J］. 河南化工，2022，39（9）：12-14.

[172] 王全文，曾文平. 硝酸生产技术综述及双加压法的发展前景［J］. 氮肥技术，2008，29（1）：33-42.

[173] 韩立争. 双加压硝酸“四合一”机组研究综述［J］. 化肥设计，2022，60（2）：10-14.

[174] 韩炳旭，张佳. 双加压法制硝酸工艺降低液氨消耗量的措施［J］. 煤炭与化工，2021，44（12）：119-121.

[175] 李苏军，罗正兰. 双加压法稀硝酸装置中关键设备腐蚀原因及应对措施［J］. 中氮肥，2020（5）：21-24.

[176] 任思光. 双加压法稀硝酸生产工艺技术应用研究［J］. 化工管理，2020（12）：185-186.

[177] 杨诗敬，陆莹. 硝酸尾气 NO_x 治理技术综述［J］. 河南化工，2005（12）：4-5；15.
[178] 李佳，樊星，陈莉，等. 硝酸生产尾气中 NO_x 和 N_2O 联合脱除技术研究进展［J］. 化工进展，2023，42（7）：3770-3779.
[179] 张静，魏有福，魏峰. 硝酸装置 N_2O 减排项目运行总结［J］. 化肥工业，2013，40（4）：61-64.
[180] 吴玉波，徐勃，冯辉，等. 硝酸装置 N_2O 减排工艺与技术经济分析［J］. 化学工程，2010，38（10）：52-55.
[181] 杨波，赵传峰. 关于硝酸工业污染物排放标准的研究［J］. 环境污染与防治，2008（11）：92-95.
[182] 李翠玉，樊安亮. AMS 在硝酸 N_2O 减排项目中的应用［J］. 河北化工，2011，34（11）：62-63.
[183] 范壮志，史延强，孙斌，等. 己内酰胺生产技术进展［J］. 现代化工，2023，43（7）：84-88.
[184] 翁晓姚，周仰原，姚国栋. 己内酰胺生产废水深度脱氮技术研究［J］. 净水技术，2022，41（S2）：127-132.
[185] 常明. 环己酮法生产己内酰胺废水处理工程实例［J］. 工业用水与废水，2022，53（3）：59-62.
[186] 罗秀朋，时明伟，刘晓阳. 己内酰胺装置废气废液焚烧系统工艺流程设计［J］. 合成纤维工业，2018，41（2）：63-67.
[187] 钟厚璋. 典型己内酰胺生产项目污染防治要点分析［J］. 化学工程与装备，2019（3）：252-254；278.
[188] 王明斌. 己内酰胺单体装置加碱改造的探索与实践［J］. 山西化工，2023，43（8）：83-84；97.
[189] 崔晓婷，晋华飞. 己内酰胺蒸馏重组分回收工艺对比分析［J］. 合成纤维工业，2022，45（4）：77-81.
[190] 姚明发. 己内酰胺生产中聚合物的生成及预防［J］. 化学工程与装备，2022（11）：55-58.
[191] 范新川，徐蓓蕾，吴懿波，等. 无硫铵液相重排生产己内酰胺绿色催化研究进展［J］. 现代化工，2022，42（S2）：54-57；61.
[192] 周仁武，屈仲平，孙静，等. 大气压低温等离子体固氮技术研究进展［J］. 高电压技术，2023，49（9）：3640-3653.
[193] 王雅新，刘俊，易红宏，等. 钢铁行业烧结烟气脱硫脱硝技术研究进展［J］. 环境工程，2022，40（9）：253-261.
[194] 朱烁. 钢铁企业氮氧化物减排途径和措施研究［J］. 环境与发展，2018，30（10）：120；122.
[195] 刘大钧，魏有权，杨丽琴. 我国钢铁生产企业氮氧化物减排形势研究［J］. 环境工程，2012，30（5）：118-123.
[196] 王军霞，李曼，敬红，等. 我国氮氧化物排放治理状况分析及建议［J］. 环境保护，2020，48（18）：24-27.
[197] 杨绍鹏，张月峰. 加强全链条统筹持续做好钢铁行业节能降碳［J］. 中国经贸导刊，2023（12）：43-45.
[198] 郑诗礼，叶树峰，王倩，等. 有色金属工业低碳技术分析与思考［J］. 过程工程学报，2022，22（10）：1333-1348.
[199] 王明东. 有色冶炼过程的安全环保管理技术研究［J］. 铸造，2022，71（9）：1208.
[200] 王丁，杜蓉，黄天龙. 浅析某有色冶炼企业冶炼烟气及制酸系统风险防范措施［J］. 甘肃冶金，2022，44（1）：106-109.
[201] 赵志龙，王芳，童震松. 有色冶炼烟气脱硝技术现状及展望［J］. 有色金属（冶炼部分），2021（3）：19-21；35.
[202] 赵娜. 一种含二噁英的新型有色冶炼烟气净化处理工艺设计［J］. 湖南有色金属，2023，39（2）：

72-76.

[203] 田玉逸，胡雨燕．含 N_2O 烟气的选择性非催化还原脱除 NO_x 特性研究［J］．清洗世界，2021，37（4）：34-38.

[204] 管诗骈，陈有福，张恩先，等．煤焦催化 CO 还原 N_2O 的反应机理［J］．热能动力工程，2020，35（3）：105-110.

[205] 胡笑颖．生物质气再燃脱除燃煤流化床烟气中 N_2O 的机理研究［D］．北京：华北电力大学，2011.

[206] 廖子昱．循环流化床锅炉 N_2O 生成与控制研究［D］．杭州：浙江大学，2011.

[207] 胡笑颖，董长青，杨勇平，等．生物质气再燃脱除燃煤流化床 N_2O 的研究进展［J］．电站系统工程，2010，26（2）：1-4.

[208] 杨冬，徐鸿，陈海平．燃煤循环流化床锅炉 N_2O 排放影响因素分析［J］．洁净煤技术，2010，16（1）：63-67；102.

[209] 张磊，杨学民，谢建军，等．循环流化床燃煤过程 NO_x 和 N_2O 产生-控制研究进展［J］．过程工程学报，2006（6）：1004-1010.

[210] 巨少达，胡笑颖，吴令男，等．流化床燃烧中 N_2O 的排放控制研究进展［J］．新能源进展，2014，2（6）：481-485.

[211] 胡建信．汽车空调 HFCs 制冷剂减排绿皮书［R］．北京：北京大学环境科学与工程学院，2018.

[212] 别鹏举，苏燊燊，李志方，等．中国汽车空调行业淘汰 HFC-134a 技术选择与政策建议［J］．气候变化研究进展，2015，11（5）：363-370.

[213] 李震彪，王佳，黎宇科．汽车行业氢氟碳化物（HFCs）减排国际政策环境研究［J］．汽车工业研究，2016（9）：14-18.

[214] 王静．中国汽车空调制冷剂排放清单及履约效果分析［D］．北京：华北电力大学，2022.

[215] 薛晓晔．HFO-1234yf 微通道汽车空调的特性研究［D］．长春：吉林大学，2015.

[216] 郭江河．制冷/热泵系统用 R744/R32 制冷剂的理论分析和实验研究［D］．天津：天津商业大学，2016.

[217] 杨波，李林辉，余慧梅，等．1，1-二氟乙烷制冷剂的研究进展［J］．有机氟工业，2020（3）：21-26.

[218] 严小婷．汽车空调制冷剂回收与加注方法［J］．汽车电器，2020（10）：77-78.

[219] 胡俊杰，徐淑民，李仓敏，等．我国 HFC-134a 制冷剂回收现状及环境无害化管理建议［J］．化工环保，2023，43（6）：838-841.

[220] 詹静芳，王珊珊．中国生活垃圾填埋场甲烷源碳排放量预测评估［J］．环境科学与技术，2022，45（11）：147-155.

[221] 曹贞文．R32 作为 R22 替代制冷剂在家用空调中的研究［J］．家电科技，2012（7）：82-83.

[222] 郭晓林，陈敬良，李雄亚，等．全球主要国家和地区制冷剂替代进展与展望［J］．制冷与空调，2023，23（7）：55-63.

[223] 黄小龙，周易，张利．LCCP 在中国家用空调中的应用研究［C］//中国家用电器协会．2018 年中国家用电器技术大会论文集．北京：中国轻工业出版社，2018.

[224] 刘畅，尔驰玛．低 GWP 制冷剂 R32 在家用空调中替代 R410A 的实验研究［J］．制冷与空调，2015，15（11）：73-76.

[225] CHOUDHARI C S，SAPALI S N. Performance investigation of natural refrigerant R290 as a substitute to R22 in refrigeration systems［J］. Energy Procedia，2017，109：346-352.

[226] 高欢，顾昕，丁国良．制冷剂回收与再生现状分析［J］．制冷学报，2021，42（5）：17-26.

[227] 史琳，安青松，戴晓业，等．论我国受控制冷剂销毁的紧迫性及潜在新技术开发的重要性［J］．制

冷与空调，2021，21（7）：61-66.
[228] 潘寻，胡俊杰，李仓敏，等. 日本制冷剂回收管理模式的启示与借鉴［J］. 世界环境，2022（3）：70-73.
[229] 邓雅静.《中国消耗臭氧层物质替代品推荐名录》公布，R290成为家用空调制冷剂首选［J］. 电器，2023（7）：44.
[230] 王力明，蔡海渊，王宝成，等. 北京市工商制冷氢氟碳化物使用情况调查［J］. 精细与专用化学品，2023，31（12）：50-54.
[231] 曹兴中. 大型物流冷库制冷系统技术研究［D］. 大连：大连理工大学，2017.
[232] 庞菁男. R507A制冷系统湿压缩特性研究［D］. 哈尔滨：哈尔滨商业大学，2021.
[233] 刘兆贝. 冷库制冷设备维修问题解析［J］. 新型工业化，2019，9（5）：34-38.
[234] 庄友明. 食品冷库除霜方法及其能耗分析［J］. 集美大学学报（自然科学版），2006，11（1）：62-65.
[235] 王利强. 红外线热像仪在变电站设备运行和故障分析方面的应用［J］. 价值工程，2014，33（22）：78-79.
[236] 王利波. 智能化设备管理在暖通空调系统中的研究和应用［J］. 科技创新与应用，2013（36）：237.
[237] 张以忱. 第十四讲：真空工程用焊接技术［J］. 真空，2007，44（2）：62-64.
[238] 邹宇田，李思成，郭晓林. 中国聚氨酯泡沫行业氢氯氟烃淘汰管理计划进展及“十四五”期间行业履约新规划［J］. 聚氨酯工业，2021，36（3）：1-3.
[239] 李思成，邹宇田. 我国含氢氯氟烃生产淘汰及氢氟碳化物管控对聚氨酯泡沫行业影响浅析［J］. 聚氨酯工业，2023，38（6）：1-3.
[240] 丁珊. 中国HFC-134a网格化排放清单建立、预测及其双重环境效应分析［D］. 北京：华北电力大学，2023.
[241] 邓雅静. 绿色发展步伐坚定，发泡剂助力冰箱行业低碳发展［J］. 电器，2023（1）：6.
[242] 赵立群. HFCs（氢氟烃）产业发展研究与展望［J］. 化学工业，2018，36（1）：16-25.
[243] 马腾飞. 基于高斯扩散模型的中国四个典型化工园区含氟温室气体排放研究［D］. 北京：华北电力大学，2023.
[244] 相震. 半导体制造业降低全氟化碳（PFCs）排放的研究［J］. 环境科学与管理，2012，37（6）：55-58.
[245] 非二氧化碳温室气体减排技术发展研究组. 非二氧化碳温室气体减排技术发展评估与展望［M］. 北京：中国科学技术出版社，2022.
[246] 牛学坤，杨茂良，周宪峰. 几种含氟电子气体发展的思考［J］. 化学推进剂与高分子材料，2020，18（2）：1-4；27.
[247] 解宏端. 常压下微波等离子体处理四氟化碳的研究［D］. 大连：大连海事大学，2009.
[248] 朱烨林，郑谐，陈世杰，等. 温室气体四氟化碳处理技术研究进展［J］. 能源环境保护，2023，37（2）：73-84.
[249] 李雪娇，刘竹昕，王文博，等. 残极烟气收集系统中的温度变化及氟化物的排放规律测试［J］. 轻金属，2020（4）：23-27.
[250] 刘伟，苏镇西，祁炯，等. 电力设备中SF_6混合绝缘气体净化分离技术的探究［J］. 高压电器，2016，52（12）：227-231.
[251] 李新华. 电解铝生产温室气体排放探讨及减排方向［J］. 绿色矿冶，2023，39（2）：5-10.
[252] 李寿哲，谢士辉，吴悦，等. 温室气体SF_6和CF_4的大气压微波等离子体降解技术［J］. 高电压技

术，2021，47（8）：3012-3019.

[253] 杨雨桐. 表面波等离子体分解四氟化碳的研究［D］. 大连：大连海事大学，2020.

[254] 孙冰，张连政，朱小梅，等. 微波等离子体与 Ag/Al_2O_3 催化剂协同降解 CF_4 的机理［J］. 河北大学学报（自然科学版），2010，30（5）：525-529.

[255] 相震，铝电解工业全氟化碳减排途径研究［J］，环境科技，2011，24（5）：59-61；66.

[256] 杨杰雄，杨庆宇，李三良，等. 国内外集成电路制造业 PFCs 排放量计算方法的对比研究［J］. 安全与环境工程，2018，25（3）：98-102.

[257] 郑志强，陈克燕. 稀土铝合金结晶过程的研究［J］，材料与冶金学报，2004，3（3）：202-205.

[258] 长崎诚三，平林真. 二元合金状态图集［M］. 刘安生，译. 北京：冶金工业出版社，2004.

[259] 赵春芳，张树朝，黄霞，等. 铝工业降低全氟化碳（PFCs）排放的研究［J］. 轻金属，2008（10）：26-29.

[260] 秦庆东，柴登鹏，邱仕麟. 铝电解中非阳极效应过程全氟化碳的排放分析［J］. 有色金属工程，2015，5（6）：41-44.

[261] 秦庆东，李伟，邱仕麟. 碱金属及槽电压对铝电解过程中 PFC 排放影响研究［J］. 轻金属，2015（8）：21-25.

[262] 张宇婷. 铝电解生产过程全氟化碳排放现状与分析［J］，绿色矿冶，2023，39（4），36-40 .

[263] 罗丽芬，秦庆东，邱仕麟，等，铝电解生产过程全氟化碳（PFC）的减排研究现状［J］. 轻金属，2010（10）：31-34.

[264] 吴江平，管运涛，李明远，等. 全氟化合物的生物富集效应研究进展［J］. 生态环境学报，2010，19（5）：1246-1252.

[265] 于继荣，黄光周，杨英杰. 等离子体技术净化 CF_4 及其生成物机理的探讨［J］. 科学技术与工程，2004（3）：225-226.

[266] 马欣. 中国城镇生活污水处理厂温室气体排放研究［D］. 北京：北京林业大学，2011.

[267] 相震. 减排六氟化硫应对全球气候变化［J］. 中国环境管理，2010（2）：23-27.

[268] 相震，吴向培. 减排中的 CDM 发展分析［J］. 青海环境，2008，18（4）：177-179.

[269] ZHANG X X，XIAO H Y，TANG J，et al. Recent advances in decomposition of the most potent greenhouse gas SF_6［J］. Critical Reviews in Environmental Science and Technology，2017，47（18）：1763-1782.

[270] KASHIWAGI D，TAKAI A，TAKUBO T，et al. Catalytic activity of rare earth phosphates for SF_6 decomposition and promotion effects of rare earths added into $AlPO_4$［J］. Journal of Colloid and Interface Science，2009，332（1）：136-144.

[271] 张晓星，王毅，田双双，等. O_2 对 $CePO_4$ 热催化降解 SF_6 废气的影响［J］. 高电压技术，2022，48（6）：2152-2158.

[272] 刘晓萌，刘勤勇，张亮. 大气温室气体探测激光雷达及其标定技术研究进展［J］. 计量学报，2018，39（1）：39-42.

[273] 刘毅，王婧，车轲，等. 温室气体的卫星遥感-进展与趋势［J］. 遥感学报，2021，25（1）：53-64.

[274] LEE J，KIM G，LEE H，et al. Comparative Study of various methods for trace SF_6 measurement using GC-μECD：demonstration of lab-pressure-based drift correction by preconcentrator［J］. Journal of Atmospheric and Oceanic Technology，2020，37（5）：901-910.

[275] 周亚敏. 非二氧化碳温室气体控制的战略与技术选择［J］. 气候变化研究进展，2013，9（4）：295-298.

[276] 杨亚坤，杨华武. 非二氧化碳温室气体排放现状和对策［J］. 科技资讯，2014，12（15）：130-131.

[277] 加强非二氧化碳温室气体管控助力应对气候变化 [J]. 环境影响评价，2023，45 (3)：3.

[278] SPAGNOLO V，PATIMISCO P，BORRI S，et al. Mid-infrared fiber-coupled QCL-QEPAS sensor [J]. Applied Physics B-Lasers and Optics，2013，112 (1)：25-33.

[279] UMESH S，BALACHANDRA T C，USHA A. A novel MEMS sensor for online health monitoring of gas insulated switchgear systems [C] //Proceedings of the 2015 IEEE International Conference on Power and Advanced Control Engineering. New York：IEEE 2015：304-307.

[280] 刘虹，赵美琳，薛文林，等. 气候变化背景下的煤矿甲烷排放与利用 [J]. 煤炭经济研究，2021，41 (12)：41-45.

[281] 占美丽，张国栋，范全升，等. 青岛小涧西生活垃圾填埋场甲烷及能量产生潜势 [J]. 山东化工，2021，50 (12)：259-261；266.

[282] 刘哲，田春秀，潘家华，等. 我国非二氧化碳温室气体控制面临的形势与对策 [J]. 环境保护，2013，41 (23)：41-42.

[283] 周鹏，周文武，穷达卓玛，等. 西藏日喀则市垃圾填埋场甲烷产量预测及资源化利用研究 [J]. 再生资源与循环经济，2019，12 (10)：28-31.

[284] 周艳，邓凯东，董利锋，等. 反刍家畜肠道甲烷的产生与减排技术措施 [J]. 家畜生态学报，2018，39 (4)：6-10；54.

[285] 白玫，马文林，吴建繁，等. 北京规模化奶牛养殖企业温室气体排放量评估 [J]. 家畜生态学报，2017，38 (5)：78-85.

[286] 桑树勋，刘世奇，韩思杰，等. 中国煤炭甲烷管控与减排潜力 [J]. 煤田地质与勘探，2023，51 (1)：159-175.

[287] 古小东，吴晓雅，周丽旋. “双碳” 目标下我国甲烷排放控制制度的完善 [J]. 环境保护，2023，51 (6)：32-36.

[288] 郝晓地，杨振理，于文波，等. 污水处理过程 N_2O 排放：过程机制与控制策略 [J]. 环境科学，2023，44 (2)：1163-1173.

[289] 柳君波，徐向阳，霍志佳，等. 中国煤炭格局变化对煤矿甲烷排放的影响及原因 [J]. 生态经济，2021，37 (7)：176-182.

[290] 李俊峰，杨秀，张敏思. 中国应对气候变化政策回顾与展望 [J]. 中国能源，2014，36 (2)：5-10.

[291] 刘长松. 非二氧化碳温室气体减排的中国行动、国际经验与政策启示 [J]. 阅江学刊，2024，16 (3)：57-71.

[292] 张帆，宣鑫，金贵，等. 农业源非二氧化碳温室气体排放及情景模拟 [J]. 地理学报，2023，78 (1)：35-53.

[293] 安康欣，王灿. 甲烷减排战略：国际进展与中国对策 [J]. 环境影响评价，2023，45 (3)：8-16.